U0353870

许鼓 于伟 金国壮 主编

辽宁科学技术出版社
·沈阳·

图书在版编目（CIP）数据

中国家庭必备育婴全典 / 许鼓，于伟，金国壮主编 .
— 沈阳 : 辽宁科学技术出版社，2014. 1
ISBN 978-7-5381-8397-9

Ⅰ. ①中… Ⅱ. ①许…②于…③金… Ⅲ. ①婴幼儿－哺育 Ⅳ. ① TS976. 31

中国版本图书馆 CIP 数据核字（2013）第 280141 号

策划制作：深圳灵智伟业（http//:www.szgw.com ）
总 策 划：灵智伟业
设计制作：闵智玺

出版发行：辽宁科学技术出版社
（地址：沈阳市和平区十一纬路 29 号 邮编：110003）
印 刷 者：沈阳天择彩色广告印刷股份有限公司
经 销 者：各地新华书店
幅面尺寸：185mmX230mm
印 张：24.5
字 数：400 千字
出版时间：2014 年 1 月 第 1 版
印刷时间：2014 年 1 月 第 1 次印刷
责任编辑：卢山秀 邓文军 灵 智
责任校对：合 力

书 号：ISBN 978-7-5381-8397-9
定 价：59.80 元

联系电话：024-23284376
邮购热线：024-23284502

版权所有 · 翻印必究

PREFACE

序言

专为中国家庭打造的育儿百科

复旦大学儿科医院儿保科专家／郭志平

经历了万分辛苦又充满了期盼的10月怀胎，宝宝终于来到了这个世界上，在欣喜和激动之余，初为人父和初为人母的新爸爸新妈妈，也面临着种种自己不熟悉的问题和困难，在宝宝成长的同时，父母也在学习和成长。对于这个刚睁开眼睛见到世界的娇弱的小宝宝，我们需要了解很多，需要注意很多，才能让他健康地长大。

新一代的新手父母们，素有怀疑和追求完美的精神，在育儿这件事情上更是如此。他们不会轻易相信祖母或者母亲那一辈的育儿经验，若是老人们自信满满地跟他们说“反正我们那时都是这样做的”，他们往往会有选择性的吸取，因为他们不但要知道怎么做，还要知道为什么，甚至还追求如何才能做得更好。

一本优秀的育儿书籍，往往能让新手父母们少走许多弯路，让孩子们少受许多不必要的苦。

纵观中外的育儿书籍，虽然优秀者众，但真正完全适合中国家庭的依然不多。

就东方的育儿书籍来说，日本松田道雄的《定本育儿百科》可以说是亚洲最著名、最权威的育儿书籍。但由于年代久远，许多育儿理念已与现代人不符。

西方的育儿书籍呢？美国的《斯波克育儿经》诞生于1946年，虽然至今依然是风靡全球的经典之作，但毕竟是西方人的教养方式，与中国家庭的育儿情况相差甚远，如独立睡眠、多子女、全职妈妈、西式辅食、社区医生等情况。

其实，育儿是离不开文化和民族背景的。中国的新手父母迫切需要一本真正属于中国人自己的育儿书。《中国家庭必备育婴全典》就是这么一本专为中国家庭打造的育儿百科全书。本书由国内顶级育婴机构“洋洋母婴”发起，几十位专家参与（既有潜心钻研育婴理论的教授学者，又有长期以来战斗在医疗工作前线的专家医师），耗时两年多，通过深入全国各地8000多个家庭帮助其解决育儿的实际困难和问题，并用纪实的方式连续追踪拍摄了0～1岁

不同月龄婴儿的成长变化和养护方法，在此基础上编辑成书。

成书的不易造就了本书非凡的品质。本书最大的特点是图文紧密结合，不赘言，以文字作解释、图片做示范，图片量多达1000多幅，新手父母可对照图片即学即用。并且，本书不但传授育婴方式，字里行间更是向广大父母传达先进的育儿理念，如“婴儿生来就拥有无限的潜力，父母要及时、科学地发掘这种潜力”“尊重婴儿间的差异性”“母乳是婴儿最佳的营养来源”等。

在编排上,《中国家庭必备育婴全典》以婴儿成长的阶段为纵线，分月阐述，按照宝宝每月的成长变化、宝宝日常护理要点、喂养、宝宝每月可能出现的不适、宝宝每月可进行的益智游戏、体能训练等分门归类，编排科学合理，新手爸妈查阅起来快速简便。作为一名从事儿科诊疗已20年的医生，我接待过各种各样的患儿，却遗憾地发现，许多前来就诊的婴儿其实根本就没有生病，很多症状都是由于养育不当而造成的，但医院里儿科人满为患却是不争的事实，为此我感到很痛心。我希望来的小病人能少一些、再少一些，这些稚嫩的小生命打针吃药的次数少一些、再少一些。

如果您想科学、合理地养育您的宝宝，让他拥有最佳的人生开端，我极力向您推荐这本书！

CONTENTS

目录

Part 01 0~1个月 妈妈，我来啦

The First Month:Mummy，I'm Coming

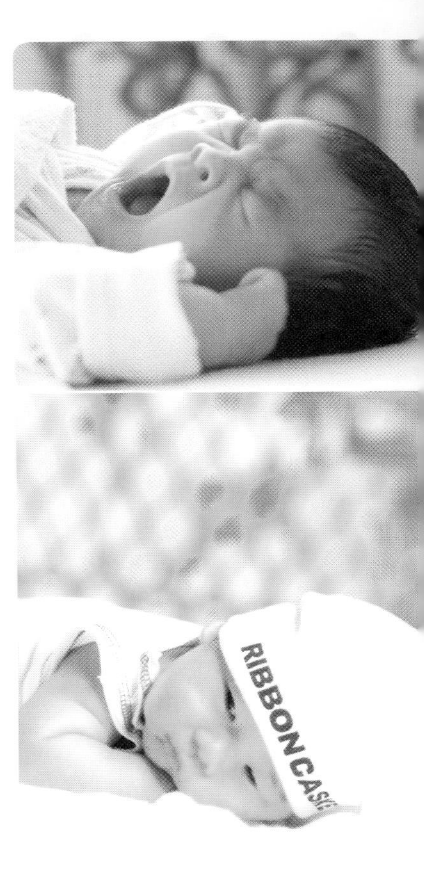

Part 02 1~2个月 我会微笑啦

The Second Month:I Can Smile

Part 03 2~3个月 我的脖子能挺起来啦

The Third Month:I Can Erect My Neck

Part 04 3~4个月 我是小小社交家

The Fourth Month:I'm a little Social Worker

Part 05 4~5个月 我会翻身啦

The Fifth Month:I Can Turn Over

Part 08 7～8个月 我会爬了

The Eighth Month:I Can Crawl

Part 09 8～9个月 我喜欢上了模仿

The Ninth Month:I Like Imitating

Part 10 9～10个月 我能扶物站立了

The Tenth Month:I Can Stand Up on the Object

Part 12 11～12个月 我要开口说话啦

The Twelfth Month:I'll Open My Mouth to Talk

Part 01

The First Month: Mummy, I'm Coming

0~1个月 妈妈，我来啦

妈妈，在您的身体里“住”了10个月，
现在终于跟您见面了，
听到您熟悉的声音，我好高兴啊。
不过现在的我尚不具备与人交流的能力
我不会说话，不会用手势，
哭是我表达的唯一语言，
当我饿了、困了、想要抱抱了、尿布湿了、害怕了……
我就会用不同的哭声来“告诉”你们，
爸爸妈妈，你们要学会听懂我的“语言”，
好好地照顾我，
我才能如你们期望的那样，健康、聪明又漂亮哦！

一、成长发育：宝宝月月变化大

童童出生时体重2.4千克，看上去是那么小那么小的一个小人儿。虽说女儿娇小点儿也没关系，不过，童童妈心里还是有点儿忐忑。这不，一抬眼看到医院墙上贴着新生儿身体发育指标对照表，仔细一看，乖乖，居然处于指标的末端。看来，接下来的一个月，要花心思好好喂养才行，童童妈暗暗下定决心。

（一）本月宝宝身体发育指标

宝宝从出生之日起至满28天为新生儿期。现在，我们就一起来看看新生儿的各项身体发育指标吧。不过要提醒新爸爸新妈妈的是，下面表格中的数据只是一个参考标准而已。每个宝宝都有自己特定的成长轨迹，跟标准略有些偏差也是正常的。

表1–1：出生时的身体发育指标

出生时	男宝宝	女宝宝
身高	平均50.4厘米（47.1～53.8厘米）	平均49.8厘米（46.6～53.1厘米）
体重	平均3.3千克（2.5～4.1千克）	平均3.1千克（2.4～3.9千克）
头围	平均34.3厘米（31.9～36.7厘米）	平均33.9厘米（31.5～36.3厘米）
胸围	平均32.3厘米（29.3～35.3厘米）	平均32.2厘米（29.4～35.0厘米）

表1–2：满月时的身体发育指标

满月时	男宝宝	女宝宝
身高	平均56.9厘米（52.3～61.5厘米）	平均56.1厘米(51.7～60.5厘米）
体重	平均5.1千克（3.8～6.4千克）	平均4.8千克（3.7～5.9千克）
头围	平均38.1厘米（35.5～40.7厘米）	平均37.4厘米（35～39.8厘米）
胸围	平均37.3厘米（33.7～40.9厘米）	平均36.5厘米（32.9～40.1厘米）

卡介苗：正常新生儿应在出生后即接种卡介苗，以刺激体内产生特异性抗体，预防结核病。
乙肝疫苗：正常新生儿应在出生24小时内接种第1次，30天时接种第2次，6个月时接种第3次，可预防乙型肝炎。由于第3针间隔期较长，请做好备忘录以防忘记接种。

1. 体重发育规律

宝宝满月时的体重与宝宝出生时的体重密切相关。出生体重越大，满月后体重相对越大；出生体重越小，满月后体重相对越小。

一般来说，新生儿体重平均每周可增加 200 ~ 400 克。这种按正态分布计算出来的平均值，代表的是新生儿整体普遍情况，每个个体只要在正态数值范围内，或接近这个范围，就都应算是正常的。

对于小宝宝，妈妈可采取以下方法给宝宝测量体重：测量时，让宝宝平躺于秤的卧板上；6 ~ 7 个月以后的宝宝如果能坐，也可以让其坐在磅秤的座凳上进行测量。所测得的数值即为宝宝的体重。

2. 身高发育规律

新生儿出生时的身高与遗传关系不大，但进入婴幼儿时期后，身高增长的个体差异就表现出来了。一般来说，新生儿满月前后身高会增加 3 ~ 6 厘米。宝宝满月时，妈妈可以采取以下方法给宝宝测量身高：

测量时，最好由两个人一起完成，这样测得的数值更加精确。让宝宝平躺在床上，其中一个人将宝宝的膝关节、髋关节和头部固定好，另一个人拿着软皮尺从宝宝头顶部的最高点量至足跟部的最高点，所测得的数值就是宝宝的身高。

3. 头围发育规律

宝宝出生了，是个大头宝宝。亲戚们见了都夸赞说："头大聪明！"不过妈妈暗地里却有些担忧，家里人的头都不是很大，宝宝的大头会不会是某种疾病的象征？

头围增长是否正常，反映着大脑发育是否正常。小头畸形、脑积水都会影响宝宝的智力发育。对此，妈妈一定要认真对待。

新生儿头围的平均值是 34 厘米。满月前后，宝宝的头围比刚出生时也就增长 3 ~ 5 厘米。如果测量方法不对，数值不准确，误以为宝宝头围过大或过小，会给新手爸妈带来不小的麻烦。现在，我们就一起来看看宝宝头围的测量方法吧：

宝宝的头围需要用软皮尺来测，测量方法为从宝宝的眉弓开始绕过宝宝的枕骨粗隆（枕后的最高点），再回到起始点，所得到的周长数值就是宝宝的头围。

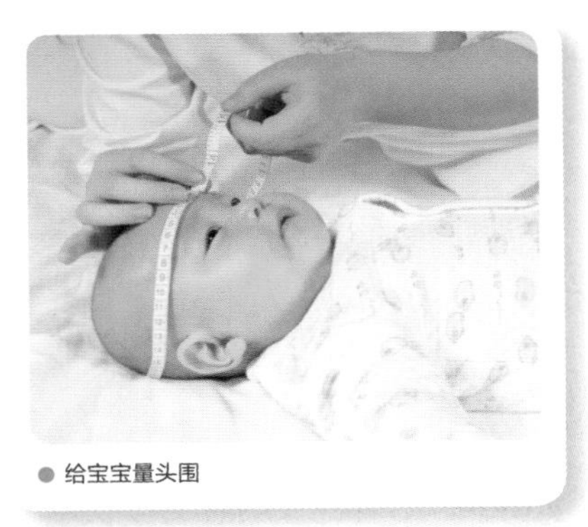
给宝宝量头围

（二）关于新生儿的18个秘密

新生的宝宝小小的，可是要搞定她（他）还真不是件容易事儿。刚开始时，发生在童童身上的一系列怪现象就经常把童童妈“唬”得一愣一愣的，比方说，出生后排出的胎便是墨绿色的，睡着时经常会“咯咯”笑出声来，出生后第 6 天居然开始像蛇一样脱皮……随着育儿知识的积累，童童妈才知道，原来这些都是新生儿的正常生理现象。到底，新生儿小小的身躯里蕴涵着多少秘密呢？

1. 最初外貌没有想象中好看

宝宝刚出生时，一颗约占了身长 1/4 的脑袋瓜，一张被羊水浸过的水肿的脸，并没有想象的那么好看。但一周之后，宝宝的脸蛋舒展开来，不再水肿了，皮肤也褪去了出生时的胎脂，呈粉红色，柔软光滑。怎么看都觉得可爱。

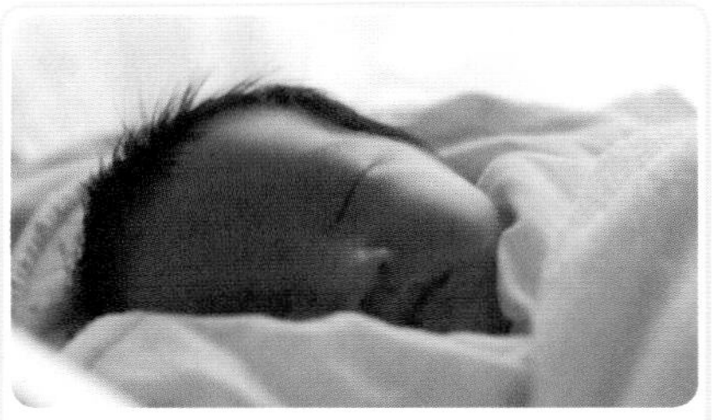

宝宝莫芷涵：莫芷涵刚出生时，皮肤黑黑的，脸是水肿的，谁都没法想象，几个月后的小涵涵长得有多么漂亮。

2. 视程短

新生儿看东西的最佳距离是 20 厘米，相当于妈妈喂奶时妈妈的脸和宝宝脸之间的距离。新生儿看东西的能力与当时所处的状态有关，他们只在安静觉醒状态时才有看东西的兴趣，而这种安静觉醒状态时间一般在吃奶后 1 小时左右。新生儿一般喜欢看轮廓鲜明和色彩对比强烈的图形，还喜欢看人脸。当你和宝宝面对面对视时，你会发现这时的他（她）往往将眼睛睁得大大的，眼神明亮，而且常常会停住吮吸或运动，全神贯注地凝视你。

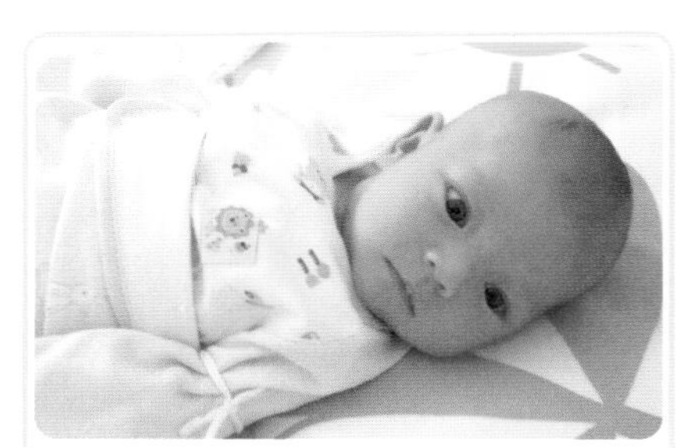

宝宝许烊旸：宝宝正处于安静觉醒状态，这时候妈妈要多跟宝宝“说话”。不过，这时候宝宝是个超级大近视，妈妈的脸跟宝宝的距离要保持在20厘米左右哦。

3. 可能暂时听不见

虽然胎儿在出世前 3 个月耳朵的结构就已经发育完整，但宝宝刚出世的时候还不能听得很清楚。之所以会出现这种情况，是因为还有羊水留在宝宝的中耳里，需要几天的时间才能被吸收掉。

4. 温度觉敏锐

新生儿的温度觉比较敏锐，他能区别出牛奶的温度，温度太高或太低他都会作出不愉快的反应，而母乳的温度是最适宜的，所以新生儿吃母乳时总会流露出愉快、满足的表情。新生儿对冷的刺激要比对热的刺激反应强烈，受环境的温度影响很大，如刚换上冷衣服以及尿湿衣裤和尿布时会出现哭、闹等反应，故妈妈应做好新生儿的保暖工作。

5. 触觉敏感

从降临人间的那一天起，新生儿的触觉敏感性就已得到相当的发育。新生儿对身体接触，特别是对手心和脚心的接触非常敏感，所以爸爸妈妈要经常抱抱宝宝，多给他做抚触。

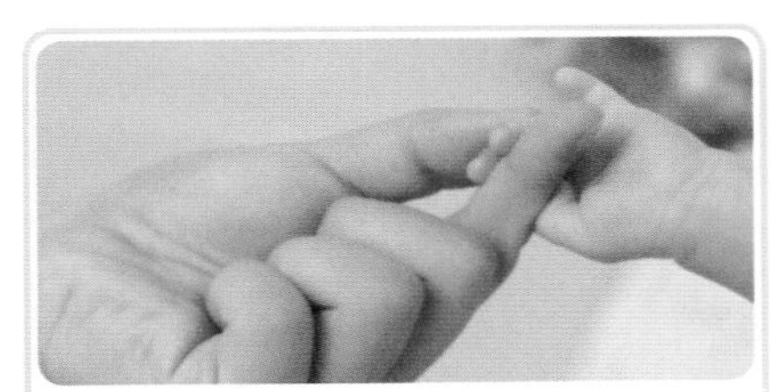

宝宝康睿蓥：新生儿和成人的身体接触有助宝宝身体发育，同时，也有利于稳定宝宝的情绪。为此，睿蓥出生后，睿蓥爸妈就常常和睿蓥进行身体接触。

6. 呼吸不均

新生儿肺容量较小，但新陈代谢所需要的氧气量并不低，故只能以加快呼吸的频率来满足需要。正常新生儿每分钟呼吸 35 ~ 45 次。由于新生儿呼吸中枢神经不健全，常伴有呼吸深浅、速度快慢不等的现象，表现为呼吸浅快、不匀，这也是正常的。但是，如果你的宝宝每分钟呼吸次数超过了 60 次，或者少于 20 次，就应引起重视了，需要及时去看医生。

7. 天生喜欢甜味

宝宝呱呱坠地时，已具有完整的味觉。虽然还没有味道的认知能力，但基本上已能辨别甜、酸、苦等味道，所以宝宝喜欢喝糖水而讨厌吃药。虽然刚出生的新生儿较喜欢甜的味道，但这并不是说新生儿出生后应喂糖水，恰恰相反，新生儿出生后应早吃母乳、多吃母乳，切忌在开奶前或每次吃母奶前先给宝宝吃糖水，以免影响母乳喂养。

8. 生理性黄疸

近乎一半的宝宝在出生第 3 天后皮肤有黄染，出现黄疸状况。这是因为宝宝在妈妈腹中时，氧气并不丰富，宝宝血液中的红细胞数较多。出生后，氧气突然增多，那些红细胞没有了用处，便在体内自行破坏，并于代谢过程中转化成胆红素，引起黄疸，一般在 2 周内就可以消退。

9. 排尿量、次多

新生儿膀胱小，肾脏功能尚不成熟，因此每天排尿次数多，尿量小。正常新生儿每天排尿 20 次左右，有的宝宝甚至半小时或十几分钟就尿 1 次。由于新生儿宝宝白天醒着的时间较长，吃奶次数也多，所以排尿量、次也较夜间多些。

新生儿尿液的正常颜色应呈微黄色，一般不染尿布，易洗净。如尿液较黄，染尿布，不易洗净，就要给宝宝做尿液检查，看是否有过多尿胆素排出，以便确定胆红素代谢是否异常。

10. 大部分时间在睡觉

早期新生儿的睡眠时间相对长一些，每天可达 20 小时以上；晚期新生儿睡眠时间有所减少，每天约在 16 ~ 18 小时左右。新生儿在出生后 2 周左右即会将大部分睡眠集中在晚上，形成日间睡眠每次 2 ~ 3 小时，而夜间可以一觉睡 3 ~ 5 小时，长的话，甚至还可达到 6 ~ 7 小时。妈妈不要刻意延长或缩短宝宝的吃奶间隔，这一时期的喂养，应遵从按需原则。

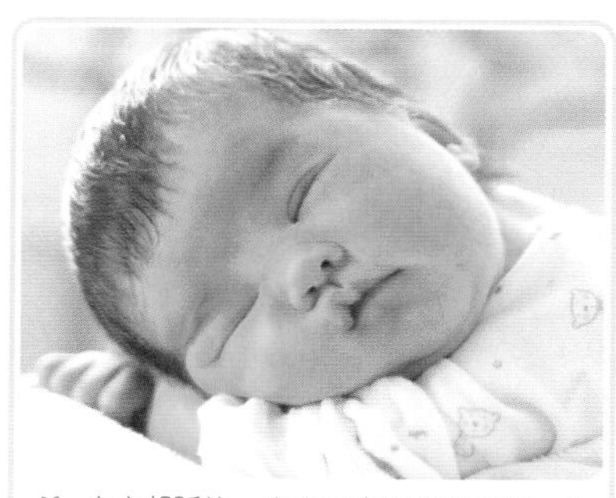

宝宝郭昕怡：宝宝刚出生直到现在，大部分时间都是在睡眠中。

如果这一时期宝宝无法养成良好的睡眠习惯，夜间睡眠较短，则易使宝宝养成吃夜奶的习惯，对此，妈妈一定要注意。

11. 体温

由于新生儿的体温中枢尚未发育成熟，皮下脂肪薄，体表面积相对较大且较易散热，因此，新生儿的体温易随外界环境的温度变化而发生变化。另外，母体子宫内的体温要比一般室内温度要高，新生儿出生后体温都会下降，之后再逐渐回升，并在出生后 24 小时内达到或超过 36℃。因此，新生儿一出生就要对其采取保暖措施，尤其是在冬季，室内温度要控制在 26 ~ 28℃。

12. 胎便

新生儿一般在出生后 12 小时开始排胎便，胎便呈深绿色、黑绿色或黑色黏稠糊状，这是胎儿在母体子宫内吞入羊水中的部分固体成分以及混合胎毛、胎脂、肠道分泌物而形成的大便。3 ~ 4 天胎便可排尽，吃奶之后，大便逐渐呈黄色。吃配方奶的宝宝每天排 1 ~ 2 次大便；吃母乳的宝宝大便次数稍多些，每天 4 ~ 5 次。若新生儿出生后 24 小时尚未见排胎便，则应立即请医生检查，看其是否存在肛门等器官畸形。

13. 先锋头（产瘤）

经产道分娩的新生儿，刚刚出生时，头上可能会有一个大包，头形像个橄榄，医生称之为“先锋头”，也叫“产瘤”。出现这种情况，主要是因为在生产过程中，胎儿头部受到产道外力挤压，引起头皮水肿、淤血、充血，颅骨出现部分重叠，使得头部高而尖，像个“先锋”。剖宫产的新生儿，头部比较圆，没有明显的变形，所以就不存在先锋头了。

先锋头无需过分担心，出生后数天就会慢慢转变过来。

14. 啼哭

新生儿的语言就是啼哭，每日一般 4 ~ 5 次，每次时间较短，累计可达 2 小时；哭声抑扬顿挫，声音响亮，常常无泪液流出，无伴随症状，不影响饮食、睡眠，玩耍正常。当宝宝出现这样的啼哭时，妈妈最好不要打断宝宝，让宝宝和你“说”一会儿，这是很好的亲子交流。

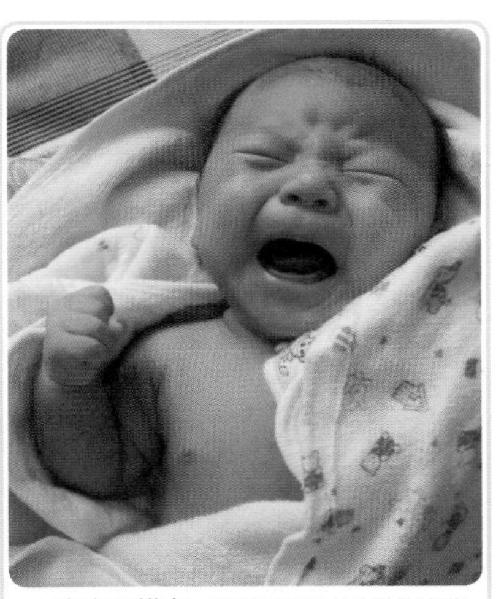

宝宝田耕宇：啼哭是新生儿表达需求的方法，一定要给他回应哦。

15. 睡觉表情搞怪

新手妈妈会奇怪地发现，新生儿睡着时，一会儿嘴角上翘，一会儿又皱皱眉头，眼皮下的眼球来回不停地动，眼睛闭闭睁睁的，嘴一张一合好像在吮吸，有时小嘴撇撇还哭出声来，似乎有什么委屈事一样，有的时候则会“咯咯”地笑出声来，似乎有高兴的事一样。总之，小家伙的面部表情极其丰富。

宝宝在睡眠的过程中之所以会出现这样丰富的表情和动作，是因为宝宝的身体睡着了而大脑还醒着，这些表情、动作并未通过大脑皮层指令，而是大脑皮层下的中枢神经活动而已。待宝宝再大一些的时候，这些现象也会逐渐减少以至消失。

16. 四肢屈曲

细心的妈妈都会发现，宝宝从一出生到满月，总是四肢屈曲。有的妈妈担心宝宝日后会是罗圈腿，干脆将宝宝的四肢捆绑起来。其实，这种做法是不对的。正常新生儿的姿势都是呈英文字母“W”和“M”状，即双上肢屈曲呈“W”状，双下肢屈曲呈“M”状，这是健康新生儿肌张力正常的表现。随着月龄的增长，四肢会逐渐伸展。而罗圈腿（即“O”形腿）是由于佝偻病所致的骨骼变形而引起，与新生儿四肢屈曲毫无关系。

17. 先天反射

新生儿时期，宝宝无法自由移动躯体，只表现出手足不自主的乱动，这些先天反射活动是新生儿所特有的，他们要以此来适应周围环境。先天性反射的存在与消失不仅能反映出宝宝的神经系统是否正常，还和宝宝今后的运动有着密切关系。主要的先天反射活动有以下几种：

① **觅食、吮吸和吞咽反射**。当你用乳头或奶嘴轻触新生儿的脸颊时，他就会自动把头转向被触的一侧，并张嘴寻找，这种动作就是觅食反射。每个新生儿出生时都具有吮吸反射能力，这是最基本的反射行为，这种反射使新生儿能够进食。吮吸的同时，新生儿天生会吞咽，这也是一种反射。

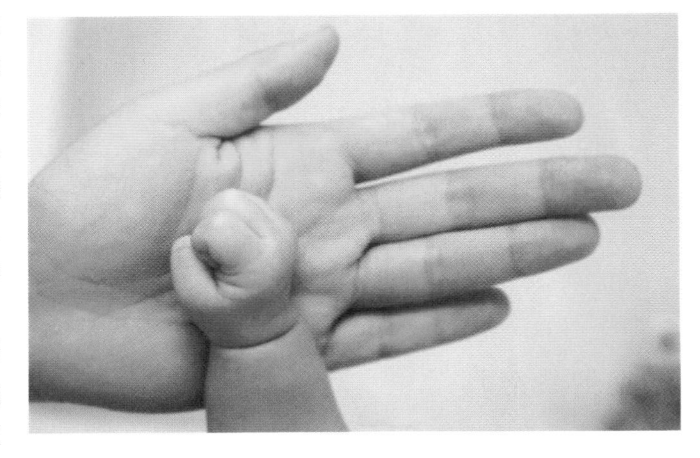

② **握持反射**。把手指放在新生儿的手心，轻压其手掌，他会紧紧抓住你的手指。反射亢进则提示双侧大脑有疾病，新生儿期握持反射消失或减弱则提示该新生儿中枢神经系统呈抑制状态。正常情况下，新生儿握持反射会在 2 ~ 3 个月时消失。

③ **踏步反射**。用双手托住新生儿腋下竖直抱起，使他的脚触及结实的表面，他会移动他的双腿做出走路或踏步动作。踏步反射会在 2 ~ 3 个月时消失，与宝宝学步没有关系。

④ **击剑反射**。当宝宝平躺在床上时，把他的头转向一边，他一侧的胳膊和腿会往外伸，而另一侧的胳膊和腿向里缩，好像击剑运动员的预备姿势。这种反射对宝宝的肌肉发育有利也有弊。

18. 生理性红斑

新生儿出生头几天，可能会出现生理性红斑。红斑的形状不一、大小不等、颜色鲜红、分布全身，以头面部和躯干为主。新生儿无不适感，但一般几天后即可消失，很少超过 1 周。

新生儿出现生理性红斑时，还会伴有脱皮现象。生理性红斑对新生儿健康没有任何威胁，不用处理，可让其自行消退。

二、日常护理：细心呵护促成长

话说小人儿虽小，可是样样都不能少，衣食住行，每一样都不容小觑。穿衣、脱衣、呵护小肚脐、洗澡、换尿布……虽说在生产前，童童妈也做足了理论功课，可是事到临头，还是经常觉得手足无措，每件事搞定下来，都要费上九牛二虎之力。“纸上得来终觉浅，绝知此事要躬行”，新手妈妈，接下来就来边学习边实践如何护理新生儿吧。

（一）关心宝宝的穿着

童童的穿着是一件颇令人费心的事情。童童妈早在生产前就向已育的同事要来一些旧衣裤，选旧衣裤有两点好处：一是孩子穿着不易过敏，二是新生儿成长迅速，很多衣服只穿十来天就穿不下了，买新的浪费。不过童童奶奶可不干了：“怎么能给我的宝贝孙女穿旧衣服呢，我早就给她买了好多漂亮舒适的小衣裤啦。”那么，到底给新生儿穿什么好呢？

1. 选择宝宝衣裳5大窍门

刚生下宝宝，就选择衣服来说，漂不漂亮不是重点，重要的是衣服要合身、要舒适，要充分考虑到安全因素。

（1）纯棉至上

新生儿出生后，就应当穿上舒适的衣服。新生儿的皮肤娇嫩，容易出汗，因此，应当选用质地柔软、容易吸水、透气性好、颜色浅淡、不脱色的全棉布衣服。

（2）无领最好

因新生儿的颈部较短，可选择无领或和尚领斜襟开衫，这样的衣服不用系扣子，只用带子在身体的一侧打结，不仅容易穿脱，并可随着新生儿逐渐长大而随意放松，一件衣服可穿较长的时间。

（3）素色为佳

宝宝内衣裤应选择浅色花形或素色的，这样一旦宝宝出现不适和异常，弄脏了衣物，妈妈就会及时发现。

妈妈应尽量给宝宝选择无领衣服。

（4）宜买大忌买小

为新生儿选择衣服时宜买大忌买小，即使新衣服对你的宝宝来说稍微大一些，也不会影响他的生长发育，千万不要给宝宝穿太紧身的衣服。

（5）看、闻、摸

如果新手妈妈喜欢在小店或小摊上给宝宝买衣服，那么在选择时要注意：

看——仔细查看内衣的颜色，不选深色衣服，因为深色衣服染色剂中甲醛和其他化学制剂含量比浅色衣服高；而白色衣服也要注意，真正天然的白色是柔和的，甚至有些发黄。

闻——有异味的衣服往往是甲醛或其他化学制剂含量过高，不能购买。

摸——摸摸衣服的质地是否柔软。

表1-3：新生儿衣物清单

品　名	说　明	重要性
新生儿纱布/棉布内衣	视季节选择厚薄搭配	必备
包巾/包被	视季节搭配长、厚	必备
兔装/蝴蝶装	穿脱方便，分长袖、短袖	必备
棉纱尿布/纸尿布	透气、吸水性佳的尿布	必备
帽　子	防晒、保暖	必备
袜　子	吸汗、保暖	必备
围　嘴	防溢奶、流口水	必备
内　衣	活动肩、侧开、前开、全关襟	视各家需求而定
肚　围	睡觉时保护肚脐免于着凉	视各家需求而定
婴儿专用洗衣精	洗净宝宝衣物	视各家需求而定
小衣架	晾晒宝宝衣物	视各家需求而定

2. 请这样帮宝宝穿衣

给宝宝穿衣服的时候，妈妈的动作一定要轻柔自然，以免伤害宝宝的关节。给宝宝穿衣方法如下：

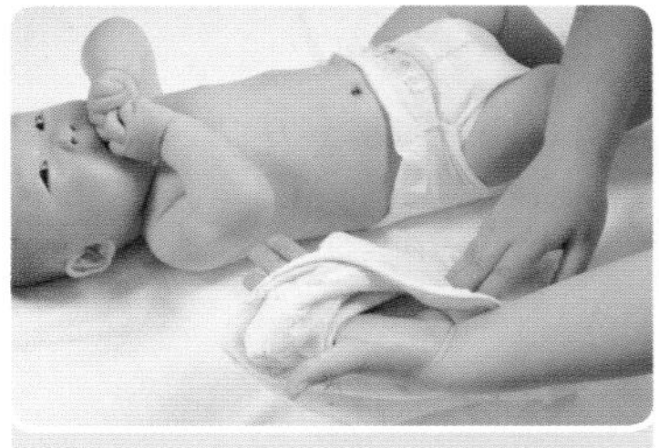

01 袖子是最难穿的部位。首先要将袖口收捏在一起，先穿右侧。

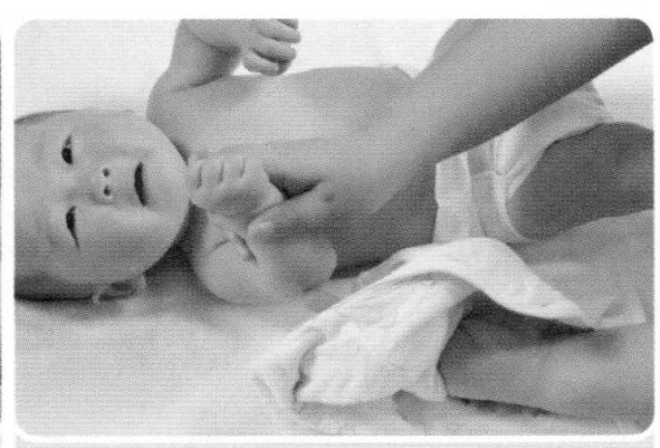

02 妈妈一手握住宝宝右臂肘关节处，一手抓住宝宝团在一起的右手指，使其握成拳头。

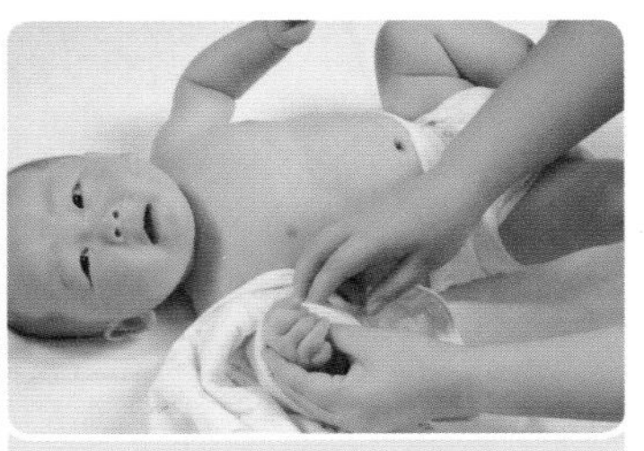

03 将宝宝的右手臂拉伸到衣袖中。

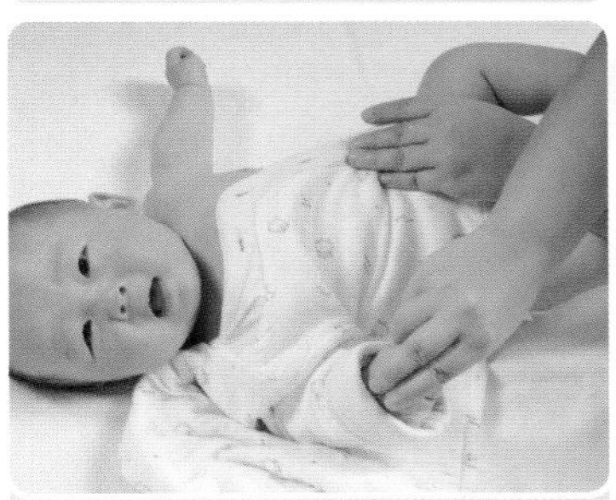

04 将已穿好的一侧衣服拉平。

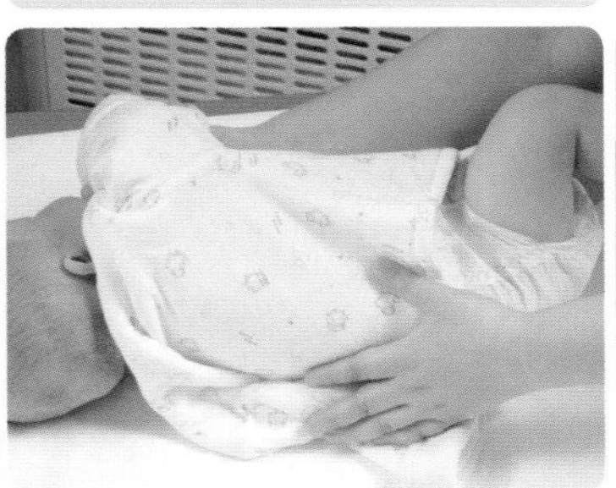

05 左手托起宝宝，将衣服塞入到背部；右手拉住宝宝右手臂。

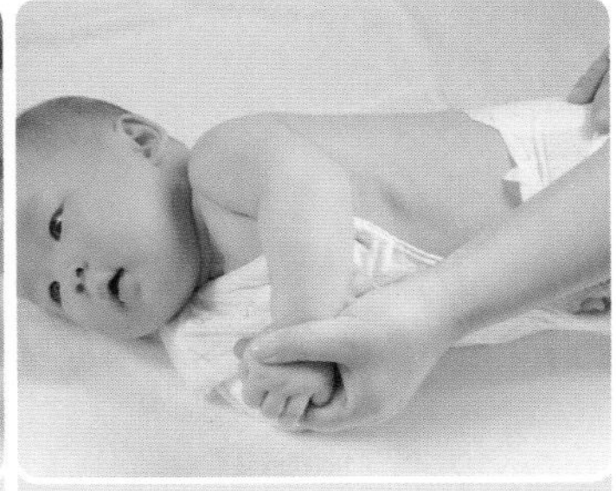

06 妈妈的左手拉着宝宝的左手臂，使宝宝向右侧躺。

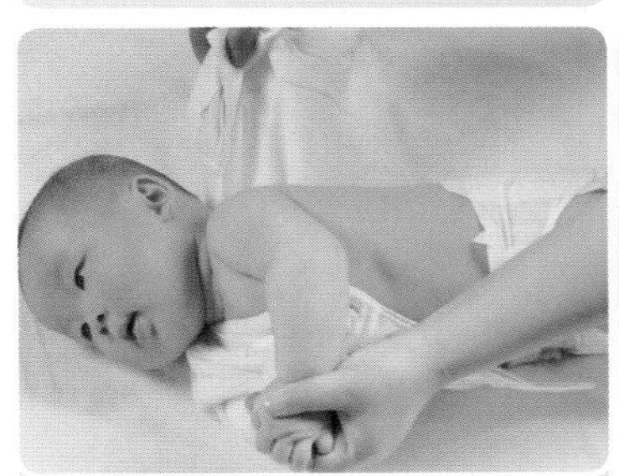

07 妈妈用右手将衣服从宝宝背部拉出。

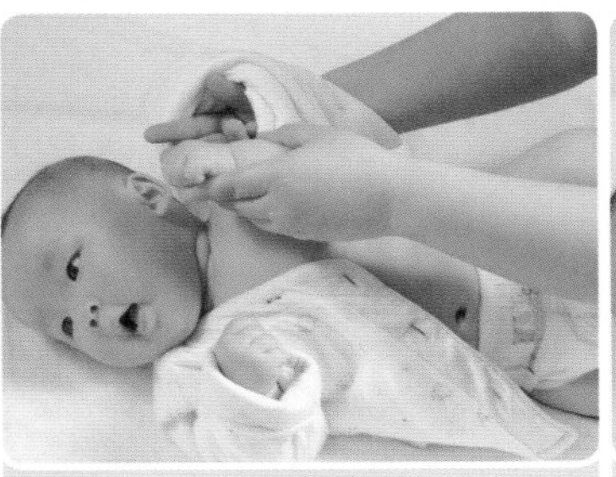

08 接下来穿左侧衣袖，先将袖口收捏在一起。

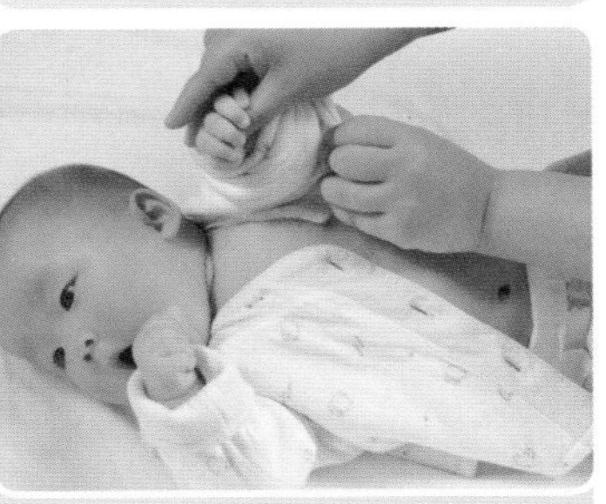

09 一手握住宝宝左臂肘关节，一手抓其手指，握拳，将左臂拉人衣袖。

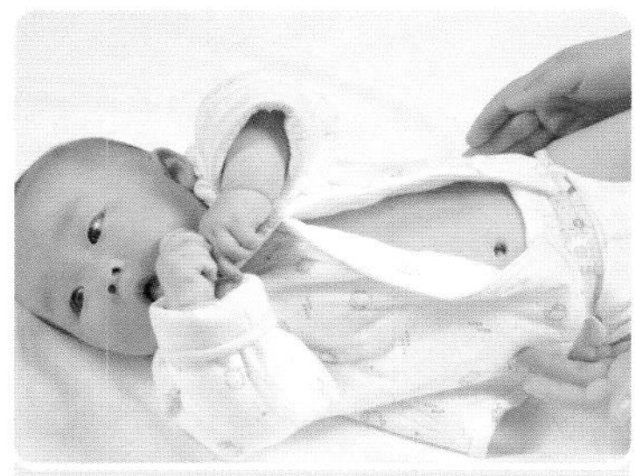

⑩ 将宝宝的上衣拉平。

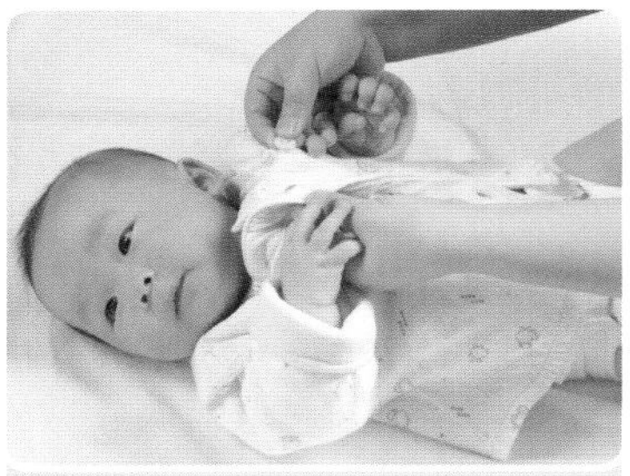

⑪ 由上往下扣上衣的扣子。

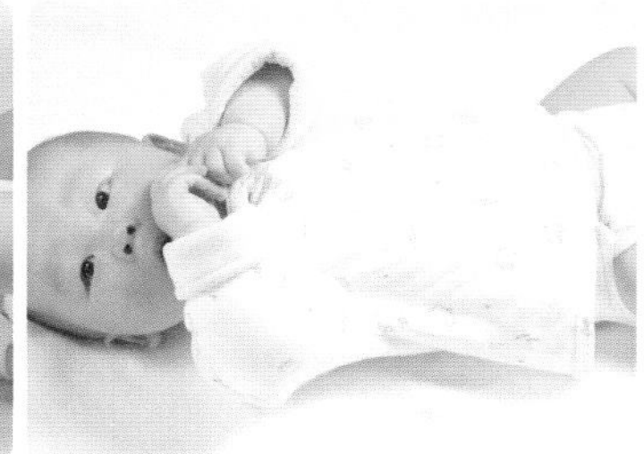

⑫ 现在，宝宝的上衣穿好了。

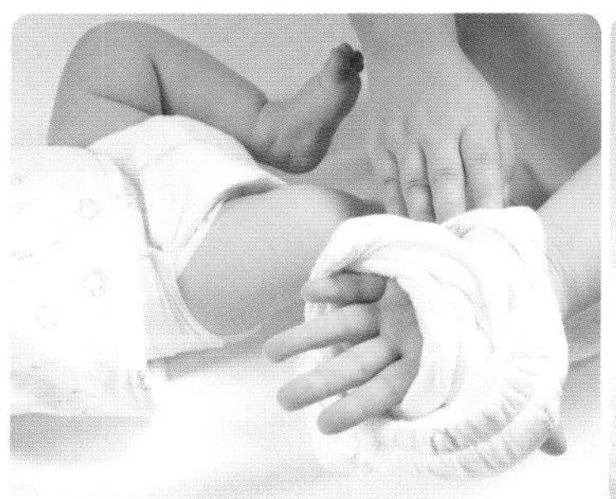

⑬ 接下来要给宝宝穿裤子了，先将宝宝右侧裤管用手捏住。

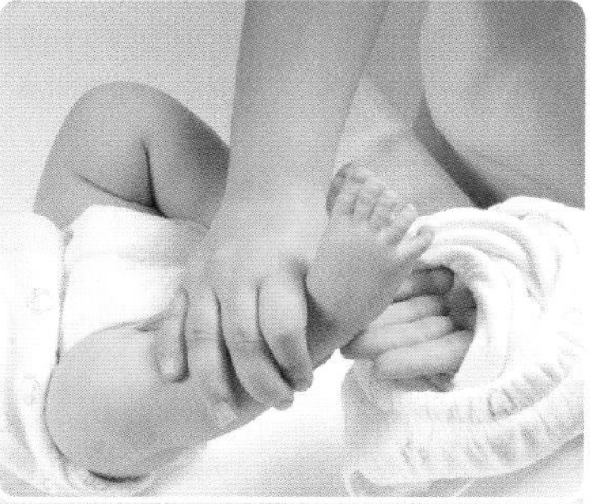

⑭ 一手抓住宝宝的右脚，一手将右侧裤腿对住宝宝的脚丫。

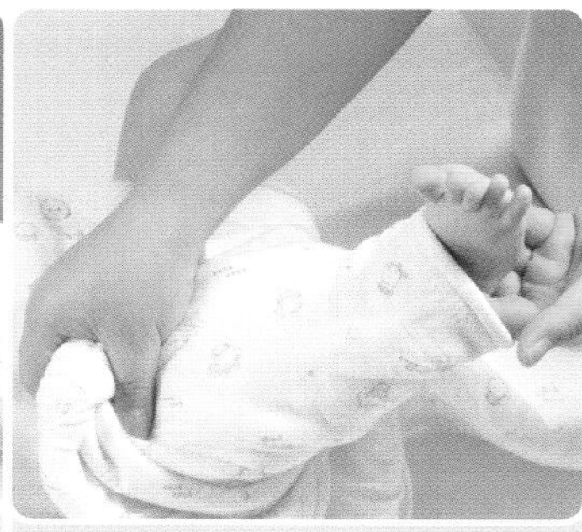

⑮ 将宝宝的右腿套入裤腿中。同样方法穿好左裤腿。

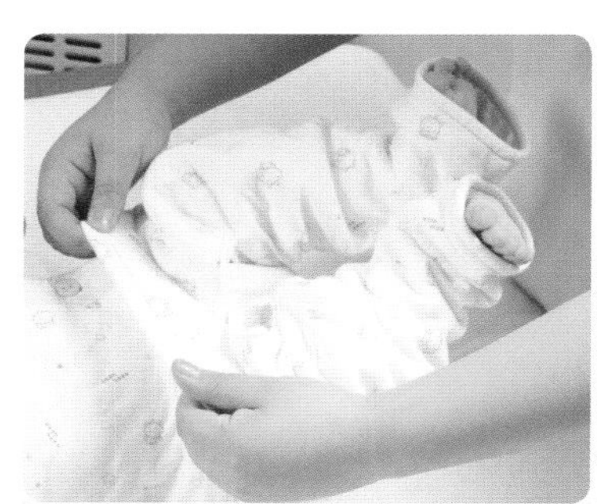

⑯ 妈妈两手分别抓住裤腰的两侧。

⑰ 妈妈一手提着宝宝右侧裤腰，一手将宝宝的右腿在裤管里拉直，然后拉直左裤管里的左腿。

⑱ 现在，宝宝的衣裤就全部穿好了。

3. 请这样帮宝宝脱衣

给宝宝脱衣服时，妈妈可以这样做：

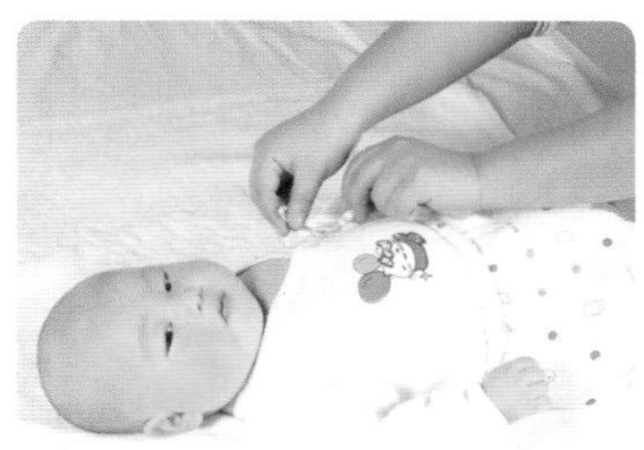

01 先让宝宝平躺在一条铺好的浴巾上。

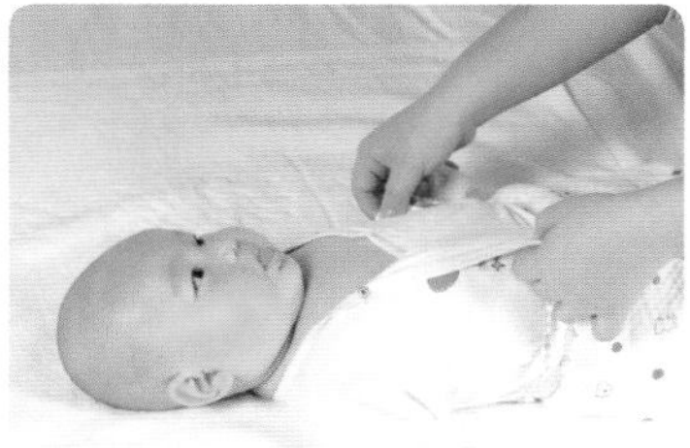

02 从上向下解开所有的扣子。

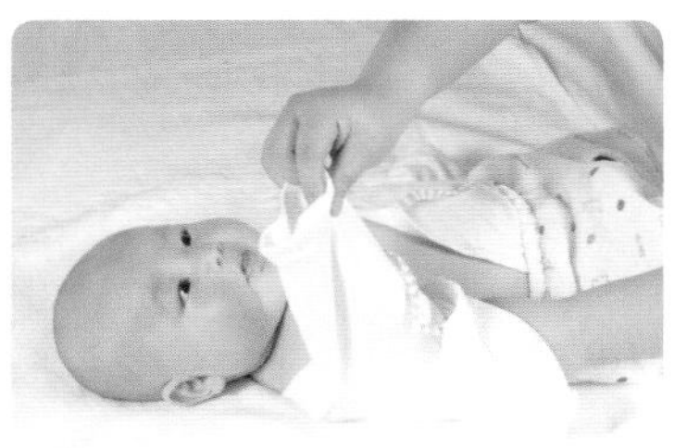

03 先脱右边。妈妈一手握住宝宝的右臂肘关节，稍微弯曲后，一手拽住袖口。

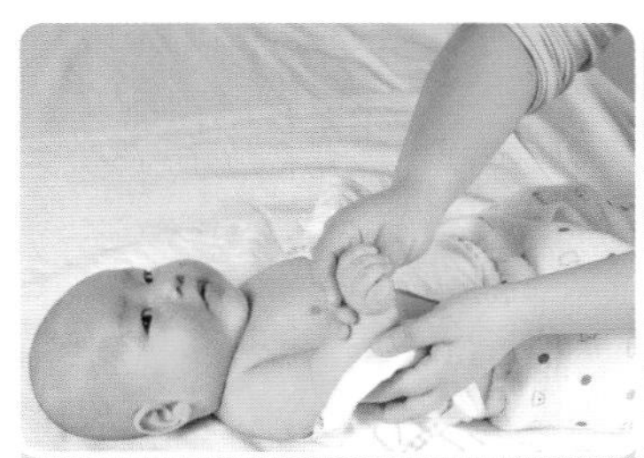

04 拉出宝宝的右手臂，将宝宝的身体微侧，衣服塞入宝宝背后身体的一侧。

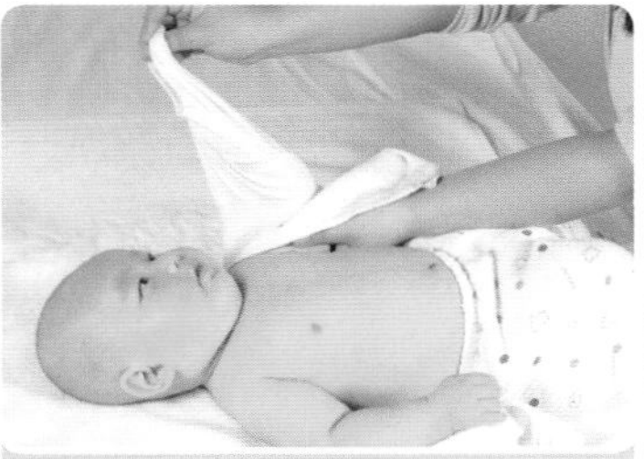

05 接下来脱左边。妈妈一手握住宝宝的左臂肘关节，稍微弯曲后，一手拽住袖口。

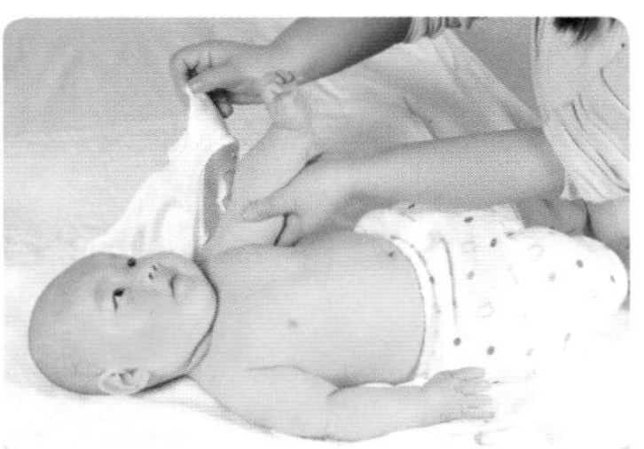

06 拉出宝宝的左手臂。

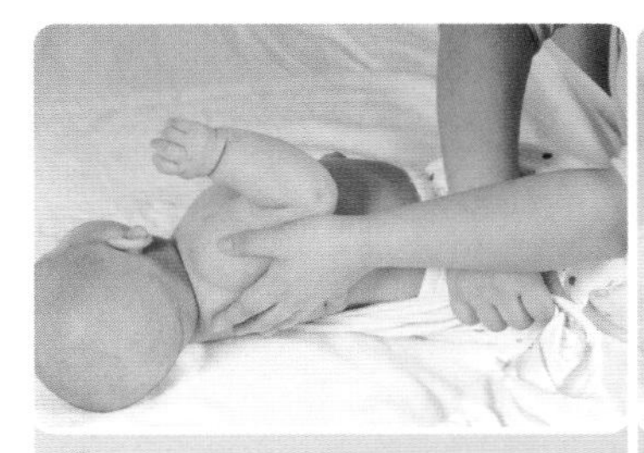

07 用左手托起宝宝，妈妈的手掌应放在宝宝颈部和背部之间，右手则将衣服从宝宝的背部下面拉出来，顺势将衣服完全脱下。

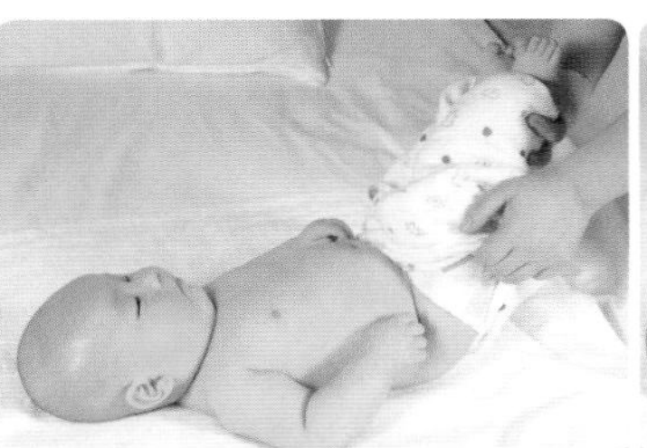

08 接下来，要给宝宝脱裤子啦。首先妈妈一只手握住宝宝的双脚，另一只手则拉住宝宝的裤腰，将裤子拉到臀部。

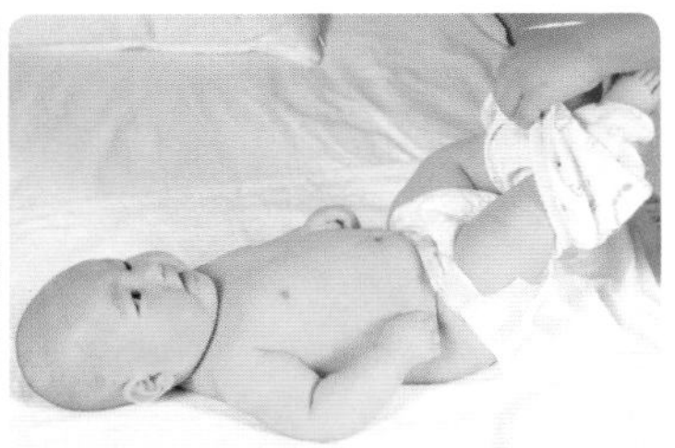

09 将宝宝的裤子轻轻拉下。

4. 请这样包裹宝宝

在传统的育儿习俗中，老人们习惯把宝宝像蜡烛一样包起来，这样做对宝宝的发育极为不利。这是因为“蜡烛包”限制了宝宝的四肢活动，使肌肉感受不到应有的刺激，从而影响脑部发育；“蜡烛包”还会影响宝宝的正常呼吸，尤其在哭泣时肺的扩张受到限制，影响胸廓和肺的发育。此外，“蜡烛包”对宝宝的体温调节也极为不利。

那么，妈妈要怎样包裹新生儿呢？

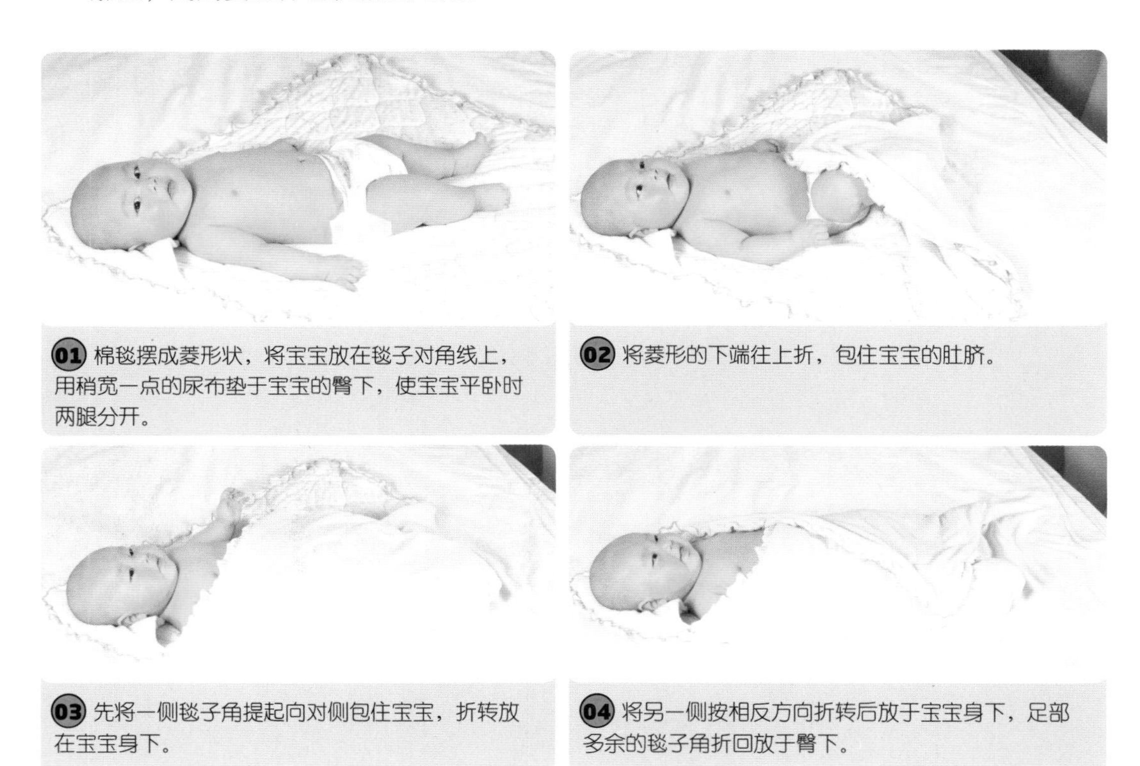

01 棉毯摆成菱形状，将宝宝放在毯子对角线上，用稍宽一点的尿布垫于宝宝的臀下，使宝宝平卧时两腿分开。

02 将菱形的下端往上折，包住宝宝的肚脐。

03 先将一侧毯子角提起向对侧包住宝宝，折转放在宝宝身下。

04 将另一侧按相反方向折转后放于宝宝身下，足部多余的毯子角折回放于臀下。

5. 宝宝衣物清洗有讲究

在清洗宝宝衣服时，妈妈要注意以下几点：

（1）新衣服也很脏

脏衣服并不单纯指宝宝穿脏的衣服，新衣服也是脏衣服。新买来的衣服不要直接穿在宝宝身上，一定要先清洗一遍。

（2）不要“攒”着洗

妈妈最好不要把宝宝的脏衣服“攒”到一起清洗，很多脏衣服堆在一起会滋生出新的细菌，而且如果不及时清洗衣服上残留的污渍如奶渍等，就很难再洗干净。

（3）不和成人衣物一起洗

洗涤宝宝的衣物时，不可与成人衣物“一锅烩”。因为成人活动范围广，衣物上更是“百菌齐放”，在清洗的过程中会沾到宝宝的衣服上。这些细菌对大人来说可能无所谓，但宝宝皮肤的厚度只有成人皮肤厚度的 1/10，抵抗力差，细菌会让宝宝的皮肤受到感染。

（4）洗涤剂要适量

宝宝的所有衣服特别是贴身穿的衣服，一定要用专用的盆单独手洗。洗的时候不可以用洗衣粉，不要用印有“生物制品”字样的洗涤剂。要看好衣服标签上的洗涤说明，以保持衣服的样式、颜色和质地。

即使用宝宝专用的香皂洗衣服也要讲究“度”，过量使用也会适得其反，因为香皂对污渍的“捕获”不分“青红皂白”，对衣服上和水中的污渍一概不拒绝，一旦过量就会将水中的污物重新附着在衣服上。

● 给宝宝洗涤衣服时，最好使用婴儿专用洗涤剂。

（5）漂洗是“重头戏”

洗净污渍只是完成了洗涤程序的 1/3，接下来的漂洗才是“重头戏”。妈妈要用清水将衣服反复过水清洗两三遍，直到水清为止。要知道，残留在衣物上的洗涤剂或肥皂对宝宝造成的危害绝不亚于衣物上的污垢。

最后，所有洗完的衣服都要在阳光下彻底晒干，因为阳光是最安全的消毒剂。

6. 宝宝衣物的存放

将宝宝的衣服清洗干净之后，接下来的工序就是存储了。宝宝衣物的存放应该注意以下几点：

① 切忌不能在衣箱或衣柜中放置樟脑球，以免来年再穿时浓重的味道刺激到宝宝。而对于患“蚕豆病”的孩子，樟脑球会导致溶血反应而危及生命。

② 最好将宝宝的衣物单独存放，不要和爸爸妈妈的混在一起。

③ 衣柜也要经常通风，否则衣物受潮易生蛀虫或发霉。

④ 如果长时间存放，一定要经常将衣物拿出来晾晒，可起到杀菌的作用。提醒妈妈，哪怕宝宝的衣服只穿过一次，也要清洗干净后再存放。

（二）抱小可爱的正确方法

当护士把童童放在童妈的怀里时，童妈居然有点手足无措。这个小肉团，要怎么抱呢？学会科学地抱宝宝，是新手妈妈必须掌握的一课。温柔地抱着自己的宝宝，是妈妈释放母爱的一个不可替代的方式，也是新生儿感受美妙世界、沐浴妈妈的爱、获得心智成长的需要。

1. 抱新生儿须遵循的4项原则

抱宝宝也是要讲究科学方法的，以下是抱新生儿的 4 项原则：

（1）第一时间抱抱新生儿

新生儿出生 2 小时之内开始吸吮妈妈的乳头，感受妈妈温暖的拥抱和爱抚，这是母子建立终身依恋关系的第一步。妈妈把新生儿抱在怀里，让他能听到妈妈心脏的跳动声、闻到妈妈的体味、吸吮到妈妈的乳汁，并伴以妈妈对新生儿的呼唤，足以让新生儿感到安全和放松。

宝宝郭昕怡：宝宝躺在床上，脸向着妈妈，似乎在说："妈妈，快来抱抱我吧。"

（2）支撑新生儿的头

新生儿的小脖子并不是生下来就能竖起来的，妈妈在抱新生儿时一定要让他的头有所依靠。轻轻地把小脑袋放入肘窝里，小臂及手托住宝宝的背和腰，用另一只手掌托起小屁股，呈横抱或斜抱的姿势，使他的腰部和颈部在一个平面上。

（3）竖抱时间不可过长

新生儿越小，竖着抱的时间越要短。竖抱的正确方法是一只手托住他的臀部和腰背，另一只手托住宝宝的头颈部或让他依附在妈妈的肩膀上，最初控制在两三分钟，否则新生儿会不堪重负的。

（4）不要摇晃柔弱的新生儿

新生儿头部的髓磷脂还不能胜任保护大脑的工作，抱着新生儿用力摇晃会造成其头部毛细血管破裂，甚至死亡，所以即使摇新生儿也应十分温柔。

2. 如何抱起新生儿

当宝宝醒来或者哭闹需要抱起时，你可以这样做：

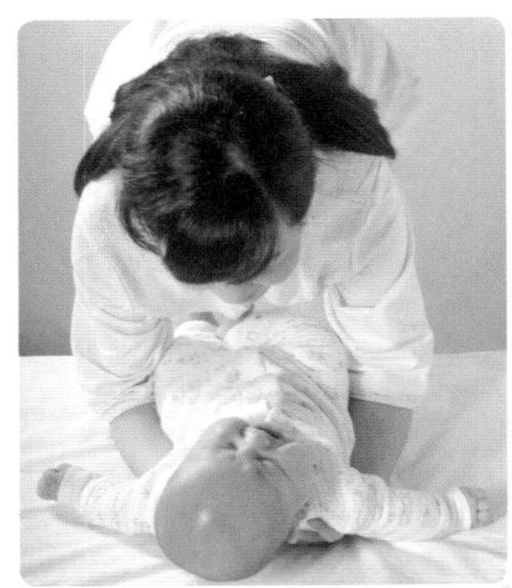

01 当宝宝仰卧在床时，把一只手轻轻放在他的下背部及臀部下面。

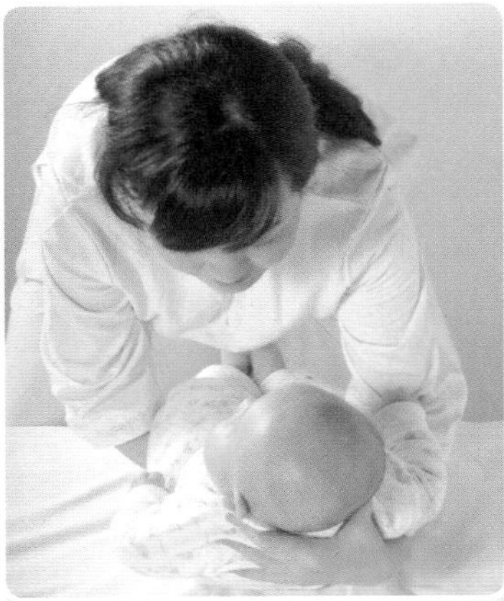

02 另一只手轻轻放在他的头颈部下方。

03 轻柔且缓慢地抱起宝宝，让他的身体有所靠傍，这样头才不会往后耷拉。

3. 如何放下新生儿

当需要把宝宝放在床上时，你可以这样做：

01 把一只手置于宝宝的头颈部下方，用另一只手抓住其臀部，缓慢且轻柔地放下，手要一直扶住他的身体，直到其重量已完全落到床褥上为止。

02 从宝宝的臀部轻轻抽出你的手，用这只手稍稍抬高他的头部，使你能够轻轻抽出另一只手，再轻轻地放低他的头。不要让宝宝的头向后掉到床上，或太快抽出你的手臂。

4. 不同情况用不同方式抱宝宝

当面对宝宝的不同情况时，妈妈可以这样做：

01 当宝宝情绪不好时，面向里竖抱：因为此时嘈杂的外部环境和视听觉刺激，会让他感到有压力。

02 当宝宝学说话时，应和妈妈面对面交流：在正面倾听妈妈说话的过程中，宝宝可以在不知不觉间完成对词汇量的储备。

03 当宝宝醒着时，面向外竖抱：这种面向外的抱姿使宝宝的视野范围和妈妈一致，有助于妈妈随时将自己看到的景象描述给宝宝听。

04 当宝宝哭闹时，应试着让他趴在妈妈怀里：妈妈同时还可以哼唱一首简单的童谣，并和着节奏轻轻摇晃宝宝。

05 当宝宝困倦时，可以让他躺在妈妈臂弯里：为了让宝宝安稳地入睡，妈妈应尽量用臂弯给宝宝架设一张舒适的小床。

06 当宝宝学走路时，应托起其腋下，给宝宝支撑：宝宝刚开始学走路时，腿部力量还很弱，此时妈妈要助宝宝一臂之力，用双手给宝宝有力的支撑。

（三）精心呵护宝宝的肚脐

当宝宝还在妈妈的肚子里时，脐带就成为了连接宝宝和妈妈的纽带，为宝宝输送着营养。在宝宝诞生后，脐带的使命也宣告完成了，因而被切断成仅剩1厘米左右的蓝白色残端，几小时后变为棕白色，接下来会逐渐干枯、变细、变黑，3 ~ 7天后便会脱落。在这之后，由于脐内的血管收缩，脐部皮肤向内牵拉而凹陷，形成脐窝，也就是我们所说的“肚脐眼”。

对于这个小小的“肚脐眼”，爸爸妈妈千万不要疏忽，若宝宝出生后，不好好护理“肚脐眼”，便会引起发炎，给宝宝和新手爸妈带来一系列的麻烦。

1. 脐带脱落前的护理

在正常情况下，脐带会在出生后3 ~ 7天内脱落。在脐带脱落前，脐部很容易成为细菌繁殖的温床。这是因为脐带被切断后形成了创面，这是细菌侵入新生儿体内的一个重要门户，轻者可造成脐炎，重者则导致败血症和死亡，所以脐带的消毒护理十分重要。

在护理宝宝脐带时应注意：在脐带脱落前，需保持局部清洁干燥，特别是尿布不要盖到脐部，以免排尿后弄湿脐部创面；要经常检查包扎的纱布外面有无渗血，如出现渗血，则需重新结扎止血。若无渗血，只要每天用75%的酒精棉签轻拭脐带根部，待其自然脱落即可。

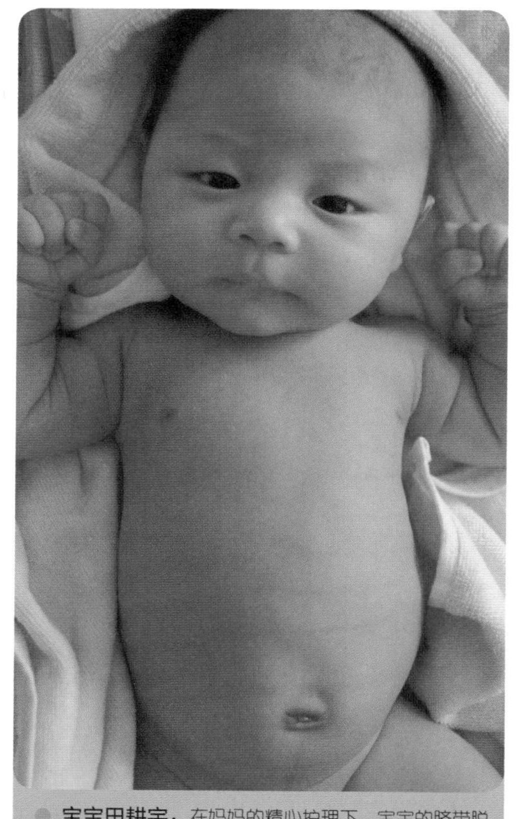

宝宝田耕宇：在妈妈的精心护理下，宝宝的脐带脱落后，他的小肚脐变得十分干净。

2. 新生儿脐带不脱落怎么办

一般情况下，宝宝的脐带会慢慢变黑、变硬，3 ~ 7天脱落。假如宝宝的脐带2周后仍未脱落，要仔细观察脐带的情况，只要没有感染迹象，如没有红肿或化脓，没有大量液体从脐窝中渗出，就不用担心。另外，可以用酒精给宝宝擦拭脐窝，使脐带残端保持干燥，以加速脐带残端的脱落和肚脐愈合。

3. 新生儿脐带有分泌物怎么办

愈合中的脐带残端经常会渗出一些清亮的或淡黄色黏稠的液体，此属于正常现象，爸爸妈妈不必过于担心。

脐带自然脱落后，脐窝会有些潮湿，并有少许米汤样液体渗出，这是由于脐带脱落的表面还没有完全长好，肉芽组织里的液体渗出所致，用 75% 的酒精轻轻擦干净即可。一般一天擦拭 1 ~ 2 次即可，2 ~ 3 天后脐窝就会干燥。

假如肚脐中渗出的液体像脓水或有恶臭味，说明脐部可能出现了感染，要立即带宝宝去医院检查。

4. 如何保持新生儿肚脐干爽

宝宝的脐带脱落前或刚脱落脐窝还没干燥时，一定要保证脐带和脐窝的干燥，因为即将脱落的脐带是一种坏死组织，很容易感染细菌。妈妈可以利用纱布来保证新生儿肚脐部位的干燥，方法如下：

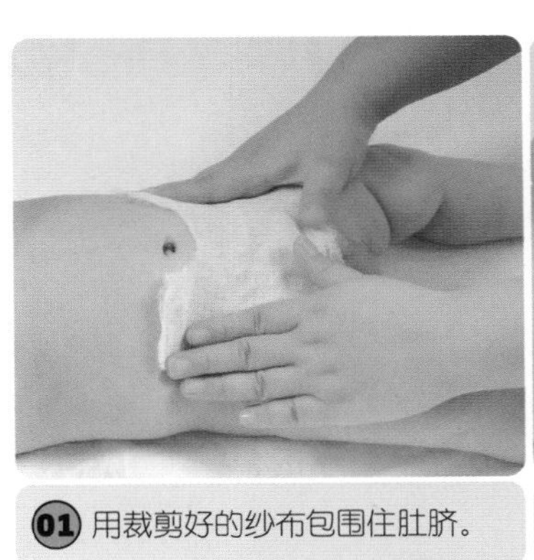

01 用裁剪好的纱布包围住肚脐。

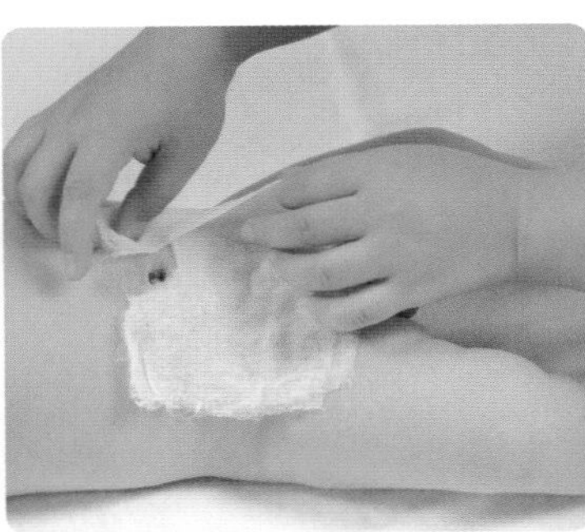

02 将纱布右侧从纵向折叠。

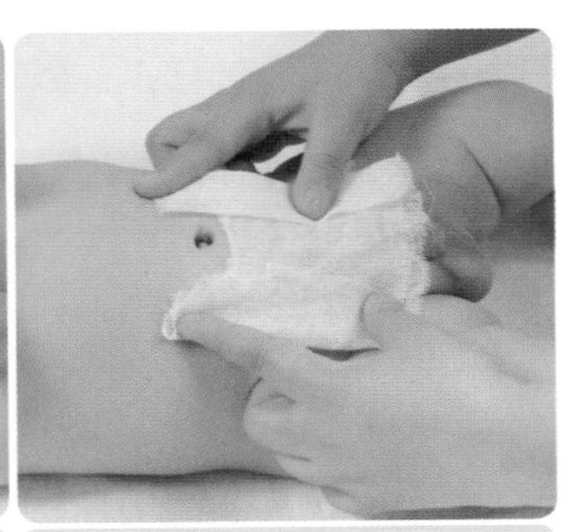

03 另一边的纱布也纵向折叠。

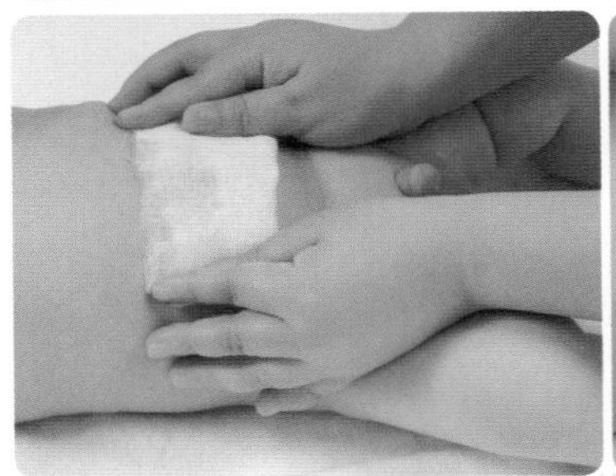

04 将纱布的上下方都折叠起来。

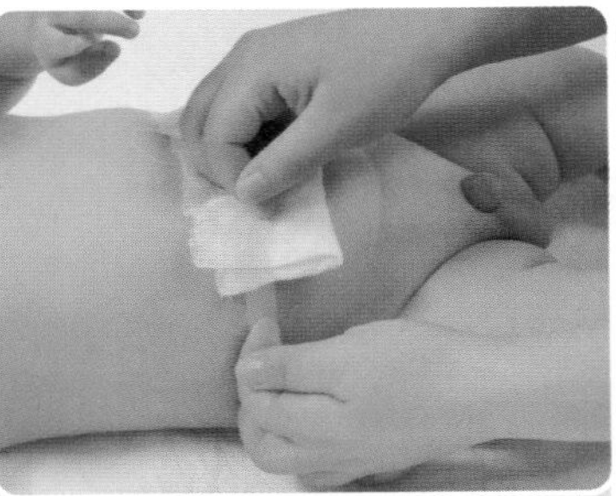

05 在两侧贴上胶布固定。

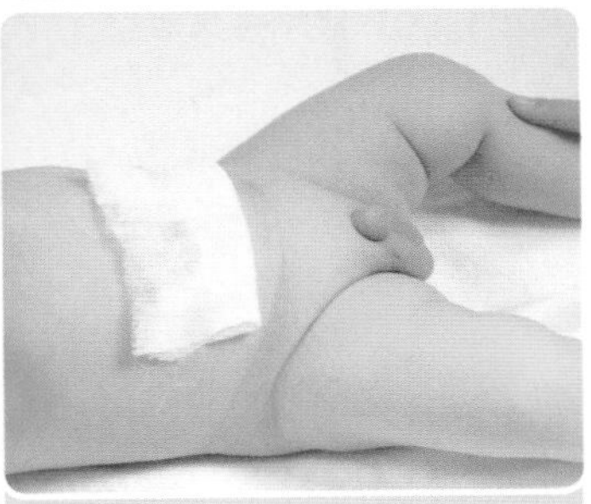

06 现在，宝宝的小肚脐已经用纱布保护好啦。

（四）观察囟门，判断宝宝的健康

宝宝囟门的部位一般比较柔软，有时甚至能够看到其头皮在跳动。这是因为宝宝出生后，头骨尚未发育完全，所以骨与骨之间会有一条缝隙。老人常说前囟门不能摸，否则宝宝会变哑巴，这是完全没有科学依据的。通过观察囟门的情况，可以判断宝宝的健康状况。

1. 前囟门和后囟门

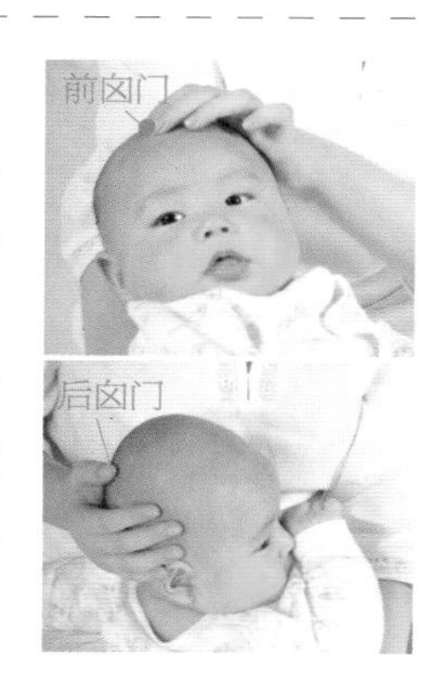

宝宝的囟门也有前囟门和后囟门之分，长在宝宝头顶及前部的前囟门呈钻石形，并且比后囟门看起来要大要明显；长在宝宝头后部的后囟门较小，呈三角形。

一般的宝宝 2 ~ 3 个月后，后囟门就已经开始闭合了，宝宝后囟门的闭合，标志着宝宝脑部的发育趋于完善。前囟门闭合的时间一般在 12 ~ 18 个月，较晚的直到 2 岁才能够完全闭合。不同宝宝的囟门大小也会有所不同。

2. 注意观察预防疾病

囟门是反映宝宝头部发育和身体健康的重要窗口，新手妈妈通过细心观察宝宝的囟门，可以及早发现异常，并及早做出应对措施。

宝宝陈钆莹：妈妈对宝宝的囟门呵护备至，不敢用力地触摸，经常会给宝宝戴个帽子或方巾来保护宝宝囟门。

（1）囟门闭合晚

如果宝宝已经超过了 24 个月，前囟门还没有闭合，宝宝很可能患有佝偻病、呆小病。

（2）囟门闭合早或过小

对于前囟门闭合过早的宝宝，首先应该检查一下宝宝的头围是否在正常值范围内，如果头围正常，则不会影响宝宝智力的发育，妈妈不必太过担心；如果头围明显低于正常值，只要不是骨性闭合，就不会影响头围生长。妈妈也不必太担心，如果实在不放心，可以请医生看看是否正常，千万不要认为宝宝是缺乏某种物质而盲目地进行补充。

（3）囟门过大

如果宝宝在出生之后不久，前囟门开始逐渐变大，大约增大 4 ~ 6 厘米，一旦出现这种情况，首先要检查宝宝是否存在脑积水。患有先天性脑积水的宝宝，囟门很难闭合，而且会影响宝宝智力的发育，这时妈妈要带宝宝到医院去做脑CT检查，并及早接受治疗。还有一种情况，宝宝可能患有佝偻病，而主要的症状是不但前囟门大，后囟门也大，前后两个囟门可能会连通在一起。

（4）囟门凹陷

宝宝出现严重腹泻或发热、大量出汗、体内严重缺水等现象，可导致囟门凹陷，这种情况应赶快给宝宝补充水分。

如果宝宝患有脑部疾病，为了使颅内压力降低而使用大量脱水剂，前囟门会因脱水而凹陷，此时应尽快给宝宝补充水分，以免因身体脱水而引发其他问题。

如果宝宝长期营养不良，体重明显低于正常宝宝，也会出现囟门凹陷的现象。

（5）囟门凸起

如果宝宝的前囟门忽然凸起，同时伴有烦躁不安的表现，则代表有颅内血压的急性升高，可能有颅内感染或者颅内出血等疾病，妈妈应赶快带宝宝到医院就诊。如果宝宝前囟门是逐渐凸起的，则可能有脑积水、大量误服鱼肝油等，也需要尽快去医院。

如果宝宝的前囟门逐渐变得饱满，则硬膜下可能存在积液、积血等情况，很可能是宝宝颅内长了肿瘤，应去医院进行详细检查。

宝宝陈钏莹：妈妈一旦发现宝宝的囟门出现异常，一定要高度重视并及时送诊。

用药不当也会导致囟门凸起，如宝宝长期大量服用鱼肝油、四环素等，宝宝的前囟门就会出现逐渐饱满的现象。

如果宝宝使用肾上腺素，突然停药也可能导致囟门凸起。

（五）脱皮，不做“蛇”宝宝

童妈给童童洗澡时，发现给童童换下的衣服上粘有不少皮屑。这让童妈吓了一跳，不过婆婆却不以为然地说：“没事，这是正常现象。”新生儿在出生后 1 ~ 2 周之间，身上有片状的脱皮现象发生，其实这是一种正常的生理现象，几乎所有宝宝都会发生，爸爸妈妈不用过于担心。

1. 新生儿为何会脱皮

宝宝会脱皮是因为宝宝之前在羊水里，出生后由湿润的环境转变到干燥的环境，而且宝宝发育得快，新陈代谢也就快，加之新生儿皮肤最上层的角质层发育不完全，所以很容易就会脱落。此外，新生儿连接表皮和真皮的基底膜并不发达，以致表皮和真皮的连接不够紧密，造成表皮脱落的机会增多。

2. 照顾好脱皮的宝宝

虽然宝宝脱皮是正常的生理现象，不过，在日常护理中，还是要注意以下细节：

（1）洗澡

宝宝在脱皮期间，妈妈虽不用给宝宝做特殊的护理，但还是要细心一些，应坚持每天给宝宝洗澡。

（2）选用纯棉衣物

给宝宝选用纯棉衣物，因为纯棉衣服比较透气，也有利于吸汗。

（3）不要人为撕掉脱皮

不要人为地撕掉宝宝身上的脱皮，应该让它自然脱落。

（4）警惕皮肤病

如果出现脱皮并且皮肤潮红、有红斑，甚至有发热、呕吐、腹泻等异常表现，那就要警惕宝宝是否患有皮肤疾病，此时妈妈应及时带宝宝去看医生。

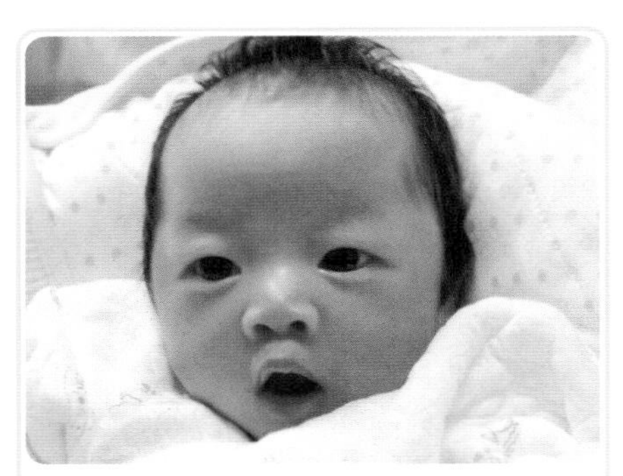

宝宝叶芷璇：芷旋出生后第10天，脸上开始出现皮屑。

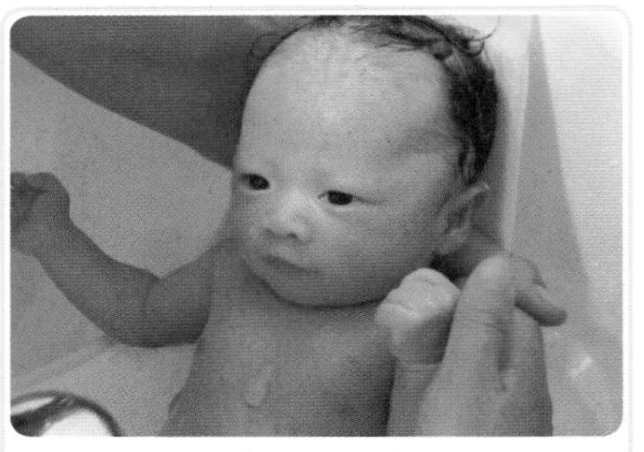

宝宝叶芷璇：在芷旋脱皮期间，妈妈每天给她洗澡，并涂上婴儿润肤油，以保持皮肤的水分。

（六）给宝宝洗澡有方法

对于童妈来说，给童童洗澡可是件大事。小家伙脐带还不能碰水，只能用分段沐浴法。可是童童不干了，基本上每次都是从脱衣时就开始大哭，一直到洗澡完毕。每次洗澡下来，童妈和婆婆都要累出一身臭汗。可见，对于新手爸妈来说，给宝宝洗澡并非易事。

在新手妈妈生下宝宝后尚未出院时，会有护士专门负责给宝宝洗澡。可是，一旦出院，给宝宝洗澡的任务就落到新手爸妈身上了。下面，我们就一起来看看给宝宝洗澡的方法及注意事项吧。

1. 准备工作要做好

在给宝宝沐浴前，妈妈要准备好相关的用品。

① 首先，准备好沐浴用品，如：宝宝的衣服、浴巾、包被、纸尿裤、毛巾、澡盆等。

② 其次，在给宝宝洗澡的时候，室温最好控制在24℃左右，水温保持在37℃～38℃。

● 宝宝衣服

● 包被

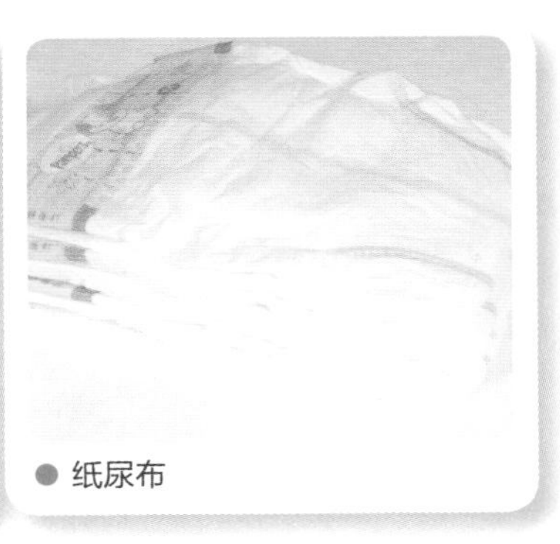

● 纸尿布

2. 具体操作方法

以宝宝的脐部为界，采取“分段沐浴法”，具体方法如下：

① 脱下宝宝的衣服，让宝宝仰卧，用左手托住其枕部，拇指及中指将宝宝双耳向前按，贴于耳前脸上，这样可以防止宝宝耳内灌水。

② 将宝宝的臀腰部夹在腋下，其背部放在左前臂上，固定好之后，右手将毛巾浸入温开水中，先清洗宝宝双眼分泌物（自内眼角向外眼角擦洗）、耳后、颈，再清洗胸、背、双腋窝、双上肢及双手。注意擦洗腹部时，不要将脐带弄湿，以免引起发炎。

③ 将宝宝倒过来，使宝宝的头顶贴在妈妈的左胸前，用左手抓住宝宝的大腿，右手用浸水的小毛巾先清洗会阴腹股沟及臀部（女宝宝一定要从前向后洗），然后清洗下肢及双脚。

④ 最后，在给宝宝洗完澡以后，一定要立刻用浴巾裹住宝宝，轻轻擦干后围上尿布，穿

上衣服，裹在包被中即可。应该注意的是，不要将宝宝紧紧地裹在包被中，应该让宝宝的手脚放松，让他可以自由地活动，这样有利于宝宝的呼吸和血液循环，可以促进宝宝更好地成长发育。

为新生儿洗澡时，应彻底洗净腋窝、颈部、腹股沟等处的胎脂，以减少对皮肤的刺激。如果皮肤有破溃，最好不要使用粉剂药物及龙胆紫，因其只能起到干燥表皮的作用。皮肤破溃处宜用温水洗净、擦干，将适量的鞣酸软膏均匀轻柔地涂抹，每日 2 次，可起到隔水、干燥及止痛等作用，避免感染加重。

因为新生儿的皮肤非常娇嫩，防御外界侵扰、调节体温和自身再生能力都很差，伤口处即成为细菌大量繁殖的场所，易造成皮肤化脓感染。同时细菌从破损的皮肤侵入血液，很容易发展成为败血症。若不及时治疗，细菌还可随血液到达身体的各处，引发其他疾病。因此，护理好新生儿的皮肤非常重要。

表1–4：新生儿清洁用品清单

品名	说明	重要性
湿纸巾	用于清洁宝宝的小屁屁	视各家需求而定
医用脱脂棉	可代替湿纸巾，蘸清水清洁小屁屁，效果也很好，湿纸巾中毕竟有化学物质	必备
婴儿棉签	用于清洁鼻屎、耳垢等，宝宝的小鼻孔和小耳朵用不了大人的棉签	必备
纱布小方巾	用途很多，如拍嗝时垫在大人肩膀，喂奶时围在宝宝胸前，给宝宝洗脸等	必备
小 盆	一个用来洗脸，一个用来洗屁屁	必备
浴 盆	为宝宝洗澡用	必备
浴 架	与浴盆搭配使用，比较安全	视各家需求而定
浴 巾	宝宝洗完澡用来擦身体	必备
宝宝洗发水、沐浴液	为宝宝洗澡用	视各家需求而定
婴儿抚触油、润肤霜	洗澡后为宝宝做抚触并润肤时用	必备
婴儿洗衣液	刺激比较小，适合小宝宝用	视各家需求而定

（七）选用尿布应注意

早在童童未出世前，童童奶奶就乐颠颠地将家里的衣物拣出来，给童童做了好多条纯棉尿布。可是，麻烦来了，小屁股一下一泡尿，一下一泡屎的，别说清洗一天下来那堆积如山的尿布，就是换尿布也麻烦呀。童童妈于是和婆婆商量："干脆，就用纸尿裤算了，多省事啊。""不行，老是用纸尿裤，浪费钱不说，宝贝孙女会得红屁股的。"关于尿布的学问，妈妈到底要了解多少，才能正确地使用呢？

1. 妈妈最关心的关于纸尿裤的6个问题

第一代纸尿裤是在 1942 年出现的，到现在已经发展到第六代了。它的出现把妈妈们从洗尿布的烦恼中解脱出来，让她们拥有更为充裕的时间和小宝宝们在一起，同时小宝宝们也很高兴自己有一个舒爽的小屁屁。

虽然纸尿裤有诸多优点，但是新手爸妈还是被一些问题困扰着：纸尿裤是否会影响宝宝的健康发育？纸尿裤到底是什么构造？市场上品种繁多的纸尿裤哪种最好呢？

（1）纸尿裤会影响宝宝的皮肤吗

大量科学研究结果显示，纸尿裤能保持宝宝皮肤的干燥，有效避免皮肤与尿布中的尿长期接触而导致过分潮湿，而潮湿常常是诱发尿布疹的首要因素，因为它使皮肤更易磨伤、受刺激，利于病菌的生长。一次性纸尿裤非凡的吸水力，能阻止水分与皮肤接触。

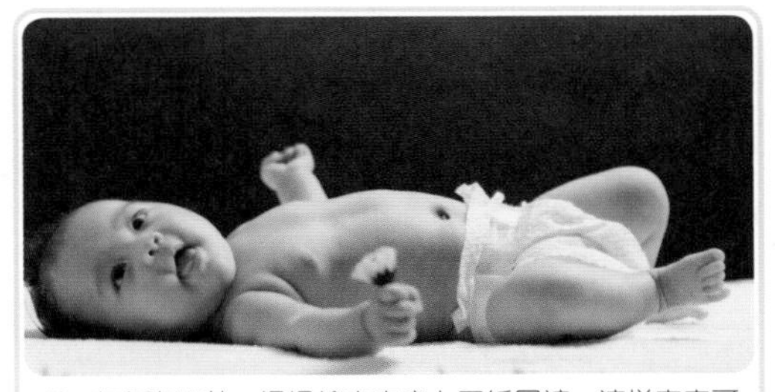

宝宝陈钇莹：妈妈给宝宝穿上了纸尿裤，这样宝宝可以在睡觉时不被妈妈换尿布的举动给弄醒。宝宝醒来后给了妈妈一个满足的笑容。

（2）使用纸尿裤是否会出现罗圈腿

西方国家使用纸尿裤的时间较长，有医学机构通过大规模人群追踪调查，完全排除了纸尿裤和罗圈腿的关联。其实，胎儿在母体子宫内是呈螃蟹形的，出生后双腿也是膝盖部弯曲分开的，这是小宝宝自然的姿势。长期以来，新手爸妈习惯把宝宝的腰部和腿部都用布固定，把腿伸直。这样不但不能使宝宝腿变笔直，反而会使腿部肌肉紧张，股骨头可能会由此滑脱，影响髋关节臼盖的发育，甚至发生髋关节脱位。使用纸尿裤可以让宝宝自由地活动，采取自然姿势，不但不会造成罗圈腿，还可防止髋关节脱位。

（3）纸尿裤是否是导致尿布疹的直接原因

纸尿裤并非是导致尿布疹的直接原因。宝宝是否发生尿布疹，同样取决于纸尿裤的质量。不少纸尿裤并非完全是纸质的，长期使用会对宝宝的肌肤造成伤害。不透气或透气性不好的纸尿裤也同样存在这个问题。宝宝排出的尿液长时间存放在纸尿裤中，如果透气性不好，局部温度过高，尿液蒸发，可滋生细菌，大便中的细菌又可使尿液产生氨，刺激宝宝稚嫩的皮肤，易使宝宝长尿布疹。可见，纸尿裤与尿布疹并没有直接的关系。只要注意质量和使用方法，可完全避免尿布疹的发生。

（4）纸尿裤能否给宝宝卫生的生长环境

纸尿裤能为宝宝提供一个更加卫生的生长环境，因为它比传统尿布更能减少粪便中细菌的传播和污染。调查结果显示，使用纸尿裤的宝宝的玩具和生活用品中，粪便细菌量比使用传统尿布的要少得多。

（5）纸尿裤的吸水性能否使宝宝获得高质量睡眠

研究数据表明，使用吸水性能强和回渗小的高质量一次性纸尿裤，可为宝宝臀部提供一个充分干爽的环境，使宝宝不会总是感到潮湿、不适，因而减少了由尿湿而致的苏醒次数，睡眠时间也要比使用传统尿布的宝宝长，有助于宝宝睡得更香甜。

（6）纸尿裤是否会威胁到“小鸡鸡”

无论是使用布尿布还是纸尿裤，都会提高阴囊内的温度，但到目前为止，还没有案例说明使用纸尿裤与男性不育有关。

表1-5：纸尿裤对宝宝生殖器官的影响分析表

肯定的理由	否定的理由
若纸尿裤使用不当，可能会给宝宝带来不利影响，特别是男婴，倘若长时间使用一片纸尿裤而不及时更换，不透气的纸尿裤紧贴婴儿皮肤，会使局部温度升高，使婴儿睾丸处于高温环境中。男婴睾丸最适宜的温度在34℃左右，当温度上升到37℃，日久可导致睾丸日后产不出精子来，从而导致男婴未来不育。 可见，肯定纸尿裤会导致男婴未来不育是有前提条件的。那就是，使用不透气的纸尿裤，或长时间使用一片纸尿裤不及时更换，使婴儿睾丸处于高温环境中，才会导致未来不育。	只要使用方法正确，年轻父母尽可放心地给宝宝用纸尿裤，所引起的温度变化不会对青春期的生殖健康产生不良影响。 男子的精子发育发生在青春期，精原细胞在青春期分裂形成精母细胞，之后再经过两次减数分裂成为精子细胞，精子细胞经过分化才变成精子。也就是说，在胚胎期和婴儿期，睾丸内的曲细精管是实心的细管，而且并无精子的产生和成熟过程。

2. 如何选购纸尿裤

科学技术的进步通常能给我们带来更美好、更便利的生活，如果问妈妈什么是人类最好的发明，她们肯定会说——纸尿裤。纸尿裤不仅能为宝宝的肌肤提供一个干爽的环境，使他们享受更充分的睡眠，而且能将妈妈们从烦琐的重复性劳动中解放出来，使她们有时间努力工作、有精力享受生活。

（1）购买时应先注意包装上的标志是否规范

根据我国轻工业行业标准关于纸尿裤的规定，纸尿裤的销售包装上应标明以下内容：产品名称、采用标准号、执行卫生标准号、生产许可证号、商标；生产企业名称、地址；产品品种、内装数量、产品等级；产品的生产日期批号。

（2）通过试用来做最合适的选择

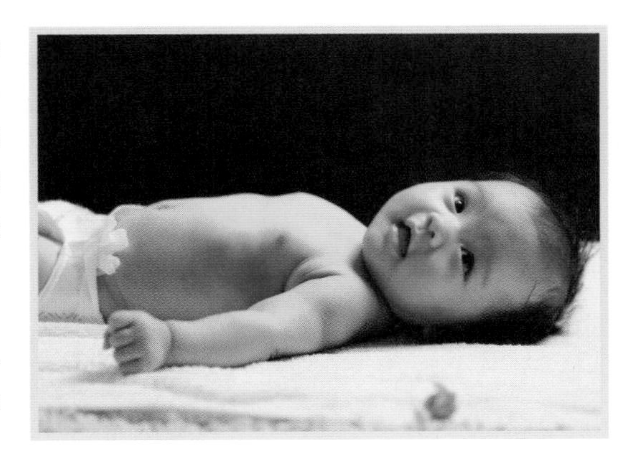

每家厂商都有自己个性化的设计，妈妈可以根据宝宝的实际情况和自己喜好来选择。最实用的方法是刚开始的时候少量购买，然后根据以下纸尿裤“好用”的参考标准来检查所购买的纸尿裤，看看效果再决定最终长期购买的品牌及产品。

纸尿裤“好用”的参考标准：

合身舒适：宝宝每天穿着的纸尿裤合身贴体最重要，有弹性设计的纸尿裤能够很好地配合宝宝活动，避免红印和摩擦。

吸收量大：这样可以减少更换频率，不会打扰睡眠中的宝宝，而且快速吸收能够减少尿液与皮肤接触的时间，自然就减少了宝宝患尿布疹的几率。

干爽不回渗：如果屁股老是接触湿湿的表层，宝宝一定不舒服，而且容易长尿布疹。

透气不闷热：透气性是保护宝宝稚嫩肌肤的重要条件。

（3）尽量使用知名品牌的纸尿裤

纸尿裤直接接触宝宝皮肤，选择知名品牌，材料质量和生产卫生环境比较有保障，更加放心。

（4）选好购物地点，让你买到放心产品

在给宝宝选购纸尿裤时，妈妈应尽量在有信誉的大商场或超市购买，因为大商场或超市的进货渠道更有保证，更易给宝宝买到优质的纸尿裤。

3. 如何穿纸尿裤

给宝宝穿纸尿裤的方法：

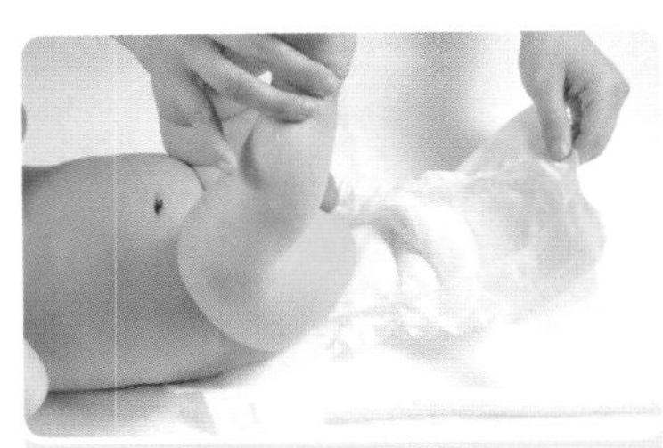

01 将尿布展开，一手提起宝宝双脚，使宝宝屁股抬起，另一只手将新的纸尿裤放到宝宝的屁股下面。

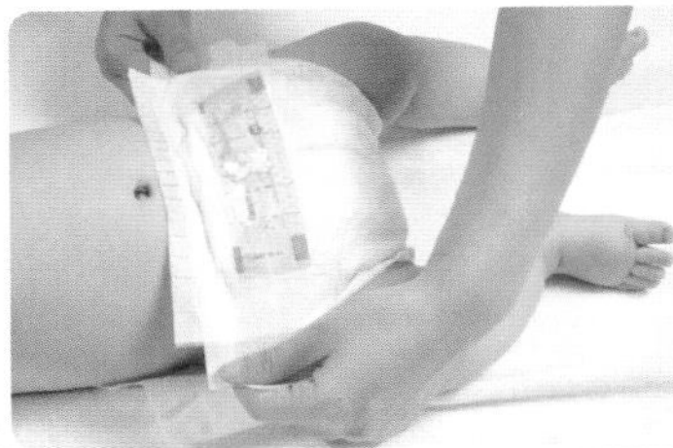

02 将纸尿裤的一方向宝宝的肚子上方牵拉，使其左右保持对称。

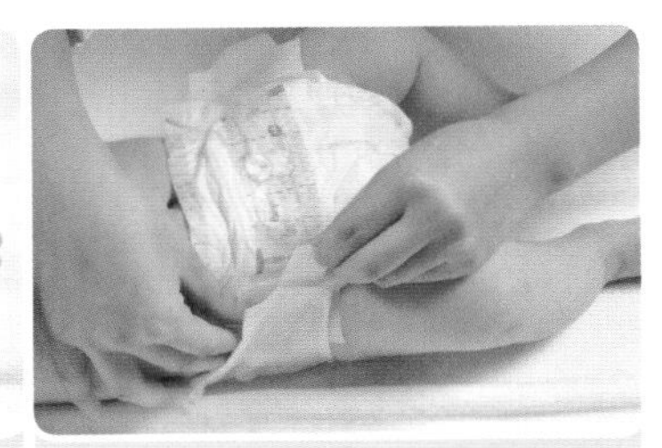

03 撕开纸尿裤一侧的小耳朵，粘在纸尿裤适合宝宝腰围的位置。

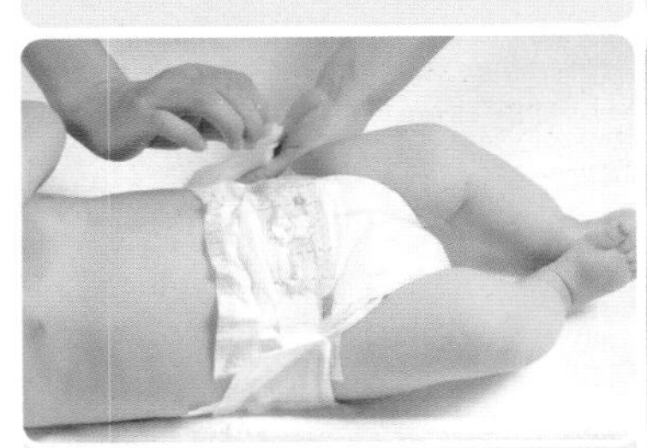

04 撕开纸尿裤另一侧的小耳朵，粘在纸尿裤适合宝宝腰围的位置。

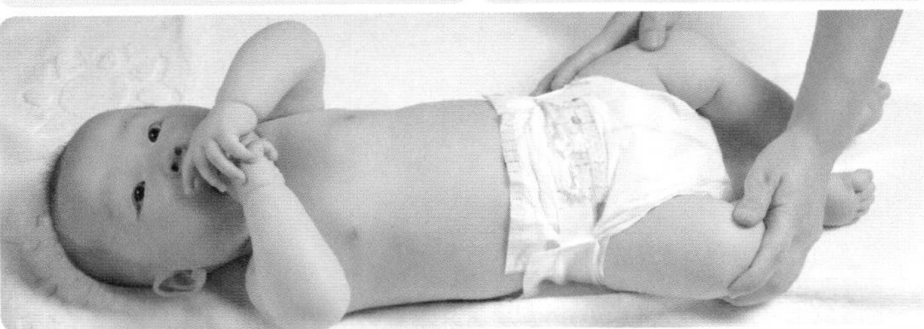

05 现在，宝宝的纸尿裤就穿好啦。妈妈还可以用2只手指插入宝宝肚脐下的纸尿裤处，检查纸尿裤的腰围大小是否合适。若不合适，可调整一下纸尿裤的合适度。

4. 如何脱纸尿裤

给宝宝脱纸尿裤的方法：

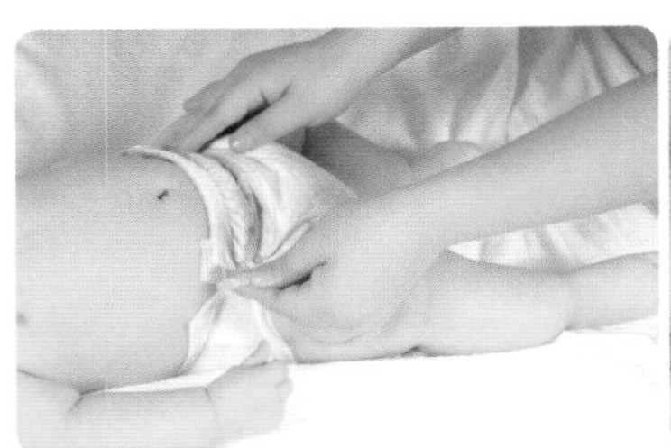

01 先将宝宝放在床上，将宝宝的外裤脱下。

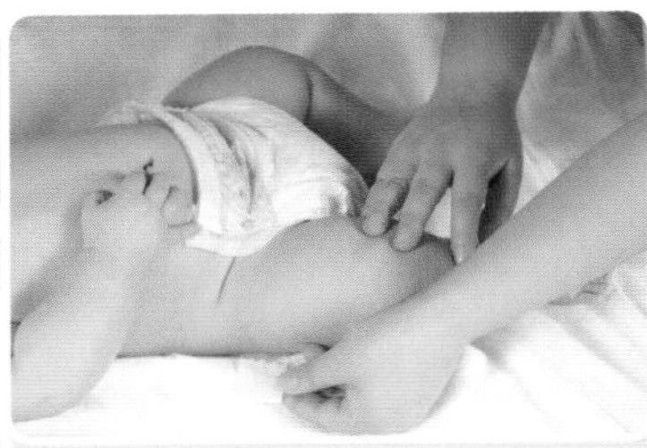

02 将纸尿裤的两侧撕开。

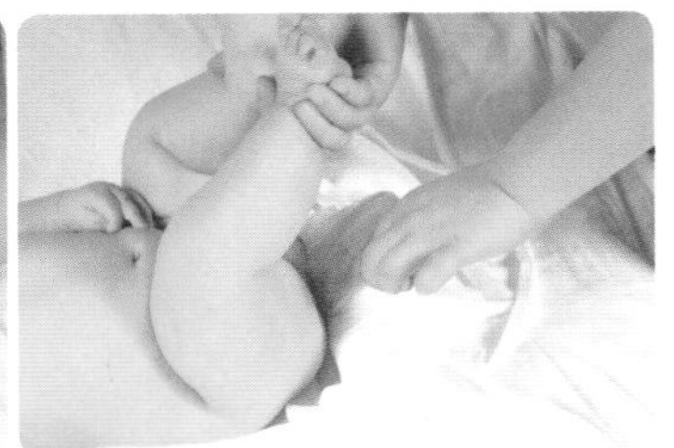

03 一手提起宝宝双脚，使其臀部抬高。另一只手拉住纸尿裤，将脏纸尿裤取下并卷起。

5. 使用纸尿裤的注意事项

在使用纸尿裤的时候，爸爸妈妈还要注意以下几点：

（1）有过敏现象应立即停止使用

如果发现宝宝的皮肤发红，可以有以下几种方案供选择：

换另一个牌子的尿布可能就没问题了，因为宝宝的皮肤有个体差异，体质也不同，所以适用的品牌和产品也不同。

使用最传统的尿布来过渡。

用以上两种方法替代一段时间，再重新使用这一品牌，宝宝可能就会适应。

（2）纸尿裤胶条的使用需小心

使用宝宝护肤品如油、粉或沐浴露等时，应特别注意不要让它们粘在胶条上，以免其粘力降低。若是选择无胶腰贴的纸尿裤，即使粘到也不影响。另外，无胶腰贴的一大好处就是不必担心粘到宝宝嫩嫩的皮肤。

（3）个人卫生应做好

在更换纸尿裤前，妈妈应将手清洗干净，避免手中的细菌接触宝宝的皮肤。

（4）纸尿裤存放有方法

应将纸尿裤保存在干燥通风、不受阳光直射的室内，防止雨、雪和地面湿气的影响，也不得与有毒化学品共贮。

6. 传统尿布的使用方法

传统尿布并非像人们所说的那样一无是处，它有很多优点是纸尿裤不能完全替代的，如：

■ 传统尿布是棉布制品，不容易使小宝宝稚嫩的皮肤过敏。

■ 传统尿布可以反复利用，经济实用，很适合刚出生的宝宝，因为他们在这一时期使用量特别大。

■ 使用传统尿布还可以促使父母重视训练宝宝排便的习惯。及早训练排便习惯有利于婴幼儿大脑神经细胞之间的连通，增强神经对肌肉的控制能力，促进大脑的活动和发育。

● 传统尿布

纸尿裤和传统尿布各有千秋，没有必要因为青睐纸尿裤而把传统尿布完全抛弃。聪明妈妈的做法是，把纸尿裤和传统尿布巧妙交替使用，也就是夜里为了小宝宝睡得安稳，或带宝宝外出的时候使用纸尿裤；白天居家有人照顾时，因为能够及时为宝宝更换尿布，可以考虑使用传统尿布。

在给宝宝穿传统尿布时，可以采取以下方法：

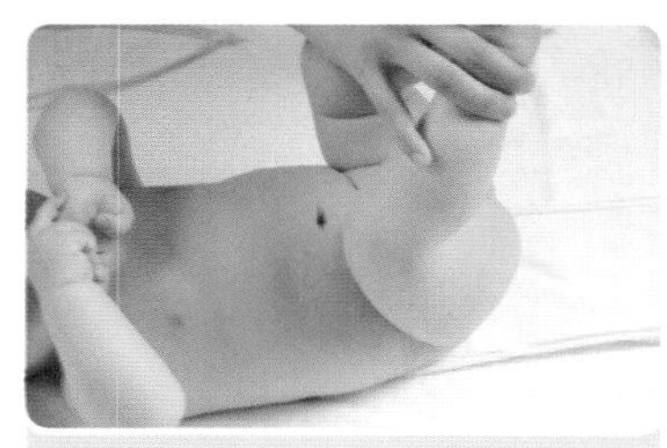

01 将尿布折叠好后，将尿布的一端垫到宝宝的屁股下方。

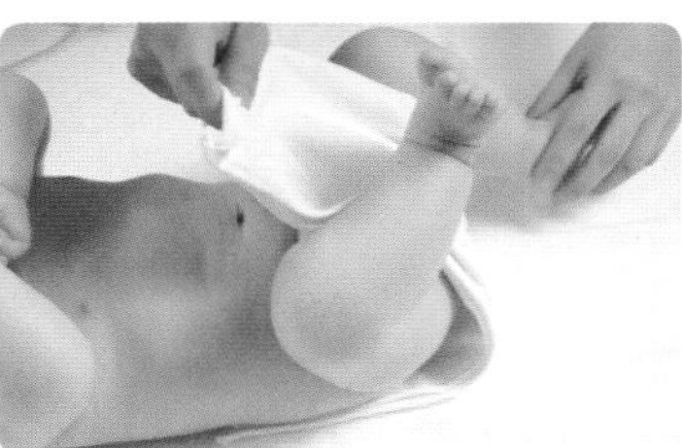

02 妈妈将尿布的另一端往宝宝腹部拉起。

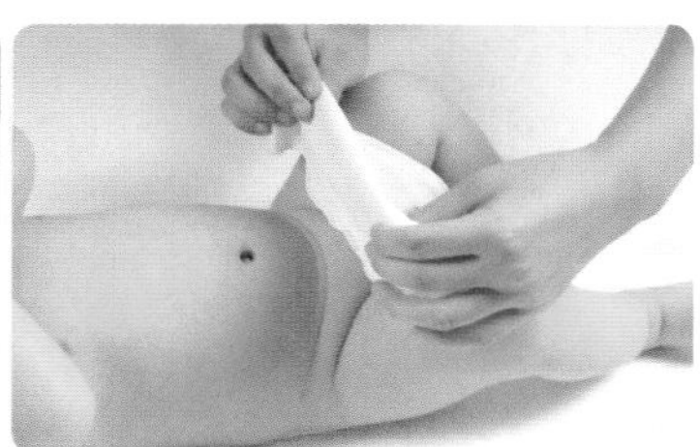

03 将尿布的顶端向内折叠。

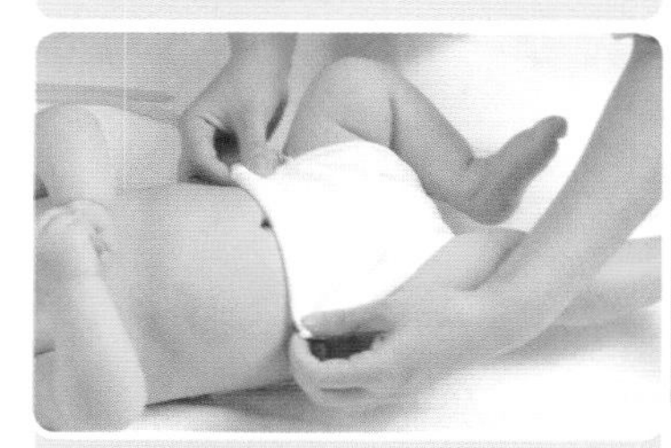

04 将折叠好的尿布拉至宝宝腹部展平。

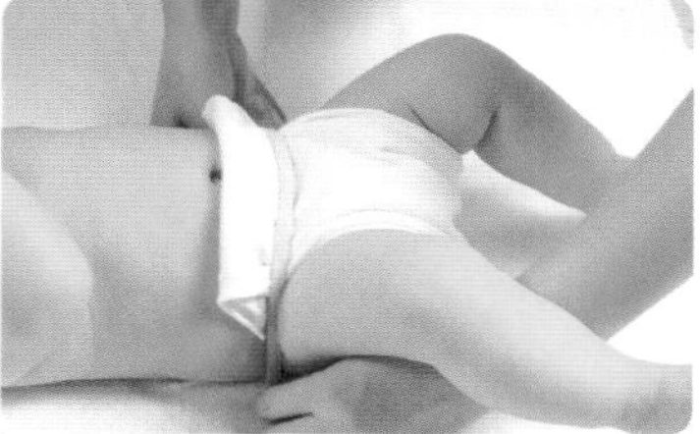

05 将松紧带放在已经折好的尿布上。

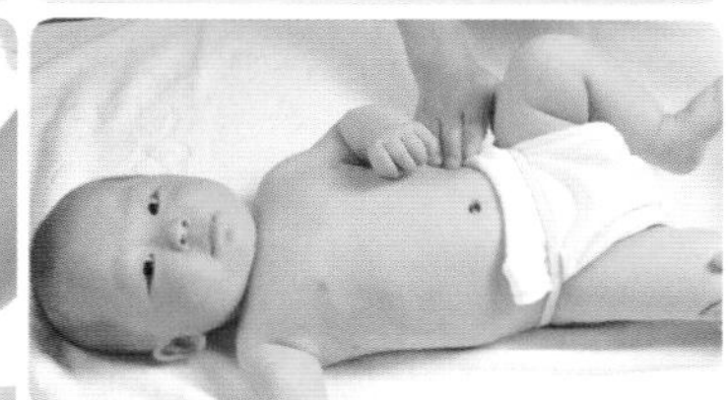

06 轻轻抬起宝宝的小屁股和尿布，将松紧带放于尿布下，最后将松紧带的两端系牢即可。

7. 正确地清洗宝宝的尿布

尿布的清洗与新生儿的健康有着密切的关系。尿布清洗方法不当，可导致新生儿发生尿布疹。妈妈可按照下列方法清洗宝宝的尿布：

① 首先，新生儿的尿布在每次大小便后均要清洗，最好是用一块清洗一块。为省事方便，也可将尿布集中起来清洗，但一次不能洗得太多，以免洗不干净。

② 清洗小便的尿布时，可先用清水（最好是用热水）浸泡片刻，再清洗 2 ~ 3 遍，拧干后，再用开水烫一遍。

③ 如果是有大便的尿布，先用凉的清水和刷子将尿布上的大便洗刷掉，再用中性肥皂擦在尿布上，放置 20 ~ 30 分钟后再用开水冲烫，待水冷却后再搓洗干净，以尿布上无大便的黄色痕迹为准，最后再用清水冲洗 2 ~ 3 遍，以将残留在尿布上的肥皂冲洗干净，避免对新生儿皮肤的刺激。

④ 尿布洗干净后，最好是放在太阳下面晒干，使尿布干爽，可达到消毒杀菌的目的。

⑤ 如条件不允许，如遇到梅雨天无条件晾晒时，也不可用炉火烘烤，以防止尿布返潮刺激皮肤。可以用熨斗烫干，这样尿布不易返潮，较为干爽舒适，又可达到消毒的目的。

8. 还可选择隔尿巾或尿布裤

除了纸尿裤和传统尿布，妈妈还可以为宝宝选择隔尿巾、尿布裤，它们使用起来也很方便。

（1）减轻妈妈负担的隔尿巾

使用传统尿布，虽然宝宝觉得干爽舒服了，但每天洗尿布的重任就落在妈妈身上，让新手妈妈不胜其烦。于是市场上出现了隔尿巾，减轻了这种麻烦。

隔尿巾都是一次性使用的，是一张薄如蝉翼的纸，类似于纸尿裤上面的那一层无纺布。使用时，把它包在尿布外层，隔在宝宝的屁股和尿布之间。隔尿巾的渗透性，能令尿液渗透到尿布里，并隔开粪便。使用后将隔尿巾扔掉，洗涤下面的尿布就容易多了。

要注意的是，用过的隔尿巾不可以扔进抽水马桶里，以防堵塞。

● 隔尿巾

（2）实用性媲美纸尿裤，却更柔软透气的尿布裤

尿布虽然透气舒适，但给宝宝戴上后只能靠妈妈用手托着宝宝屁股，不是很方便。虽然有些尿布配有安全扣，可将尿布折叠扣起成一定形状，但依然不如纸尿裤方便。

如果这样，还可以选择尿布裤。它的形状和纸尿裤差不多，也是外包围，兜住宝宝的小屁股后，在前面用魔术贴贴紧，但材料是用柔软的布料做成，而且中间部分留有空隙，是放置尿布用的。把一张尿布折叠成长方形，刚好可以塞进裤子的中间，然后给宝宝穿好，就把小屁股包得妥妥当当，而且柔软透气。

● 尿布裤

（八）新生儿睡觉也会传给妈妈很多信息

童妈是个文艺女青年，以前读文学作品，总是时不时地看到诸如“她睡得像个婴儿一样安宁”的描述。生完小孩之后，她才知道，如此形容一个人睡觉安宁的人，一定是没有生过小孩的。你看童童，哪次睡觉安宁过呀？不是睡一会儿就醒了，就是睡着了还挤眉弄眼、手抓脚踢的。

其实，新生儿睡觉也会传达给妈妈很多信息，细心的妈妈捕捉到这些信息了吗？

1. 新生儿不同睡眠状态的护理要点

新生儿的大脑皮层兴奋性低，外界的刺激对新生儿来说都是过强的，因此持续和重复的刺激易使其疲劳，致使皮层兴奋性更加低下而进入睡眠状态。所以在新生儿期，宝宝除了饿了要吃奶而醒来，哭闹一会儿外，几乎所有的时间都在睡觉。睡眠可以使大脑皮层得到休息而恢复其功能，对宝宝健康是十分必要的。随着大脑皮层的发育，小儿睡眠时间会逐渐缩短。

心理学家仔细观察、研究了新生儿睡眠，按程度不同分为：活动睡眠（浅睡）状态、安静睡眠（深睡）状态和困倦状态。

（1）活动睡眠状态

宝宝虽然两眼闭着，但偶尔会把眼睛微睁开，手和脚会动一下，脸上还会做出一些表情，如皱眉、微笑、嘴巴吮吸等。如果呼吸逐渐不规则而且稍加快，这表明宝宝快醒了。

照料要点：不要误以为宝宝醒了，其实宝宝仍在睡眠中。如在这时给他换尿布、喂奶，宝宝会因没睡足而情绪很坏，哭闹不止，因此在这种睡眠状态时，妈妈最好不要叫醒宝宝。

（2）安静睡眠状态

宝宝身体及脸部松弛自如，除了偶尔惊跳一下或极轻微的嘴角动以外几乎没有什么活动；眼睛紧闭，呼吸均匀并变慢，完全没有任何反应。

照料要点：尽量让光线暗一些，让宝宝安静舒适地充分休息，即使已经到了喂奶时间，只要宝宝没有醒就不要硬把他叫醒，这样宝宝的大脑会比较放松，夜里也不易哭闹，同时还可促进脑垂体分泌生长激素，使宝宝长得更快。

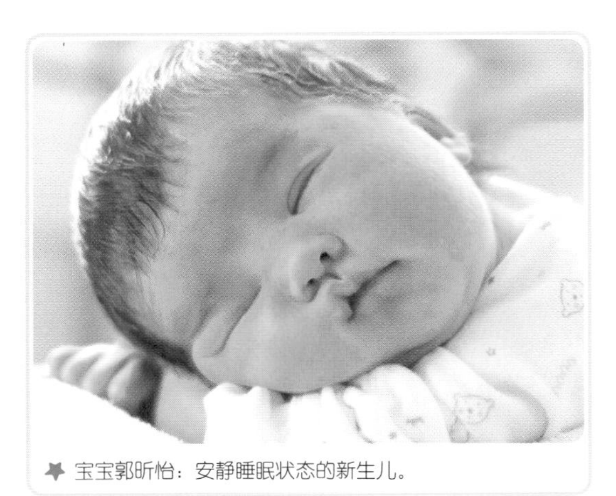

宝宝郭昕怡：安静睡眠状态的新生儿。

2. 新生儿应取什么睡姿

睡眠姿势可分为仰卧、俯卧、侧卧。大多数妈妈喜欢让宝宝仰睡，但仰睡有两个缺点：一是呕吐时易被呕吐物塞噎喉咙；二是仰卧总是一个方向睡，会引起头颅变形，形成扁头，影响头形美观。其实宝宝睡姿很讲究，给新手妈妈分析一下宝宝一些错误睡姿和纠正方法。

（1）摇睡

当宝宝哭闹时，一些父母习惯将其抱在怀中或放入摇篮里摇晃。摇晃动作会使宝宝的大脑在颅骨腔内不断晃荡，未发育成熟的大脑会与较硬的颅骨相撞，造成脑小血管破裂，引起"脑轻微震伤综合征"。

摇睡

（2）陪睡

宝宝出生后，应尽量让他独自入睡。因为妈妈熟睡后稍不注意就可能压住宝宝，造成宝宝窒息。长期陪睡，宝宝还易出现"恋母"心理，对宝宝的身心发展非常不利。

陪睡

（3）俯睡

面部朝下的俯睡对小宝宝来说最为危险。小宝宝一般不会翻身及主动避开口鼻前的障碍物，加上消化器官发育不完善，胃内压增高时，胃中的食物就会互流，阻塞十分狭窄的呼吸道，造成窒息。

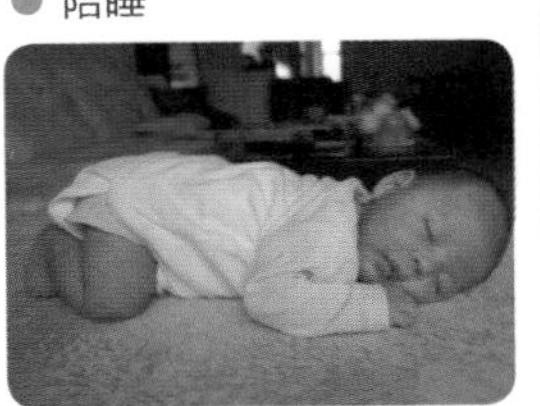
俯睡

（4）裸睡

宝宝体温调节功能差，裸睡时腹部容易受凉，使肠蠕动增强，导致腹泻。夏季最好在宝宝胸腹部盖一层薄薄的衣被，或穿上小肚兜睡。

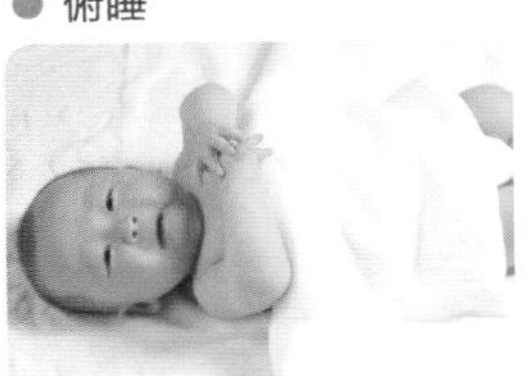
裸睡

（5）搂睡

父母搂睡的做法有三大危害：

① 使宝宝难以呼吸到新鲜空气。妈妈的乳头一旦堵塞了宝宝鼻孔，易造成宝宝窒息等严重后果。

② 易使宝宝养成醒来就吃奶的坏习惯，从而影响食欲与消化功能。

③ 限制了宝宝在睡眠时的自由活动，难以舒展身体，影响正常的血液循环。

搂睡

（6）睡软床

睡软床，一是当宝宝来回翻动时易被柔软的被褥或枕头等堵住口鼻，从而发生窒息；二是不利于宝宝头颈部及上肢活动，尤其是不利于脊柱的 3 个生理弯曲的形成。因此，宝宝最好睡硬板床，以方便练习俯卧抬头、翻身、坐起、爬行、站立等，有利于生长发育。

3. 新生儿能否睡枕头

妈妈最好不要给新生儿睡枕头。这是因为：

① 新生儿的头比较大，几乎与肩宽相等，平睡、侧睡都很自然，不需要枕头。

② 新生儿的颈部很短，若宝宝睡觉时再加枕头，会使头部前倾或偏向一侧，影响其呼吸或使其睡不舒适，天长日久，可能造成头颈部畸形。

宝宝莫芷涵：早在新生儿期，妈妈就给宝宝准备了一个可爱的小枕头，不过，这个枕头在宝宝满百天后才真正能派上用场。

4. 从宝宝睡眠习惯看健康

睡眠对宝宝的成长有很大的意义，妈妈一定要注意观察宝宝睡觉时的状况，这有助于发现宝宝的身体是否存在问题。

（1）睡觉时突然手脚抽搐

一些宝宝睡觉时会有惊厥的情况，需要向各位妈妈说明的是，医学上的惊厥与我们常说的惊醒、惊吓是不一样的。如果你的宝宝在睡觉时突然手脚抽搐，可能就是惊厥的表现。小儿惊厥常见的有两种，一种是发热惊厥，这类惊厥一般出现时间较短，在 1 分钟左右，它的出现都是由发热引起的，这时宝宝的体温一般在 38.5℃以上，3 岁前的儿童都很常见。如果不是发热引起的惊厥，同时还有面色发青、发紫等情况，则需要入院确诊宝宝是否患有癫痫。

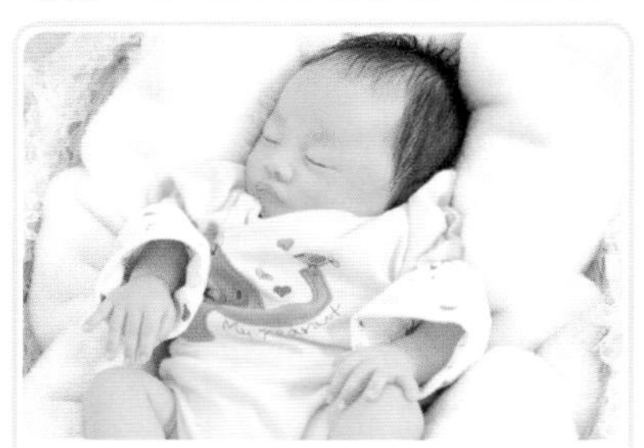

宝宝叶芷璇：宝宝睡着了，但是妈妈依然细心读取宝宝睡眠传达出来的健康信息。

（2）睡眠时间特别少，可能是缺钙

除了睡觉时的表现，睡眠的时间长短也是有讲究的。新生儿每天要睡 18 个小时左右，2 ~ 3 个月的宝宝每天睡 16 个小时左右，4 ~ 6 个月的宝宝睡 14 小时左右，7

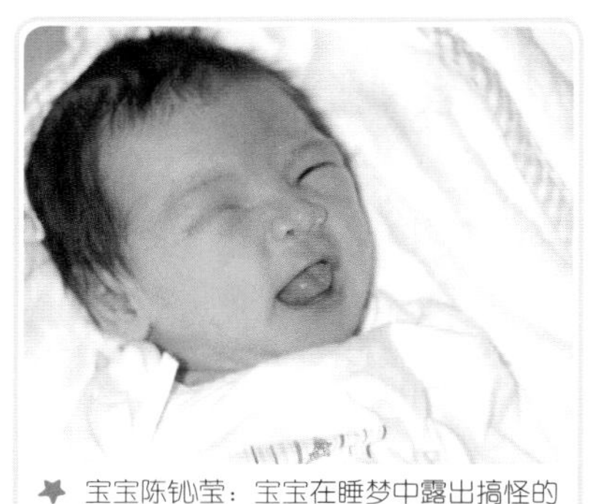

宝宝陈钏莹：宝宝在睡梦中露出搞怪的表情。

个月～1岁的宝宝睡12小时左右，1～3岁的儿童睡10～12小时。但我们不能教条地计算宝宝的睡眠时间，因为睡眠时间的长短也有个体差异。上面提到的时间，只是一个基本的参考数据，多一点、少一点都没有关系，但是如果宝宝的睡眠时间和这个参考数据的差距大于2个小时，就要引起注意了。一些宝宝睡得明显过少，这有可能是缺钙的表现。

（3）嗜睡不爱动，或将影响宝宝智力

一些宝宝明显睡得很多，动得少、吃得少，大便也比较少，有明显的黄疸，这可能是甲状腺功能低下的表现，一定要及时就医。如果是先天性的，3个月前不及时治疗，就可能影响到宝宝的智力。如果嗜睡、不爱动的同时伴随着发热的症状，则有可能是脑炎的表现，也要及时就医。要提醒妈妈们的是，宝宝如果只是在一些特定时间，比如生病的恢复期嗜睡，病好后恢复正常睡眠，是不需要担心的。

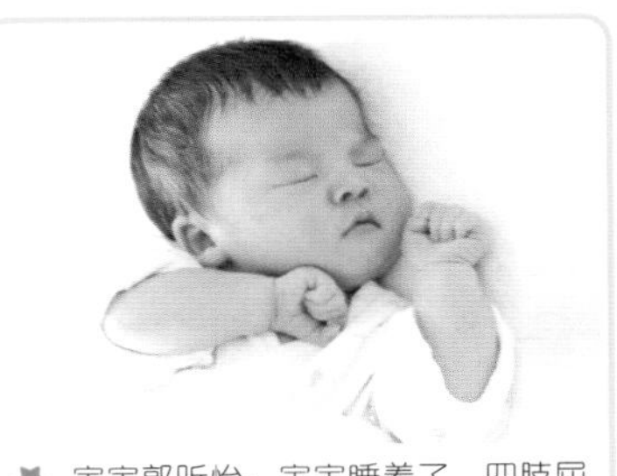

宝宝郭昕怡：宝宝睡着了，四肢屈曲，拳头紧握，新生儿睡觉时大多还会保持着胎儿时期的习惯。

（4）醒后啼哭超过半小时，妈妈要留心

如果宝宝惊醒后啼哭超过半个小时，妈妈怎么哄都没用，可能就是宝宝不舒服了。宝宝因为做梦被惊醒而哭泣的时间一般都不会很长，只要大人哄一哄、逗一逗就没事了，但如果怎么哄都没用，并且长时间哭泣，就可能是宝宝有肠绞痛的症状（由于宝宝的小肠比较长，所以容易有肠绞痛、肠痉挛等情况发生），如果不及时治疗可能会引起肠坏死。

（5）宝宝睡觉时老哼哼不是病

宝宝有时在睡觉时扭动身体，并且发出哼哼声，好像身体不舒服，可睡醒后又一切如常，这是病吗？睡觉哼哼不是病。正常宝宝在浅睡眠（活动睡眠）状态下都会有以上表现，不是病态。宝宝睡觉哼哼，可能是因为：

- 宝宝的情感世界很丰富，他也可能是在做梦。
- 宝宝对湿尿布的刺激感到不舒服。
- 厌烦某一种睡姿，于是宝宝就会扭动身体，发出哼哼声，乃至以哭泣来表达。
- 对睡眠环境不满意，如噪声、室温、空气不新鲜等。
- 胃肠道不舒服，比如饥饿、吃奶时胀气等。

宝宝睡觉哼哼，妈妈该怎么办呢？不必惊慌，也不必不停地摇晃宝宝，可以让宝宝换个体位睡，如侧卧位、俯卧位置（俯卧位时妈妈一定要陪在宝宝身边，以防发生窒息等意外），并轻轻抚摩背部，使宝宝感到安全和踏实。

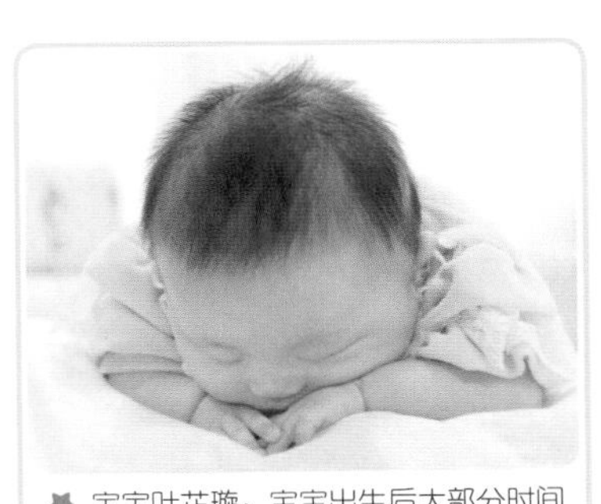

宝宝叶芷璇：宝宝出生后大部分时间在睡觉，不过妈妈可细心了，就算宝宝睡着了，也会仔细观察她的一举一动。

如果宝宝睡觉时总是扭动身体，并且鼻尖上有汗珠，身上潮乎乎的，应注意室内温度是否过高，或是否包裹得太多、太紧，宝宝可能是因为太热而睡不安稳。这时应降低室温，减少或松开包被，解除宝宝过热感。

如果宝宝小脚发凉，则表示是由于保温不足而睡不安稳，可加厚盖被或用热水袋在包被外面保温。

尿布湿了，或没有吃饱等也会影响睡眠，应当及时更换尿布，用温水洗净臀部。

宝宝吃饱后轻拍其背部，让他嗝出随吃奶而进入胃内的空气，这样宝宝一般都会满足地入睡的。

（6）宝宝是否存在睡眠障碍

对小宝宝来说，睡眠直接影响着身体健康和生长发育。在睡眠中，宝宝体内会分泌出一定的生长激素，能够促使宝宝长高；如睡眠不好，生长激素分泌就会减少，影响宝宝发育，因此爸爸妈妈都希望宝宝每天都能拥有好睡眠。睡眠不好会对婴幼儿健康产生如下不利影响：

■ 对脑发育的影响：影响记忆力、注意力、认知的发展，可引发宝宝癫痫病症，导致精神发育异常。

■ 对体格发育的影响：影响生长激素的分泌，宝宝长不高，抵抗力下降，容易生病，肥胖的几率增高。

■ 对心智发育的影响：睡眠不好的宝宝容易冲动、好发脾气、偏激，成年后心胸狭隘；长大后容易有注意力障碍（多动症）、阅读障碍、书写障碍；逻辑思维能力差、逻辑推理能力差、抽象思维能力差；易患孤独症、精神性疾病，容易形成网瘾，少年犯罪发生率明显高于睡眠良好的宝宝。

看到这儿，妈妈是不是特别担心宝宝会出现睡眠障碍？别着急，先来给宝宝做个测试吧，看看宝宝是否存在下列情况：

1. 入睡时间大于 30 分钟（入睡困难）。

2. 频繁夜醒（每次持续睡眠小于 3 小时）。

3. 喜欢抱着睡、摇晃睡、含乳头睡、握着手睡等，一放到床上不久就会醒。

4. 睡眠中容易惊跳，后大哭。

5. 特别“胆小”，听到稍微响的声音就会惊跳。

6. 感觉宝宝脾气特别大，情绪比较烦躁，容易哭闹。

7. 24 小时睡眠时间不足 16 小时、昼夜颠倒。

如果宝宝出现以上几项中的任何一项，则说明宝宝存在睡眠障碍。那么，宝宝怎么才算睡得好呢？

睡眠时间：新生儿至 2 个月，每天 18 ~ 22 小时，最少不能少于 16 小时，以后逐渐减少；2 ~ 4 个月大的宝宝应有 13 ~ 16 小时左右的睡眠时间，4 ~ 12 月的宝宝每天睡 12 小时以上；1 ~ 2 岁的宝宝睡眠时间保证约有 12 小时。

睡眠节律：新生儿出生 3 ~ 4 周就可以将大部分睡眠时间集中在晚上，并有能力在晚上睡得更长些。越小的宝宝其睡眠规律更多的与宝宝的饥饿和饱食有关。11 ~ 12 个月宝宝基本可将睡眠时间集中在夜间，日间小睡 2 ~ 3 次，以 2 次为宜，每次 2 个小时左右。12 个月以后，宝宝夜间多连续睡眠 10 个小时左右，日间小睡 1 次，每次 2 ~ 3 小时。

5. 纠正偏头：好头形睡出来

宝宝出生后，头颅都是正常对称的，但由于此时宝宝的颅骨正处于发育阶段，颅骨软，颅骨的边缘部分还没有骨化，颅缝还没有闭合，加上宝宝每天的睡眠又占了一大半甚至 2/3 的时间，所以宝宝头骨在发育过程中极易受睡眠姿势的影响。不正确的固定的睡眠姿势会造成头形的改变，也就是常说的“睡偏头”，异常的头形不仅影响美观，还会影响大脑的发育。

预防和纠正“睡偏头”的方法很简单，即宝宝的头部不要长期处于同一种姿势，应该要给宝宝不断更换左右侧卧和仰卧的姿势。此外纠正宝宝“偏头”还可以参照以下办法：

（1）用定型枕

在宝宝睡偏的一侧用比较松软的东西将其垫高一些，使宝宝头部不能随意偏向该侧。或去婴童专卖店里买个定型枕，效果也是不错的。

（2）自制米袋，固定宝宝睡姿

若宝宝已习惯于某种睡姿，对纠正后的睡姿不能长时间保持，或经常翻回到原来的睡姿，这个时候就比较难办了。妈妈可自制一个米袋，放在宝宝的后枕部以固定其头部。若宝宝是“左偏头”，就让宝宝朝右侧睡，反之则让其朝左侧睡。

米袋最好用柔软纯棉布料制作，适当地做大一些，里面装入适量的大米（米要在锅里炒熟），再将袋口扎紧，然后用两层棉布包裹米袋，以防漏米。

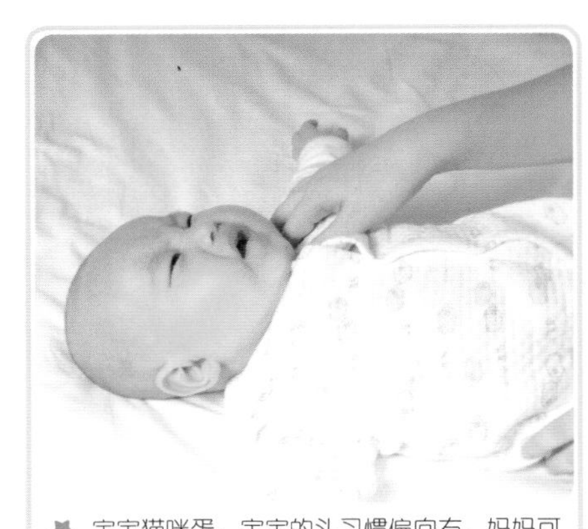

宝宝猫咪蛋：宝宝的头习惯偏向右，妈妈可给其右颈部按摩。

（3）妈妈积极引导

宝宝睡觉时容易习惯于面向母亲，不喂奶时也喜欢把头转向母亲一侧。为了不影响宝宝颅骨发育，母亲应该经常和宝宝调换睡觉位置。这样一来，宝宝就不会把头转向固定的一侧啦。

（九）观大便，识健康

都说女人当了母亲后会有很大的改变，这话真是没错。要说以前，童妈不要说闻着屎臭吃饭了，就算是吃饭时听到有人说到“屎、尿”之类的字眼都会吃不下去。可是，生下童童后，童童一次又一次挑战童妈的极限：经常大人吃着饭，她就开始拉便便。刚开始，童妈做恶心状，童童奶奶就批评她：“自己的女儿，就算是屎都是香的。”慢慢地，童妈就习惯了。甚至，她还可以一边端着饭碗，一边研究童童的便便。

1. 宝宝大便的颜色

宝宝大便的颜色并不是一成不变的。随着宝宝的生长发育，便便的颜色在各个阶段均会有所不同哦，新手爸妈不必因此而感到奇怪。

（1）新生儿胎便：墨绿色

刚生下来的宝宝，出生后 12 小时内会拉出墨绿色胎便。胎便通常没有臭味、状态黏稠、颜色近墨绿色，主要由胎内吞入的羊水和胎儿脱落的分泌物等组成。

特别提示：早产儿排胎便的时间有时会有所推迟，主要和早产儿肠蠕动功能较差或宝宝进食延迟有关。

（2）过渡期大便：黄绿色

待排净胎便，向正常大便过渡时的大便呈黄绿色。多数新生儿在吃奶 2 ~ 3 天后大便呈现这一颜色，然后逐渐进入黄色的正常阶段。

特别提示：新生儿喂养开始的时间和摄入奶量会直接影响过渡便出现和持续的时间。若开奶延迟，过渡便出现的时间也会推迟。

（3）吃辅食后的大便：颜色较暗

宝宝从 6 个月开始添加辅食，随着宝宝辅食数量和种类的增多，宝宝的便性开始慢慢接近成人，变得颜色较暗。大便的颜色有时会与食物颜色有关，妈妈不必为之担心。

特别提示：吃较多蔬菜、水果的宝宝，大便会较蓬松。如果是鱼、肉、奶、蛋类吃得较多的宝宝，因为蛋白质消化使然，大便就会比较臭。

2. 需要警惕的“坏臭臭”

通过观察宝宝便便是可以初步判断宝宝的健康状况和营养状况。宝宝出现下列情况时，妈妈一定要高度重视：

（1）新生儿24小时不排便

新生儿若 24 小时都没有排便，妈妈们应尽快带宝宝去医院检查。

应对措施：请医生检查宝宝是否有消化道先天畸形。

（2）新生儿灰白便

宝宝从出生起拉的就是灰白色或陶土色大便，一直没有黄色，但小便呈黄色。

应对措施：赶紧去看医生，宝宝很有可能是先天性胆道梗阻所致。

（3）豆腐渣便

大便稀，呈黄绿色且带有黏液，有时呈豆腐渣样。

应对措施：可能是患有霉菌性肠炎，患此症的同时还会患有鹅口疮。如宝宝有上述症状，需到医院就诊。

（4）绿色稀便

大便次数多，量少，呈绿色或黄绿色，含有胆汁，带有透明丝状黏液。

应对措施：这是由喂养不足引起的，这时只要给足营养，大便就可以转为正常。

（5）油性大便

粪便呈淡黄色，液状，量多，像油一样发亮，在尿布上或便盆中如油珠一样可以滑动。

应对措施：这表示食物中脂肪含量过多，多见于人工喂养的宝宝，需要适当增加糖分或暂时改喂低脂奶等。

（6）蛋花汤样大便

宝宝每天大便 5 ~ 10 次，含有较多未消化的奶块。

应对措施：如为母乳喂养则应继续，不必改变喂养方式，也不必减少奶量及次数；如为混合或人工喂养，需适当调整饮食结构，可在奶粉里多加一些水将奶液配稀些。

（7）臭鸡蛋便

大便闻起来像臭鸡蛋一样。

应对措施：表示宝宝蛋白质摄入过量，或者蛋白质消化不良。应该注意配奶浓度以及进食是否过量，可适当稀释奶液。

（十）我是早产儿，请更小心照顾我

和童童差不多同一天出生的还有一个宝宝，是个早产儿。与足月生的童童相比，这个小宝宝显得更加弱小、更加惹人怜爱。小家伙脸上胎毛多，乍一看像个小猿猴，小嘴一张一张地哭，但哭声却很微弱。童童妈还没仔细打量个够，小宝宝就被护士抱去医院的新生儿监护中心进行特别护理和治疗了。

1. 何为早产儿

医学上将未满 37 孕周出生的宝宝称为早产儿。大多数早产儿的体重低于 2.5 千克，身长不足 46 厘米。由于早产儿发育不够成熟，出生后会在医院的新生儿监护中心进行特别护理和治疗。

2. 早产儿出院后的家庭养护

虽然早产儿在妈妈的肚子里没有待够足够的时间，抵抗力和营养吸收的能力都较低，但他们却依然要在生长和发育上与足月儿们“并驾齐驱”。所以，这意味着出院后妈妈要在宝宝养护上更用心、花更多的精力。

（1）精心喂养

营养是生长发育的基础，早产儿更需要母乳喂养。好在早产母亲的奶中所含各种营养物质和氨基酸较足月母亲的多，能充分满足早产儿的营养需求。

（2）预防接种

当宝宝体重达到 2.5 千克时，可以考虑实施预防接种。后续的预防接种应该由医生为您的宝宝制定特殊的时间表。

（3）防止感染

除专门照看宝宝的人外，最好不要让其他人走进早产儿的房间，更别将宝宝抱给他人看。专门照看宝宝的人在给宝宝喂奶或做其他事情时，要换上干净清洁的衣服（或专用的消毒罩衣），洗净双手。妈妈患感冒时，应戴口罩哺乳，哺乳前应用肥皂及热水洗手，避免交叉感染。

（4）注意保暖

要注意对早产儿的保温问题，宝宝体温应保持在 36℃ ~ 37℃。

（5）抚触

抚触能促进宝宝的智力发育，减少哭闹；而腹部的按摩可以使宝宝的消化吸收功能增强。

三、喂养：营养为成长添助力

母乳是宝宝最好的食物，一定要尽量让宝宝在第一年里喝母乳。童童还未出生时，童妈就决定用母乳喂养，不过，第一次喂奶就把童妈折腾得够呛：几个大人齐上阵，帮助童童叨上乳头，好不容易搞定了，童童使劲吸也吸不出奶来，放开乳头大哭。一时间，大人小孩都涕泗滂沱……无论是母乳喂养、人工喂养还是混合喂养，都要方法得当。

（一）新生儿喂养要点

面对宝宝，妈妈总是爱得恨不能把所有的都给他。可是，小宝宝只需要他自身所需要的。新手妈妈要仔细总结宝宝的需求，科学喂养，给宝宝最合适的营养。

1. 怎样判断宝宝喂养是否得当

无论采用哪种方式对宝宝进行喂养，都可以根据以下 3 点来对宝宝喂养是否得当进行判断：

① 宝宝在吃完奶后，神情安静，不哭闹，精神好，睡得好，大便正常，则说明宝宝吃饱了。

② 如果宝宝在吃奶时很费劲，吮吸不久就睡着了，睡了不到一两个小时又醒来哭闹，或有时吮吸乳头一会儿就把乳头吐出哭闹，体重也不增加，则说明宝宝没有吃饱。

宝宝王宇啸：宝宝吃饱了，进入了香甜的睡梦中。

③ 喂养得好的宝宝体重增长有规律。一般在满月时，男婴可以增重约 800 克，女婴可增重约 700 克。这是每周增重 200 克左右的标准。

2. 宝宝如何传达饱、饿信息

新妈妈对宝宝的饱饿状况总是不太清楚，往往以为宝宝哭就是饿了，睡着了就是吃饱了。事实上，宝宝会通过他的举动向你传达饱、饿的信息，你捕捉到了吗？

宝宝饿了，他就会：饥饿性哭闹；用小嘴找乳头；当把乳头送到嘴边时，会急不可待地衔住，满意地吮吸；吃得非常认真，很难被周围的动静打扰。

宝宝饱了，他就会：吃奶漫不经心，吮吸力减弱；有一点动静就停止吮吸，甚至放下乳头，寻找声源；用舌头把乳头抵出来，放进去还会再抵出来，再试图把乳头放进去时，他会转头不理你。

（二）好的开始是母乳喂养的关键

母乳是妈妈赠与宝宝最珍贵的礼物，新手妈妈千万不要因为这样那样的原因，轻易就放弃母乳喂养。“万事开头难”，每一个成功喂母乳的妈妈，都或多或少经历过初始阶段的各种困难。一旦渡过了最初的难关，奶下来之后，当你怀中抱着温暖的小人儿，你心中千丝万缕的母爱便会化作香甜濡热的乳汁，奔涌而出，输送进宝宝可爱的小嘴中。

1. 珍贵的初乳，不要错过

初乳指分娩后 5 天内乳房分泌的乳汁，与白色、水样的成乳相比，初乳略带黄色、有黏性，而略带黄色是富含胡萝卜素的缘故。

初乳之所以重要，除了它富含宝宝生长发育需要的丰富营养外，更主要的原因是其具有极强的免疫功能，能增加宝宝抗病能力。具体来说，初乳的珍贵之处体现在以下几点：

（1）溶菌酶含量极高

溶菌酶是宝宝成长必不可少的蛋白质，它在抗菌、避免病毒感染、维持肠道内菌群正常化以及促进双歧杆菌增殖等方面都发挥着重要的作用。

（2）含有丰富的微量元素

初乳中含有丰富的锌等微量元素，对促进宝宝的生长发育特别是神经系统的发育十分有益。

（3）初乳中含有大量乳铁蛋白

初乳中乳铁蛋白的含量很高，它可结合宝宝体内的铁，避免细菌代谢所造成的铁流失，从而控制机体内铁的水平；还能将铁运送到合成各种含铁蛋白质（如血红蛋白、肌红蛋白等）的地方，进而达到抑制细菌生长、抵抗多种细菌性疾病的目的，起到抗感染、中和毒素的作用，从而增强宝宝的抗病能力。

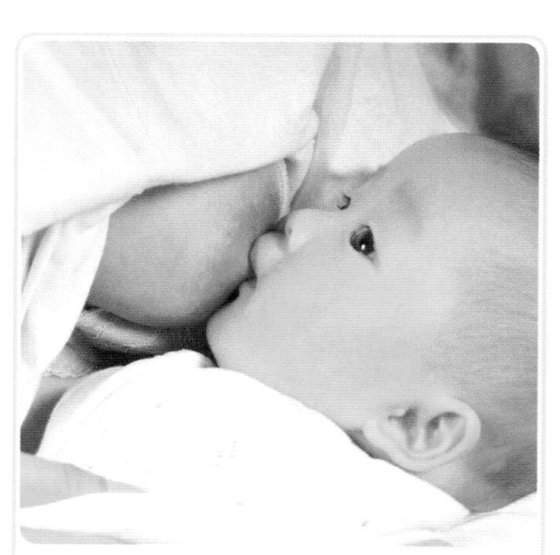

宝宝陈垚：母乳喂养好处多多，妈妈千万不要轻易放弃对宝宝的母乳喂养哦。

（4）初乳含有大量免疫物质

初乳中含有大量的免疫物质，这些物质可吸附在病原微生物或毒素上，从而起到保护新生儿娇嫩的消化道、呼吸道以及肠道黏膜的作用，防止新生儿患呼吸道及肠道疾病。

2. 正确的喂哺姿势

在喂哺宝宝时，需注意以下细节：

（1）妈妈的姿势

在椅子上哺乳时，可以在椅子前面放一个矮脚凳。这样你可以双脚踩在上面以抬高腿部，当你坐在床上，可以在背后多放几个枕头，帮助你坐直。此外，还可以在膝盖下垫上枕头，腿上和抱宝宝的胳膊下也各放一个枕头。

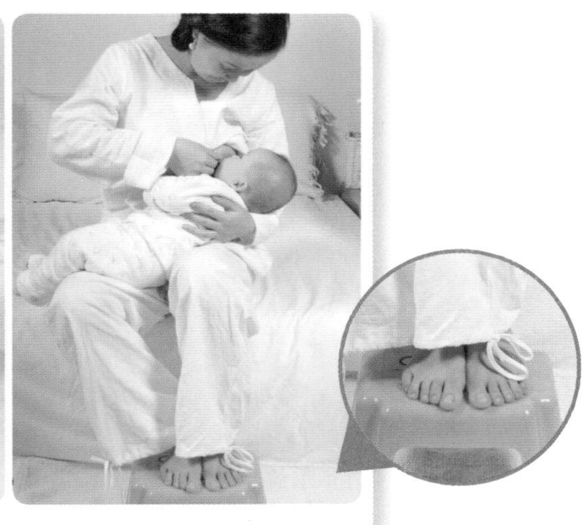

妈妈的姿势

（2）宝宝的姿势

把宝宝身体放直横躺在你怀里，整个身体对着你的身体，脸对着你的乳房。宝宝的头和身体应该保持一条直线，不要向后仰或歪着。不要让宝宝扭头或是伸长脖子才能够碰到乳头。喂奶时，要注意不要让宝宝的身体摇晃而偏离你的身体。

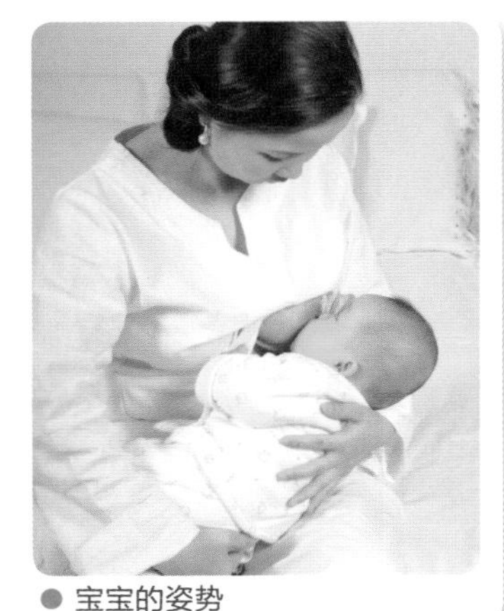

宝宝的姿势

（3）正确握乳房的姿势

许多新手妈妈习惯用剪刀手的姿势去握乳房，这种姿势不利于乳汁的分泌。正确握乳房的姿势应该是：手贴在乳房下的胸壁上，拇指在上方，另外4个手指头捧在下方，用食指托住乳房，形成一个“C”字。注意手指头要离开乳晕一段距离，不要离乳头太近。

3. 观察宝宝是否在有效吮吸

观察宝宝是否在有效吮吸，可以从以下几个细节来判断：

只看到乳晕的外围部分：宝宝吮吸时，应该含住了乳晕的大部分，从你的视野看去，只能看到乳晕的外围部分。

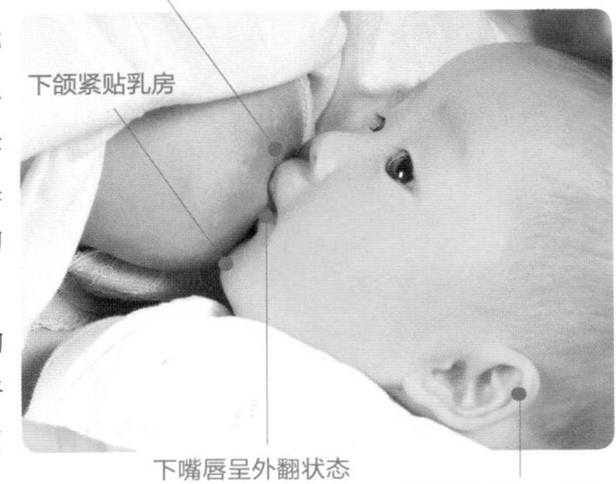

不应有“吧嗒吧嗒”的声音：如果宝宝吮吸时发出“吧嗒吧嗒”的声音，不要因此而以为宝宝在津津有味地喝母乳，恰恰相反，这是他没有正确衔乳、难以喝出乳汁的信号。如果宝宝正确衔乳的话，你应该能听到宝宝吞咽的声音。

下嘴唇呈外翻状态：正确衔乳时，宝宝的嘴唇呈外翻形状，同时舌头会伸出来抵在下牙龈上方，并在乳头周围形成一个槽，缓和来自下颌的压力。

耳朵前方肌肉会动：宝宝吮吸时，你能看到他耳朵前方的肌肉会动，表明吮吸有力有效，动用了整个下颌。如果看到宝宝脸颊中间有凹陷，则表示衔乳不当，凹陷是宝宝嘴巴没有和乳房连接好造成的。

下颌紧贴乳房，呼吸通畅：正确衔乳时，宝宝的下颌应该紧贴妈妈的乳房，鼻子也轻轻地碰到乳房，但鼻孔不会被遮住，呼吸还是很通畅。如果你的乳房阻挡了他的鼻孔，可以将他的屁股拉近点或者稍微抬高你的乳房，以助于宝宝呼吸。

4. 一天喂多少次母乳为好

母乳喂养的次数是不定的，只要宝宝任何时候想吃，就喂母乳，这叫“按需喂养”。而且，宝宝出生后频繁地、非限制性地吮吸，有助于妈妈更快地“下奶”，吮吸得越勤，乳汁分泌得就越旺盛。另外，妈妈频繁给宝宝喂奶也有助于预防乳房肿胀和随之出现的问题。

5. 宝宝溢奶巧喂养

宝宝在喝完奶水过一段时间后，会从嘴里自然地流出奶水，我们把这种现象叫做“溢奶”，是新生儿常见的一种现象，溢奶通常发生在宝宝刚吃完奶后，一般吐出一两口，此时宝宝表情自然，没有任何不适反应。新手妈妈第一次遇到宝宝溢奶，难免会惊慌失措。其实，如果宝宝只是生理性溢奶，只要科学护理就可以有效防止。

（1）喂哺姿势要正确

给宝宝喂奶时，宝宝的头应略抬起，不要平躺着喂；宝宝在吸奶时，嘴唇要完全含住乳头及大部分乳晕，不要仅仅只含住乳头，以免吸进大量的空气造成溢奶。人工喂养的宝宝在使用奶瓶时，奶瓶里的奶水应充满整个奶嘴，以免宝宝吸进大量的空气造成溢奶。

喂奶之后要拍背

（2）喂奶之后要拍背

每次给宝宝喂奶后，妈妈应将宝宝缓缓竖起来放在肩上轻轻拍背，直到宝宝打嗝以后才能让他躺下，以减少宝宝溢奶情况的发生。

（3）喂奶之后宝宝要右侧卧位

每次给宝宝喂奶完毕，放其躺时，宝宝应以右侧卧位为宜，以免宝宝溢奶时奶水呛到气管里。

6. 宝宝呛奶，妈妈这样喂

相较于那些没有母乳吃或者母乳不够吃的宝宝来说，溜溜可是个幸福的宝宝，因为溜溜妈产奶丰富。不过，溜溜也有自己的“烦恼”和“不满”，那就是妈妈的奶水流速太快，经常呛得他大哭，甚至以“罢奶”来表示不满，这可真让溜溜妈郁闷。其实，只要喂养得当，就可以有效避免宝宝呛奶。

如果奶水充足，为防止宝宝呛奶，妈妈可采取右边的喂哺姿势：

另外，妈妈奶胀时，可以用吸奶器吸出来一些，减慢奶流速度后再喂宝宝，这会减少呛奶的几率；人工喂养的话，妈妈则应给宝宝选择合适的奶嘴，这样可以控制宝宝的吸奶量，避免呛奶。

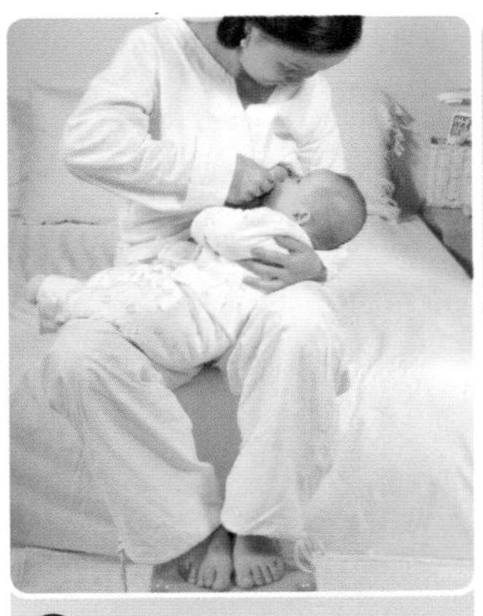
01 在给宝宝喂奶时，脚踩在小凳上，抱好宝宝。

02 以拇指和食指轻轻夹着乳头喂哺。

7. 剖宫产妈妈，请这样哺乳

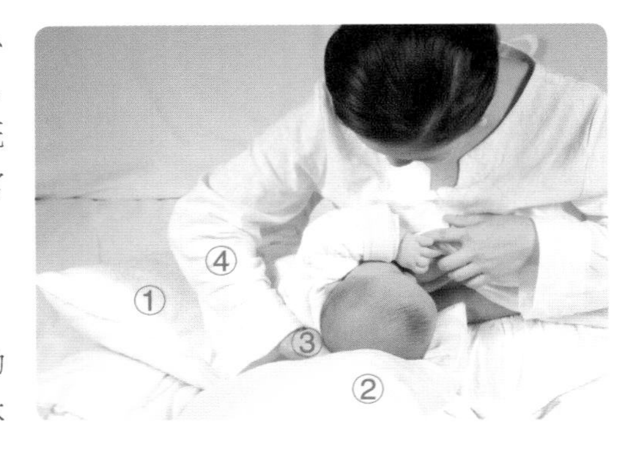

对于顺产的妈妈，喂奶姿势是怎么方便怎么来，不过，对于剖宫产后恢复期的哺乳妈妈来说，哺乳姿势可要讲究了。因为在这段时间里，你既要给宝宝喂乳，又要保护脆弱的手术伤口。剖宫产妈妈可以采用下列姿势哺乳：

（1）橄榄球式抱法

橄榄球式抱法让宝宝腰部自然弯曲，这有助于那些习惯于肌肉紧绷的宝宝更好地放松。身体放松了，就能更好地衔乳了。

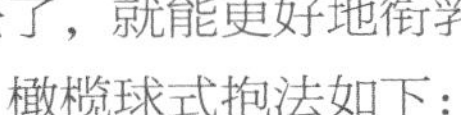

橄榄球式抱法如下：

① 端坐在床上或是舒适的扶手椅上，身侧放一个或多个枕头，或在你的身体和椅子扶手间塞进一个枕头。

② 在宝宝身下垫枕头，顺着要喂奶的那边抱起，高度达到准备喂奶那侧乳房的高度。

③ 手托住宝宝的脖子让其头朝向乳房，身体在你的臂弯下伸向你身体的一侧。

④ 用手臂的力量将宝宝拉近你。一旦宝宝能很好地吮吸了，可以在宝宝和你抱着他的手之间插一个枕头，帮助宝宝保持贴近你的姿势，而你就可以向后靠放松了，注意要避免探身前倾到宝宝上方。

（2）侧卧姿势

侧卧姿势是宝宝和妈妈面对面侧身躺着，方法如下：

① 为了让这个姿势更舒服，你可以在头下放两个枕头，背后放一个，上面的腿下放一个，宝宝背后也塞一个枕头。

② 让宝宝面向你，侧身躺在你的臂弯里（如果你还处于剖宫产后的恢复期，需要有人帮你调整宝宝的位置，使宝宝的嘴巴对上你的乳头）。

侧卧姿势对夜间哺乳及午睡哺乳非常适用，但刚开始母乳喂养的时候，侧卧姿势并非最好的选择，因为这个姿势使你不易于调整宝宝的头部，引导他衔乳。最好在宝宝养成了良好的衔乳习惯之后，再使用侧卧姿势。

当然，如果由于身体原因，必须躺着喂奶，则另当别论。

（三）人工喂养的窍门

并不是所有的妈妈都能为宝宝进行母乳喂养，也不是所有的宝宝都能接受母乳喂养。妈妈们要用知识来武装自己，多看书，了解科学的育儿知识，不要因为对宝宝的爱而“无意”中伤害了宝宝。

1. 哪些情况不能进行母乳喂养

不能进行母乳喂养的情况主要有：

- 哺乳妈妈患有传染性疾病正值发病期的，如肝炎发病期、肺结核活动期；
- 哺乳妈妈患有心血管疾病，心脏功能在 3 ~ 4 级或伴心力衰竭的；
- 哺乳妈妈肾脏功能不全的；
- 哺乳妈妈患有严重高血压、糖尿病等系统性疾病的；
- 哺乳妈妈患有精神病或先天代谢性疾病的；
- 哺乳妈妈患病用药，如抗癌药物的；
- 哺乳妈妈产后并发症严重的；
- 哺乳妈妈没有奶水或奶水不足的；
- 宝宝先天性畸形，如唇裂、腭裂等，或早产儿吮吸困难的；
- 宝宝患先天性代谢性疾病，如枫糖血症和半乳糖血症等。

2. 掌握好人工喂养的奶量

配方奶用量可按每日每千克体重 110 ~ 120 毫升计算，也可任其吮吸，以满足食欲为度。可通过观察宝宝大便和体重增长情况，判断喂奶量是否合适。宝宝每周体重增长 150 ~ 200 克，即属正常。

3. 奶瓶的选择

人工喂养的首要问题就是宝宝奶瓶的问题。一般要准备 6 个奶瓶，其中 4 个给宝宝喝奶用，另外 2 个装开水等，不可任何饮品都“一瓶烩”。那么，如何为宝宝挑选到合适的奶瓶呢？

（1）玻璃奶瓶为首选

奶瓶的材质一般有玻璃和塑料两种。建议妈妈给宝宝选择玻璃材质的奶瓶。因为玻璃奶瓶透明度高、便于清洗，在安全方面能够让人放心，加热后不会产生有害物质。不过，玻璃奶瓶对于小宝宝来说比较重，可先由妈妈代劳拿着，等宝宝长大后有力气了，就可以独立喝奶了。

塑料奶瓶清洗过后容易残留细菌，经高温加热或低温冷藏还可能会起化学反应。如果选择塑料奶瓶，妈妈一定要仔细检查瓶体的硬度，以免用久了瓶身变形。

● 玻璃奶瓶　● 塑料奶瓶

（2）透明度很重要

奶瓶的透明度很重要，瓶身的刻度也要清晰准确。要尽量选择瓶身不太花哨的奶瓶，以免影响刻度的读取。在选购奶瓶的时候，妈妈还要打开瓶盖闻一闻里面是否有异味，质量达标的奶瓶应该没有任何味道。

（3）仔细检查奶嘴

检查奶嘴也是必不可少的一个环节，它直接决定了宝宝会不会接受这个奶瓶。

① 首先奶嘴的安全性一定要达标。建议妈妈选择信誉度高、口碑好、公众认可度高的品牌，这样的产品质量一般都可达标。

② 宝宝用奶嘴不能过大。因新生儿还不能很好吮吸，太大的奶嘴无法塞进他的小嘴里。

③ 奶嘴上的奶孔不可过大，数量不可过多，否则会使宝宝呛奶或吐奶。妈妈可以在奶瓶中注入温水，然后将奶瓶倒置，通过观察奶嘴的“流量”来判断选择是否合适。如里面的水是一滴一滴地流下，说明大小适中；如果水呈直线流下，说明奶孔过大；如果水根本流不出，说明奶孔过小，宝宝吮吸起来会非常困难。

4. 挑选好合适的奶粉

在日常生活中，经常见到一些新手妈妈为挑选宝宝的奶粉而发愁，下面就提供几种挑选奶粉的方法供新手妈妈用。

● 妈妈要给宝宝选择合适的奶粉。

（1）根据年龄段

很多奶粉都分年龄段，比如6个月以上、1～3岁、3～6岁等。

（2）根据保质期

爸爸妈妈在给宝宝选择奶粉时要注意看保质期，要挑选最新生产的奶粉。

（3）根据经济实力

经济条件好点的家庭，可以选择合资或国外进口的奶粉。

（4）是否是正规厂家出产的奶粉

没有必要一定选择某个品牌，但要求是正规的大型厂家生产的奶粉。

（5）别看广告看宝宝

婴幼儿奶粉最重要的当然是安全性，这里教妈妈们一个小窍门：给宝宝选择奶粉时不能只看广告。即使你亲自到超市去查看奶粉的成分和营养配方，也无法判断它的安全性是否过关，更何况配方中的专业名词，妈妈看了也是“云里雾里”。怎么办？

别看广告，看宝宝——不仅要看自己的宝宝，也要看其他的宝宝。当你看到朋友们的宝宝健康快乐、精神状态好而又活泼爱笑时，就要问问这位妈妈平时给宝宝吃的是什么牌子的奶粉，在哪里购买的。有了健康宝宝作“鉴定”，这个牌子的奶粉就可以放心购买了。

5. 正确冲奶粉你会吗

奶粉的冲调不可随意，一定要认真阅读说明书。有些爸爸妈妈总担心宝宝营养不够或是吃不饱，所以特意将奶冲得浓浓的。但过浓的配方奶是宝宝娇嫩的肠胃所承受不了的，会造成宝宝呕吐、腹泻。同样，配方奶太稀会导致宝宝营养不足，发育不良。

01 调制奶粉前一定要把手用洗手液洗干净，并将奶瓶洗干净。

02 将开水冷却至50℃～60℃时，向消过毒的奶瓶中加入规定量一半的热水。

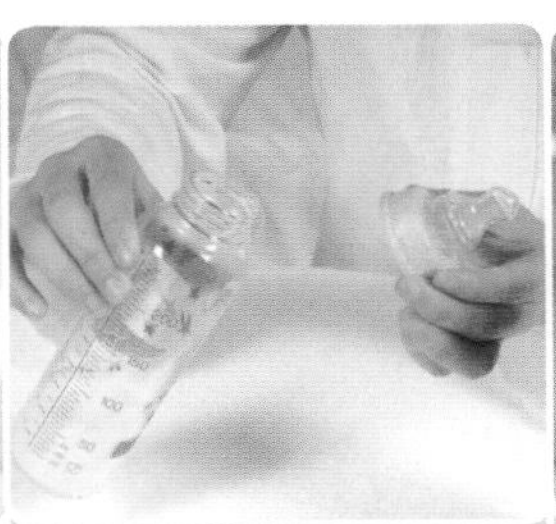

03 用量匙慢慢地加入奶粉，可边加入边轻摇。待奶粉溶解后，加热水到规定的量。

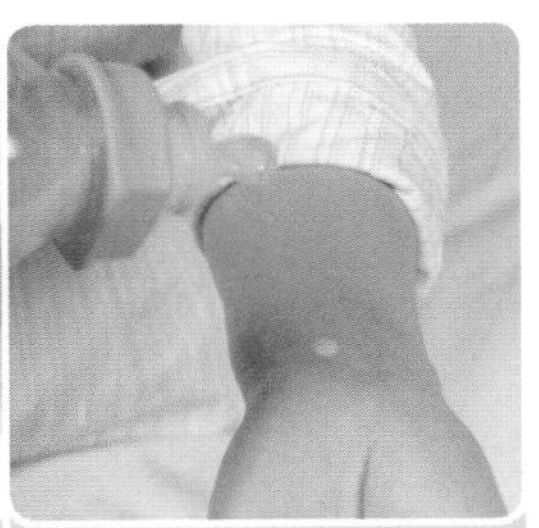

04 盖上奶嘴和奶嘴罩，使奶冷却至接近体温的温度。把奶汁滴在手腕内侧，以感觉温热为宜。

对3个月以内的宝宝来说，奶粉和水最合适的比例应该是重量上1∶8、容量上1∶4，1个月以内的宝宝要更稀释一些。因为每个宝宝的体质不同，所以妈妈要仔细观察宝宝吃奶的反应，再根据具体情况进行增减。

6. 用奶瓶喂奶的重要细节

用奶瓶喂奶时，妈妈要注意以下几个细节：

① 要注意查看奶嘴是否堵塞或者流出的速度过慢。将奶瓶倒置时出现“啪嗒啪嗒”的滴奶声是正确的。

② 用奶瓶喂奶时，最常用的姿势就是横抱。和母乳喂养时一样，要一边注视着宝宝，一边叫着宝宝的名字喂奶。

③ 母乳喂养时，宝宝要含住整个乳头才能吮吸到乳汁，用奶瓶喂奶时也要让宝宝含住整个奶嘴。

④ 为了避免宝宝打嗝，在用奶瓶喂奶时应该让奶瓶倾斜一定角度，以防止宝宝胃里进入大量的空气。

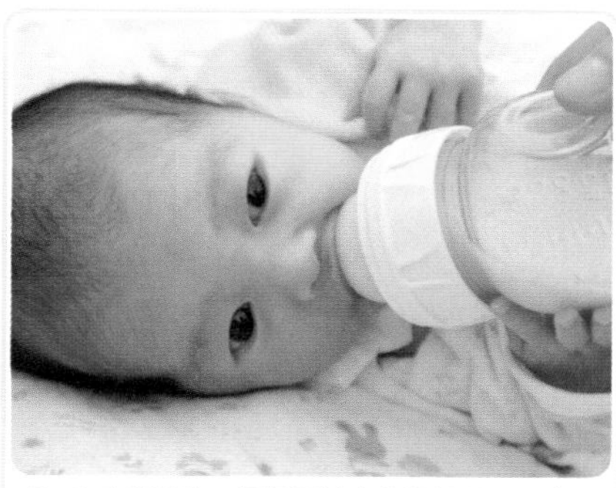

宝宝邓佳祎：用奶瓶给宝宝喂奶时，要注意让宝宝含住整个奶嘴。

7. 奶瓶的清洗技巧

奶瓶是宝宝最重要的餐具，人工喂养的宝宝自然是离不开奶瓶，就算是母乳喂养的宝宝也会时不时要用到奶瓶。那么，新手妈妈要如何保持奶瓶的干净无毒呢？

奶瓶用完之后要马上清洗，不要认为还有替换的奶瓶就不及时清理，那样会使留在奶瓶中的奶渍凝固而不易清洗干净，同时凝固在奶瓶上的奶渍会给病原微生物的繁殖创造条件。特别是在夏季，更要及时清洗奶瓶。

在清洗奶瓶的时候，妈妈可以按照以下方法进行操作：

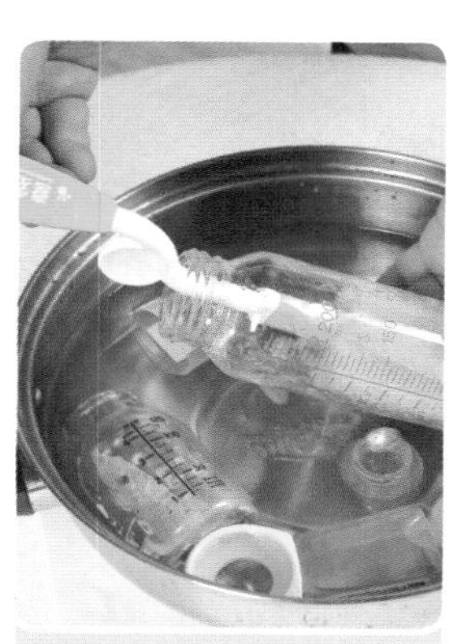

01 选择用专用的奶瓶洗涤剂或天然食材制的洗涤剂，以及刷子和海绵清洗。

02 奶嘴及奶瓶盖部分很容易残留奶粉，要先用海绵或刷子清洗其外侧。

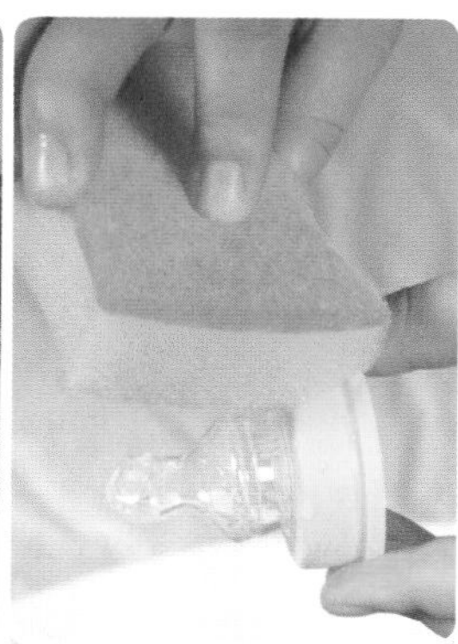

03 用海绵或刷子清洗奶嘴以及奶瓶盖内侧。

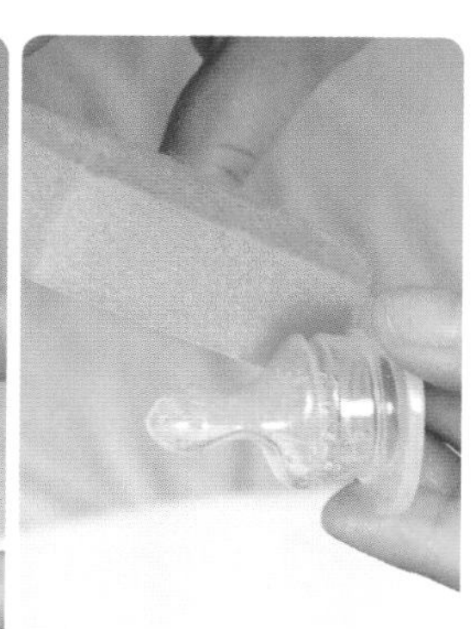

04 为了防止洗涤剂的残留，奶嘴要特别注意冲洗干净，最好能将奶嘴翻转过来清洗内部。

8. 奶瓶的消毒技巧

欣欣是个典型的奶粉宝宝，一生下来就没喝过一滴母乳。最近欣欣妈发现宝宝出现了口腔溃疡，连嘴唇上都是成片的白斑。她连忙带宝宝去看医生，医生说宝宝是由于奶瓶不卫生而患上了鹅口疮。欣欣妈感到很纳闷，每次都用清水将奶瓶洗得干干净净的，怎么还会不卫生？其实，欣欣妈犯了一个错误，就是只是单纯地清洗奶瓶，这是不够的，一定要经常给奶瓶消毒才行。妈妈们可采取以下方法给奶瓶消毒：

（1）煮沸消毒法——玻璃奶瓶

① 准备一个为消毒奶瓶专用的不锈钢煮锅，里面装满冷水，水的深度要能完全覆盖所有已经清洗过的喂奶用具。可先将玻璃奶瓶放入锅中。

② 等水烧开 5 ～ 10 分钟后，再放入奶嘴、瓶盖等塑胶制品，盖上锅盖再煮 3 ～ 5 分钟后关火。

③ 等水稍凉后，用消毒过的奶瓶夹取出所有用具，待沥干之后将奶嘴、瓶套套回奶瓶上备用。

● 煮沸消毒

（2）煮沸消毒法——塑料奶瓶

① 准备一个不锈钢煮锅，里面装满冷水，水的深度要能完全覆盖所有已经清洗过的喂奶用具。

② 待水烧开后，将塑料奶瓶、奶嘴、奶瓶盖一起放入锅中消毒，约再煮 3 ～ 5 分钟即可，不宜久煮。

③ 最后以消毒过的奶瓶夹夹起所有的用具，并置于干燥通风处倒扣沥干。

（3）蒸汽锅消毒法

目前市面上有多种功能、品牌的电动蒸汽锅，可以用来消毒宝宝的喂奶用具，使用方法如下：

① 使用蒸汽锅消毒前，先将所有的奶瓶、奶嘴、奶瓶盖等物品彻底清洗干净。

② 然后将清洗干净的奶瓶、奶嘴、奶瓶盖等物品一起放入蒸汽锅中，按上开关，待其消毒完毕会自动切断电源。

9. 混合喂养，掌握最佳方法

如果母乳分泌量不足，或者妈妈因为工作原因，白天不得不与宝宝分开，无法在上班时间哺乳，也不要完全放弃母乳喂养，可以采用混合喂养的方法。

妈妈应尽最大的可能多给宝宝哺喂母乳，然后再用牛奶、羊奶、奶粉等补充不足的数量。但妈妈每天给宝宝直接喂哺母乳最好不要少于3次，因为若每天只喂一两次奶，妈妈的乳房会因为得不到足够的吮吸刺激而使乳汁分泌量迅速减少，这对宝宝是不利的。

● 蒸汽锅

混合喂养要充分利用有限的母乳，母乳喂养次数要均匀分开，不要很长一段时间都不喂母乳。夜间妈妈比较累，尤其是后半夜，起床给宝宝冲奶粉很麻烦，最好是用母乳喂养。

混合喂养的注意事项：一次只喂一种奶，吃母乳就吃母乳，吃配方奶就吃配方奶。不要先吃母乳，不够了，再冲奶粉。这样不利于宝宝消化，也使宝宝对乳头发生错觉，可能引发厌食配方奶，拒绝奶瓶。

夜间妈妈休息，乳汁分泌量相对增多，宝宝需要量又相对减少，母乳一般可以满足宝宝的需要。但如果母乳量太少，宝宝吃不饱，就会缩短吃奶间隔，影响母子休息，这时就要以配方奶为主了。

四、应对宝宝不适：科学护理保健康

那天中午，童童奶奶正在厨房里忙碌，忽然从卧室里传来童童妈的一声尖叫："妈，快来呀，怎么办呀！"童童奶奶惊得把锅铲一丢，急忙跑到卧室去。原来，童童从嘴角溢出了一大口奶，奶水正迅速地浸湿衣襟，沿着脖子流进衣服里……每一个新生儿的成长都不会是一帆风顺的，总会有这样那样的不适或状况，当这些不适或状况来临时，妈妈们要学会从容正确地处理，才能让宝宝少受罪。

（一） 宝宝鼻塞的护理

出生后第 2 天，贝贝妈感觉贝贝呼吸时鼻音很重，"呼哧呼哧"好像大人感冒鼻塞一样，到了晚上夜深人静的时候尤其明显，贝贝妈听着心里既紧张又难受。第二天医生来查房，说这是新生儿鼻黏膜水肿，剖宫产的宝宝因为没有经过产道挤压，出现这种症状是正常现象，三四天后会自己康复的。果然症状慢慢减轻，三四天后就康复了。

1. 鼻塞就是感冒吗

鼻塞不一定就是感冒了，这一条"定律"特别针对新生儿。新生儿的鼻腔狭小，在鼻黏膜水肿或有分泌物阻塞时易发生鼻塞。如果房间的温度太低，宝宝鼻塞的症状会更加明显。

对于大多数宝宝来说，这些鼻塞的情况是由于生理结构引起的，并不是病。有的宝宝还常流出少量的鼻涕，干燥后凝结成鼻屎，颜色呈淡黄色，这也属于正常情况。

2. 鼻子不通巧护理

当新生儿鼻子不通时，如需清理宝宝鼻子里的分泌物，妈妈可以采取以下方法：

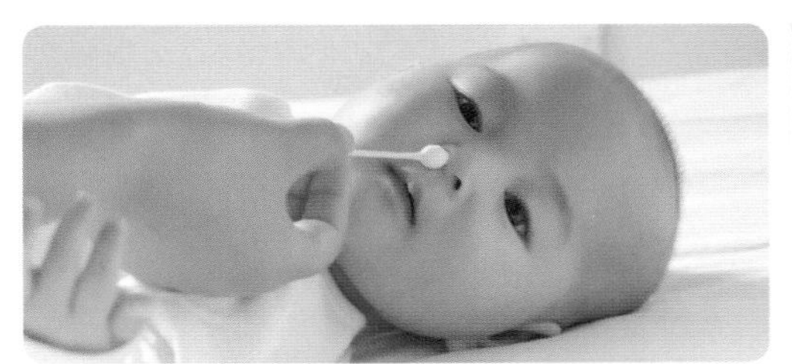

● 方法一：棉签蘸水，软化鼻屎。如果宝宝的鼻屎很干，可以拿棉签沾了清水在鼻孔里各滴一滴，这样会软化鼻屎。当分泌物软化后，可以用棉丝线轻轻刺激鼻腔，让宝宝打个喷嚏，把脏物排出。

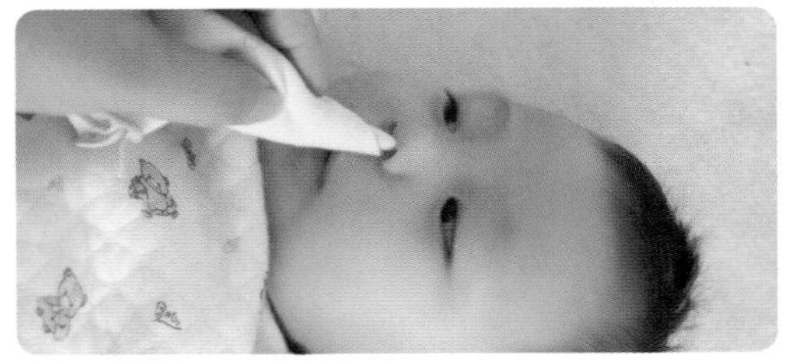

● 方法二：布捻子通鼻。用软布做成捻子，轻轻捻动带出宝宝鼻内分泌物。千万不要用镊子等硬物来为宝宝清理鼻腔，这样容易导致鼻腔损伤，严重的还会造成出血。

（二）打嗝：多是照顾不当惹的祸

喂完奶后，妈妈发现宝宝不停地打嗝。妈妈有些着急，想起从前有次打嗝不止，好友吓了一下她，她就立刻止住了。不过，对新生儿可不能用这种方法。那么，当宝宝打嗝时要怎么做呢？宝宝打嗝时会痛苦吗？怎样做才能预防打嗝？其实新生儿打嗝是一种常见的现象，并不是病，对新生儿不会有不良影响。

1. 新生儿为什么打嗝

新生儿为什么容易打嗝，其原因还不是很清楚，目前认为有以下几点可能：

① 由于小儿神经系统发育不完善，导致膈肌痉挛，所以打嗝的次数会比成年人多。

② 护理不当导致宝宝外感风寒，寒热之气逆而不顺，俗语是“喝了冷风”而诱发打嗝。

③ 宝宝乳食不节制、喝生冷奶水或过服寒凉药物，导致脾胃功能减弱、胃气上逆而诱发打嗝。

④ 吃得过快或惊哭后吃奶，会造成小宝宝哽噎而诱发打嗝。

2. 宝宝打嗝时可以这样做

宝宝打嗝时，妈妈可以这样做：

① 如果平时小宝宝没有其他疾病而突然打嗝，嗝声高亢有力而连续，一般是受寒所致，可给他喝点热水，同时胸腹部覆盖棉衣被，冬季还可在衣被外放置热水袋保温，一般即可不治而愈。

② 如果宝宝吃奶后腹部胀气，放下平躺时会打嗝。这是因为奶瓶开口小，宝宝在吸奶的时候，因用力吸而吞入太多的空气，从而造成胀气现象。妈妈可以轻拍宝宝背部，或是轻柔按摩宝宝腹部来帮助排气。

③ 喂一点温开水或以有趣的活动（如玩具或轻柔的音乐）来转移宝宝的注意力，也可以改善宝宝打嗝症状。

④ 如果宝宝频繁地打嗝，同时伴有食欲差、体重减轻或频繁呕吐等症状，就应该带宝宝到医院做详细检查。

● 为预防宝宝打嗝，喂奶后妈妈可轻拍宝宝背部。

（三）腹胀：查明原因再应对

午饭后，天天哭了很久，妈妈给天天换衣服时，发现天天的小肚肚有些胀胀的。这是为什么呢？妈妈赶紧请教了论坛里的妈妈们，得知正常新生儿本身可存在生理性腹部膨隆。妈妈仔细观察了一下，除了刚才哭闹得有点儿厉害之外，天天并没有什么不适反应，天天妈悬着的一颗心才慢慢放下来。

1. 宝宝为何腹胀

一般来说，宝宝腹胀是由以下几个因素引起的：

（1）生理原因

小宝宝的肚皮本来就相对较大，看起来鼓鼓胀胀的，那是因为宝宝的腹壁肌肉尚未发育成熟，却要容纳和成人同样多的内脏器官。在腹肌没有足够力量承担的情况下，腹部会因此显得比较突出，特别是宝宝被抱着的时候，腹部会显得突出下垂。此外，宝宝身体前后是呈圆形的，不像大人那样略呈扁平状，这也是宝宝肚子看起来胀鼓鼓的原因之一。

（2）胀气

宝宝比大人更容易胀气。宝宝进食、吮吸太急促、过度哭闹，都会使腹中吸入空气，奶瓶的奶嘴孔大小不适当，空气也会通过奶嘴的缝隙进入宝宝体内；此外，宝宝进食奶水或其他食物后，在消化道内通过肠内菌和其他消化酶作用而发酵，产生大量的气体都会促使腹胀。

（3）消化不良

消化不良或便秘使肠道内粪便堆积，促使产气的细菌增生；或因牛奶蛋白过敏、乳糖不耐、肠炎等引起消化、吸收不良，使肠道中产生大量的气体。

（4）病理因素

腹腔内器官肿大或长了肿瘤，如肝脾肿大、肝硬化等，都会引起腹胀。宝宝下肠道阻塞，也会出现腹胀症状。

2. 宝宝腹胀，爸妈应对有方

宝宝腹胀，爸妈首先要分清是否是病理因素引起的。如果是病理因素引起的，要及时带宝宝上医院；如果断定不是病理因素，就可以做一些应对措施来缓解腹胀状况。

（1）及时喂奶

不要让宝宝饿得太久后才喂奶。宝宝饿的时间太长，吮吸时就会因为过于急促而吞入大量的空气。要按时给宝宝喂奶并且在喂奶之后轻轻拍打宝宝背部来促进打嗝，使肠胃的气体由食道排出。

（2）不要让宝宝哭太久

宝宝哭的时候很容易胀气，遇到这种情况，新手爸妈应该多给予安慰，或是拥抱他，通过调整宝宝的情绪来避免加重胀气的程度。

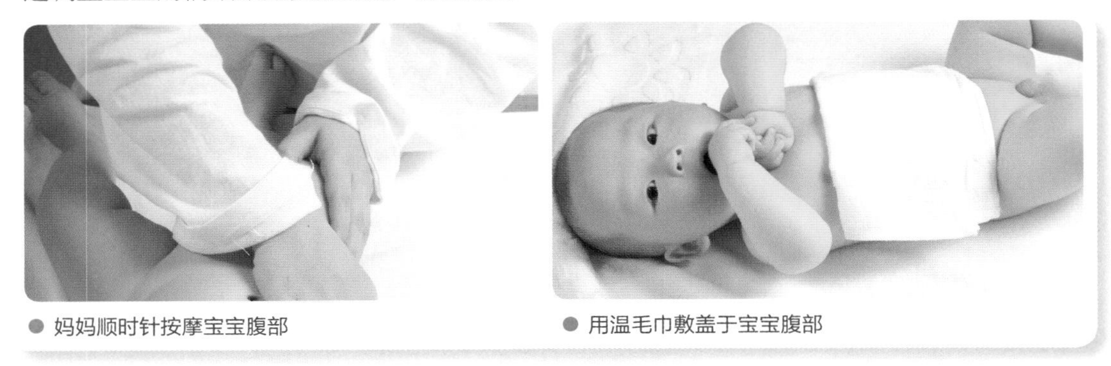

● 妈妈顺时针按摩宝宝腹部　● 用温毛巾敷盖于宝宝腹部

（3）对腹部进行按摩

多给宝宝的腹部进行按摩，可顺时针按摩 5 分钟。用温毛巾敷盖腹部也有帮助，有利于肠胃蠕动和气体排出，从而改善宝宝的消化吸收功能。

（4）哺乳妈妈注意控制糖分的摄取

如果母乳中含的糖分过多，糖分在宝宝的肚子里过度发酵，也容易使宝宝出现肠胀气，因此哺乳妈妈应该注意限制自己的摄糖量。

此外，如果怀疑自己的进食可能引起宝宝腹胀，那么，母乳喂养的妈妈就应该将那些有嫌疑的食物，如豆类、玉米、红薯、花菜（花椰菜）以及辛辣食物从饮食中剔除掉。

（5）摆正喂奶姿势

人工喂养的宝宝，应当注意让奶水充满奶瓶嘴的前端，不要有斜面，以免让宝宝吸入空气。母乳喂养的宝宝，如果在吃奶的时候，宝宝的嘴与母亲乳房的位置摆放不当的话，宝宝就有可能吸进过多的空气，导致嗝气或腹胀。

正确的姿势是让宝宝的脸正对妈妈的乳房，以保证他的嘴能将乳头和乳晕全都含住。

（6）如下情况应及时就医

宝宝若出现腹胀合并呕吐、食欲不振、体重减轻、肛门排便排气不畅，甚至有发热、血便、肚子有压痛感、呼吸急促或在腹部能摸到类似肿块的东西，应尽快带宝宝就医检查治疗。

（四）鹅口疮：多由不注意卫生引起

林林第一次生病时还没满月，被有经验的月嫂发现他的口腔两侧多了些小白点，疑似鹅口疮。第一次听说这个病名时，林妈没明白，什么是鹅口疮？它有什么症状？厉害不厉害？好治吗？当听到是婴儿常见病时，林林妈才长长地舒了口气。月嫂说，宝宝得这病大都是由细菌感染，不注意卫生引起的。奶奶听了这话可坐不住了，跟月嫂一直强调平日里有多么注意卫生：奶瓶、奶嘴、围嘴每天都用婴儿专用洗涤剂洗净后消毒，林妈每次哺乳前都用热水烫过的纱布擦拭乳头，哺乳内衣一天一换，所有细节该注意的都注意了……

1. 鹅口疮是由什么引起

鹅口疮又名“雪口”，是一种由白色念珠菌感染引起的口腔疾病。鹅口疮通常出现在宝宝的双颊两侧，有时也会出现在舌头、上腭、牙龈等位置，其表面是层叠白斑，看上去很像凝固的牛奶。

一般来说，鹅口疮是由以下几个原因引起的：

① 因为接触了含有白色念珠菌的食物或衣物而感染。

② 因乳具消毒不严、乳母乳头不洁或喂奶者手指污染所致。

③ 在出生时经产道感染，或见于腹泻、使用广谱抗生素或肾上腺皮质激素的患儿。

2. 得了鹅口疮要怎样护理

宝宝患了鹅口疮后，爸爸妈妈可以这样护理：

（1）局部使用制霉菌素

宝宝患了鹅口疮之后，爸爸妈妈可以用霉菌素研成末与鱼肝油滴剂调匀，涂擦在宝宝患病部位，每 4 小时用 1 次药，待白色斑块消失后即可停药。

（2）使用2. 5%碳酸氢钠溶液

爸爸妈妈可以使用 2.5% 碳酸氢钠（小苏打）溶液，在哺乳前后对宝宝的口腔加以清洗。一般来说，连续使用 2 ~ 3 天病症即可消失，但痊愈后仍需继续用药数日方可有效防止复发。

（3）注意饮食

在喂哺宝宝时，要鼓励宝宝多饮水。另外，宝宝用过的食具一定要单独清洗，煮沸消毒。切忌用粗布强行擦拭或挑刺宝宝的口腔黏膜，这样会引起局部损伤，加重感染。

最后，需要提醒爸爸妈妈的是，如果在家中用上述方法治疗 5 ~ 7 天后，宝宝的病情仍未得到改善，或者是情况越来越严重，爸爸妈妈就应带宝宝及时到医院就医，以免耽误治疗。

（五）急性腹痛：宝宝哭闹为哪般

许多初为人父人母的朋友每天疲于应对宝宝的哭闹，他们不明白，能给他们带来那么多乐趣的宝宝为什么同样也能把他们推向精神崩溃的边缘。宝宝哭闹从来都是令人心烦的事，但是有些小宝宝哭声特别大、特别尖。这究竟是怎么回事呢？

1. 宝宝哭闹是为何

20% ~ 25% 的宝宝在患急性腹痛的时候有过度哭闹的现象。新手爸妈当然很想知道宝宝患急性腹痛的原因，然而不幸的是，科学家们还不能作出明确的解释。至于为什么有些宝宝易患急性腹痛，而有些宝宝则没有这种症状，肯定有生物因素在起作用。

2. 应对宝宝哭闹有妙招

宝宝哭闹不止时，妈妈可以这样做：

（1）有节奏地摇晃

无论是抱在怀里，还是放在推车或摇篮里，大多数宝宝对摇晃都会做出良好的反应。很快你就会注意到，宝宝有自己喜欢的节奏，有些宝宝喜欢晃得慢一些，有些宝宝喜欢晃得快一些（但不要摇晃得过于猛烈，以免宝宝头颈部受伤）。

宝宝邓佳祎：宝宝小小的躯体仿佛蕴含着巨大的能量，有时哭闹起来非常凶猛。

（2）用襁褓包裹

用毯子将你的宝宝裹紧，这样做会使宝宝感到很舒服，还可能会使他们产生回到了舒适温暖的子宫里的感觉。

（3）用温水沐浴

用温水洗澡对某些宝宝可能有作用，但对另一些宝宝则不然。有些宝宝一进澡盆就变得更加焦躁不安，出现这种情况时，要让宝宝一点一点慢慢地进入温水盆，可以首先用手往他身上撩些水，然后再逐渐让他的双脚、双腿和身躯进入水中。

宝宝康睿菼：有时宝宝哭闹，父母一时难以找到原因。

（4）令人愉悦的气味

据说某些气味，特别是熏衣草和黄春菊的气味，能给宝宝带来安慰。

在欧洲的某些国家，母亲们常常把薰衣草和香料混在一起放在宝宝的房间里，以促进宝宝睡眠。

（5）坐车兜风

很多宝宝在坐宝宝车或者小汽车兜风的时候，会安静下来。因此有些人建议使用一种叫“睡得香”（消除急腹痛）的装置，这个装置和宝宝床连在一起的时候，能产生一种与坐汽车相类似的运动感觉。

（6）唱歌

怀里抱着哇哇大哭的宝宝的时候，你可能没有唱歌的情绪，但你还是要试着唱。在任何文化背景里，人们都会给宝宝吟唱轻柔优美的歌曲，宝宝也喜欢这样的歌曲。找一首你的宝宝似乎感兴趣的歌，并且一遍又一遍地反复吟唱。要记住，宝宝喜欢重复。

（7）有节奏的声音

像吸尘器、洗衣机这类机器发出的声响似乎也能够使某些宝宝安静下来。如果你不想整天开着这些机器，那就去买一些宝宝喜欢的声音的录音带，或者把这些声音录下来放给宝宝听。

（8）给宝宝做按摩

给宝宝做按摩是与宝宝进行交流的最有效的途径之一，同时也是安慰宝宝的好方法。然而，就像其他方法一样，这种方法也不是对所有的宝宝都管用。有些宝宝对触摸过于敏感，给他们按摩，他们会哭闹得更厉害。

总而言之，你要不断地去尝试，找到最适合自己宝宝的方法。

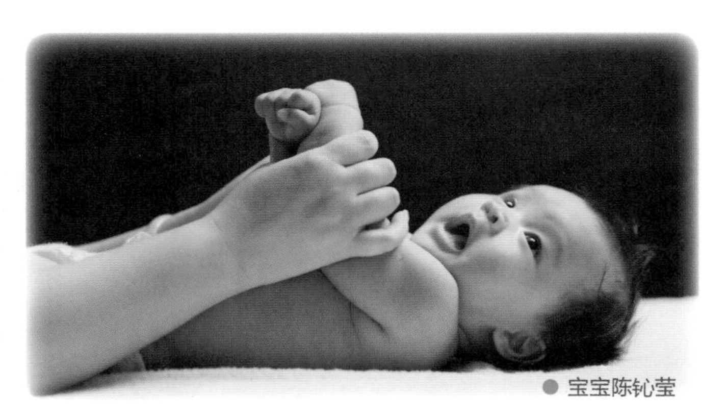

● 宝宝陈钐莹

（六）黄疸：大部分为生理性

很多宝宝出生后几天内会出现生理性黄疸。妈妈看到宝宝皮肤变成黄色的，就很慌张，以为宝宝的黄疸症状很重，有的甚至以为宝宝得了肝炎，然后急忙去医院。

其实宝宝所患的黄疸大部分都属于生理性黄疸，不需要治疗便会自行消退，而母乳性黄疸虽然持续时间可能会较长，但是对于宝宝的生长发育并没有很大影响，大部分也不需要治疗，只要注意家庭护理就会自愈，所以不必过于担心。

1. 判断宝宝得的是哪种类型的黄疸

新生儿出生后，由于胆红素代谢过高而引起皮肤、黏膜及巩膜出现黄染的症状，这就是黄疸。黄疸又称“胎黄”或“胎疸”，一般分为生理性黄疸、病理性黄疸和母乳性黄疸。

（1）生理性黄疸

生理性黄疸是指一些小宝宝在出生 2 ~ 3 天后，全身皮肤、眼睛、小便都会出现发黄症状，出生后 5 ~ 6 天时，发黄最为明显。生理性黄疸一般较为轻微，通常 7 天以后就开始消退，混合喂养或人工喂养的宝宝 10 ~ 14 天完全消退，纯母乳喂养的小宝宝需要的时间较长一些。

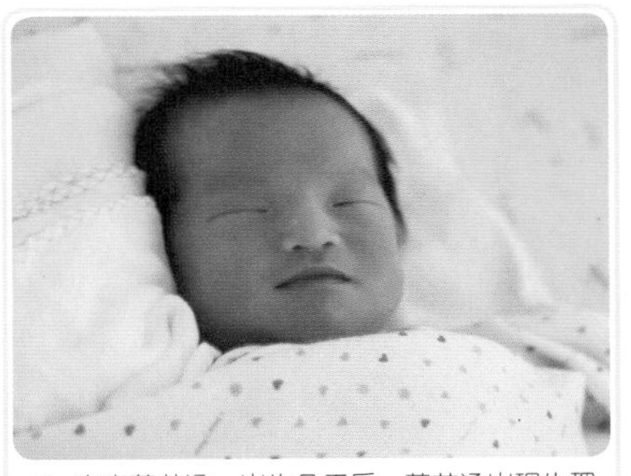

宝宝莫芷涵：出生几天后，莫芷涵出现生理性黄疸。不过这是正常现象，宝宝一切正常。

（2）病理性黄疸

如果新生儿黄疸出现的时间很早，如出生后 24 小时内出现，黄疸的程度很重，或者在新生儿黄疸减退后又重新出现且颜色逐渐加深，还伴有其他症状，那么宝宝所患可能是病理性黄疸。病理性黄疸可能是由败血症、肝炎等疾病引起的，需要及早到医院治疗。

（3）母乳性黄疸

母乳性黄疸的病因不明，对宝宝没有伤害，但在宝宝黄疸持续不退时不要随便地就认为是母乳性黄疸，还是需要去医院就诊，由医生帮您判断。

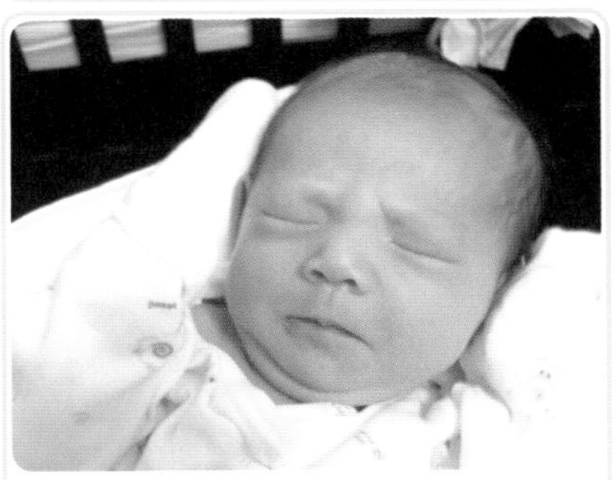

宝宝许烊旸：宝宝小名希希，出生后第8天出现生理性黄疸。

2. 新妈妈照顾黄疸宝宝有诀窍

当宝宝出院后，妈妈可以这样照顾黄疸宝宝：

（1）仔细观察黄疸变化

黄疸是从头开始黄，从脚开始退，而眼睛是最早黄、最晚退的，所以可以先从眼睛观察。如果不知如何看，专家建议可以按压宝宝身体任何部位，只要按压的皮肤处呈现白色就没有关系，是黄色就要注意了。

（2）观察宝宝日常生活

如果宝宝的肤色看起来越来越黄，精神及胃口都不好，或者体温不稳、嗜睡，容易尖声哭闹等，都要去医院检查。

（3）注意宝宝大便的颜色

要注意宝宝大便的颜色，如果是肝脏胆道发生问题，大便会变白，但不是突然变白，而是越来越淡，如果再加上身体突然又黄起来，就必须去看医生。

（4）家里不要太暗

宝宝出院回家之后，尽量不要让家里太暗，窗帘不要拉得太严实，白天使宝宝接近窗户旁边的自然光，至于电灯开不开都没关系，不会有什么影响。如果在医院时，宝宝黄疸指数超过 15 毫克 /dL，医院会照光，让胆红素由于光化反应而发生结构改变，变成不会伤害到脑部的结构并代谢（要有固定的波长才有效）。回家后继续照自然光的原因是自然光里任何波长都有，照光对改善黄疸症状或多或少会有些帮助。

（5）勤喂母乳

如果证明是因为喂食不足所产生的黄疸，妈妈必须要勤喂母乳，千万不要以为宝宝吃不够或因持续黄疸，就用水或糖水补充。不知道宝宝吃得够不够的妈妈，可以观察宝宝尿尿的次数，一天尿 6 次以上以及宝宝体重持续增加，就表示吃的分量足够。但还是要观察宝宝之后的变化，如果黄疸退了又升高就表示有问题，一定要及时去医院检查。

● 宝宝陈钐莹

五、早教：开发宝宝的智力潜能

“童童，爸爸回来咯。”“童童，妈妈要给你擦小屁屁咯。”童妈无论做什么，都要跟童童唠叨唠叨几句。童爸疑惑宝宝能听懂吗？其实不要以为宝宝什么都不懂，他的小脑袋瓜里可是蕴藏着大智慧的，只是这个智慧需要父母来挖掘和引导罢了。如说孕期的营养和胎教是添砖加瓦的话，那么出生后对宝宝进行有意识的早教，则是对宝宝整个智慧大厦的构建。

（一）益智亲子游戏

对于新生儿来说，妈妈的注视、温柔的话语、玩具的响声、一切动的影像，都能开发他的视觉、听觉，所以千万不要以为把新生儿喂饱让他睡好就好了。在喂奶后 1 小时内，要抓紧时间让宝宝多看、多听、多玩。

1. 狗狗慢慢走：锻炼眼珠运动力

将宝宝喂饱后放在床上或者躺在大人的臂弯里，将一只颜色鲜艳的玩具小狗举到宝宝的视线范围内，当宝宝的视线被玩具吸引时，慢慢水平移动玩具，你会看到宝宝的眼珠会随着玩具的移动而转动。如果宝宝的视线不追踪玩具，可以将玩具再靠近宝宝的眼睛几厘米。大人可以在玩具移动时轻轻哼唱，宝宝就会在轻松愉快的氛围中追踪小狗玩具。

游戏能锻炼宝宝眼珠的运动能力。反复玩这个游戏，对宝宝将来的智力发展非常有利。

2. 带宝宝转圈圈：培养宝宝的视平衡感和敏感度

妈妈可以在客厅收拾出一块空地，用来和宝宝一起做转圈圈的游戏，方法如下：

01 妈妈将宝宝竖直抱起，告诉宝宝：“宝宝，我们开始转圈圈啦。”

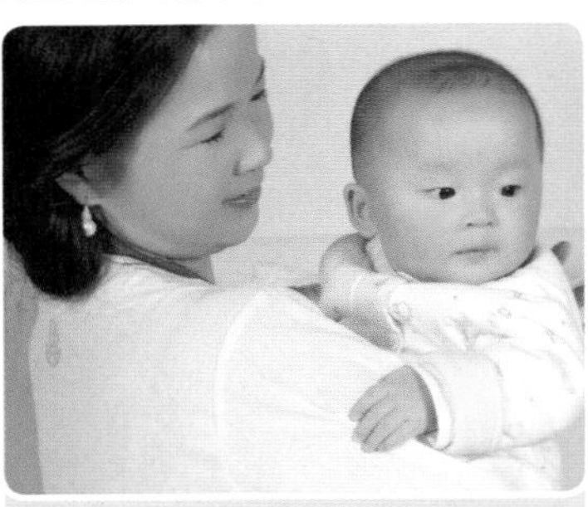

02 妈妈抱着宝宝慢慢向左转。转圈时要注意抱好宝宝并支撑住宝宝的头部。

03 妈妈抱着宝宝慢慢向右转。转圈圈的同时，妈妈可以哼唱些宝宝喜欢的儿歌。

（二）体能训练

宝宝每个月都应该有相应的体能训练。妈妈们可不要坐等宝宝月龄的到来，然后拿着相关育儿书去对照宝宝各项指标是否“达标”。要知道，宝宝的每个进步，都应该是妈妈用心养护和训练的结果。

1. 抬头训练：锻炼颈部肌肉

让宝宝趴在床上，在头顶方向摇动铃铛，告诉他“在这边”，引诱宝宝抬起眼睛观看。最开始他用眼睛看一小会儿，头仍枕在床上，逐渐锻炼至颈部肌肉强健后，他整个头能向前看，下巴支在床上。每天要让宝宝趴在床上训练 3 ~ 4 次，先从 30 秒钟开始，再逐渐延长时间。可变换不同玩具逗引。

这个游戏主要是锻炼宝宝的颈部肌肉，使宝宝颈部能支持头的重量，让宝宝早日将头举起来。

2. 游泳：发展全身肌肉

将新生儿放在水中相当于让他回归到母体羊水中，这会让新生儿感到十分亲切。游泳能让新生儿自动全身运动，发展全身肌肉，对以后翻身、爬、走等一系列大动作有很大帮助。

爸爸妈妈可以在家中买一套游泳设备（在小小游泳设备周围要留有成人行走的空间），注意宝宝游泳水温应由 37℃逐步降到 32℃，气温维持在 25℃ ~ 28℃，游泳的时间由 10 分钟逐步增加到 20 分钟。

3. 伸腿伸腰来做操：促进身体运动能力

因为宝宝不会自主伸展身体，所以大人要常常帮助宝宝做运动。下面这个游戏可以帮助宝宝较好地活动下肢关节和肌肉，促进宝宝身体运动能力和空间直觉能力的发展，同时伴以儿歌，可以促进宝宝语言能力的发展。

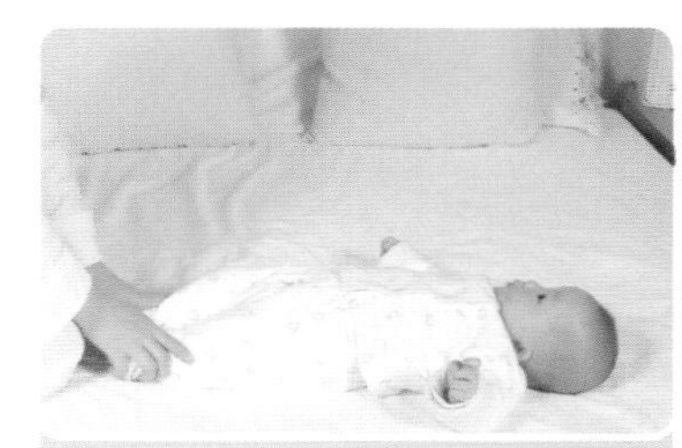

01 让宝宝躺在床上，妈妈跪坐于宝宝脚部。

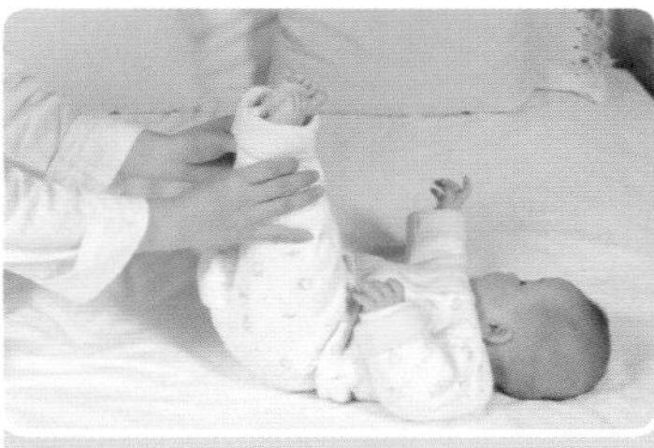

02 慢慢抬起宝宝双腿，使双腿与床面保持90度，双腿伸直。

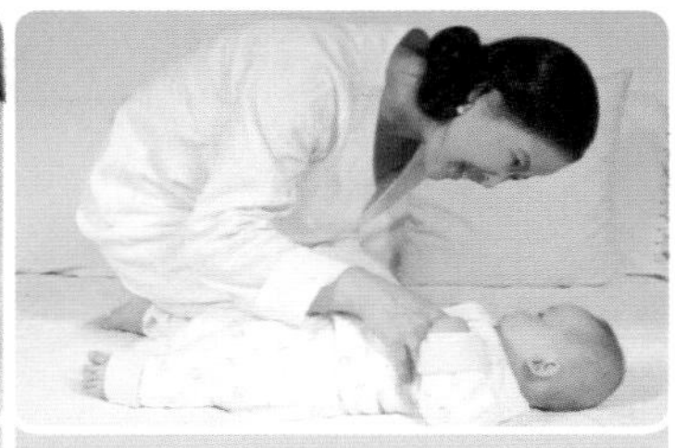

03 放下宝宝双腿，让宝宝舒服地仰卧。

（三）新生儿抚触：让爱传递

新生儿抚触是一种简便且行之有效的育儿方法，每天只需花少许时间，就会给您的宝宝带来一段温馨而美好的时光。

新生儿的抚触方式有以下几种：

1. 额头

方法：双手固定宝宝的头，两手拇指由眉心部位向两侧滑动，止于前额发际处。

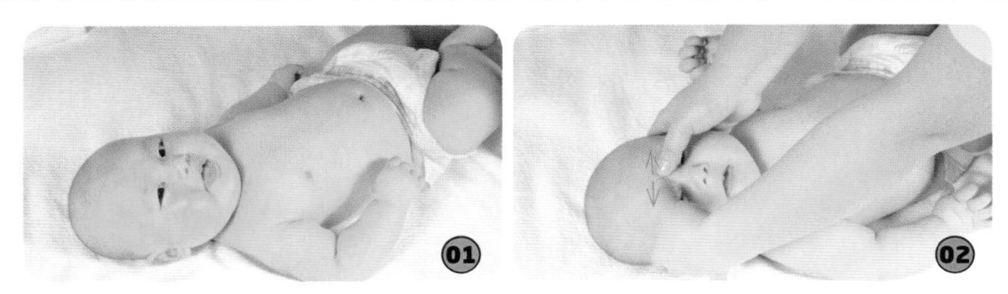

2. 下颌部

方法：两手拇指由下颌中央分别向外上方滑动，止于耳前。就像用拇指在宝宝上颌部画一个笑容。

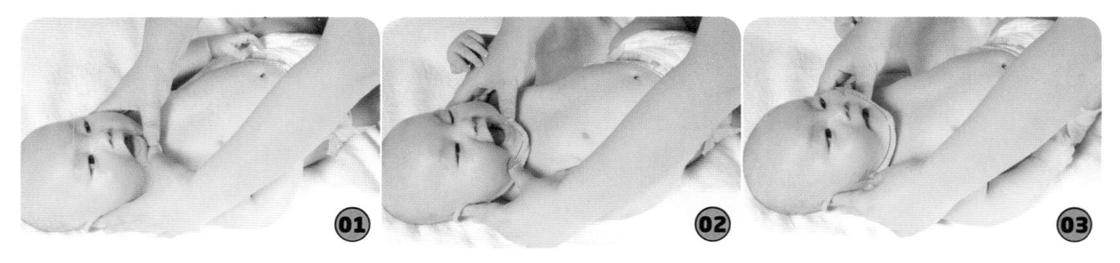

3. 胸部

方法：两手分别从胸部的左下侧向右上侧肩部轻轻按摩；再由右下侧向左上侧肩部按摩。反复几次。

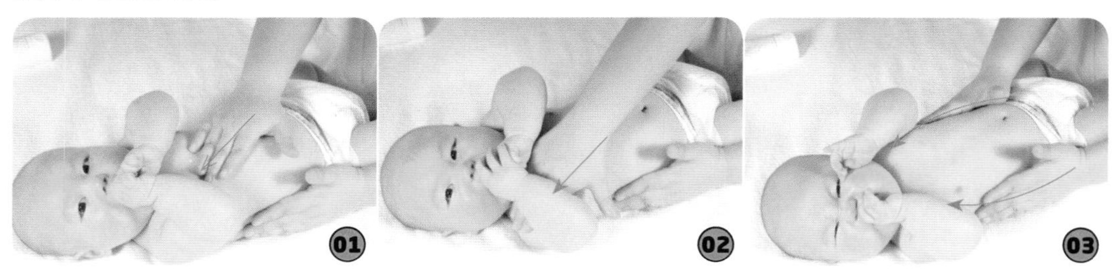

4. 腹部

方法：左手固定宝宝的右侧髋骨，右手食指、中指腹沿升降结肠做∩形顺时针抚触，避开新生儿脐部。然后换右手扶在宝宝左侧髋关节处，用左手沿升降结肠做∩形抚触。

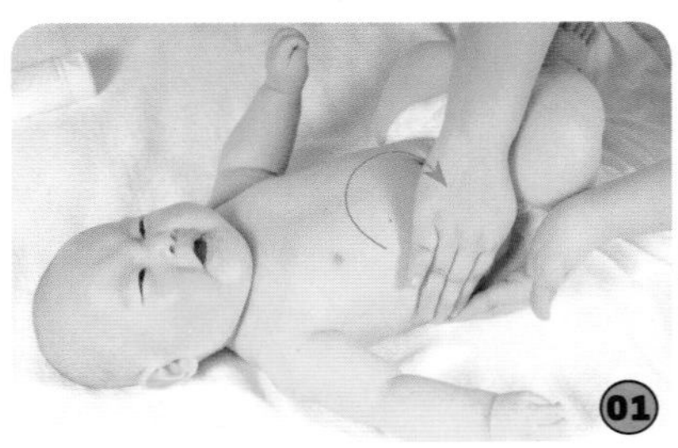

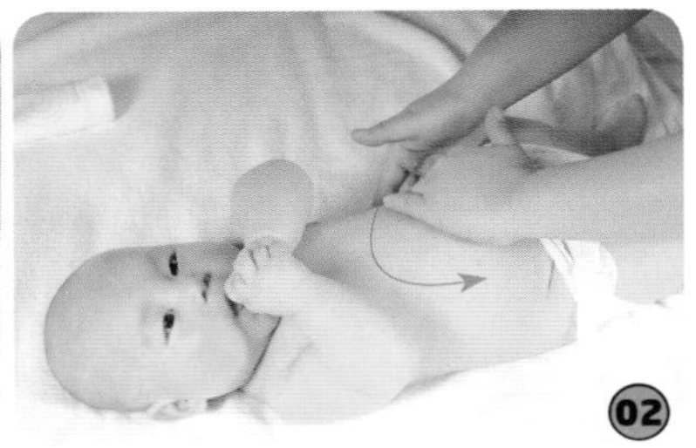

5. 上肢

方法：用左手握住宝宝右手，虎口向外，右手从宝宝上臂向下螺旋滑行达腕部。再用双手一起重复上述动作。

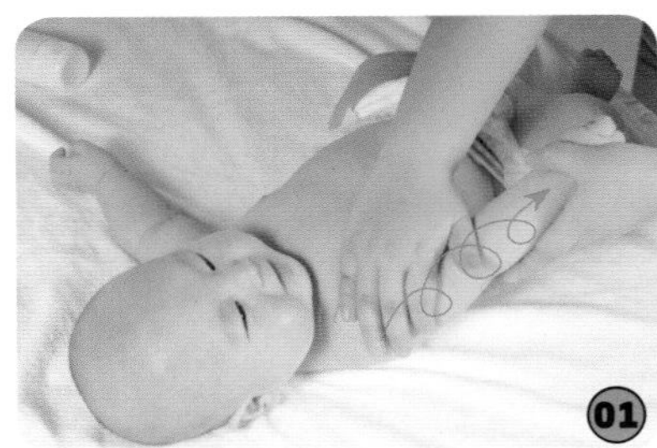

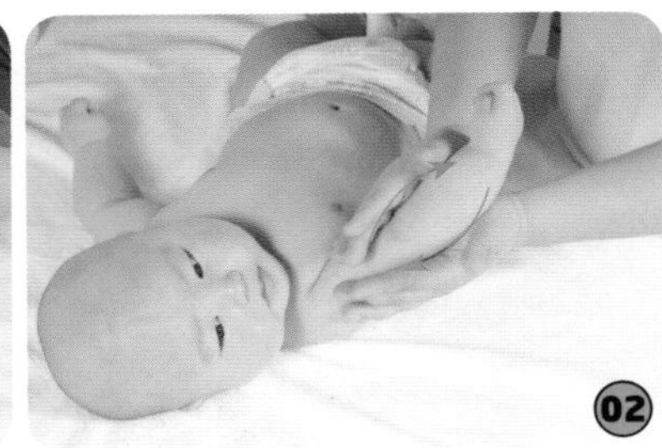

6. 下肢

方法：用右手拎住宝宝的右脚，左手从大腿根部向脚腕处螺旋滑行。再用左手拎住宝宝的右脚，右手从大腿根部向脚腕处螺旋滑行。最后双手对合夹住宝宝腿部，由大腿根部向脚腕处滑行。

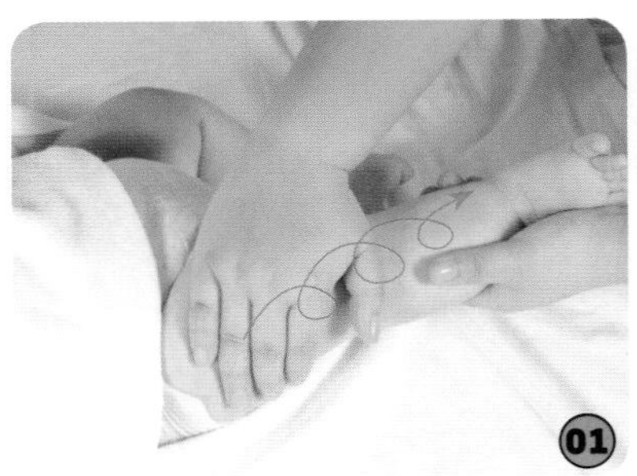

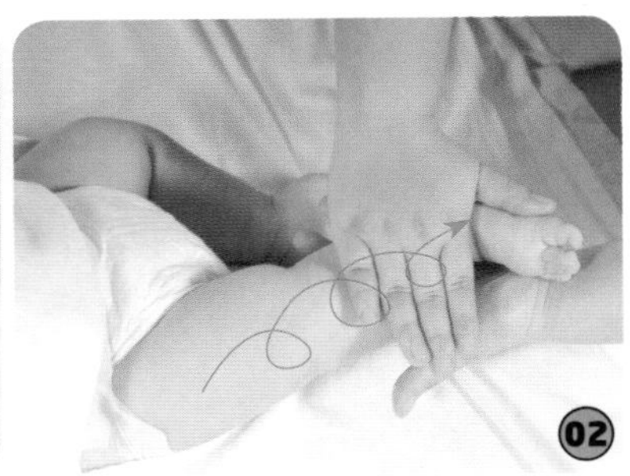

Part 02

The Second Month: I Can Smile

1~2个月 我会微笑啦

当我把第一个社会性的微笑投给妈妈，
我听到妈妈兴奋的尖叫，
我笑得更欢了。
没错，这个月，
我已经学会用笑来和周围的人“交流”了。
但哭声依然是我表达需求的主要方式。
所以爸爸妈妈依然要学习通过我的哭声来判断我的需求。
在这个月，爸爸妈妈请多带我去晒晒太阳吧，
我的成长需要不断补充维生素D。
我依然无力举起我的大脑袋，
所以平时多给我训练我的颈部力量哦。
另外，不必费神给我啥美味佳肴，
母乳就是我最好的食粮！

一、成长发育：宝宝月月变化大

米菲满月了，从一个跟她说啥都没反应的小肉团，变成会微笑的小小人儿了，这对米菲妈来说真是一个极大的鼓舞。虽然宝宝每天大部分时间都在睡觉，可是她的身体在努力地发育，她的大脑在拼命地走出最初的混沌状态。宝宝不是没进步，但宝宝的进步需要细心的爸妈去发现和发掘。

（一）本月宝宝身体发育指标

米菲在近两个月中体重几乎翻了个倍儿，对此，米菲妈颇有成就感。但很快，这种成就感就被沮丧感给替代了。

原来，米菲妈抱米菲到楼下小区散步，遇到一个怀抱胖墩儿的妈妈，一交谈，方知小胖墩比米菲小两天，但体重却比米菲多了近2千克。见米菲妈忧心忡忡，米菲爸问明原因后，轻松地笑了："男宝宝和女宝宝在身体发育上本来就有差异，而且每个宝宝都会有差异。"

宝宝康睿蓥

表2-1：1~2个月宝宝身体发育指标

特征	男宝宝	女宝宝
身高	平均60.4厘米(55.6~65.2厘米)	平均59.2厘米(54.6~63.8厘米)
体重	平均6.2千克(4.8~7.6千克)	平均5.7千克(4.4~7.0千克)
头围	平均39.7厘米(37.1~42.3厘米)	平均38.9厘米(36.5~41.3厘米)
胸围	平均39.8厘米(36.2~43.4厘米)	平均38.7厘米(35.1~42.3厘米)

脊髓灰质炎混合疫苗（糖丸）： 2个月的宝宝首次口服，该疫苗每个月服用1次，连服3个月。

乙肝疫苗： 宝宝满月后，带上预防接种证去指定机构进行第2次接种，也就是第1次加强针。

（二）本月宝宝成长大事记

本月，宝宝的模样更可爱了，最关键的是，你跟他说话时，他不再是一副完全没有反应的样子——他已经学会了微笑，学会跟大人“交流”了。这个月，宝宝还有什么让你觉得欣喜的变化呢?

1. 体重增长较快

米菲体重增长很快，整个人肉乎乎的，爸爸常捏捏米菲胖胖的小胳膊，笑话米菲妈:“你是养‘猪’专业户吗? ”

出生前半年的宝宝，体重增长较快，尤其是1~2个月的宝宝，体重增长更快，这个月平均可增加1200克。人工喂养的宝宝体重增长更快，可增加1500克，甚至更多。但体重增加程度存在着显著的个体差异，有的宝宝这一个月仅增长500克，也不能认为是不正常的，爸爸妈妈千万不要着急。

2. 身高增长也较快

米菲不但体重增长得快，个头生长也不含糊，仿佛有人给拔节似的，蹭蹭蹭往上长，这不，月末时米菲妈用尺子一量，又长了好几厘米。

这个月宝宝身高增长也是比较快的，一个月可长3 ~ 4厘米。喂养、营养、疾病、环境、睡眠、运动等，都是影响宝宝身高增长的因素。需要注意的是，宝宝身高增长也存在着个体差异，但不像体重那样显著，差异比较小。如果身高增长明显落后于平均值,要及时看医生。

宝宝康睿蓥：宝宝满月后，体重迅速增长，浑身肉嘟嘟的。

3. 外貌更招人喜爱

米菲在满月后开始展露小美女的潜质，小模样长得人见人爱，米菲妈常得意地对米菲爸说：“米菲充分继承了我的优良基因啊！”这时候的小宝宝，脱离了新生儿期，小脸变得光滑了，皮肤也白嫩了，肩和臀显得较狭小，脖子短，胸部、肚子呈现圆鼓形状，小胳膊、小腿也变得圆润了，而且总是喜欢呈屈曲状态，两只小手握着拳，招人喜爱极了。

宝宝陈钋莹：宝宝满月后，模样变得特别招人喜爱。

4. 体能发展：爱动

米菲满月后,开始变得好动起来。以前的小小“贪睡虫”现在已经熟悉了周围的环境和人，当妈妈走近她时，米菲就会手舞足蹈，面部也会抖动，嘴还一张一合的。即使是 3 个月大的宝宝，还不会主动把手张开，但米菲却会攥着拳头放到嘴边吮吸，甚至放很深，几乎可以放进嘴里。

5. 情感发展：爱笑，尝试说话

当韩子恩把人生中的第一次微笑给了妈妈后，妈妈备受鼓舞，一有空就微笑着和韩子恩“说话”。

这个月的宝宝变得爱笑了，当妈妈面对宝宝微笑时，他会以微笑来回报。如果你盯着看他吃奶，他也会边吃边目不转睛地看着你。当妈妈走近宝宝时，他会兴奋地挥动双臂双腿，发出咯咯的笑声，十分热情地对妈妈表示欢迎。有时在和宝宝游戏的过程中，宝宝的喉咙中能发出像鸽子一样咕咕的声音。

当爸爸妈妈跟宝宝说话时，他的小嘴也会有说话的动作，嘴唇会微微上翘，向前伸成“O”形，这是宝宝模仿的意愿，这时候爸爸妈妈要尽量多和宝宝说话，及早建立宝宝的语言学习能力。

宝宝陈钞莹：妈妈经常跟宝宝逗笑，宝宝能用笑声跟妈妈做简单交流了。

6. 视力发展：眼睛喜欢追随物体

宝宝的眼睛很容易追随移动的物体，喜欢把头转向灯光和有亮光的窗户，喜欢看鲜艳的颜色。此时宝宝的注视距离为 15 ~ 25 厘米，太远或太近的东西虽然能看到但看不清楚。当宝宝看到熟悉的或者自己喜欢的人或者物时，就会表现兴奋，眼睛也会放亮，所以，爸爸妈妈不要以为宝宝什么都不懂，要积极地给予宝宝关爱，这样宝宝才能够健康成长。

有些斜视的宝宝，满 2 个月时一般都能自行矫正过来，而且双眼能够一起转动，这表明宝宝的大脑和神经系统发育正常。

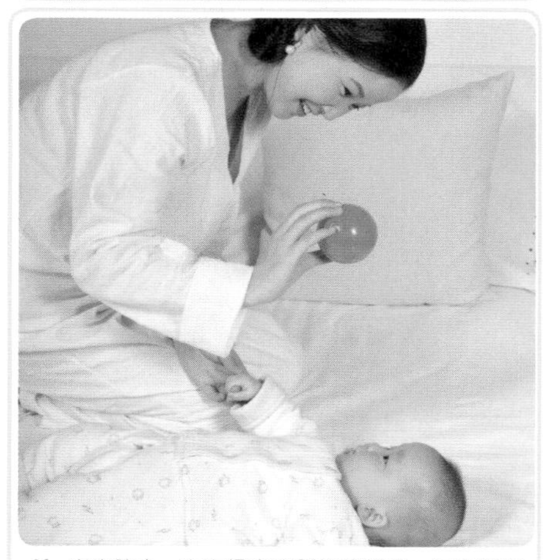

宝宝陈垚：宝宝很喜欢鲜艳的颜色，每次妈妈拿着红色的小球，他的眼睛就会跟着妈妈手中的小球而转动。

二、日常护理：细心呵护促成长

总算过了第 1 个月，米菲妈在育儿之路上也有了“找着北”的感觉，心里跃跃欲试。这个月，宝宝的脐带脱落干净，不用再像第 1 个月那样“分段沐浴”了，洗澡不会那么费劲了吧？这个月还可以放心地让宝宝去游泳了。不过，米菲奶奶坚持要带宝宝回乡下老家举行满月仪式，这下米菲妈犯难了：宝宝这么小，能去参加这么热闹的活动吗？

宝宝虽然满月了，但他依然是那个脆弱的小宝宝，妈妈在日常护理上千万不能放松哦！

（一）经常给宝宝洗澡

1 个月以后的宝宝不再像新生儿那样软，而妈妈爸爸也已经积累了 1 个月的经验，给宝宝洗澡时再也不会几个人弄得满头大汗，也不那么紧张了。现在，宝宝已经适应每天洗澡了，如果有几天不洗澡，宝宝会感到不舒服而哭闹。冬季如果条件允许，最好每天都洗澡，夏季 1 天要洗 2 ~ 3 次。上午正式洗 1 次，下午和晚上睡觉前简单冲一下就可以。如果天气炎热，宝宝出汗较多，随时可以给宝宝冲凉，或者至少要给宝宝皮肤皱褶处洗一洗。

1. 给宝宝洗澡的注意事项

在给宝宝洗澡时，妈妈应注意以下几点：

（1）检查自己的双手

为宝宝洗澡前，妈妈要先把自己的双手洗干净，保证指甲短而干净，以免刮伤宝宝。

（2）洗澡时间不要太长

妈妈的动作要轻、快，一般不要超过 15 分钟，以 5 ~ 10 分钟最佳。

（3）动作轻柔

宝宝的皮肤很柔嫩，容易受到损伤和并发感染，所以，妈妈的动作一定要轻柔。

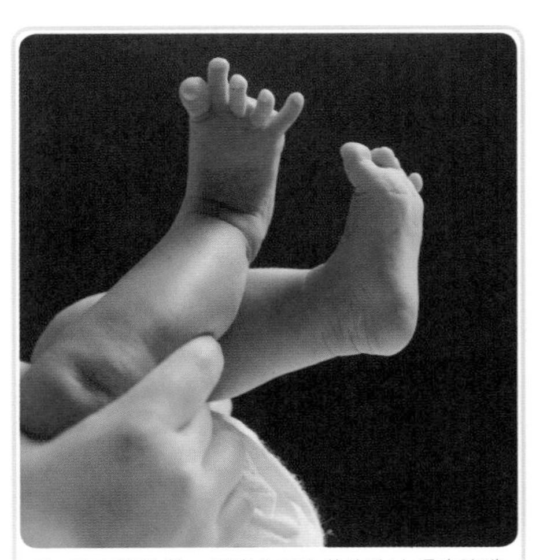

宝宝陈钰莹：刚出生不久的宝宝大多喜欢洗澡，若妈妈在洗澡前后给予适当抚触就更好啦。

（4）沐浴露等不要使用太频繁

不要每次都使用洗发剂，1 周使用 2 ~ 3 次就可以。更不要使用香皂，1 周使用 1 次婴儿沐浴露就可以，并且一定要用清水把沐浴露冲洗干净。

（5）保护脐、眼、耳

仍然要注意不要把水弄到宝宝的耳朵里。这时宝宝的肚脐已经长好了，不必担心感染，但是，如果脐凹过深，也要把脐凹内的水搌干。千万不要把洗发剂弄到宝宝的眼睛里去。洗澡时一定不能有对流风。

（6）做好保暖工作

给宝宝洗完澡后，用干爽的浴巾和毛巾包裹住宝宝的头和小身体，待其全身干爽后再穿衣服。不要用毛巾擦干宝宝身上的水后马上为其穿衣服，这样容易使宝宝受凉。

（7）不要马上喂奶

洗澡后不要马上喂奶，给宝宝喂一点儿白开水，这对消化有好处。因为洗澡时，宝宝外周血管扩张，内脏血液供应相对减少，立刻喂奶会使血液马上向胃肠道转移，使皮肤血液减少，皮肤温度下降，宝宝会有冷感，甚至发抖，而消化道也不能马上有充足的血液供应，因此最好等洗澡后 10 分钟再开始喂奶。

2. 给1 ~ 2月宝宝洗澡的基本步骤

给宝宝洗澡前，妈妈要准备好浴巾和衣服，将宝宝放在浴巾上，脱下衣服，并在宝宝身上盖块布，以免宝宝惊慌。正式洗澡时，可按照以下步骤进行：

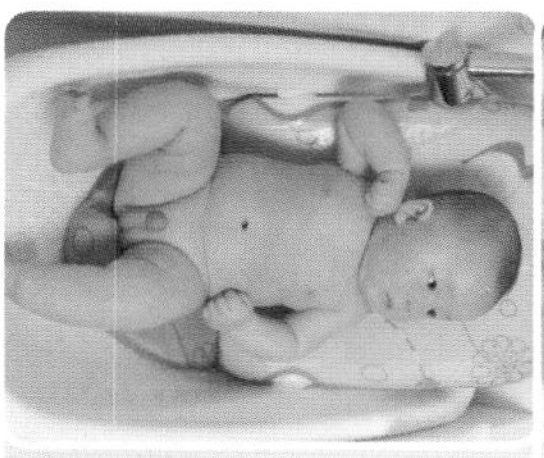

01 一手托住宝宝颈头部，手掌扶住宝宝一侧腋下，另一手托住宝宝臀部和两腿，将宝宝轻轻放在沐浴架上。

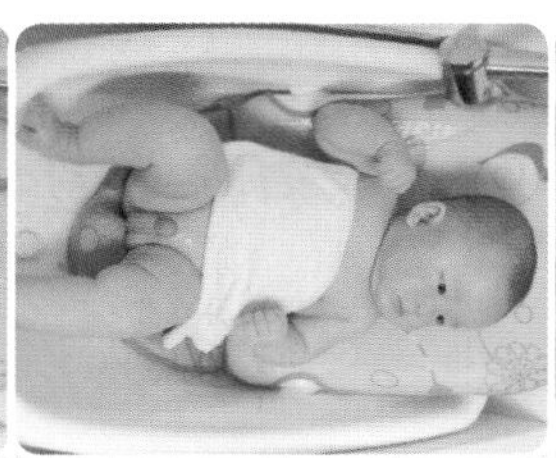

02 用纱布或小毛巾盖住宝宝的肚脐。然后妈妈检查一下水温。

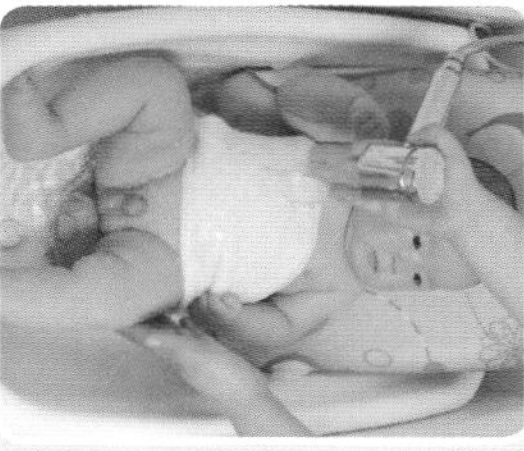

03 淋浴的水从妈妈的手流向宝宝的全身，将宝宝的全身打湿。将宝宝头向后仰，由左到右，用手指轻轻摸一摸宝宝颈部污垢。然后抬起宝宝的胳膊进行轻轻清洗。

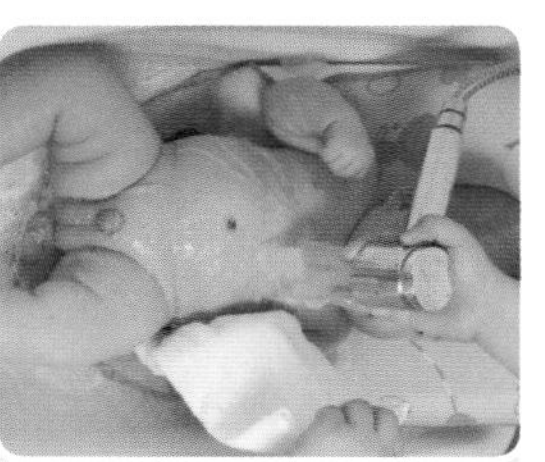

04 掀开盖在宝宝肚子上的毛巾，使淋浴的水经过妈妈的手流向宝宝的胸腹部，并重点清洗小肚脐。将毛巾重新盖回肚子上。

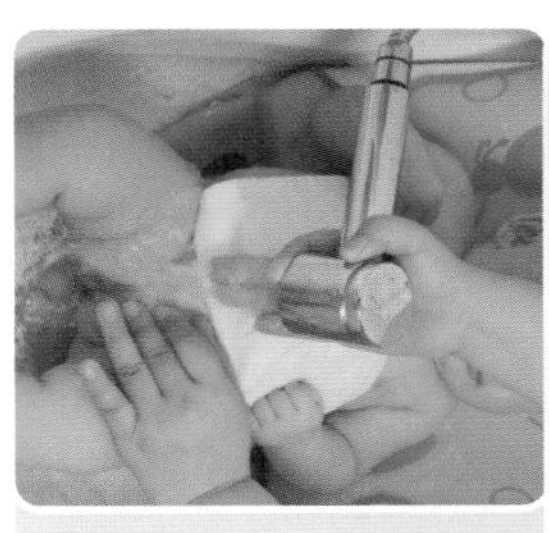

05 使淋浴的水经过妈妈的手流向宝宝一侧大腿根部的皱褶处，然后换另一侧清洗。

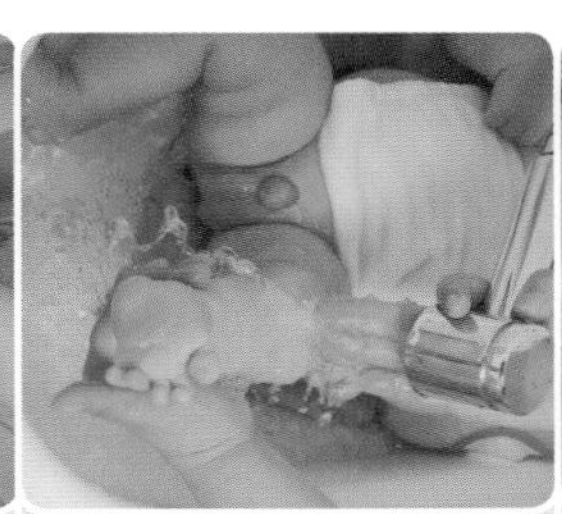

06 妈妈一手抬起宝宝的小脚，使淋浴的水流向宝宝的这只小脚，然后换另一侧清洗。

07 挤出适量沐浴露涂抹于宝宝一侧腋下，再用清水冲洗干净。

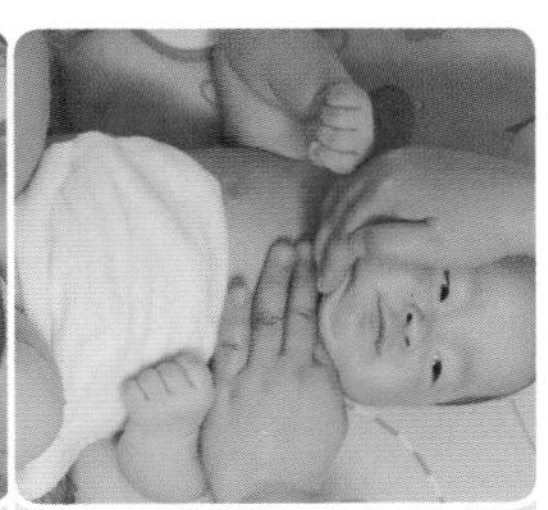

08 妈妈一手抬起宝宝颈部，将宝宝头向后仰，另一只手将沐浴露涂抹于宝宝颈部，用水冲净。

09 将沐浴露涂抹于宝宝另一侧腋下，再用清水冲洗干净。

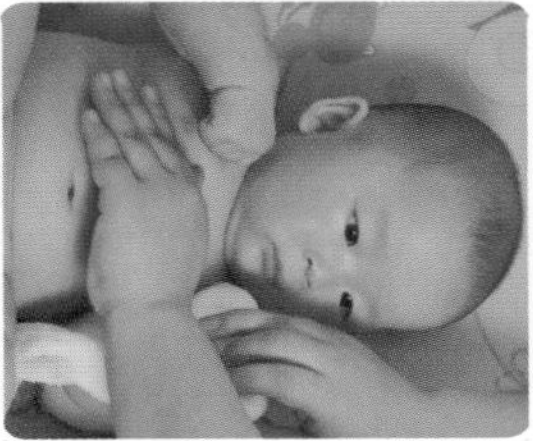

10 掀开宝宝肚子上的毛巾，将沐浴露涂抹于宝宝胸腹部，再用清水冲洗干净。

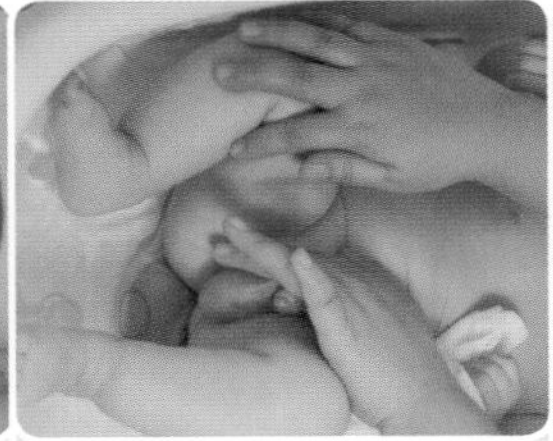

11 将沐浴露涂抹于宝宝一侧大腿根部，再用清水冲净，然后换另一侧清洗。

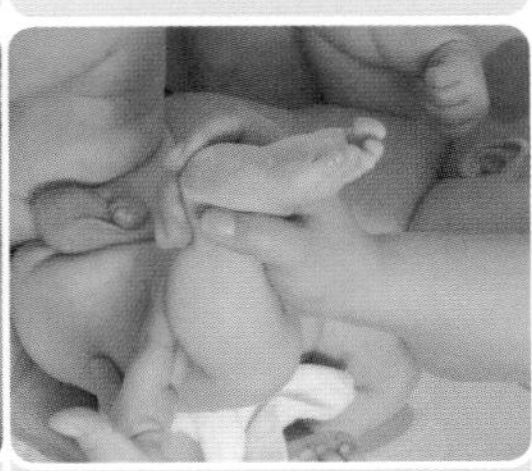

12 妈妈一手抬起宝宝的脚，将沐浴露涂抹于宝宝小腿和脚上，清水冲洗干净。

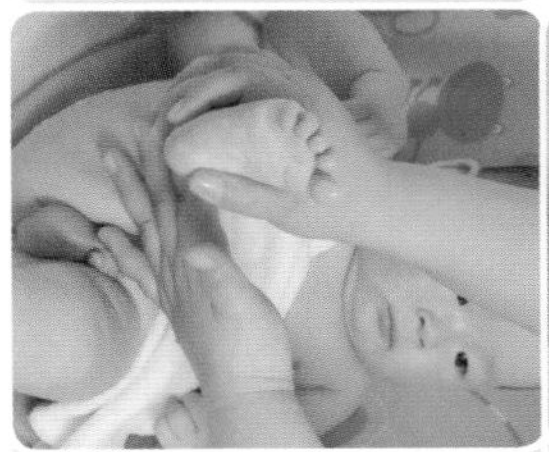

13 用同样的方法清洗宝宝的另一条腿。

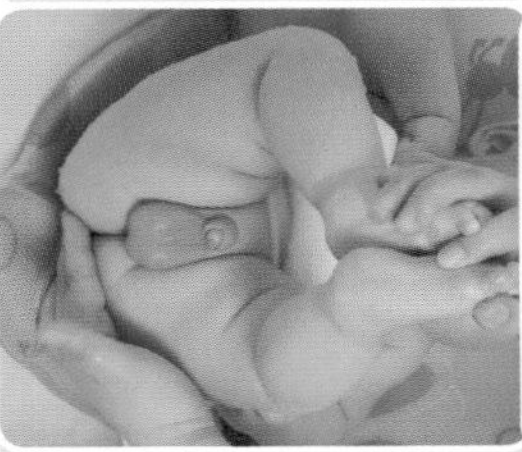

14 妈妈一只手抓住宝宝的双脚，使宝宝臀部抬起，另一只手清洗宝宝的小屁股。

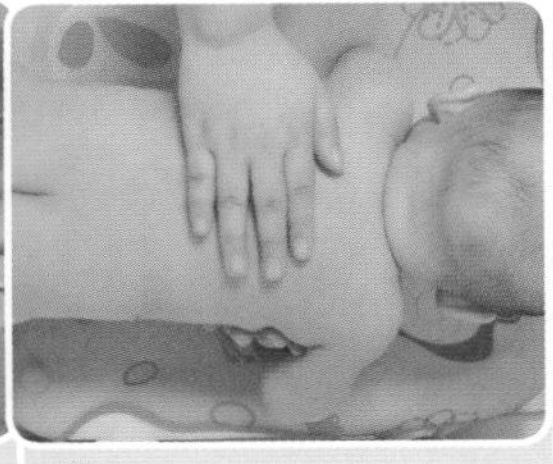

15 俯卧位，成人用手托着宝宝腋下及胸口，宝宝头靠在成人手臂上，由上到下轻轻擦拭宝宝背部。

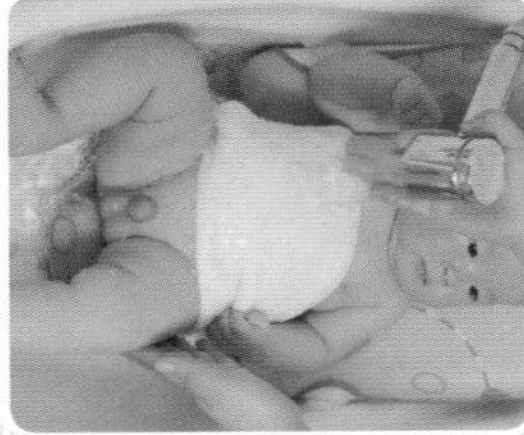

16 使宝宝仰卧，将其全身用水再次冲洗一遍即可。

（二）应对宝宝睡眠昼夜颠倒的窍门

2 个月大的宝宝比新生儿的睡眠时间有所减少，他们不再是吃了睡，醒了吃，几乎一天总是在睡眠状态了。宝宝醒着的时间越来越长，每天可能只睡 16 ~ 18 个小时。这个月是培养宝宝良好睡眠习惯的关键时期，一些睡眠问题要及时解决。

倘若宝宝睡觉黑白颠倒，不是宝宝的错，而是爸爸妈妈养育方法不够正确。现在，把颠倒的时间再颠倒过来。这里所说的“颠倒”，当然不是硬拧，而是通过科学的方法，帮助宝宝逐步调整。

1. 白天多玩少睡

如果宝宝白天睡觉时间很长，而晚上常常醒来，精神不错，那么应尽量让他白天少睡些，尤其下午 5 点钟以后就不要让宝宝睡觉了。白天可以让宝宝多接触一些新奇的事物，以此来吸引他的注意力，宝宝白天玩累了晚上自然就能睡好。

2. 定时哄睡

每天定时哄宝宝睡觉，并为宝宝提供一个温馨安静的睡眠环境。即使宝宝还没表现出困意，也把他抱到卧室，把灯光调暗，哄他睡觉。给宝宝唱摇篮曲或儿歌，都有助于帮助宝宝尽快入睡。在宝宝睡觉前放些优美的音乐也会有不错的效果。

3. 注意室温和宝宝体温

室温太高或太低，都会导致宝宝睡不踏实。妈妈要仔细检查宝宝睡觉时的体温状况，及时增减衣被。

4. 不抱着睡

许多妈妈说自己的宝宝只能抱着睡，不能放，一放就醒。宝宝当然喜欢妈妈抱着睡，但妈妈从一开始就不应该这样做。还好现在马上改正还来得及。从现在起，大胆地把宝宝放下来吧。刚开始他可能不干，慢慢就会接受的。

小宝宝睡觉不踏实，动作多多，不一定是有问题，在排除了疾病的可能后，妈妈不必宝宝一动就马上去拍、去哄，本来宝宝没有醒，你一拍一哄，倒把宝宝弄醒了，捅了“马蜂窝”。

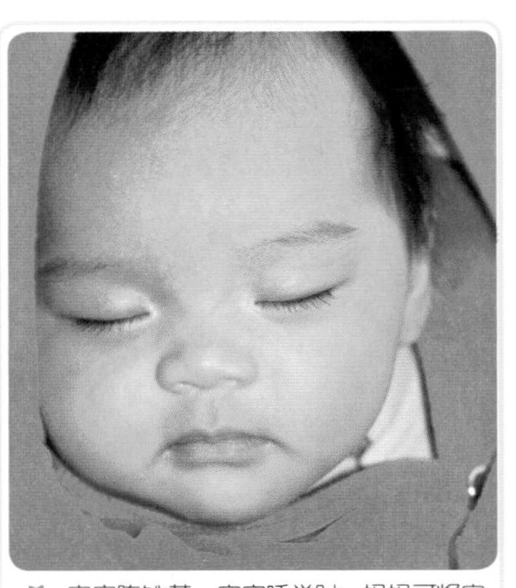

宝宝陈钞莹：宝宝睡觉时，妈妈可将宝宝放在床上或婴儿床上，千万不要长期抱着宝宝睡，以免宝宝养成不好的睡眠习惯。

（三）冬季穿衣，给宝宝展开耐寒锻炼

自古有云："若要小儿安，三分饥与寒。"宝宝的穿衣法则基本要参照父母，而不是祖父母，因为老人都会穿得多一些。大人穿几件，宝宝就穿几件，平时多摸摸宝宝的手心和后背，只要这两个地方温热就行。体质较差和病后恢复期的宝宝可比成人穿得适当多 1 ~ 2 件衣服。

特别提醒的是，在宝宝的衣着方面，其中最重要的一项就是——帽子。帽子的功能很多，白天可以遮阳，天凉了可以保暖，还能保护头皮。保护好宝宝的小脑袋瓜，宝宝受凉的概率便会大大降低。

1. 冬季宝宝穿衣原则

冬季给宝宝穿衣，妈妈应坚持以下原则：

（1）不是越多越好

不少妈妈认为，小儿要多穿，要穿得出汗才行。殊不知，宝宝穿得太多或经常出汗，毛孔处于扩张状态，很容易受凉生病。宝宝的保暖应以腹部、腰部和足部为重点，头部相对来说并不需要捂得太多，除非是在寒冷的室外。

（2）内衣要贴身

婴幼儿的肌肤比较娇嫩，且体温调节敏感度较高，体温变化较快。因此，宝宝内衣宜以柔软、舒适、保暖和透气性较好的棉质品为佳。不少妈妈会给宝宝穿上过于松垮的小兜肚，其实若不贴身和保暖，就毫无意义。

（3）多穿一件衣

在室内温度稍低的环境下，宝宝衣服的最佳搭配是：上装为保暖内衣 + 薄毛衣或棉线衣 + 厚毛衣；下装为保暖内裤 + 薄毛裤或厚实些的棉线裤 + 厚毛裤。总之，爸爸妈妈在给宝宝穿衣时一定要把握一点，那就是宝宝的衣服只需比成人的多穿 1 件。

（4）合理添加衣物

爸爸妈妈怕宝宝冻着，所以一出门就给宝宝穿很多，这使得宝宝一活动便会出汗，衣服被汗液湿透，从而导致着凉，并降低身体对外界气温变化的适应能力而致使抗病能力下降。

如果宝宝是外出运动，可酌情减些衣服，但如果外界环境特别寒冷，导致宝宝身体产热能力不足的时候，还是应该注意多穿衣。要判断宝宝穿得多少是否合适，可经常摸摸他的小手和小脚，只要不冰凉就说明他的身体是暖和的，衣服穿得并不算少。

2. 冬季宝宝衣物选择：由内到外的温暖

冬季给宝宝选择衣物时，妈妈应特别注意以下几点：

（1）内衣裤

有的妈妈认为只要外面穿上厚衣服就可以保暖，便不注意宝宝的内衣。其实柔软的棉内衣不仅可以吸汗，还能让空气保留在皮肤周围，阻断体内热量的散失，使宝宝不容易受凉生病。而不穿贴身内衣的宝宝则体表热量散失得多，身体摸上去总是冰冰凉凉的，很容易感冒。

（2）毛线衣裤

冬天宝宝外出，一定要穿保暖功能好的毛线衣裤。宝宝肌肤柔软，小小的刺激也可引起皮肤过敏，因此在选购毛线衣裤时，毛线质地是最要紧考虑的因素。现今市场上有专为宝宝生产的毛线，非常细小，并且很柔软，保暖性又好。爸爸妈妈还需特别注意的是，不要选择容易掉毛的毛线，以防吸入到宝宝气管和肺内。

宝宝邓佳祎：冬天外出，一定要给宝宝穿保暖功能好的毛线衣裤。

（3）外套

许多爸爸妈妈认为只有厚厚的羽绒服才是最保暖的，其实不然。小棉服中膨松的棉花可以吸收很多空气，从而形成保护层，不让冷空气入侵，有着很好的保暖作用；厚羽绒服没有更多的吸收容纳暖空气的空间，挡风还可以，御寒保暖就比小棉服差多了。

（4）鞋子

如果鞋子太大，宝宝走起路来不跟脚，脚上的热量就容易散失；反之鞋子太小，和袜子挤压结实，影响了鞋内静止空气的储存量也不能很好地保暖。最好的选择是，宝宝的鞋子稍稍宽松一些为宜，质地也以透气又吸汗的全棉为好。宝宝的鞋子穿起来大小合适，舒适柔软，鞋子里能够储留合适的空气，从而能使宝宝的小脚更加温暖。在天寒地冻的北方，为宝宝选择鞋子时，还要注意鞋底的防滑、防冻效果。

给宝宝穿的鞋子质地以透气又吸汗的全棉为好。

（5）小袜子

宝宝一旦脚冷，身体也很容易发冷。冬天为宝宝保暖，让宝宝的脚部感觉温暖非常关键。但很多妈妈错误地认为宝宝的袜子越厚保暖效果越好，其实如果袜子厚但不吸汗的话，很容易潮湿，大量的水分会挤掉袜子纤维中的空气，由于少了空气这种极好的隔热体，袜子潮湿时就会使宝宝的脚底发凉，反射性地引起呼吸道抵抗力下降而患上感冒。因此要给宝宝选择纯棉质地且透气性好的袜子。

（6）帽子

宝宝 25% 的热量是由头部散发的，因此冬天出门一定要给宝宝戴帽子。帽子的厚度要随气温情况而增减。最好给宝宝戴舒适透气的软布做成的帽子，不要给宝宝选用有毛边的帽子，否则很容易会刺激宝宝皮肤。

● 宝宝邓佳祎

（7）口罩围巾

在寒冷的北方，不少爸爸妈妈都习惯给宝宝戴上口罩或者用围巾护住口鼻，以为这样宝宝的小脸就不会冻着了。其实，这样做会降低宝宝上呼吸道对冷空气的适应性，使宝宝缺乏对伤风感冒、支气管炎等疾病的抵抗能力。而且，因围巾多是纤维制品，如果用它来护口，会使纤维吸入宝宝体内，可能诱发过敏体质的宝宝发生哮喘症，有时候还会因围巾厚，堵住宝宝的口鼻而影响到宝宝肺部的正常换气。

（四）日光浴：及时为宝宝补充维生素D

阳光中含有两种特殊的光线，即红外线和紫外线，照在身上可以使血流量增加，增进血液循环，促进新陈代谢。宝宝身体正在迅猛生长，骨骼和肌肉的生长需要大量的钙，晒太阳会使皮肤中的7–脱氢胆固醇转化为维生素D，帮助吸收钙和磷，促进骨骼的生长，可预防和治疗佝偻病。紫外线还有强力的杀菌力，可提高机体免疫力以及刺激骨髓制造红细胞，预防贫血。

1. 选择适当的时间

冬季一般在中午11～12点钟左右；春、秋季节一般在10～11点钟；夏季一般在9～10点钟。晒太阳的时间应由少到多，随宝宝年龄大小而定，要循序渐进，可由每天十几分钟逐渐增加至1～2小时，或每次15～30分钟，每天数次。

2. 穿衣要适当

紫外线要透过层层的厚衣物再到达皮肤很难。另外，衣着过厚在阳光下活动容易出汗，出汗后受风易感冒。因此，给宝宝晒太阳时应根据当时的气温条件，尽可能地使宝宝少穿衣服。尤其是夏季给宝宝实施日光浴时，应尽量在裸体或半裸体（仅穿小背心、短裤或尿不湿）的状态下进行，让日光均匀地洒在宝宝的周身。注意宝宝头部应避免直接对着太阳照射。

3. 晒太阳需注意

带宝宝出去晒太阳，妈妈应该注意以下几点：

■ 晒太阳时宝宝不宜空腹，也最好不要给宝宝洗澡。因为洗澡时可将人体皮肤中的合成活性维生素D的材料7–脱氢胆固醇洗去，从而降低人体对钙的吸收。

■ 不要隔着玻璃晒太阳。因为紫外线穿透玻璃的能力较弱，故而会降低阳光的功效。

■ 在户外，不要让宝宝吹风太久，不然容易感冒，应随季节增减衣服和佩戴帽子。

■ 晒太阳时，如果妈妈自己都出现头痛、头晕、心慌、皮肤潮红或灼痛等反应，应立即带宝宝到阴凉处休息，并喂食凉开水或淡盐水，或用温水给宝宝擦身。

■ 晒后注意补水。

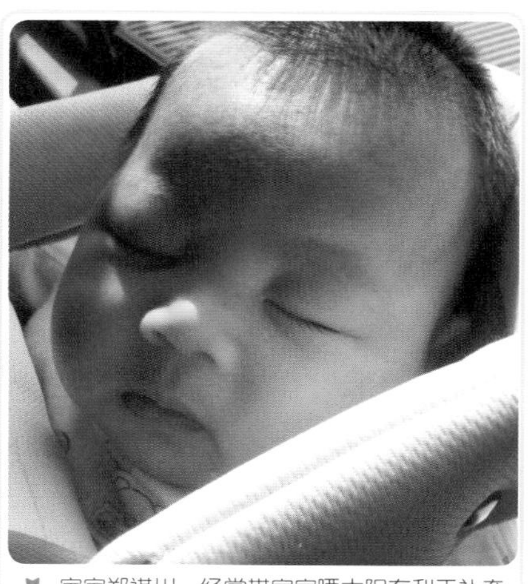

宝宝郑祺川：经常带宝宝晒太阳有利于补充维生素D。

（五）空气浴：让宝宝皮肤自由地呼吸

米菲妈不知道，当她带宝宝到户外进行阳光浴的同时，也给宝宝进行了空气浴。空气浴就是让宝宝置身在新鲜的空气中，让全身的皮肤尽量多地接触空气，通过身体不断地经受外界气温的变化，以提高宝宝的抗寒能力，增强宝宝的身体素质。

1. 给小宝宝实行空气浴的必要性

对于婴儿来说，由于皮肤层薄，皮下脂肪少，血管丰富，散热较多，所以一般对于外界气温的适应能力很差。如果宝宝不断地经受寒冷的训练，那么身体就会很好地适应环境温度变化，因而不会生病。但是如果宝宝一直生活在一个恒温的环境中，体温调节中枢没有这方面的训练，宝宝就会因为温度的变化而不适应，造成抵抗力的降低。

如果妈妈能够采用正确的方法给宝宝进行空气浴，不但能够增强宝宝的体质和抗病能力，使得宝宝接受更多的太阳光照射，从而有利于钙的吸收，促进骨骼生长，还可以使宝宝更多地吸入氧气和负离子空气，有利于促进宝宝的新陈代谢。另外，大自然的环境能使宝宝情绪稳定，有利于宝宝认知能力的发展。

2. 正确地进行空气浴

一般宝宝 2 ~ 3 个月就可以进行空气浴了，要知道，宝宝适应外界环境需要有一个循序渐进的过程，不能操之过急。妈妈可按照下列方法给宝宝进行空气浴：

■ 在气温允许的情况下，宝宝穿单薄、宽大、透气的衣服，让宝宝能够亲密接触空气。

■ 空气浴先在室内进行。在 20℃ ~ 40℃的室温下可将宝宝的衣服打开，暴露全身皮肤 5 ~ 10 分钟。当宝宝已经习惯了这个温度，可以逐渐延长至 1 ~ 2 小时。这里需要注意的是不要在对流风下做这些活动。

■ 宝宝 3 个月以后，可以在风和日丽（20℃以上）时，在室外进行空气浴。先裸露头部，以后逐渐暴露得多一些，时间也由短逐渐延长。每次空气浴最好选择在早晨 9 ~ 10 点钟，因为这个时候宝宝已经吃完早饭 1 ~ 2 小时，且这时的空气质量好，空气中的尘埃少、有害物质少，太阳光不是很强烈。

■ 空气浴最好选择在春末夏初开始，冬天先从室内开始。

宝宝韩子恩：正确地为宝宝实行空气浴，有利于增强宝宝身体抵抗力。

（六）水浴：带宝宝去游泳吧

在月子会所里，每个礼拜宝宝都会游一次泳，不过那时因为小，所以基本上都是套个游泳圈在浴桶里睡觉。现在宝宝一个多月了，带她去游泳就明显感到和以前不同了。妈妈帮她套好游泳圈一放到水里，宝宝立刻活络起来，两只手两只脚不停地向外划动，还会在原地转圈圈，一双大眼睛亮晶晶的，小嘴巴一张一合，小光头上都是汗珠子。游到高兴了，一双胖乎乎的小腿还会跷起来，嘴里还会发出“咿咿呀呀”的声音，好像在对妈妈说：“妈妈，快看我呀，我是不是有成为游泳健将的潜质啊？”

宝宝田耕宇：游泳能促进宝宝身体器官的充分发育。

1. 游泳带给宝宝的好处

宝宝 1 岁之内尚不能独立行走，游泳为其提供了一个活动肢体的机会，而且是安全、运动量大的健体活动。游泳可最大限度释放宝宝好玩的天性，帮助宝宝更健康、快乐地成长，促进婴幼儿神经系统、消化系统、呼吸系统、循环系统、肌肉骨骼等系统的充分发育。

（1）健脑，促进脑神经发育

游泳时，尽管有项圈等的辅助，但婴儿需要自己去平衡。同时，运动给婴儿带来全方位的刺激，这种刺激反馈到大脑皮层，能有效促进婴儿脑神经的发育，激发婴儿的本能和潜能。此外，游泳可提高婴儿对外部环境的反应能力，促进婴儿正常睡眠节律的建立，避免不良睡眠习惯的形成，有利于婴儿早期的教育，提高婴儿的智商、情商。

（2）增强心脏功能

在游泳过程中，婴儿全身肌肉的耗氧量增加，水对外周静脉的压迫有效促进了血液的循环，提高婴儿的心脏功能。

（3）利于体格发育

婴幼儿在游泳时，可有效刺激骨骼、关节、韧带、肌肉的发育，促进婴儿身高的增长，使宝宝体格更加健壮。同时还能使宝宝充分地接触阳光、水、空气，促进机体对维生素 D 的吸收，有利于体格发育。

2. 游泳前的准备工作

在宝宝游泳前，妈妈要做好下列准备工作：

（1）水质准备

新生儿游泳时的用水要经过专门消毒，并使水质接近羊水成分，以减少宝宝不适。

（2）肚脐护理

游泳前要对新生儿的肚脐进行护理，并贴上防水肚脐贴，以免被感染。

（3）游泳室

游泳室要通风好、自然采光，室温在25℃～26℃，冬季为26℃～28℃，环境相对湿度为50%～60%。

（4）游泳池

游泳池应为无毒、透明、充气的水池（不可用成人浴缸），池深至少在56厘米以上，内径为50～90厘米，可配有充气小玩具。

（5）游泳圈

泳圈的内径要大于或等于宝宝的颈围径，宝宝成长到一定的阶段，应更换不同型号、大小的泳圈。给宝宝套圈时，要两个人操作，动作要轻柔。套好游泳圈，应检查宝宝下颌部是否垫托在预设位置，下巴要置于其槽内。

（6）选择适当的时间

宝宝游泳时要处于安静觉醒状态，最好在吃奶前20～35分钟。游泳前应对宝宝进行兴奋性按摩和兴奋性游戏，如皮肤按摩、追物游戏，以调动宝宝的积极性。

（7）游泳持续的时间

3个月以内的宝宝每次游泳时间最长不超过15分钟，1岁时每次30～40分钟。如果宝宝烦躁、打吨，要立即将其抱出水面。

3. 给宝宝特别的护理

护理宝宝游泳时，爸爸妈妈的动作要轻柔，不戴首饰，不留长指甲，要看着宝宝的眼睛，轻声说话或唱儿歌，也可以播放轻音乐。体质较弱的宝宝在游泳时，对水质、水温、室温的要求更加严格，也需要更多的呵护。

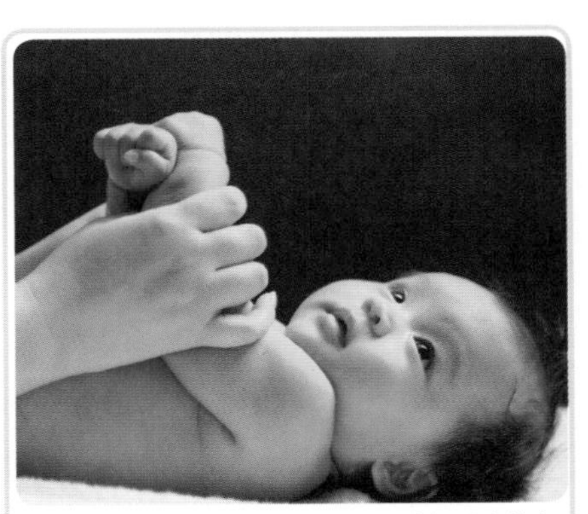

宝宝田耕宇：游泳能促进宝宝身体器官的充分发育。

（七）给宝宝测体温，你会吗

米菲妈离开月子会所时，会所的工作人员交代说："要经常给宝宝测体温哦，体温是身体健康的晴雨表，每分每秒它都在发生改变，当宝宝看起来明显异于往日时，你首先就应该想到测量体温。"交代完了，工作人员又问了一句："对了，你会给宝宝测量体温吗？"米菲妈心里嘀咕了一句："不就是测体温嘛，谁不会啊？"其实，宝宝可不同于成人，给宝宝测量体温是要掌握一定方法的。

1. 先来了解宝宝的正常体温

正常宝宝的腋下体温应在 36℃ ~ 37℃之间。若宝宝体温低于 35℃，或高于 37.5℃，均应及时看医生。

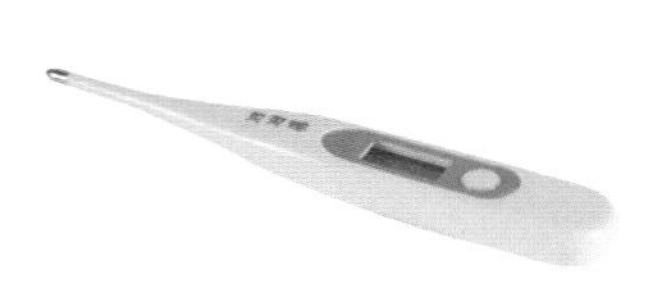

● 数字体温计

2. 测量宝宝体温的方法不同于成人

给宝宝测量体温最好使用数字温度计，数字温度计放在婴幼儿的口腔内比较安全的。最好不要用老式的水银体温计，尤其不要放进宝宝的口腔内，因为水银体温计很容易被打碎。另外，耳温计也比较适合宝宝。给宝宝测体温时，如果宝宝不能正确地把温度计含在舌头底下，也可以放在他的腋窝下，这样测出的体温会比他的实际体温低 0.6℃左右。

（1）腋窝测量法

① 打开体温计的开关，让宝宝坐在你的膝上并抬起他的手臂，把体温计的底端放入他的腋窝。

② 把宝宝的手臂放下并弯起前臂放在他自己的胸前，使之夹紧体温计。3 分钟后，可以把体温计从宝宝腋下取出。

③ 从体温计的窗口里读出宝宝的体温。

④ 关上体温计开关，用冷水清洗并晾干。

（2）口腔测量法

①打开体温计的开关，让宝宝张口，把体温计放在他的舌头下，然后让他闭口。

② 3 分钟后取出读取数据。

（3）耳温计的使用方法

把幼儿的耳朵轻轻向后拉，插入耳温计直到耳道被封闭，按下耳温计顶部的按钮，1 秒钟后取出来，就能读出宝宝的体温。注意确保放好的滤光镜头是干净的。

（八）宝宝爱上了“吃手”

宝宝米菲刚满月就有了自己的爱好：吃手。当她醒来时，不再像新生儿期那样哇哇大哭，而是躺在床上，津津有味地啃起了拳头。宝宝还不会张开手指，只是笨拙地把整个拳头往嘴里塞，把小小的嘴巴塞得满满的，居然还啃得有滋有味。那滑稽样，常惹得妈妈捧腹不已。

1. “吃手”是宝宝智力发展的信号

细心的妈妈会发现，满月后的宝宝有了一项嗜好，那就是“吃手”，有时还吃得很香，即使在吃饱了的状态下也会经常吮吸手指。于是，有的妈妈就开始烦恼了，不知道宝宝的这个嗜好是不是正常，还有的妈妈为了制止宝宝吃手给宝宝戴上了手套。

宝宝吮吸手指是宝宝智力发展的一个信号。新生儿的手是握着的，随着大脑的发育，宝宝逐步学会两个动作：一个是用眼睛盯着自己的手看，另一个便是吮吸自己的手指。对于他们来说，吮指是一种学习和玩耍。

宝宝田耕宇：吃手还能镇静宝宝的情绪哦。

另外，宝宝有时还通过吮吸手指来稳定自己的情绪。妈妈若能细心观察，就会发现宝宝在吮吸手指的时候，通常是非常安静的。这是因为 1 ~ 2 个月的宝宝正处于口唇快感期，当感到不安、烦躁、紧张时，吃手会镇静宝宝的情绪。有的宝宝在浅睡状态时，会用吮手指来寻求自我安慰而重新入睡。所以，妈妈不要轻易打扰宝宝的快乐。妈妈需要做的是保持宝宝小手干净、保持宝宝口唇周围清洁干燥以免发生湿疹。

2. “小手套”害处多

有的妈妈认为宝宝吮吸手指不利于健康，就将宝宝的两只手戴上手套或缝一个小口袋将整个小手包起来。这种做法是不可取的，原因是：

① 这会使手指活动受到限制，阻碍宝宝精细运动发展。

② 此时的宝宝对自己的手开始有一些控制能力了，手指比以前更灵活了，而且会用眼睛注视自己的手指。用手套包起宝宝的手指，会限制宝宝的手眼协调能力的发展。

③ 毛巾手套或用其他棉织品做的手套，如果里面的线头脱落，很容易缠住宝宝的手指，影响手指局部血液循环，如果发现不及时，有可能导致宝宝手指坏死等严重后果。

宝宝叶芷璇：妈妈担心宝宝会抓伤自己、会吃手，就给宝宝双手戴上手套。其实，戴手套会影响宝宝手、脑的发育，只要给宝宝剪指甲、保持手部清洁就好了。

三、喂养：营养为成长添助力

满月之后，米菲妈惊喜地发现自己的奶水居然有了“催长”的功能——米菲宝宝在迅速成长，几乎每天都有小小的变化。不过，后来米菲妈才知道，不是自己的奶水神奇，是从这个月开始，宝宝进入了快速生长的时期。那么，为了宝宝生长发育的需求和健康，在营养上妈妈应该注意哪些问题呢？

（一）本月宝宝喂养要点

从这个月开始，宝宝进入了快速生长的时期，为了满足宝宝生长发育的需求，需要给宝宝提供足够的营养。哺乳的妈妈可要加强自身的营养配给啦，如果母乳不足（特别提示：千万不要轻易就认为母乳不足，除非病理性原因，健康正常的妈妈都能分泌出足够的母乳来哺育宝宝），父母在给宝宝添加配方奶时要同时注意相应的营养素。

1. 1～2个月宝宝的营养需求

热量：这个月的宝宝每日所需的热量仍然是每千克体重 100 ～ 110 千卡，如果每日摄取的热量超过 120 千卡 / 千克体重，就有可能造成肥胖。

维生素 D 和钙：此阶段仍要注意给宝宝补充维生素 D 和钙，这对于母乳喂养或是人工喂养都是必须的。除了服用含有维生素 D 和维生素 A 的适量维生素制剂和钙类产品，还可以让宝宝多晒晒太阳，促进钙的吸收。

脂肪酸 DHA 和 AA：脂肪酸 DHA 和 AA 是大脑和视网膜的重要组成部分。母乳中含有丰富的脂肪酸 DHA 和 AA，但是母乳不足或无法给宝宝喂养母乳时，妈妈可以给宝宝选择含有 DHA 和 AA 的奶粉。

2. 不宜过早给宝宝添加米粉类食品

目前肥胖症患儿越来越多，糖尿病、高血压等慢性病的发病年龄也越来越早，故专家们提出，尽量不要过早给宝宝添加辅食，以免增加宝宝脏器负担，造成营养过剩。

米粉是以大米为主料的食品，含糖量极高，所含的蛋白质、脂肪、维生素却较少，不符合宝宝生长发育的营养需要。另外，由于此时宝宝的唾液腺不发达，唾液分泌较少，到 4 个月时才能分泌适量的唾液。而唾液中含有能消化米糊的淀粉酶；此时，宝宝肠道中也缺乏淀粉酶，因此米糊不易消化吸收。若 4 个月以内的宝宝进食米糊，容易引起消化紊乱、腹泻、呕吐等，所以不宜过早给宝宝添加米粉类食品。

（二）给宝宝最合适的奶量

许多妈妈一个劲儿地希望宝宝多喝奶，长得胖嘟嘟的才好，美其名曰："长得胖才可爱。"殊不知，人的肥胖往往是从婴儿时期开始的。那么，究竟要给宝宝吃多还是吃少呢？在这儿告诉妈妈们的是，合适才是最好的。

1. 怎样知道吃饱没有

很多新手妈妈不知道如何判断自己的奶水是否充足，而现在的很多老人会有一些传统想法，喜欢以"自己带过多少个宝宝，经验丰富"为由而"独断专行"，按照自己的想法去护理宝宝。但老一辈的有些想法是不科学的，比如看到宝宝哭闹，就认为他是没吃饱，于是向妈妈施加压力，说妈妈的奶水不足。

那么，究竟怎样判断宝宝是否吃饱了呢？

（1）为宝宝称体重

如果宝宝在健康的情况下，体重逐日增加，可以判断平时的喂奶量已达到宝宝需要；如果宝宝在没有患病的情况下体重长时间增加缓慢，则可能说明宝宝每日进食量还不够。

（2）听宝宝的哭声

宝宝在吃奶的时候，能够看到他连续吮吸、吞咽的动作，并且能够听到"咕咚咕咚"的吞咽声，这样持续 15 ~ 20 分钟。吃完后，宝宝能够安静地入睡，这说明宝宝已经吃饱了；如果哺乳的时候，宝宝长时间没有离开乳房，有时猛吸一阵，又把乳头吐出来哭闹，哺乳之后啼哭，而且宝宝的体重也没有明显地增加，这多是宝宝没吃饱的表现。

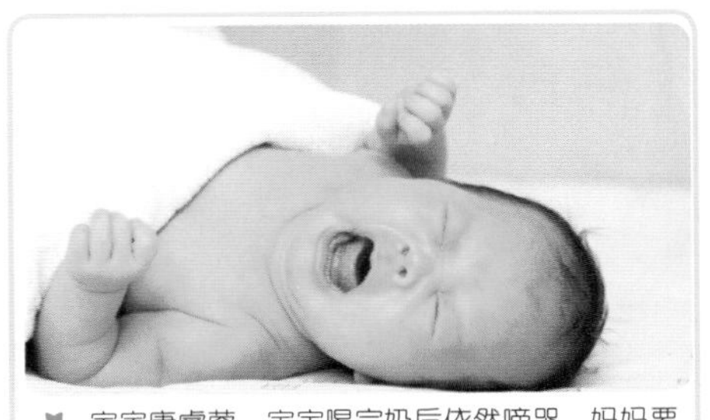

宝宝康睿蓥：宝宝喝完奶后依然啼哭，妈妈要判断宝宝是没吃饱还是尿布湿了。

（3）看宝宝的睡眠状况

宝宝吃奶之后安静地睡了，一直到下一次吃奶前才有哭闹，这是宝宝吃饱的表现。如果宝宝吃奶时看上去很费力，吮吸不久就睡着了，不到 2 个小时又哭闹，这是他没吃饱的表现。

（4）观察宝宝的排泄物

如果宝宝的大便秘结、稀薄、发绿，次数增多而排量减小，出现便秘、腹泻，都可能是奶水不足造成的。

2. 宝宝最有权利决定吃多少

人工喂养的宝宝，满月以后喂奶量从每次50毫升增加到80～120毫升。但到底应该吃多少，每个宝宝都有个体差异，不能完全照本宣科，妈妈可以凭借对宝宝的细心观察摸索出宝宝的奶量。

如果您没有把握，就以此为准：只要宝宝吃就喂，不吃了就停止。不要反复往宝宝嘴里塞乳头，已经把乳头吐出来了，就证明宝宝吃饱了，就不要再给宝宝吃了。

总之，宝宝最有权利决定吃多少。

宝宝叶芷璇：宝宝吃饱后安静地睡着啦，瞧她睡觉的样子多可爱。

3. 请继续坚持按需哺乳原则

仍然不要机械地规定喂哺时间，继续坚持按需哺乳。这个阶段的宝宝，基本上可以一次完成吃奶，吃奶间隔时间也延长了，一般2.5～3小时1次，一天7次。但并不是所有的宝宝都这样，一般来说，宝宝一天吃5～10次奶比较正常。如果一天吃奶次数少于5次，或大于10次，要向医生询问或请医生判断是否是异常情况。这个月龄的宝宝晚上还要吃4次奶也不能认为是闹夜，妈妈可以试着后半夜停一次奶，或者每次喂奶时间每天往后推迟，从几分钟到几小时。不要急于求成，要耐心。

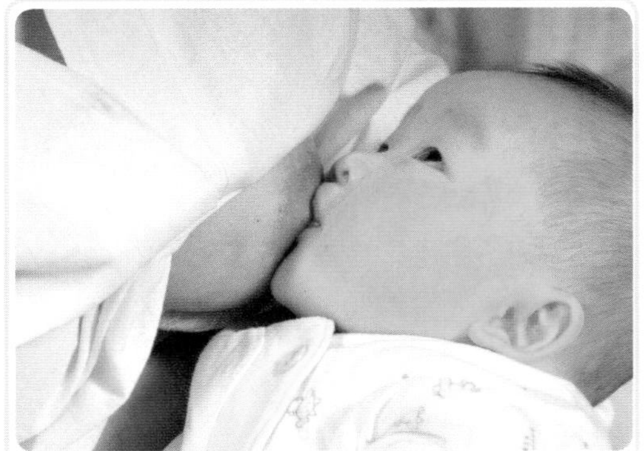

宝宝陈垚：对这个月的宝宝，依然要坚持按需喂哺的原则。

（三）掌握催乳秘诀，解除母乳不足的假象

满月后，陈垚妈的奶水突然不太充足了，每次陈垚吃完奶后都显得很不甘心，有时还会哭上一会儿。这让陈垚妈很有挫败感，一度对母乳喂养产生动摇。其实，每个妈妈都是产奶丰富的“奶牛”，只是有时候，因为方法不得当或者你本身的不自信，导致乳汁贮藏在你的乳房中却没办法分泌下来。因此，掌握一些增加泌乳量的秘诀很重要。

1. 增加喂奶次数

要增加泌乳量，乳房需要更多来自宝宝的刺激。如果你的泌乳量不足，可增加喂奶次数。至少每 2 小时喂宝宝 1 次。白天，宝宝如果睡觉超过 2 小时，就唤醒他吃奶。晚上，也至少唤醒宝宝 1 次，多喂 1 次奶。

2. 两侧乳房轮流喂哺

两侧乳房要轮流喂哺，如果是从右侧开始，在适当的时候就要换到左侧，过一会儿再换回右侧。两侧轮流喂哺可以促进乳汁分泌，还可以预防乳头皲裂、乳汁淤积和乳腺炎等疾病。

3. 保持冷静、心情舒畅

保持心情舒畅，对于母乳喂养非常重要。焦虑会妨碍乳汁的泌出，也就是说，即使你的身体生产了母乳，如果你不放松，乳汁就不会流出来。

4. 照顾好你自己

如果你要为宝宝制造更多的乳汁，你就必须让自己更有能量，将母乳喂养和照顾自己作为头等大事，而其他的事情，能让旁人代劳就尽量让旁人代劳。

◆ 为了让妈妈全心哺乳，爸爸要帮妈妈多承担一些家务。

5. 充满自信

母乳喂养，自信心非常重要。就算暂时母乳分泌不足，你也不要怀疑你的乳房的泌乳能力，更不要因为家人或者旁人的劝说而给宝宝喝配方奶。你要相信，你的乳汁十分丰富，只是暂时因为某些原因没有分泌出来成为宝宝的美食而已。

6. 想象泌乳反射

想象乳汁分泌的过程，想象跟宝宝的一切，能让大脑与乳房之间的情感链接更加紧密，从而促进乳汁的分泌。

7. 寻求专业帮助

如果你暂时母乳分泌不足，你可以向哺乳过的妈妈或者医院里的哺乳顾问请教如何增长泌乳量。

8. 按摩刺激泌乳反射

按摩也可以刺激泌乳反射，但要掌握正确的方法。按摩不当会导致乳房淤血和肿胀，使乳腺疼痛，不仅让妈妈痛苦而且还会妨碍乳汁分泌。因此，如果是自己按摩，你要充分掌握按摩的方法，不要强行按摩；如果是请别人按摩，一定要请熟练掌握按摩技术的专家。

9. 在饮食上注意调养

除非新手妈妈乳腺先天发育不良，否则不会泌乳不足。因此，哺乳妈妈要有规律的生活和合理的饮食安排，才能够保证有充足的乳汁。什么样的食物能够促进乳汁的分泌呢？

首先，在妈妈的膳食中应注意补充维生素 B_1 和水分。其次，可以吃一些有利于乳汁分泌的食物，如排骨汤、猪蹄汤、鲫鱼汤等。

各种下奶食物要交替着吃，以保证食欲和营养的均衡。

● 若要保证母乳充足，妈妈一定要保证营养均衡。

（四）保护好宝宝的粮袋：预防乳头皲裂

虽然大多数哺乳妈妈平时非常注意保养乳房，但是由于乳头皮肤本身就娇嫩，再加上宝宝吮吸力强大，还是有许多妈妈的乳头会发生皲裂。如果哺乳妈妈的乳房在喂奶的过程中一直疼，或是疼痛感在产后 1 周还未消失，就说明宝宝的衔乳或吮吸方式有问题，需要纠正。

1. 纠正不良的衔乳方式

乳头疼痛时，当务之急是查看宝宝吃奶的姿势以及衔乳的方式。确保宝宝衔住尽可能多的乳晕部分，确保宝宝的双唇是外翻的。喂奶时，检查宝宝的舌头。轻轻下拉宝宝的下唇，当宝宝衔乳方式正确时，你应该看到宝宝舌头的前端伸出到下齿龈上方，罩在下唇和乳房中间。

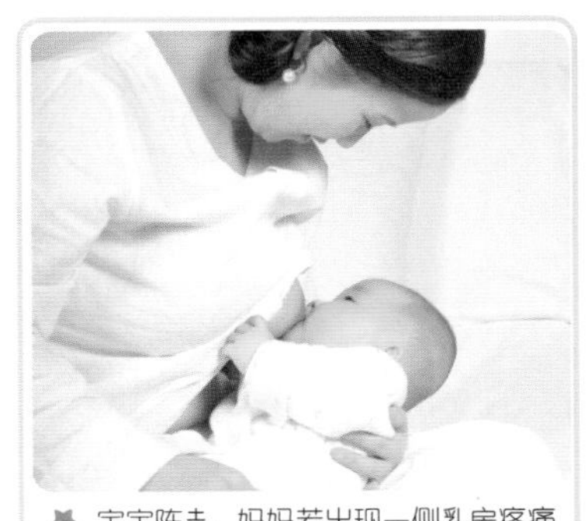

宝宝陈垚：妈妈若出现一侧乳房疼痛的情况，每次喂奶，可先喂稍微不痛的那侧乳房。

2. 采用不同的喂奶姿势

不同的姿势可以分散宝宝的吮吸对疼痛部位的压力。因此，妈妈要变换喂奶姿势，让宝宝从不同角度吮吸。

3. 先喂稍微不痛的那侧乳房

让宝宝先吮吸稍微不痛的那侧乳房，或者，如果你需要清空疼痛的乳房，在泌乳反射出现后改让宝宝吮吸疼痛的那侧。通常在乳汁流出后，乳头的疼痛情形也会好转。

4. 坚持并频繁喂乳

坚持哺乳，这样可以使乳头变得更加强壮，不再皲裂。相反，如果停止哺乳，再次开始哺乳时，乳头还是会发生皲裂，如果乳汁淤积，还会导致乳腺炎。

5. 停止安抚乳头

每次喂奶后期，宝宝如果长时间安抚吮吸，可能会让你难以忍受。宝宝需要安抚，让他吮吸你的食指（但要注意指头的清洁），而非让其吸吮安抚奶嘴。这样一来，宝宝就不会因吸过安抚奶嘴或奶瓶，而产生乳头混淆或偏好人造乳头。

（五）及时给人工喂养的宝宝补水

母乳喂养的宝宝不需要补充额外的水分，而配方奶喂养的宝宝常常会需要补充水分。那么，妈妈应如何给人工喂养的宝宝补水呢？

1. 水的选择

白开水是宝宝的最佳选择。白开水是天然状态的水，经过多层净化处理后，水中的微生物已经在高温中被杀死，而其中的钙、镁等元素对身体是很有益的。但要注意给宝宝喝新鲜的白开水，因为暴露在空气中 4 小时以上的开水，生物活性将丧失 70% 以上。

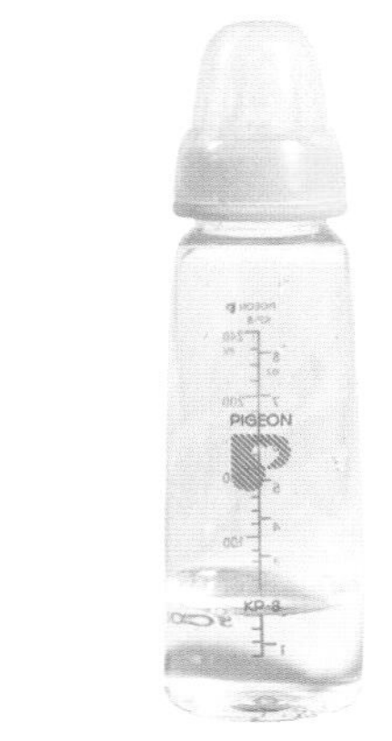

● 白开水是妈妈给宝宝的最佳选择

2. 温度适宜

过冷或过热的水，都会损伤宝宝娇嫩的胃黏膜，影响其消化能力。夏天，宝宝最好饮用与室温相当的白开水；冬天则饮用 40℃左右的白开水为最佳。

3. 水量适当

年龄、室温、活动量、体温、奶水或食物中的含水量等因素，都会影响宝宝对水的需要量。一般情况下，宝宝每日每千克体重需要 120 ~ 150 毫升水，所以应该在喂奶的间隙适当补充水分。随着宝宝年龄的增长，喂水次数和每次喂水量都要适当增加。

4. 讲究方法

宝宝喝水也要讲究方法，首先要做到少“饮”多餐。不要因渴而喝，因为宝宝真正口渴的时候，表明体内水分已失去平衡，身体细胞开始脱水。

其次，宝宝非常口渴时，应该先喝少量的水，待身体状况逐渐稳定后再喝。如果机体短时间内摄取过多的水分，血液浓度会急剧下降，从而增加心脏的工作负担，甚至可能会出现心慌、气短、出虚汗等现象。

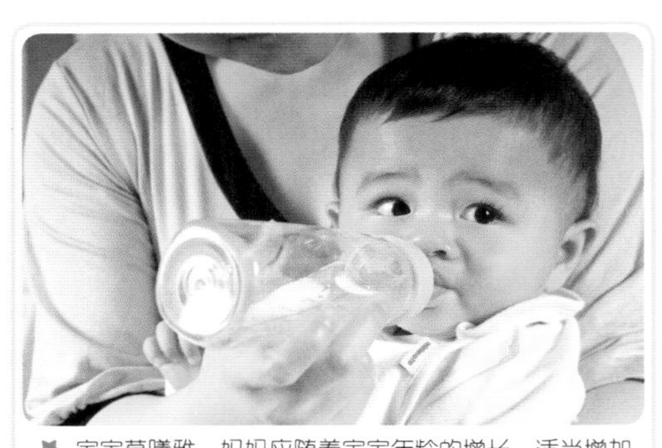

★ 宝宝莫曦雅：妈妈应随着宝宝年龄的增长，适当增加喂水量。

四、应对宝宝不适：科学护理保健康

宝宝满月了，妈妈战战兢兢的心终于松弛了一点点。不过小人儿虽小，却是个事儿精。时不时地给妈妈出新的难题，这不，脸上的痘痘刚刚清除，后脑勺的头发却莫名其妙地稀疏起来……妈妈可别慌，育儿路上，这些都还只是开端。你要做的就是多学习育儿知识，向书本学习，向各位育儿老手学习，更是要从实践中学习，因为，你的宝宝，是独一无二的。

（一）湿疹：可能因过敏引起

小宝满月了，一家人欢欢喜喜地准备去给小宝照满月照。谁知，小宝粉嫩嫩的脸蛋上长出许多“小痘痘”来，很快，在身体的其他部位也发现类似的成片小红点。一家人大惊失色，询问过医生，方知小宝患上了婴儿湿疹。湿疹起病大多在宝宝出生 1 ~ 3 个月，6 个月逐渐减轻，1 岁半时大多数患儿可以痊愈，个别的宝宝可以延长到幼儿及儿童期。

1. 区分湿疹和痱子

湿疹和痱子的症状有些相似，如果妈妈观察得不仔细，很有可能将其当成痱子处理，结果会使病情越来越严重。那么如何区分痱子和湿疹呢？

夏季是痱子的多发季节，气温过高使宝宝身上长痱子。痱子多出现在宝宝的额头、前胸、后背，表现为针尖大小的红色或白色小斑点，勤用清水洗可减轻皮疹。随着天气逐渐变冷或气温降低，痱子很快就可以消失。而湿疹一年四季都有可能发病，多出现在宝宝的脸部、胸部及臀部，是极小的红色斑点或小痘痘，多成片出现，并且容易反复，如果遇水或出汗会更加严重。所以，宝宝大哭或者喝完奶后，发病部位会出现红肿的趋势。

2. 宝宝为什么会出湿疹呢

婴幼儿时期的宝宝皮肤发育尚不健全，最外层表皮的角质层很薄，毛细血管网丰富，内皮含水及氯化物也很丰富，如果妈妈对宝宝的皮肤护理不当就易发湿疹。

如果宝宝属于过敏体质，哺乳妈妈若食用了可能引发过敏症的食物，就会使宝宝体内发生变态反应，从而引起湿疹。还有动物皮毛、花粉、灰尘、肥皂、药物、化妆品、化纤织物、染料、紫外线等外物因素也会引发过敏症状，导致宝宝患上湿疹。

妈妈给宝宝喂食过多，导致消化不良也会使宝宝患上湿疹。

另外宝宝摄入太多的糖分，肠道有寄生虫，受到强光的照射，家族性遗传等因素都会引发湿疹。

3. 湿疹的日常护理

■ 首先要找到病因，治疗和护理才能够有的放矢。一定要注意观察宝宝是否食用过敏食物，如配方奶、植物蛋白等。如果宝宝在已经开始添加辅食后出现湿疹，那么吃过每一种食物后都要注意观察宝宝的病情有没有加重。如果宝宝对母乳过敏，就改用配方奶；如果宝宝对配方奶过敏，就应使用特殊的配方粉，如氨基酸或短肽配方粉。

■ 给宝宝穿的衣服要柔软、光滑，尽量宽松，以免刺激到宝宝的皮肤。

■ 妈妈应尽量少给宝宝使用护肤品。

■ 室温不能过高，给宝宝穿的衣服和盖的被子也不能过厚，宝宝过热或出汗会使病情加重。

■ 不要用过热的水给宝宝洗澡。

■ 宝宝的尿布要勤洗勤换。

还要提醒妈妈的是，如果宝宝将患处抓伤，则有可能引发皮肤感染甚至败血症，所以妈妈一定要做好宝宝的日常护理。宝宝白天在睡觉的时候需要有专人看护，湿疹可能会引起瘙痒，宝宝会下意识地去挠痒痒，不要让宝宝的小手到处乱抓而碰到患处；夜间可以给宝宝戴上小手套，手套的质地一定要柔软，或将宝宝的胳膊稍稍束缚一下。

宝宝陈钍莹：为避免过敏，最好不要让宝宝接触化纤织物、动物皮毛等。

4. 湿疹的治疗

宝宝患有湿疹轻症可以外用郁美净儿童霜，效果不错，或外用 15% 氧化锌油、炉甘石洗剂或 121% 氧化锌软膏，每天 2 ~ 3 次。也可以用一些含有皮质类固醇激素的湿疹膏，此类药物能够很快控制症状，但是停药后容易反复，不能根治。使用此类药物不能超过 1 个月，以免引起依赖或不良反应。如果是合并感染的湿疹，是禁忌使用激素的。所以在用药前，一定要看好说明书，争取用得恰到好处。一般强效的激素类药物不建议用在面部。

口服药能止痒和抗过敏，如扑尔敏、非那根、息斯敏等，但它们都有不同程度的镇静作用。

宝宝叶芷璇：为避免刺激皮肤，给宝宝穿的衣服要柔软、光滑。

（二）枕秃：预防和治疗从现在开始

牛牛妈最自豪的事，莫过于牛牛长着一头乌黑浓密的胎发了。可是，第2个月的时候，牛牛妈发现，宝宝的后脑勺居然出现头发稀少的现象，并且宝宝常睡的枕头上掉满了胎发。这种情况是不是宝宝缺钙引起的呢？牛牛妈心里充满了疑惑。

1. 枕秃是否由缺钙引起

2个月的宝宝几乎都会出现脑后头发稀少的现象，只是每个宝宝枕部头发稀少程度不同，严重者枕部几乎见不到头发，医学上将这种现象称之为“枕秃”。

一提到枕秃，很多妈妈首先会想到宝宝是否缺钙了。实际上，并不是所有的枕秃都是由缺钙引起的。

枕秃的形成大多与宝宝的睡姿或枕头的材料有关。这个月的宝宝大部分时间都是躺在床上的，脑袋跟枕头接触的地方容易发热出汗使头部皮肤发痒，所以宝宝通常会通过左右摇晃头部摩擦枕头来止痒，枕部头发就会被磨掉而发生枕秃。

2. 对“症”治疗枕秃

妈妈们不要发现宝宝有枕秃，就忙着给宝宝补钙，要先弄清楚枕秃是由什么原因引起的，然后再对症处理。

（1）枕头或睡姿引起的枕秃

如果是由于枕头或睡姿引起的枕秃，妈妈可以采取下面的措施来改善：

①加强护理。给宝宝选择透气、高度适中、柔软适中的枕头，随时关注宝宝的枕部，发现有潮气，要及时更换枕头，以保证宝宝头部的干爽。

②调整温度。注意保持适当的室温，温度太高引起出汗会使头皮发痒。

（2）缺钙引起的病理性枕秃

如果是缺钙引起的病理性枕秃，妈妈就要注意给宝宝补钙。

由于婴儿时期的所谓缺钙，主要是因为维生素D缺乏所引起的，对于这种情况，我们要在医生的指导下及时添加维生素A和维生素D，或者通过户外晒太阳，利用紫外线的照射来使人体自身合成维生素D。

总之，妈妈们对待宝宝出现枕秃的态度要放正，既不能过于紧张，也不能无动于衷，要具体情况具体分析！

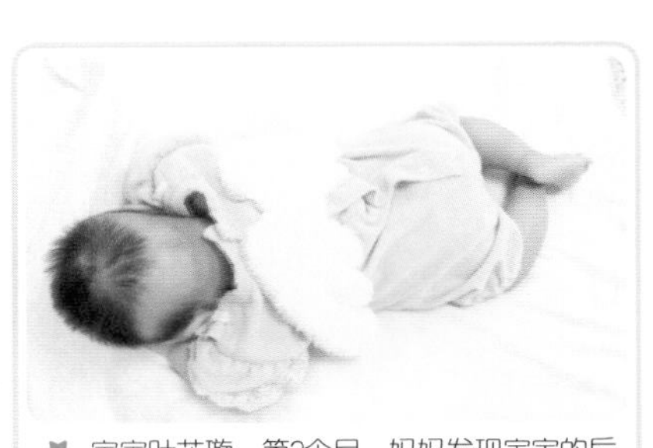

宝宝叶芷璇：第2个月，妈妈发现宝宝的后脑勺出现头发稀少情况，妈妈很担心，医生检查后说是宝宝睡觉时把头发给磨蹭掉了。

（三）尿布疹：宝宝屁股红得像猴屁股

阿宝妈是个典型的职业女性，护理宝宝也讲究方便快捷。所以当别的妈妈还在犹疑是要用传统尿布还是纸尿裤时，阿宝妈当机立断：用纸尿裤，方便、省心。不过，阿宝很快便用红彤彤的屁股来抗议妈妈的“懒惰”了。于是阿宝妈不得不重新启用传统的尿布。

1. 宝宝屁股为啥红了

红屁股在医学上称为尿布疹或尿布皮疹，是小婴儿常见的一种皮肤病，表现为与尿布接触部分的皮肤出现边缘清楚的鲜红色红斑，呈片状分布。严重时其上可发生丘疹、水疱、糜烂，如有细菌感染还可产生脓包。

小婴儿排尿便是无意识进行的，所以臀部会经常接触到湿尿片。由于尿液中含有尿酸盐，粪便中含有吲哚等多种刺激性物质，兜尿布后，这些物质持续刺激臀部皮肤，加上宝宝的皮肤非常娇嫩，就产生了红屁股。

2. 怎样护理好宝宝的红屁股

如果宝宝只是出现了轻度的红臀，爸爸妈妈只要给宝宝做好日常的护理工作，就可以使宝宝的小屁股恢复正常。

在护理的时候，要注意：

■ 如果出现了溃烂渗液，可以用黄柏、滑石、甘草磨成粉，加麻油调和之后敷在宝宝的臀部，能够有效地治疗红臀。

■ 有糜烂时可让患儿伏卧，用吹风机吹宝宝的红屁股。

■ 在阳光好、温度适宜的时候，可以给宝宝晒晒小屁股，也可以有效治疗宝宝的红屁股。

不过，如果红屁股持续很长时间不愈，建议妈妈们带宝宝在医院做检查，并在医生的指导下用药。

宝宝田耕宇：多让阳光照射宝宝的小屁股可有效防治尿布疹。

五、早教：开发宝宝的智力潜能

米菲满月时，当医生的姑妈给米菲买了一些印有动物、日常用品和食品的画册给米菲当满月礼物。“这么早给米菲念书，她又不懂”，米菲妈说。“这时读书可给予宝宝视觉上的刺激，有助于进一步认识和分辨颜色，有助于认识物品……”米菲的姑妈耐心地解释了一大通。没错，宝宝虽小，可并非什么都不懂。妈妈要经常跟宝宝做些游戏，使宝宝的大脑和体能得到锻炼。

（一）益智亲子游戏

这个月，宝宝已经能跟妈妈进行一些简单的互动了，所以，爸爸妈妈要多和宝宝交流、做游戏，让宝宝早日从“混沌”中走出来。

1. 妈妈哪去了：激发愉快情绪

这个阶段的宝宝特别喜欢看亲人的脸，但是他还不能完全理解妈妈动作所表达的意义，需要妈妈通过夸张的语调，帮助宝宝认识到动作的特别性。游戏方式如下：

01 轻轻呼唤宝宝的名字，吸引宝宝的注意。妈妈突然用双手捂住脸，问宝宝：“妈妈在哪？”

02 然后将双手拿开，对宝宝说：“妈妈在这儿。”如此反复几次，逗宝宝笑。

这个游戏可以激发宝宝愉快的情绪体验，有助于增进宝宝与家人之间的情感。

2. 抚摸妈妈的脸：开发宝宝的触觉

抱起宝宝，把宝宝的手放在你的脸上，告诉宝宝，这是眼睛，这是鼻子，这是嘴巴。当宝宝的小手抚摸到妈妈的嘴巴时，轻轻地咬一下宝宝的小手，宝宝会很高兴。然后轻轻地拍着宝宝，轻声地对他说话。说什么不重要，关键是这种温馨的氛围会让宝宝很舒服。

这个游戏可以让宝宝感受触摸的感觉，开发宝宝的智力。

宝宝陈垚：宝宝触摸妈妈的脸。

3. 响响玩具：促进听觉

准备好不同大小、不同质地的各种可以发出响声的玩具放在宝宝床边，妈妈手中可拿着响响玩具一边晃动一边对宝宝说："宝宝，你看，这是沙锤，来听妈妈摇一摇，叮叮叮。"要是手拿小狗玩具，就说："宝宝，你看，这是小狗，汪汪汪。"妈妈要不断根据玩具变化声音，宝宝 会很高兴听到各种变化的语言和语调。

这个游戏可锻炼宝宝的听觉能力，为宝宝开口说话打下基础。

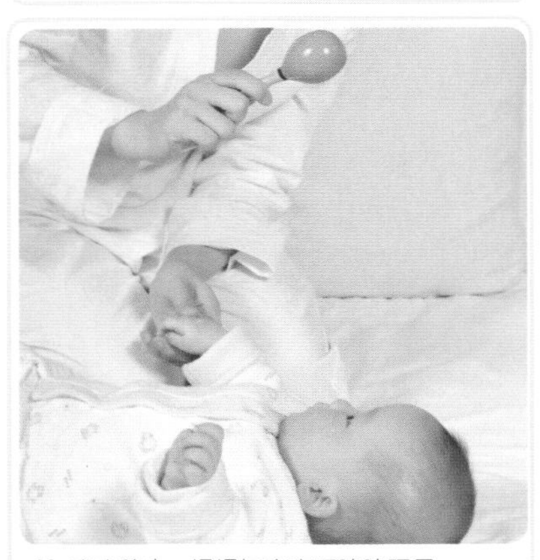

宝宝陈垚：妈妈与宝宝玩响响玩具。

4. 宝宝照镜子：观表情，知心情

妈妈可以和宝宝一起做照镜子的游戏，游戏方法如下：

妈妈抱着宝宝共同照镜子，妈妈做出各种表情，如哭、笑、生气等，并让宝宝通过镜子来观察妈妈的表情。同时，妈妈还可以念儿歌："宝宝哭，呜呜呜；宝宝笑，哈哈哈；宝宝生气撅小嘴。"在此过程中，妈妈可以指导宝宝练习"呜"、"哈"的发音。

这个游戏可以让宝宝观察不同的表情，了解对方心情。

宝宝莫曦雅：妈妈让宝宝照镜子。

（二）适合2月龄宝宝的被动操

被动操是通过成人的帮助，使宝宝运动来达到健身的目的，也为以后的主动运动做准备，因此必须运动宝宝的全身。以使宝宝的肌肉得到全面锻炼，促进宝宝大脑的发育。

1. 转头

目的：这是一节发展颈部肌肉的操。头部在人体运动和感、知觉发展方面有着重要的作用，锻炼支撑头的颈部肌肉，能为翻身打基础。

注意：动作要缓慢，当宝宝不愿意时不要勉强，宝宝转头自如后可停止这一练习。

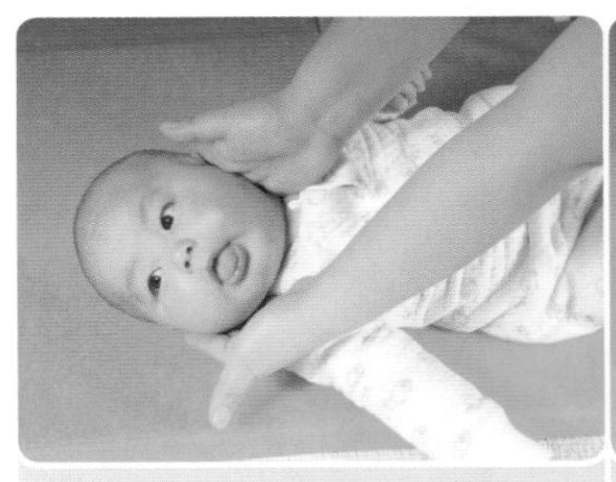

01 宝宝仰卧，帮助宝宝向右转。

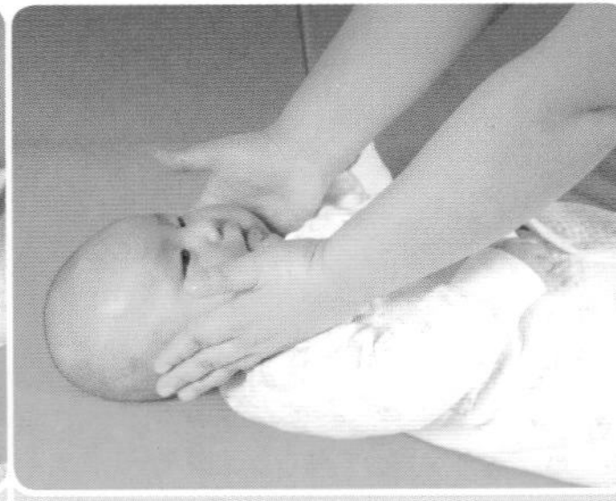

02 回正。

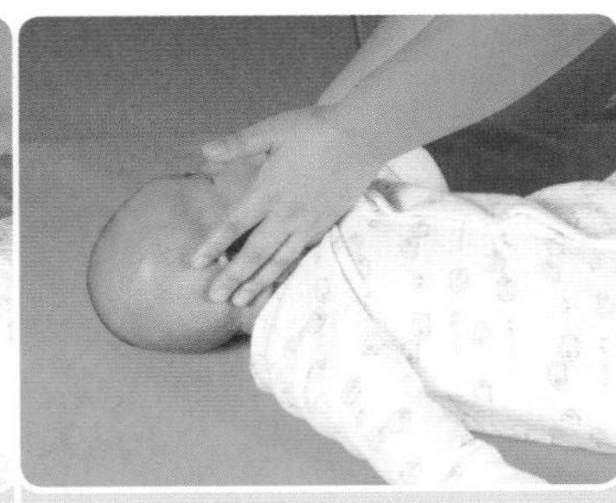

03 头向左。回正。

2. 低头

目的：为仰卧起坐、前滚翻打基础。

注意：颈部是脊髓通过的部位，宝宝颈部肌肉力量还小，因此妈妈的手法要轻，口令速度要慢一些。

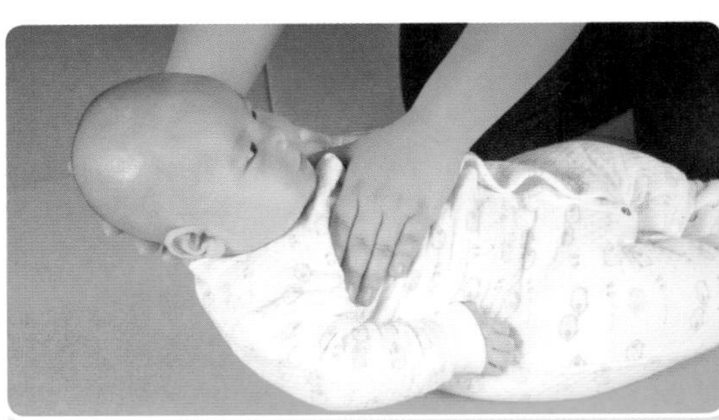

01 宝宝仰卧。如图，首先使宝宝低头。

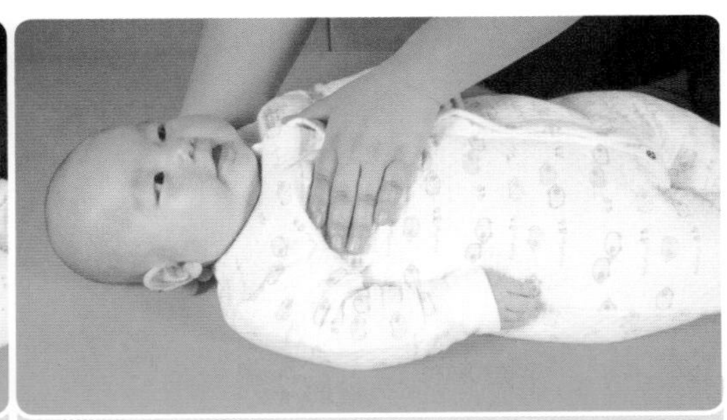

02 回正。重复做1个8拍。

3.手臂屈伸运动

目的：为以后拿、取东西，支撑、攀登等做准备，发展宝宝上臂的屈肌、伸肌和手腕力量。

注意：这节操妈妈要握住宝宝的手，而不是上臂，让宝宝做操时有手腕运动的感觉。做2个8拍。无论是上、下肢还是转头的练习，都要让宝宝两侧训练，肌肉才能全面锻炼。

01 宝宝仰卧，双手伸直放于身体两侧，手心向上，妈妈跪坐于宝宝脚部。

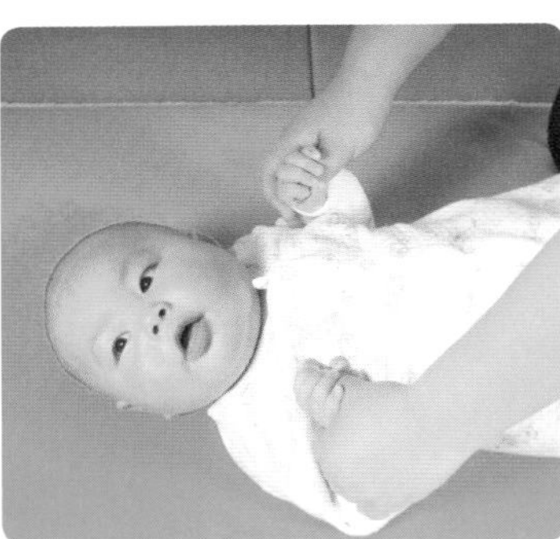

02 前臂屈。

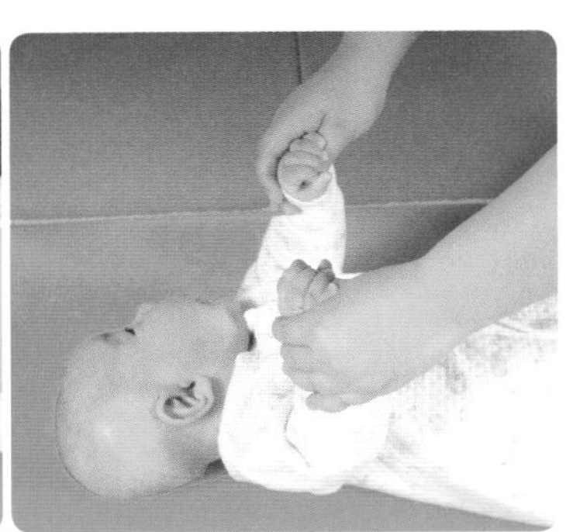

03 前臂上伸。

4. 脚屈伸运动

目的：脚踝的运动对于爬行（初期）、直立行走、跑、跳都有重要的意义，也可以预防婴幼儿因为学步车形成脚尖走路的坏习惯。

注意：每次左、右两只脚都要做。

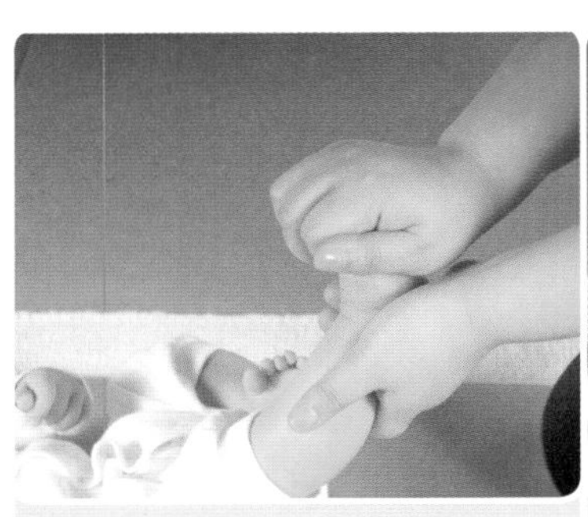

01 宝宝仰卧，妈妈一手托住宝宝的小腿后部，另一只手大拇指放在宝宝的脚背上，四指压在脚底。

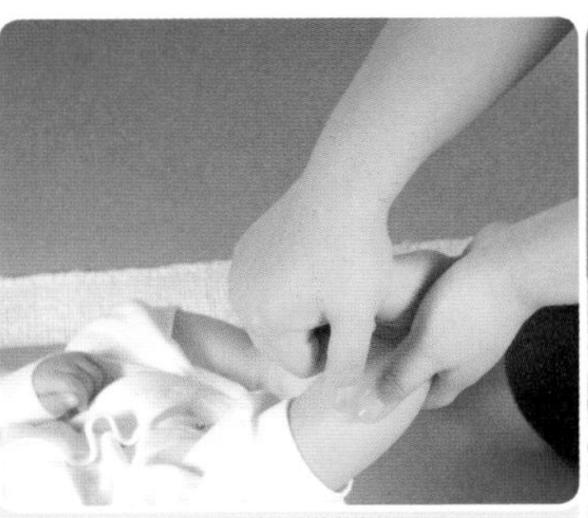

02 脚勾。

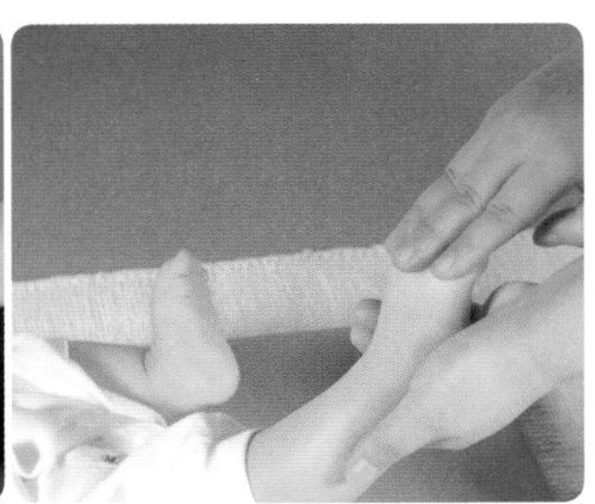

03 绷脚面。左右脚各做1个8拍。

5. 单腿屈伸运动

目的： 锻炼脚踝、大腿肌肉，为翻身做准备。

注意： 向左或向右时稍停，让宝宝有体会翻身的时间。

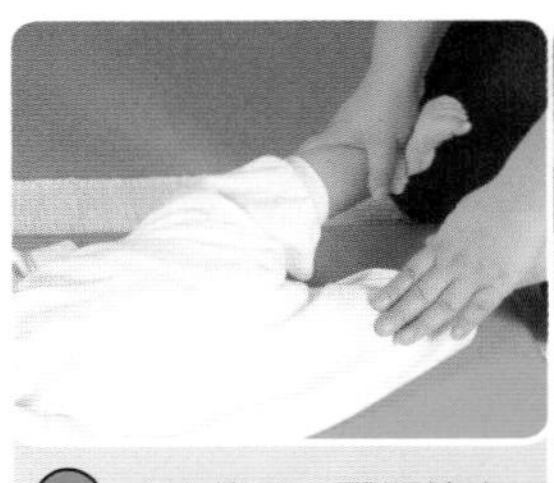
01 宝宝仰卧，两腿伸直。妈妈双手抓住宝宝脚踝。

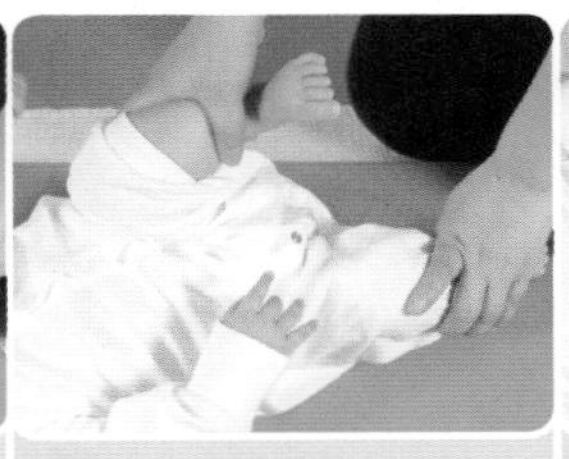
02 右腿单腿弯曲，大腿贴胸。

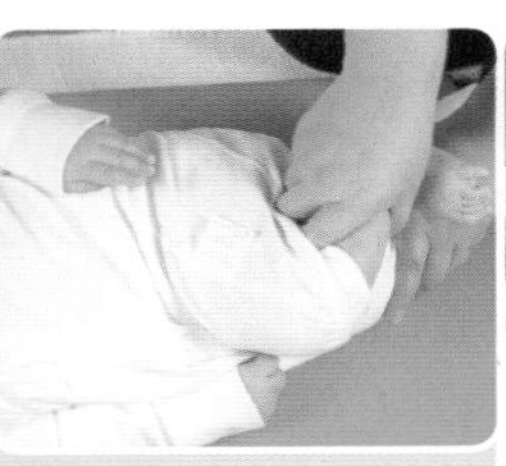
03 向左。

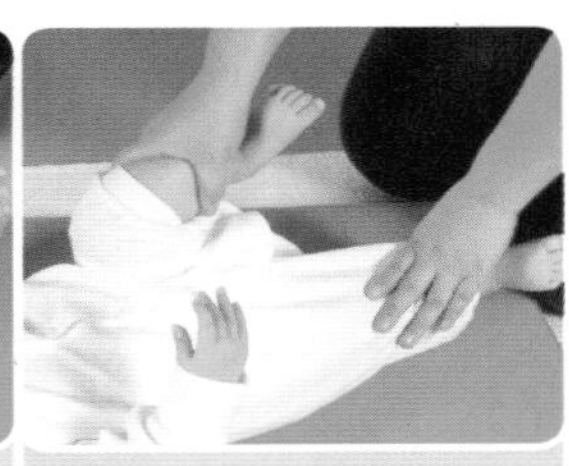
04 右腿单腿弯曲，还原。反方向运动，做2个8拍。

6. 直膝举腿运动

目的： 锻炼宝宝的腹部肌肉，体会双腿伸直的感觉。

注意： 举腿超过直角。这一节动作幅度较大，所有口令节奏慢一些。

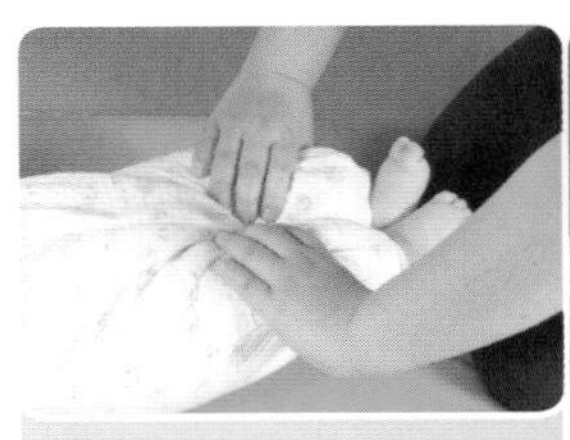
01 宝宝仰卧，两腿伸直。成人双手握住宝宝膝盖。

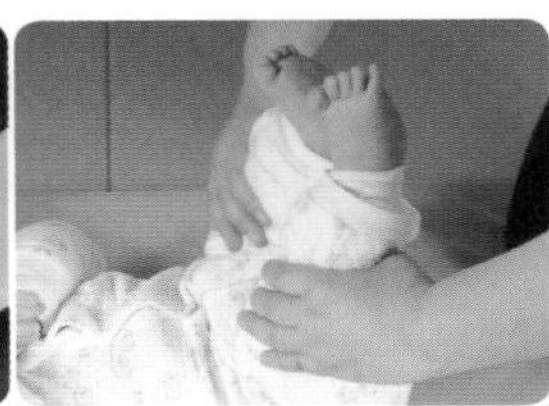
02 腿上举。

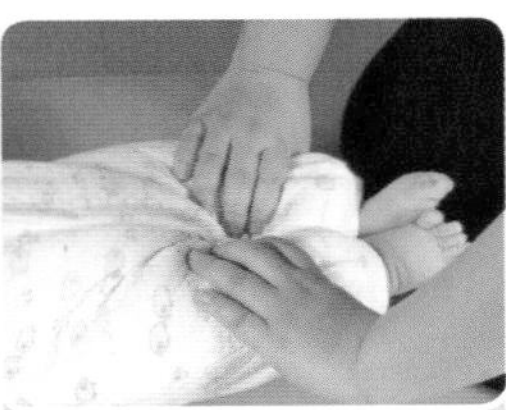
03 还原到开始姿势。

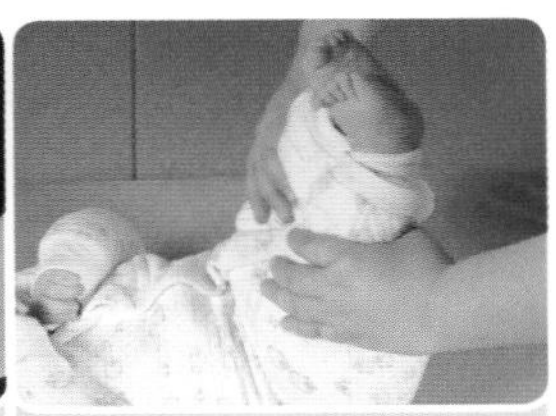
04 腿再次上举后，还原到开始姿势，做2个8拍。

7. 手指运动

目的： 锻炼宝宝的手指灵活性。

注意： 在按压宝宝手指的过程中，妈妈的动作一定要轻柔，切忌用力过大。

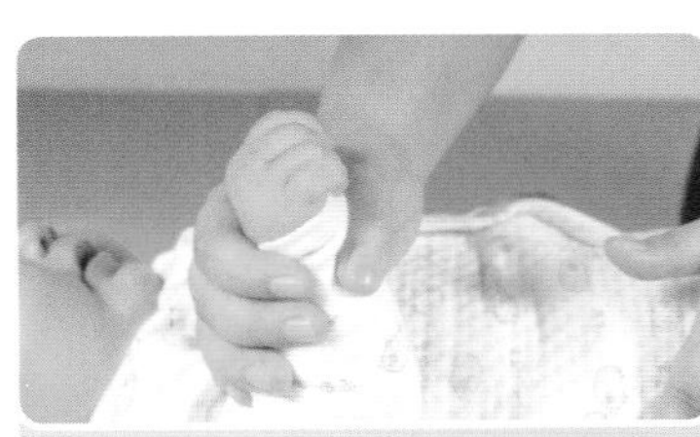
01 宝宝仰卧，一手抓着宝宝手腕，一手操作宝宝手部运动操作。

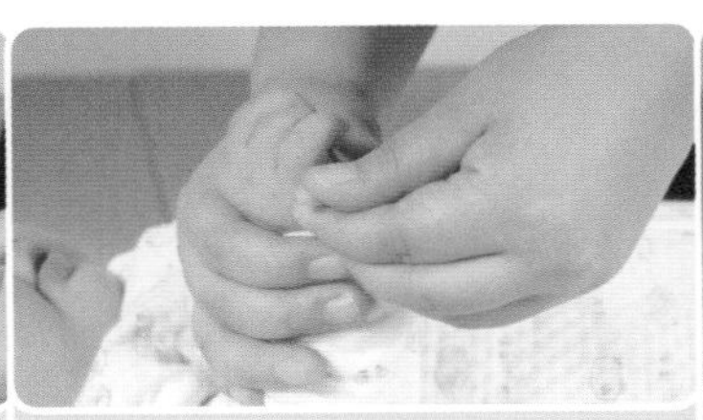
02 小指伸。

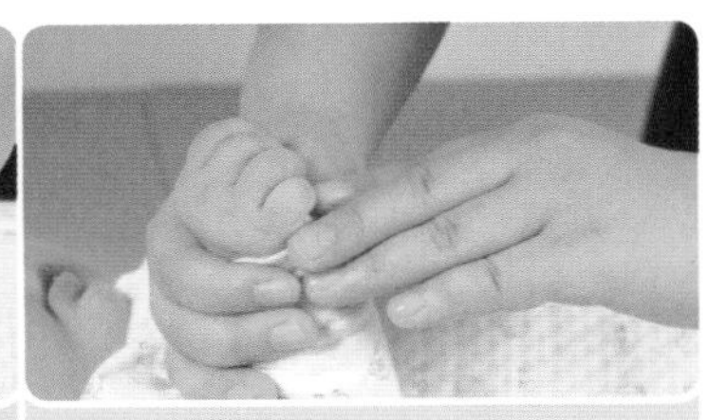
03 按压小指。如此依次先拉伸后按压宝宝的五个手指。

The Third Month:
I Can Erect My Neck

2～3个月
我的脖子能挺起来啦

这个月，我的最大进步，
就是我的脖子终于有足够的力量
举起我的大脑袋了，
这让我的视野更加广阔，所以，妈妈要多教我看和认识物体，
虽然我还不懂，但慢慢地我就会认识很多东西了。
不过，当妈妈不扶住我的脑袋时，
我的脑袋依然是颤巍巍的，
所以这个月妈妈要继续为我做抬头训练，锻炼我的脖颈力量。
我渴望与周围的人（特别是爸爸妈妈）交流，
除了继续用哭声和笑声表达我的情感之外，
这个月我开始尝试发声了，虽然只是简单的“啊、哦、额、咦”等单音词，但我很高兴我能“说话”了，
爸爸妈妈要多和我说话，让我早日学会用真正的语言来表达情感哦。

一、成长发育：宝宝月月变化大

本月宝宝带给妈妈最大的惊喜，莫过于宝宝的头终于可以竖起来了。虽然大脑袋在脖子上还是摇摇晃晃的，但这对于宝宝来说，已经是一个很大的进步了。从此，妈妈抱宝宝会更加轻松，宝宝的视野也会更加开阔。宝宝每天都会有小变化，每个月都会有很大的变化，妈妈们，宝宝用他们的茁壮成长来“回报”你们的精心呵护，你们看到了吗？

（一）本月宝宝的身体发育指标

每个妈妈都希望自己的宝宝健康成长。宝宝吃奶香、睡觉香、长得快、长得壮，妈妈就高兴；反之，如果长得不如别人家的小孩快，就觉得不是滋味。其实，每个宝宝在体重、身高增长方面都有自身的规律，只要不是距离标准值太远，就不是什么大问题。

宝宝刘溢航

表3-1：2～3个月宝宝身体发育指标

特征	男宝宝	女宝宝
身高	平均63.0厘米（58.4～67.6厘米）	平均61.6厘米（57.2～66.0厘米）
体重	平均7.0千克（5.4～8.6千克）	平均6.4千克（5.0～7.8千克）
头围	平均41.0厘米（38.4～43.6厘米）	平均40.1厘米（37.7～42.5厘米）
胸围	平均41.6厘米（37.4～45.8厘米）	平均39.6厘米（36.5～42.7厘米）

脊髓灰质炎混合疫苗（糖丸）：第2次服用脊髓灰质炎混合疫苗（糖丸）。
百白破混合制剂：首次注射预防百日咳、白喉和破伤风的百白破混合制剂。

（二）本月宝宝成长大事记

双胞胎磊磊和垚垚是两个很有肉的小家伙，他们俩都很喜欢笑，每次大家一逗他们，他们的眼睛就会笑得眯成一条缝。在这个月时，磊磊和垚垚已经能颤巍巍地抬起他们的大脑袋了，每次妈妈看到他们俩的脑袋摇摇晃晃的，就忍不住要去扶一下。这个月的宝宝，还会出现哪些有趣的变化呢？

1. 体重是衡量婴儿体格发育和营养状况的重要指标

去体检时，医生嘱咐涵涵妈：经常给宝宝称称体重吧！体重是衡量宝宝体格发育和营养状况的重要指标，它与身高相比，受遗传、种族影响比较小，更多的是受营养、身体健康状况、疾病等因素影响。这个月，涵涵长了 1. 2 千克，医生称赞说，宝宝喂养得不错。

这个月的宝宝，体重可增加 0.9 ~ 1.25 千克，平均体重可增加 1 千克。这个月应该是宝宝体重增长比较迅速的一个月。平均每天可增长 40 克，一周可增长 250 克左右。

但在体重增长方面，并不是所有宝宝都是有规律地渐进性增长，有的呈跳跃性，即这两周可能几乎没有怎么长，下两周快速增长了近 200 克，出现对前一个阶段的补长趋势。

宝宝郝静涵：涵涵这个月又长胖了，瞧她的小胳膊肉呼呼的。

2. 身高受遗传影响较大

天天的身高刚好处于身体发育指标表中的平均值，这让一心想让儿子长得高大威猛的天天妈有点儿担心。与体重相比，身高受种族、遗传和性别的影响较为明显，宝宝身高与标准值不符合，尤其是低于标准值时，爸爸妈妈往往会焦躁不安，或是以为是喂养不当，宝宝营养不良等。此时，要综合分析宝宝身高值的偏差的原因，结合宝宝的种族、父母和直系亲属身高水平。

需要提醒的是，这时的宝宝对外界刺激比较敏感了，无论是清醒还是睡眠状态时都不易把身体摆正，因此测得的数据往往不是很准确，妈妈就不要为宝宝身高与标准相差一点而焦急了。

宝宝天天：妈妈希望宝宝将来长得高大威猛，不过孩子的身高会受到父母身高的遗传影响哦。

3. 外貌人见人爱

大宇快满3个月了，大宇妈经常抱着他出去溜达。邻居看到了，都被大宇的可爱模样吸引住了，个个都要过来逗一下。这个时期的宝宝已经是一副人见人爱的模样了：奶痂消退、湿疹减轻后，露出细腻的皮肤，光泽有弹性；眼睛变得细腻有神，能够有目的地看东西，听力也变得更加灵敏。

4. 体能发展：头可以竖起来了

宝宝俯卧时，已经可以把头抬得很高，离开床面45°以上，并会慢慢向左右转头。

宝宝开始有自己翻身的意向。当妈妈轻轻托起宝宝后背时，宝宝会主动翻身，这时候宝宝主要是靠上身和上肢的力量，不太会用下肢的力量。

宝宝会自己竖头了，竖头时间从几秒到数分钟不等。

宝宝赵元亨：这个月，宝宝的头可以竖起来了，这是一个很大的进步。

5. 动作发育：小手变灵活了

宝宝手脚的活动能力越来越强，起初连玩具也拿不了，快到3个月时已经能抓住玩具在手里握很长时间。宝宝在吃奶时，还会出现小手抓妈妈衣服，或者捧着妈妈乳房的动作，这是因为宝宝吃奶要用很大的力气，有的宝宝为了使劲就会把小手握拳、松开，并不断反复。这时，妈妈可以让宝宝握住自己的大拇指，以免他乱抓乱挠。

此时的宝宝喜欢看自己的小手，几乎所有3个月的宝宝都会把拇指或拳头放到嘴里吮吸，这是宝宝快活的一种表现，并非其饮食要求未得到满足。

6. 情感发展：更喜欢笑

邻居爱逗溪溪，可不光是因为溪溪长得可爱，更多的是因为溪溪是个爱笑的宝宝。只要大人一来打招呼，溪溪就笑得十分欢快。

这个月的宝宝笑的时候更多，有时会发出“啊、哦”的声音，爸爸妈妈可以针对宝宝的这个特点，多对宝宝进行开口发音的练习。这个月的宝宝对外界的反应也更加强烈。

宝宝叶子萱：溪溪3个月大了，是个特别爱笑的小姑娘。

二、日常护理：细心呵护促成长

垚垚是个很有“个性”的小伙子，这不，妈妈给他把尿，他一个劲打挺，就是不尿。妈妈只好妥协了。但当把他扶站在妈妈的大腿上跟他“说话”时，垚垚却打开了“水龙头”，这下把妈妈给淋了个透……这个月开始，妈妈可以根据宝宝的情况做一些把尿训练了，但不可勉强。外出时，要注意保护好宝宝的头颈。在护理上，妈妈还需要注意哪些方面呢？

（一）能耐见长，爸妈要做好保护措施

相对于前两个月“任人摆布”的状况，这个月的小宝宝能耐显然已经见长。在本月，小宝宝已经能初步运用自己的身体了，比如，睡觉时不再老是一个姿势，已经会转头了，还时不时地蹬一下被子和妈妈“对着干”；躺在床上时，会试图翻身，虽然不知道何时能成功学会翻身……宝宝的能耐见长固然喜人，但同时也给爸爸妈妈带来了新的看护问题，那么宝宝究竟会有什么潜在的危险呢？

1. 窒息

本月宝宝已经会转头，如果枕头太软，宝宝把头转过来就会堵塞宝宝口鼻，这是极其危险的。本月宝宝也不再适合使用带凹的马鞍形枕。如果是带凹的枕头，有溢乳现象的宝宝，吐出去的奶可能会堵塞宝宝的口鼻。这个月的宝宝有时可能会翻身，所以宝宝周围不要放置物品，尤其是塑料薄膜，这会使宝宝有发生窒息的危险。

本月宝宝已经会用手抓东西，因此不要将可以蒙住宝宝鼻口的东西放在宝宝身边，否则，宝宝如果把一块塑料布抓起放在脸上，有可能会堵塞宝宝的口鼻，引起窒息。

宝宝田耕宇：宝宝安静地睡着了，妈妈可不要走太远哦，要知道好动是宝宝的天性。

2. 摔伤

这个月的宝宝，由于还不会爬，翻身也不是很好，一些妈妈以为宝宝不会从床上摔下来，于是常常趁宝宝睡着时抽空干些家务，保姆也会偷闲休息一会儿。可是，不知道哪一天，宝宝突然会翻身了，而且翻得很快，身体便会移动到床边，稍微一翻身，就有可能掉下去。由于宝宝头大，掉到地上时总是头部先着地，这时，爸爸妈妈会担心摔坏宝宝的脑袋，有的会让宝宝拍头颅 CT，这对宝宝并没有什么好处。

（二）从现在起，注意保护好宝宝的视力吧

垚垚妈很爱给宝宝拍照，在她眼里，宝宝连哭都那么可爱。不过爸爸提醒她说，拍照可以，但注意不要打闪光灯，这样对宝宝视力不好。垚垚爸说得没错，保护眼睛应该从小做起。对于宝宝视力健康问题，宝宝太小没有这个意识，就需要妈妈们多加注意了。

1. 那些损坏宝宝视力的因素

曾经有美国的学者对宝宝进行视力差异试验，发现强光能削弱宝宝的视力。这是由于未成熟血管易受光线影响，其发育和细胞的新陈代谢发生了变化的缘故。因此，爸爸妈妈必须严格控制宝宝室内的光照度，以保护宝宝的视力。宝宝睡觉时最好不要开灯——长期开灯睡觉可能会诱发近视，因为即使隔着眼皮，眼球仍能感光。

除了灯光，很多妈妈对闪光灯的强烈光线以及太阳光也颇为担心。确实，8 个月以下的宝宝因为黄斑没发育完全，面对闪光灯的强光且瞬间照亮的刺激，眼睛往往一下子难以适应。如果给宝宝拍照时总打闪光，很容易对宝宝的眼睛造成伤害。但对日常的太阳光，宝宝会有本能的自我保护意识，如眯眼、闭眼等，除了在夏季七八月太阳暴晒的时候要适当注意，通常只要不直接照射太阳就好。

宝宝陈磊和陈垚：爸爸妈妈必须严格控制宝宝室内的光照度，以保护宝宝的视力。

2. 宝宝眼病早发现

对宝宝来说，常见的先天性眼病有先天性小眼球、先天性视网膜脱离、先天性夜盲症和先天性白内障等。这些眼病都是在胚胎发育过程中眼球发育异常而引起的。

眼球明显有缺陷的宝宝，如无眼球、小眼球的诊断并不困难。而有的宝宝从眼睛外表不易发现问题，等到 2 个月后，若仍不能视物或对灯光照射没有反应，这时妈妈就要引起重视了，一定要及时带宝宝到医院眼科检查，明确诊断，尽早治疗。

（三）良好的睡眠习惯是父母培养出来的

这时的宝宝，睡眠时间明显减少，上午可以连续醒一两个小时，如果养成洗澡、做操、户外活动的习惯，宝宝的睡眠就会更有规律了，上午醒的时间更长，后半夜可以睡一个整觉了。

宝宝每次醒后不再马上哭闹，在等待妈妈喂奶时会自己玩一会儿。吃奶后可以不入睡，吃饱了会满意地对着妈妈笑，这时可能会溢出一口奶，不要紧，那是把食道中的奶溢出来了，不必再给宝宝补吃。

1. 给宝宝选个合适的枕头吧

宝宝要不要使用枕头呢？刚出生的宝宝平躺睡觉时，背和后脑勺在同一平面上，颈、背部肌肉自然松弛，可以不用枕头。但宝宝出生后不久开始学会抬头，脊柱颈段出现向前的生理弯曲。为了维持生理弯曲，保持体位舒适，最好给宝宝使用枕头。

（1）给宝宝选择枕头的3个关键点

1 岁以内是宝宝头部发育最快的时期，选择枕头适当，可以促进宝宝头部的血液循环，有助于宝宝更快地进入甜美的梦乡。那么，爸爸妈妈究竟要怎样给宝宝选择正确的枕头呢？可以从以下几个方面加以考虑。

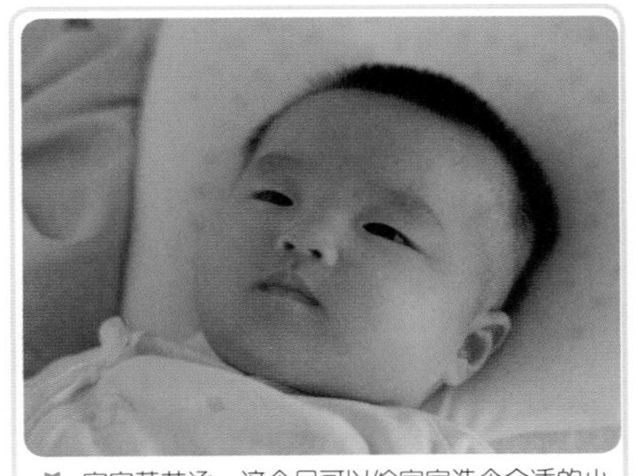

宝宝莫芷涵：这个月可以给宝宝选个合适的小枕头了。

枕头的长、宽、高：在给宝宝选择枕头时，一定要注意枕头的长度、宽度和高度，枕头过高或过低对于宝宝的睡眠和身体的正常发育都极为不利。枕头过高会导致宝宝驼背，枕头过低则会影响宝宝的呼吸。一般来说，枕头的长度和宝宝的肩部同宽为最佳，以 30 厘米左右为宜，宽度以 15 厘米左右为宜，要比宝宝的头部稍微长一些；高度以 3 厘米左右为宜，以后随着宝宝的生长发育，爸爸妈妈可以适当地提高宝宝的枕头高度。

枕芯：给宝宝选择枕头时，枕芯的选择也有学问。爸爸妈妈应选择质地软硬适中、透气、轻便、吸湿性好的枕芯，可以选择灯芯草、稗草子、蒲绒、荞麦皮作为填充填料的枕芯，千万不要用泡沫塑料、丝棉或腈纶填充物，更不宜选择材质过硬的枕芯。长期使用质地过硬的枕头，易使宝宝头颅变形，影响颅骨发育。而过于松软而大的枕头，有使宝宝发生窒息的危险。要想让宝宝有个完美头形，应选择软硬适度的枕头。

枕套：给宝宝用的枕套最好是棉布的，切忌使用化纤布，否则宝宝出汗的时候易引起宝宝皮肤病，如痱子等。

（2）宝宝枕头的使用

宝宝新陈代谢旺盛，头部易出汗，因此，枕头要及时清洗、暴晒，保持枕面清洁。否则，汗液和头皮屑黏在一起，易使致病微生物附着在枕面上，不仅干扰宝宝入睡，而且极易诱发湿疹及头皮感染。另外，妈妈还要注意经常变换宝宝的体位和头部位置。

2. 踢被子，宝宝的新本领

垚垚妈发现，前两个月睡觉还老老实实的宝宝，这个月开始学会了踢被子，而且踢得很有技巧，能够把盖在身上的被子毫不费力一脚蹬开，露出四肢，非常高兴地舞动肢体。一开始，垚垚妈以为是宝宝太热了，于是给他换上一个薄被，可是过了一会儿去看，宝宝照样踢开被子。踢被子是宝宝在发育过程中出现的正常现象，但是许多妈妈表示护理起来很费心，并且也担心宝宝因此着凉感冒。

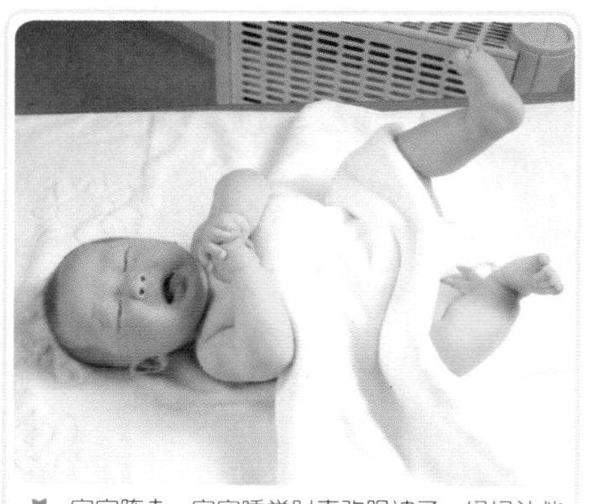

宝宝陈垚：宝宝睡觉时喜欢踢被子，妈妈让他的脚露在外面，这样，被子就不会被踢下去了。

应付宝宝踢被子有个小窍门：就是把被子盖到宝宝的中段，让脚露在外面。这样当宝宝把脚举起来时，被子依然在宝宝的身上，同时不会影响宝宝的肢体运动。

3. 抱着才能睡是父母惯出来的

芷涵刚进入第 3 个月，其调皮的天赋就渐渐显露出来了。芷涵妈白天想哄她多睡一会儿，谁知刚放下她就醒了，没办法只能继续抱着睡。看着抱在怀里的女儿睡得呼呼的，芷涵妈想这下估计是睡着了，轻轻地放下她之后，小家伙就又吭哧吭哧地醒了。哎呀，女儿呀，你怎么就不多睡一会儿呢。这样来回折腾弄得芷涵妈真是疲惫不堪呀！

其实，宝宝一定要抱着才能睡，这很大程度上是父母惯出来的结果。如果爸爸妈妈坚信宝宝必须抱着睡才能入睡，就会整日抱着宝宝睡觉。妈妈抱着睡当然比自己躺在床上睡舒服啦，宝宝因此慢慢就养成要抱着才能入睡的习惯。怎么做才能改变宝宝的这种习惯呢？

宝宝睡眠分深睡眠和浅睡眠两种，而这个时期的宝宝浅睡眠明显要比深睡眠多得多。当宝宝入睡后，通常要过大约 20 分钟的时间才会进入深睡眠的状态。在宝宝刚刚入睡时，任何细微的动静都会使宝宝睡不踏实，所以才会出现被放下就醒、被抱着就睡的情况。当宝宝身体完全放松，呼吸也很均匀时，就表示他们已进入深睡眠状态了，这时你再放下宝宝，他或许就不会那么轻易地醒了。

（四）定期为宝宝剪指甲

磊磊躺在床上手舞足蹈，居然用手在自己的小脸上“画”了好长一条线。“你这个小傻瓜呀！”磊磊妈心疼极了。这一时期的宝宝手非常爱动，喜欢到处乱抓，如果指甲很长，很容易便会将自己的小脸抓破。另外，这一时期的宝宝还喜欢吃手，如果指甲长了藏有污垢，宝宝吃手时就会把细菌带入体内，因此妈妈需经常给宝宝剪指甲。宝宝喜欢踢腿，如果脚指甲过长，踢腿时与裤、袜摩擦，容易发生撕裂，所以也应给宝宝剪脚指甲。

1. 修剪指甲的步骤

妈妈可以按照以下方法和步骤给宝宝修剪指甲：

① 选择钝头的小剪刀或前部呈弧形的指甲刀。

② 一手的拇指和食指牢固地握住宝宝的手指，另一手持剪刀从甲缘的一端沿着指甲的自然弯曲轻轻地转动剪刀，将指甲剪下。剪时一定要做到“稳”、“准”。注意一定要先将宝宝的指甲与指甲下面的软组织分开，才能下手，以防剪掉指甲下的嫩肉。

③ 应将宝宝的指甲剪至与手指平齐即可，不要剪得太短，以免损伤甲床。

④ 剪好后检查一下指甲缘处有无方角或尖刺，以避免宝宝划伤自己的皮肤。

2. 修剪指甲要点提示

给宝宝修剪指甲，妈妈尤其要注意以下几点：

■ 给宝宝剪指甲应该定期进行，应根据宝宝指甲的长短来决定剪指甲的次数，至少 1 周剪 1 次。宝宝使用的指甲剪应该和大人使用的区别开。每次剪完指甲后应清洗指甲剪，定期消毒，可用肥皂水浸泡或用开水烫洗。

■ 最好在宝宝不乱动的时候剪，可选择在喂奶过程中或者等宝宝熟睡时。

■ 指甲经过热水浸泡会更容易剪，因此，洗澡后是给宝宝剪指甲的最佳时机。

■ 如果指甲下方有污垢，不可用锉刀尖或其他锐利的东西清除，应在剪完指甲后用水洗干净，以防被感染。

■ 如果不慎误伤了宝宝的手指，应尽快用消毒纱布或棉球压迫伤口，直到流血停止，再涂一些抗生素软膏。

■ 替宝宝剪指（趾）甲后，特别是给熟睡的宝宝剪完后，必须将床单上剪下的指甲屑清理干净，以免弄痛宝宝娇嫩的皮肤。

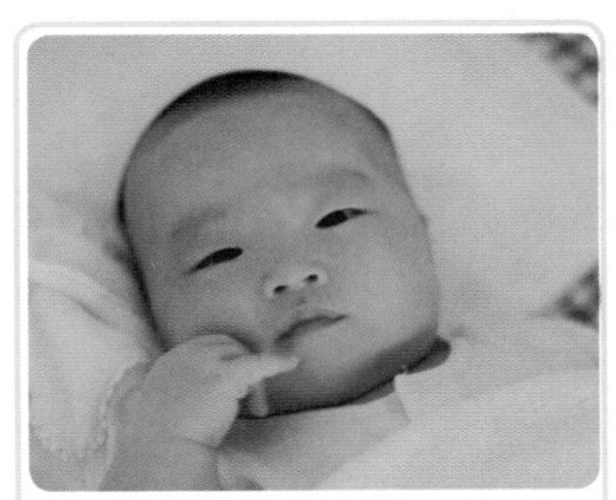

★ 宝宝莫芷涵：莫莫喜欢用小手去抓脸，妈妈一不注意，她又将小手放到脸上了。妈妈一定要注意定期给宝宝剪指甲哦！

（五）带宝宝外出，注意安全问题

出去玩是米菲非常喜欢的活动，每次外出，他总是显得特别乖巧，不哭不闹，见人就笑，还经常在推车里不声不响地睡着了。这一时期宝宝的眼睛已经能够相当清楚地看东西了，好奇的小家伙对眼前的世界充满了好奇。他们喜欢变换的风景、清新的空气，喜欢花草树木、蓝天白云，也喜欢遇见不同的人，到不同的地方。因此，爸爸妈妈应适当增加带宝宝到户外去的时间，但是，户外活动也要注意做好安全措施，以防止意外的发生。

1. 保护好头、颈是重点

带宝宝外出时，一定要护好宝宝的头部和颈部，因为这个月宝宝的头部和颈部依然很脆弱，容易受伤。爸爸或妈妈竖抱宝宝外出的话，一定要注意宝宝脖子的挺立程度。如果宝宝的脖子能够挺立 20 ～ 30 分钟而不感到疲劳的话，那么外出的时间最好控制在 20 分钟之内。

2. 远离宠物、尾气、蚊虫

户外活动时要注意安全，遇到有人带宠物时，要远离宠物，因为别人家的宠物对你的宝宝不熟悉，可能会有攻击行为。

不要把宝宝带到马路旁，过往的汽车放出的尾气含铅量高，如果把宝宝放到小推车里，距离地面不到 1 米，这正是废气浓度最高的地带，对宝宝的危害是很大的，与其这样，还不如让宝宝待在家里。

最好把宝宝带到花园、居民区活动场所等环境好的地方，以避免户外蚊虫的叮咬。在树下玩时，要注意树上的虫子、鸟粪、虫粪等掉到宝宝头上或脸上。

● 带宝宝外出最好选择花园、居民活动场所等环境好的地方。

3. 要时刻关注宝宝

带宝宝外出，几个宝宝的家长碰到一起，交换喂养心得，说得热烈时，常常忘记了身边的宝宝，从而使宝宝发生问题甚至意外。在此要提醒的是，带宝宝外出，妈妈要时刻注意宝宝的安全。

另外，抱宝宝外出时，不要去商店买东西，也不要带宝宝去人多的地方，以免感染疾病。

（六）妈妈要上班了，找个合适的人来带宝宝

如今房价居高不下，物价一路飙升，一家几口单靠某一个人的薪水已经很难支撑，因此全职妈妈越来越少。宝宝满 3 个月时，不少妈妈就得准备返回工作岗位了。那么，在妈妈上班的时段里，找谁来带宝宝比较合适呢？

1. 请保姆还是做全职妈妈

据调查显示，父母不在家有 58% 的人会把宝宝交给长辈，有 19% 的人认为保姆是最佳选择，这表明除了长辈之外，保姆是妈妈的第二选择。

以下是选保姆的几项技巧和准则：

■ 没有最好的保姆，只有最适合你的保姆。你要非常清楚自己需要的是什么，才能保证你和保姆的合作畅通无阻；先让候选对象回答你的问题，而非一开始就告诉她你要找什么样的保姆；听从你的本能反应，别雇用你认为不好也不坏的保姆。

■ 决定聘用之前至少和保姆见两次面，第一次不要带宝宝，这样你能很好地关注她的回答，关注到她的身体语言和其他细节。最好找一个朋友陪你一起面试保姆，那样她能发现你不能发现的事情。

■ 第一次见面就表现得和宝宝非常熟悉的保姆往往不是你最好的选择。没有人能立刻就和宝宝建立亲密的关系。

● 产假快结束了，是请保姆还是做全职妈妈是让不少妈妈非常纠结的问题。

■ 在正式聘用之前应该有几天的试用期，这样你可以观察到他和宝宝相处的情况；上岗前先体检；确定保姆了解急救常识；如果你雇用了保姆，至少在她开始工作的头两个月花较多时间了解和培训她。

■ 如果你雇用的保姆不适合你，不要因为你不愿意辞退人而勉强雇用她，因为宝宝永远是第一位的。

最后要提醒妈妈一点，如果你的薪水刚好够雇用保姆，那就不如在家里照看宝宝，等到宝宝能够上托儿所时再上班，这也是一个不错的选择。

2. 选择托儿所好吗

在西方发达国家均设有正规的婴儿日间托管机构，配有专业的护理人员及早教专家，年轻的妈妈把婴儿交给这些机构已经成了理所应当的事情。但在我国，目前这类机构尚缺乏政府的监管。

三、喂养：营养为成长添助力

磊磊可喜欢喝奶了，每次喝奶，磊磊都非常高兴，有时候喝完还很不尽兴似的哭着要奶喝。妈妈有时禁不住磊磊的哭声，喂完奶还给他喂一些配方奶。每到此时，磊磊妈心里总是有些疑惑：是不是到时间补鱼肝油了，钙片呢？不管是采取母乳喂养、人工喂养还是混合喂养，妈妈总是担心宝宝营养不足。那么，接下来就看看本月的喂养要点吧！

（一）本月宝宝喂养要点

本月的宝宝应继续坚持母乳喂养；人工喂养的宝宝可每隔 4 小时喂 1 次，每次的奶量约 100 毫升左右，1 天的奶量最多不可超过 900 毫升。 鱼肝油为每次 2 滴，每天 3 次。AD 剂按量服用。

1. 本月宝宝的营养需求

这个月的宝宝每日所需的热量为每千克体重 100 ~ 120 卡。如果每日摄入热量低于每千克体重 100 卡，则有可能由于热量摄入不足，导致宝宝体重增长缓慢或落后；如果每日摄入热量高于每千克体重 120 卡，则可能由于热量摄入过多而使体重超过标准，成为肥胖儿。

宝宝郝静涵：这个月的宝宝每日所需的热量为每千克体重100～120千卡。

人工喂养的宝宝可根据每日喂奶量计算热量，母乳喂养的宝宝和混合喂养的宝宝却无法通过喂奶量来计算每日所摄入的热量。实际上，计算每日摄入热量也无太大必要，绝大多数宝宝都会按正常需要来摄取，只有极个别的宝宝食欲亢进，摄入过多的热量成为肥胖儿；极个别的宝宝食欲低下，摄入热量不足成为比较瘦小的宝宝，这多与家族遗传有关，还有的是喂养不当引起的。

对蛋白质、脂肪、矿物质、维生素的需要，大都可以通过母乳和配方奶摄取。本月宝宝每天需补充维生素 D300 ~ 400IU。人工喂养的宝宝，可补充鲜果汁，每天 20 ~ 40 毫升。母乳喂养的宝宝如果大便干燥，也可以补充些果汁。

早产儿这个月也应开始补充铁剂和维生素 E。铁剂为 2 毫克 / 千克体重 / 日，维生素 E 为 25IU/ 日。

2. 母乳依然是宝宝最好的食物

有些妈妈担心宝宝只吃母乳会长不大，其实母乳是宝宝最好的食物，完全符合宝宝的需求。只要妈妈自己补充好营养，宝宝的营养就不是问题。

在这一时期，宝宝的喝奶量有所增加，喝奶的时间间隔也会延长。以前可能每隔 3 小时就要喝奶的宝宝，现在可以连睡 4 ~ 5 小时也不会哭闹，到了晚上还可能延长为 6 ~ 7 个小时，现在，妈妈终于可以睡长觉了。

睡觉时宝宝对热量的需要量减少，上一顿吃进去的奶量足可以维持宝宝所需的热量。如果宝宝的体重持续增加，夜间睡眠时间也在延长，则证明宝宝已经具备了存食的能力。只要宝宝的精神状态好，爸爸妈妈就不必过于在意宝宝吃奶的次数。

宝宝陈鈊莹

（二）莫把宝宝体重增长缓慢归结于母乳喂养

有人说，母乳喂养会导致宝宝体重增长缓慢，这是真的吗？如果宝宝在头 3 个月内体重增长不足每月 450 克，那么就属于体重增长缓慢。在排除了疾病因素的前提下，我们要仔细观察一下宝宝的吃奶模式及其他生活习性，从中判断到底是什么原因导致宝宝体重增长缓慢。

1. 观察乳房在喂奶前后变化

通常，喂奶之前乳房会比较丰满，之后会变软。喂奶几分钟之后，大多数妈妈都会感觉到泌乳反射。

如果你感觉不到，就观察一下宝宝。泌乳反射会增加乳汁流量，宝宝的吮吸会更有力，你也会听见更为频繁的吞咽声。此外，你也可以观察宝宝嘴角有无漏奶，听他是否每吸一两口后就会吞咽，看他在吮吸过程中以及吮吸后是否表现出满足感。

2. 喂养次数不够频繁

如果宝宝每天吃奶次数在 8 次以下而体重又增长缓慢，妈妈应该采取措施，如增加喂奶次数，以增加宝宝对养分的摄取，同时也增进乳汁分泌量。

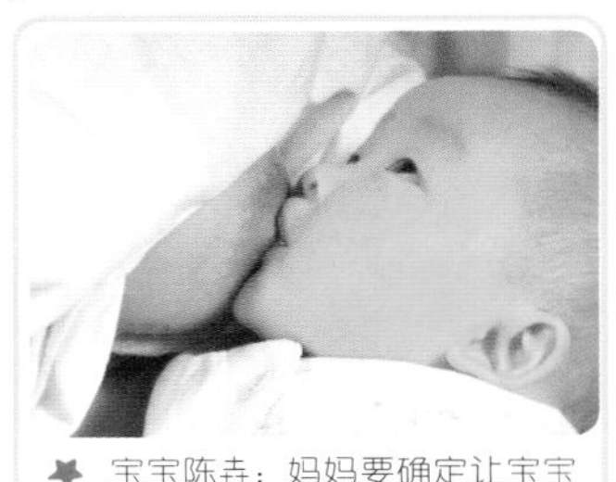

宝宝陈垚：妈妈要确定让宝宝吸到高脂肪、高热量的“后奶”。

3. 热量摄取不足

有些妈妈认为只要宝宝体重增长正常，也未感到不适，这都是正常现象。其实不然，宝宝只有每日都能有大便才能将体内毒素及时清理出去，是必须的排毒过程，所以出现便秘现象，无论是母乳还是人工喂养都需要及时调整。人工喂养的可以给宝宝用些益生菌或者菜汁，母乳喂养的除了妈妈需要保证青菜水果的进食外可以给宝宝补充乳果糖，1 周后逐渐减量。

4. 哺乳姿势不正确，宝宝吮吸效率不高

每次喂奶时，宝宝一开始的吮吸是刺激妈妈的乳汁“下来”。妈妈乳汁“下来”之后，宝宝的每一次吮吸都应该伴随着吞咽。最初的饥饿感被满足后，宝宝的吮吸会缓慢下来。如果妈妈听不到宝宝的吞咽声，可能宝宝没有正确地衔住乳头，从而导致没有进行有效吮吸。

5. 其他添加物干扰了宝宝对母乳的吸收

母乳中含有宝宝成长所需要的一切液体和营养。错误地添加水或者果汁，只会稀释母乳的热量，导致宝宝体重增长缓慢。添加配方奶，也会减少宝宝对乳头的吮吸，引起母乳分泌

量下降。再加上配方奶不容易消化，这便导致宝宝减少母乳摄取量以及吸乳的频繁度。过早添加低热量辅食也会降低宝宝摄取的营养质量，当然宝宝的喂养也应灵活，个体化的不可以按教条处理。

6. 从大小便观察宝宝是否吃够母乳

母乳不像配方奶，吃多少可以定量，一目了然。但是还是可以通过许多蛛丝马迹发现宝宝是否吃够了母乳，其中大、小便就是一个很好的信号。

（1）小便次数和颜色

两个月以后的宝宝小便次数和频率会减少，但是量仍然保持。如果宝宝的排便量明显减少，并且出现皮肤干燥松弛、头发枯干、无精打采、囟门下陷等脱水和生病症状，则需要和医生联络。

宝宝尿液的颜色也能提示你他有没有吃到足够的奶水，并从中获得充足的水分。浅色或无色的尿液表明宝宝水分充足；深色、苹果汁一样颜色的尿液则表明宝宝摄入的水分不足。

（2）排便次数和颜色

尿液能告诉你宝宝有没有从母乳中获得充足的水分，而大便则能告诉你母乳的“质量”是否达标，即宝宝有没有吃到能促进他茁壮成长的含脂高的后奶。

本月宝宝的消化道趋于完善，排便次数会减少，这时一般是 1 天 1 次。而有些母乳喂养的宝宝虽然吃了足够的奶，但三四天才排便 1 次。其实，只要宝宝增重正常，也未感不适，这都是正常的现象。

如果宝宝的大便一直颜色发暗、量少，且排便次数少，有可能是因为吃奶量不够。有些宝宝虽然吃了足够的奶，水分充足，但是吃奶持续时间不长，或吃奶方式不对，未能触发妈妈的泌乳反射，因而吃不到含有高脂肪、高热量的后奶。在这种情况下，宝宝也许排尿正常，但是增重不够，同时皮肤松弛，宝宝吃奶后也常表现出没有得到满足的样子。

7. 分析是否是其他因素

宝宝体重增长缓慢，也不能全部归结于母乳喂养的原因，很多时候也可能是由别的原因引起，妈妈们要经过仔细分析，才能找到相应的对策。这些因素包括：

■ 宝宝受过惊吓、情绪躁动不安等，宝宝的情绪会影响宝宝的吮吸能力和消化能力。

■ 宝宝健康状况不佳，因为生病而导致体重下降。

■ 分娩过程不顺利或剖宫产等，有时会影响最初的哺乳。

■ 妈妈的健康状况和心理状态不佳，如患有产后忧郁症而导致泌乳量减少，或是因为饮食不当而导致哺乳出现问题等。

（三）人工喂养：喂太胖并非好事

垚垚妈在楼下遇到一位老太太，怀里抱着她的大胖孙子。一问，原来老太太怀里的胖宝宝和垚垚同月龄，一生下来就喝配方奶。虽然垚垚也是个胖小子，可在那个宝宝面前，就显得很“娇小”了。交谈中，垚垚妈感到老太太对奶粉喂养非常推崇——“孙子能吃，长的多结实呀！”看着老太太满足而固执的眼神，垚垚妈有点担忧：如果孩子的妈妈有奶水而不让宝宝喝母乳，那该是多大的损失？如果宝宝能喝奶，就拼命让宝宝喝，那宝宝又该多遭罪啊！

1. 这个月的宝宝食欲很好

2 ~ 3 个月的宝宝食欲非常旺盛，但爸爸妈妈不能看到宝宝的食欲大增就一味地增加宝宝的食量，进而忽视了宝宝的健康。若宝宝饮食过量，直接的后果就是导致宝宝发胖，同时会增加宝宝肝脏和肾脏的负担，使宝宝的心脏超负荷运行，对宝宝的身体发育不利。

2. 3个月以内的宝宝忌吃盐

这时期宝宝体内所需要的“盐”，主要来自母乳和配方奶中含有的电解质，宝宝吃的菜水中不应放盐。倘若 3 个月以内的宝宝吃咸食，会增加肾脏的负担。

3. 人工喂养的宝宝可添加菜汁了

无论母乳喂养还是人工喂养，原则上 3 个月内都不可以添加任何辅食，包括水果汁、蔬菜汁，但是如果人工喂养的宝宝不能保证每天有大便，在排除了疾病的情况下可以适当的添加 1:1 稀释的果汁或者蔬菜汁。

在为宝宝制作蔬菜汁时，一些妈妈认为菜心较嫩，更适合用来煮蔬菜汁。实际上，嫩绿色的菜心在营养上要比深绿色的外叶差很多。因为外层的叶子可以直接受到光合作用，吸收的营养较多，颜色也较深，而里层的叶子因无法获取阳光，叶色自然是淡绿、淡黄或白色。蔬菜的营养价值以翠绿色的为最高，其次是黄色，最次是白色。即使是同一种蔬菜，也是颜色较深的部位营养价值较高。所以，给宝宝制作蔬菜汁时，要正确选择蔬菜的颜色和部位，才能使宝宝从中获得较好的营养。

● 制作菜汁时，应选择翠绿色的蔬菜。

（四）混合喂养：母乳为主，奶粉为辅

就算是母乳喂养，也很难远离奶瓶和配方奶。妈妈总会因为这样或那样的原因，让宝宝接触到配方奶。为了保险起见，在母乳充足的情况下，妈妈也可以适当锻炼宝宝接受奶嘴和奶粉，这样，就算妈妈哪天母乳不足或是需要外出一段时间，宝宝也不至于饿肚子。

1. 添加配方奶的依据

宝宝出现长时间叼着妈妈乳头不放或者频繁夜醒，体重增长速度明显下降，低于正常同龄儿，则提示母乳不足，需要添加奶粉了，方法是如果宝宝不拒绝奶瓶则在每次吃完母乳拍背 5 分钟后添加，添加的量以宝宝满足为准。如果宝宝拒绝奶瓶则需要在宝贝饿的时候先吃 30ml 奶粉，再吸吮母乳，妈妈逐渐琢磨宝宝需要添加的奶量，2 ~ 3 天后即可顺利混合喂养。

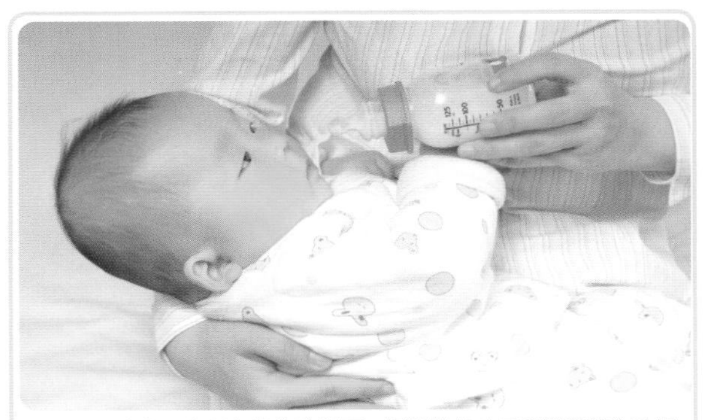

宝宝陈垚：在朋友们的劝说下，妈妈坚持全母乳喂养的心动摇了，现在，妈妈正考虑给宝宝添加配方奶呢。

2. 锻炼宝宝接受橡皮乳头或配方奶

3 个月大的母乳喂养的宝宝不接受橡皮乳头或配方奶，这种情况比较常见。

为了防止下个月可能会出现的母乳不足，最好从这个月开始锻炼宝宝吮吸橡皮奶嘴，偶尔喝一次配方奶，让宝宝习惯橡皮奶嘴和配方奶的味道。否则到了下个月，从没有吃过橡皮奶嘴的宝宝会抗拒橡皮奶嘴，也会拒绝用奶瓶吃奶。

宝宝莫曦雅：母乳喂养的宝宝从本月起应锻炼宝宝吸吮橡皮奶嘴。

（五）夜间哺乳请掌握这6大窍门

许多妈妈尤其是上班族妈妈，一想到夜间要频繁地起来给宝宝喂奶，心里就滋生出一种畏难甚至厌烦的情绪。的确，白天上班已经够辛苦的了，如果晚上还要因为哺乳而不能好好睡觉，那确实是一件痛苦的事情。其实，只要正确认识夜间哺乳的重要性，掌握夜间哺乳的窍门，夜间哺乳将不再是一件痛苦的事情，相反你还可以享受一下夜间哺乳的温馨时光。

1. 白天频繁地喂奶

白天频繁地喂奶，让宝宝吃饱，需求在白天已得到满足的宝宝在夜里不会要求更多。

2. 睡前喂一次奶

最好在你上床前把宝宝唤醒，喂饱他的肚子，这样你们俩就都能好好睡一觉了。

宝宝陈垚：已经掌握了哺乳诀窍的妈妈，现在一点儿都不觉得夜间哺乳让人感到痛苦了。

3. 与宝宝同睡

与宝宝同睡的母乳喂养的母婴往往能同时从浅层睡眠进入深度睡眠，再同时回到浅层睡眠。宝宝醒来时，妈妈只要抚摸他或给他喂奶，宝宝就可再次入睡了。

4. 两侧乳房都喂

喂奶时，不如让宝宝吃个尽兴，两侧乳房都喂，这样宝宝就不会很快肚子又饿了。

5. 喂奶前给宝宝换尿布

如果宝宝的尿布湿了或脏了，在喂奶前要给他换上干净尿布，这样他吃完奶就可以直接睡了。

6. 让丈夫也加入到夜间哺育的工作中

说到“哺育”，许多人以为只有妈妈才能给宝宝喂奶，其实“哺育”并不是单指是喂奶。在夜里，为分担妈妈的辛苦，爸爸可以用其他方式“哺育”宝宝，比如爸爸宽阔的胸膛也许能带给宝宝不一样的感觉呢。

四、应对宝宝不适：科学护理保健康

隔壁的米阿姨是个全职妈妈，可能是因为带小孩的缘故，特别有母爱。每天早上，米阿姨送完自己的宝宝去幼儿园后都要过来抱抱磊磊和垚垚。“哎呀，磊磊和垚垚真是乖，晚上很少听到他们哭呀。我家小宝这个月龄时每天都哭得不行，身体也不好，还经常拉肚子呢。”米阿姨的夸赞让磊磊和垚垚妈觉得，平日里对宝宝的付出和精心呵护原来都是值得的。宝宝健健康康是每个妈妈的心愿。妈妈们，照料小宝宝，你做到位了吗？

（一）夜啼：夜里有个爱哭鬼

这些日子，旦旦妈可心烦了。旦旦白天还是该吃时吃，该睡时睡，该玩儿时玩儿，可是，一到夜晚就像变了个人似的不停地啼哭，而且很难哄住，让大家疲惫不已。旦旦奶奶建议用老家的“妙方”，即在几张红纸上边写着：“天皇皇，地皇皇，我家有个夜哭郎，过路君子念一道，一觉困到大天光”，末尾写上宝宝的姓名和年月日，将这些红纸贴在附近桥栏杆或车棚石柱上，这便能让宝宝一觉睡到天明。婆婆的建议让旦旦妈哭笑不得。

1. 宝宝为什么一到夜晚就啼哭不止

所谓的小儿夜啼是指宝宝白天的时候很正常，一到夜间就啼哭，或间歇发作，或持续不已，甚至通宵达旦。民间常称为“夜哭郎”。

导致宝宝在夜间啼哭的因素有很多，爸爸妈妈可以从时间、症状、部位三方面来辨别原因，具体方法见下表：

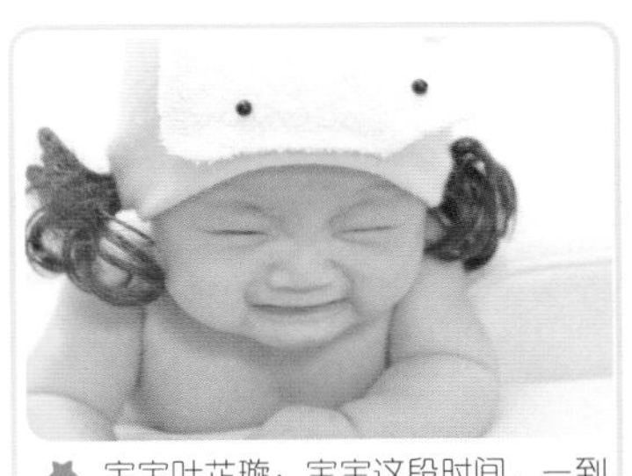

宝宝叶芷璇：宝宝这段时间，一到晚上就哭个不停，这还真让妈妈闹心。

表3-2：宝宝夜啼原因对照表

根据时间/诱发动作来辨别	可能原因
喝奶时啼哭	口腔炎、鼻塞或先天性心脏病、肺部疾病所致氧气不足
喝奶之前或午夜后啼哭	饥饿
排便时啼哭	尿道口炎、膀胱炎、肠结炎、消化或泌尿系统畸形
受刺激后，啼哭的出现较正常婴儿迟缓	大脑病变
转头或低头时哭	脑膜刺激症、颅内压增高等
若牵扯耳廓会哭闹，睡在床上就哭，抱起就不哭	中耳炎、不良睡眠习惯
因体位改变或触及某些部位而啼哭	宝宝身体某部位患有病症

接上表：

根据症状来辨别	可能原因
啼哭并伴有呼吸、心率增快	心、肺疾病
啼哭并伴有发热、咳嗽、流涕等	呼吸道感染
啼哭并伴有多汗、易惊症状	佝偻病、营养不良
啼哭并伴有面色苍白，肝、脾、淋巴结肿大	血液方面的疾病
阵发性剧哭并伴有呕吐、便血	肠梗塞、肠套叠、痢疾、出血坏死小肠炎

2. 应对夜啼有妙招

宝宝出现夜啼，需要爸爸妈妈的精心呵护，做好以下护理，宝宝晚上自然可以睡得香甜。

（1）环境安静，床上用品得当

爸爸妈妈要注意宝宝所在居室环境的安静，要给宝宝准备一套单独使用的床单、被子，要求薄厚得当，避免宝宝夜里睡觉过热或过冷。

（2）宝宝是否舒适

爸爸妈妈要注意观察宝宝是否舒适，如果宝宝的哭声高亢、冗长，则表示宝宝尿布湿了，身体很不舒服，要换尿布了。另外，宝宝衣服、被褥中的异物刺伤皮肤，宝宝身体的某个部位被线头缠住等，也会导致宝宝啼哭。

（3）掌握食量

爸爸妈妈一定要掌握宝宝的食量，尤其是晚上的食量，既要让宝宝吃饱，又不能太饱。宝宝睡前不宜喝太多水，这样宝宝才能睡得安稳、踏实。

（4）情感安抚

依赖爸爸妈妈是宝宝的天性，6 个月以下的宝宝非常需要爸爸妈妈的陪伴。当宝宝醒来后发现爸爸妈妈不在身边，便会号啕大哭以表示自己的不满。对于宝宝的啼哭，爸爸妈妈应尽量回应，多抱抱宝宝，亲亲他，温柔地和他说话，宝宝便会安静下来。

一般情况下，只要环境舒适、饮食适当、活动适度、身体健康，宝宝很少会发生夜啼现象。如果宝宝的哭声与平日不同，哭声持续时间长，且哭声显得十分痛苦，爸爸妈妈就要考虑宝宝是否生病了，须及时带宝宝去医院就诊。

（5）专业的睡眠按摩

宝宝夜间哭闹在排除表中疾病因素的情况下，则可归结为行为问题性睡眠问题，可以通过专业按摩师对宝宝进行具针对性的改善睡眠的按摩，以达到让宝宝每日安静入睡的目的。

（二）打呼噜：多半是病态的表现

宝宝睡觉了，屋里静悄悄的，突然妈妈听到细微的呼噜声。咦？这是谁在打呼噜呢？原来是宝宝发出的呼噜声。有时我们听到别人打呼噜，常常认为对方睡得太酣了。但是，当你听到小宝宝打呼噜时，千万不要以为宝宝也在酣睡，因为宝宝打呼噜多半是病态的表现。

1. 宝宝呼噜声里的健康隐患

正常的宝宝呼吸系统非常顺畅，睡觉时是不会打呼噜的。宝宝打呼噜应该是呼吸系统受到了阻碍，如果每周出现 2 ～ 3 次打呼噜的现象就是一种病态睡眠了。宝宝打呼噜要比成人打呼噜的危害程度更大，轻者可导致宝宝精力不集中、记忆力差，妨碍宝宝身体和心理的正常生长发育，严重者会造成宝宝在睡眠时呼吸暂停。

2. 探寻打呼噜的原因和应对措施

一般来说，宝宝打呼噜是由以下几个原因引起的：

（1）奶块淤积

宝宝的呼吸通道，如鼻孔、鼻腔、口咽部比较狭窄，奶块淤积很容易使呼吸不畅通，导致宝宝睡觉时打呼噜。

应对措施：轻拍背部，稀释奶块。妈妈喂好奶后，不要立即将宝宝放下睡觉，应将他抱起，并轻拍宝宝背部，可以防止宝宝因奶块淤积而打呼噜。如果宝宝食道中的奶块淤积已经影响到了喂奶，可以往宝宝鼻腔里滴 1 ～ 2 滴生理盐水，稀释一下奶块。

（2）睡姿不好

面部朝上睡会使舌头根部因重力关系而向后垂，从而阻挡咽喉处的呼吸通道，导致打呼噜的现象发生。

应对措施：排除问题的关键是试着给宝宝换一个睡姿。

（3）呼吸道组织结构问题

腺样体肥大、鼻息肉、口咽局部结构不相对应都会导致宝宝睡眠时打呼噜，多数宝宝在侧卧等改变体位后呼噜声就可以消失，但如果出现睡眠中呼吸暂停时就需要及时就诊于耳鼻喉科了。

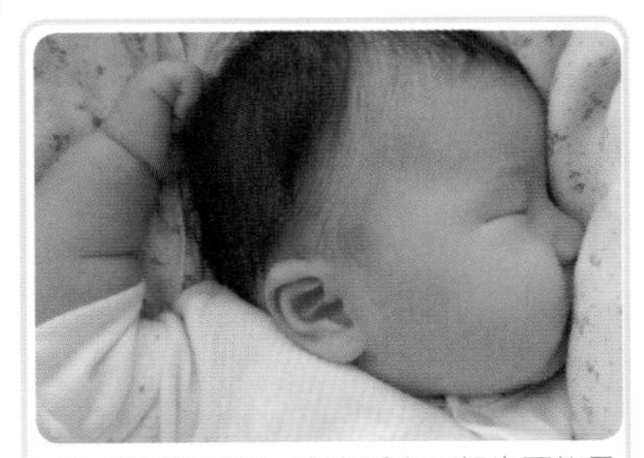

宝宝韩子恩：宝宝睡姿不好也可能导致打呼噜。

五、早教：开发宝宝的智力潜能

垚垚的奶奶虽是个农村老太太，也不懂什么早教之类的知识，但她却特别喜欢和垚垚说话。一有空，奶奶就抱着垚垚坐在沙发上，脸对脸地“对话”。奶奶操着带有浓重家乡味道的普通话，垚垚则“啊，咦，哦”地说得起劲，垚垚妈在一旁看到了，觉得这场面既滑稽又温馨。显然，垚垚奶奶正实实在在地做着早教的工作呢。这个月，妈妈们还需要做哪些早教活动呢？

（一）益智亲子游戏

对于宝宝来说，生活中的一切活动都是好玩、益智的游戏，因为他们对这个世界充满了好奇感，充满了强烈的求知欲。所以，爸爸妈妈一定要在日常生活中积极引导宝宝，多跟宝宝做游戏，开启宝宝的智力潜能。

1. 手帕不见了：促进智力发育

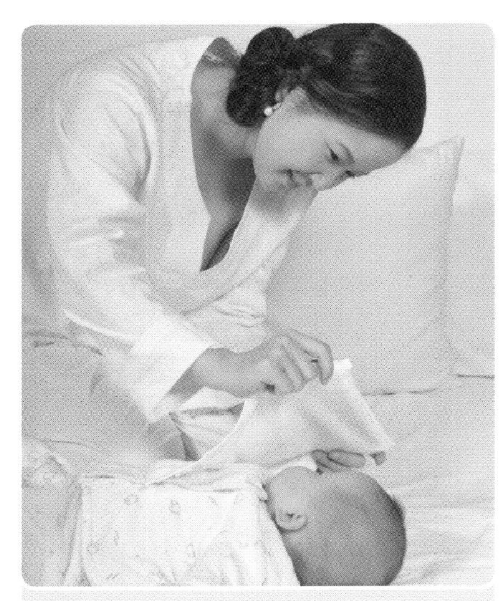

01 妈妈先准备好一条手帕，将手帕盖在宝宝的脸上。

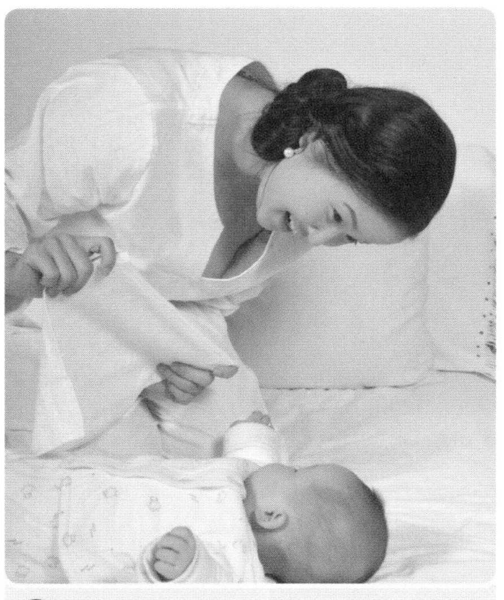

02 过一会儿再将手帕拿开，并用轻柔而愉快的语调说：“不见了！”

这个游戏可以来吸引宝宝的注意力，调动宝宝的情绪和思维，开发宝宝的智力。

2. 沙锤响啊响：深化听力

01 妈妈可以拿一个沙锤，在距离宝宝前方30厘米左右处摇动发出声音。当宝宝注意到沙锤时对宝宝说："宝宝，看沙锤在这儿！"

02 拿沙锤在宝宝的后方摇动，稍停一会儿，再问："宝宝，沙锤在哪里呢？"

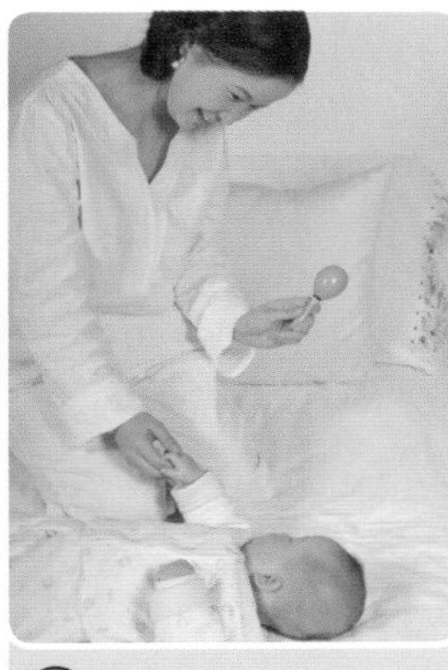

03 再将沙锤慢慢移到宝宝能看到的左方摇动，注意观察宝宝的眼、耳和手的动作，使宝宝对声源方向有反应。

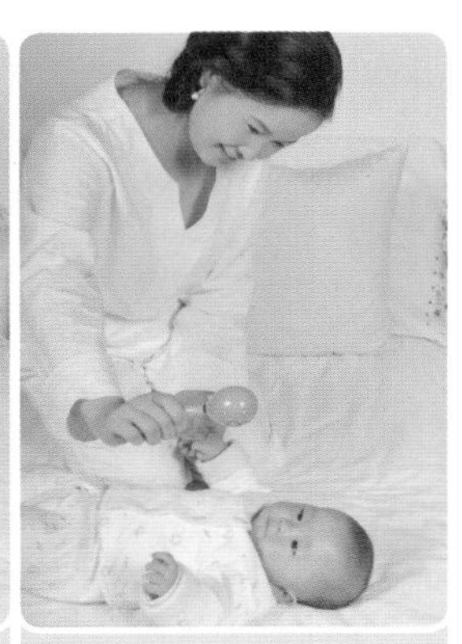

04 再将沙锤慢慢移到宝宝能看到的右方摇动。

用这个方法训练宝宝的眼睛盯着沙锤，并张开手想抓沙锤。这个游戏可以刺激宝宝的听觉发展，提高宝宝对声音的感觉。

3. 球球摸宝宝：促进触觉发育

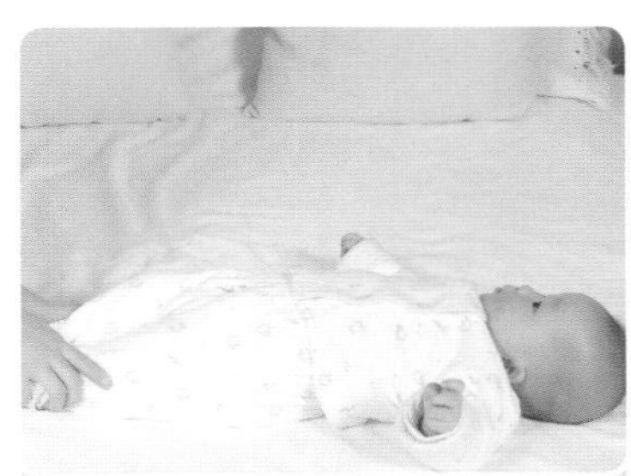

01 准备一个直径10厘米左右、表面突出的小触摸球。在宝宝刚刚睡醒或心情愉悦时，妈妈先用自己温暖的手为宝宝做抚摸。

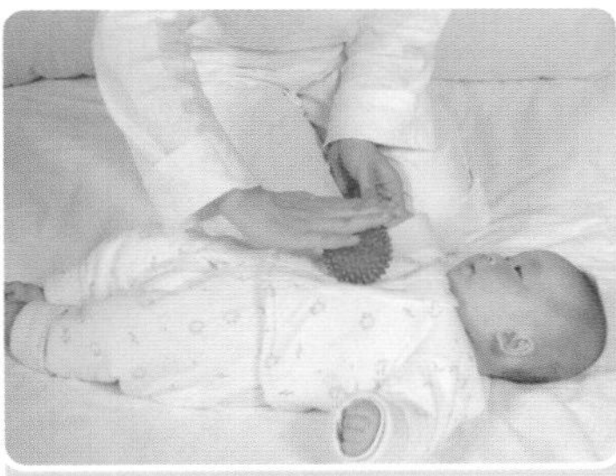

02 然后用小触摸球轻轻地抚摸宝宝的身体。

03 用小触摸球轻轻地抚摸宝宝的手指、脚趾。

这个游戏可刺激宝宝的手掌、脚掌，促进宝宝触觉发育，发展宝宝智力。

（二）帮助宝宝掌握翻身技巧的被动操

这个月的宝宝已经能举起他的大脑袋了，妈妈们要积极地对宝宝进行相应的训练，让宝宝的颈部肌肉更加结实有力，同时也要开始对宝宝进行翻身训练了。当然，宝宝能否进行相关训练，还要视宝宝的具体发育情况而定，妈妈们切不可揠苗助长。

翻身是进行身体移动的第一步，是爬行、坐的基础动作，对宝宝的动作发展有着重大意义，同时宝宝的主动翻身对他们的智力和心理发展也非常重要。

下面介绍的技巧能促进宝宝平衡器官的发育，发展宝宝的空间感觉，增加腹部、颈部、上肢、肩带力量和手的握力，为跪撑爬行、攀登做力量的准备。

1. 仰卧起坐

提示： 开始练习时，在高斜面上做（如叠起的被子上），逐步降低，最后在平地上完成。

时间： 5 分钟

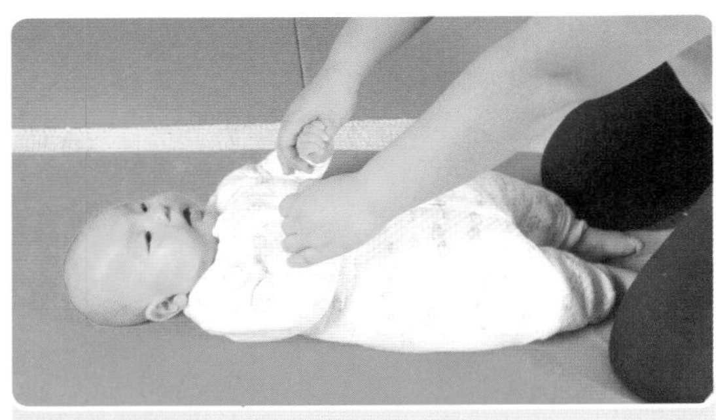

01 宝宝仰卧位。

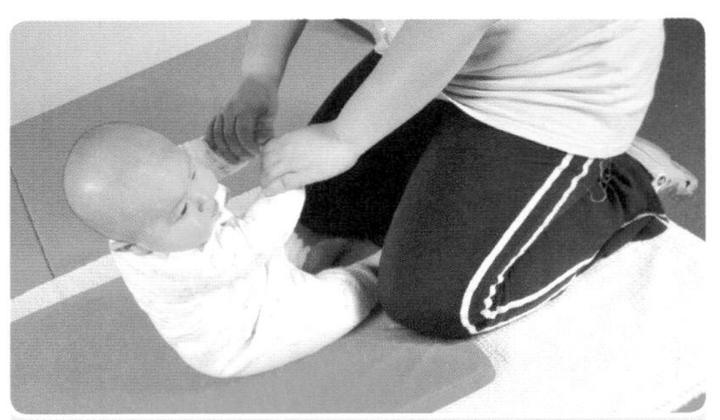

02 宝宝握住妈妈食指后，妈妈将宝宝轻轻提至坐位。

2. 俯卧抬头：锻炼颈、胸、背部肌肉

继续训练宝宝俯卧抬头，方法同 1~2 个月时一样，使宝宝俯卧时头部能稳定地挺立达 45° ~ 90°，用前臂和肘能支撑头部和上半身的体重，使胸部抬起，脸正视前方。

经常训练，可以锻炼宝宝颈、胸和背部的肌肉，促进宝宝动作的协调性发展。

宝宝陈鈊莹：当宝宝俯卧时，妈妈要经常逗引宝宝抬头，以锻炼宝宝的颈、胸和背部肌肉。

3. 荡秋千

提示：在做游戏前，先准备好一条结实舒适的浴巾或毯子。本游戏能促进宝宝平衡器官的发育。

时间：10 分钟。

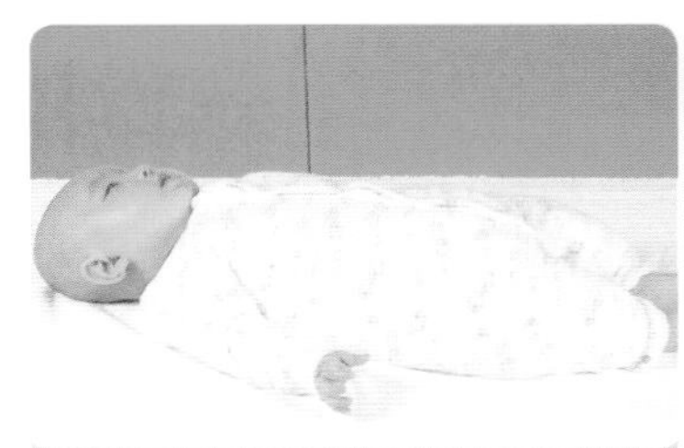

01 放儿歌《荡秋千》，帮宝宝仰卧在大浴巾内。

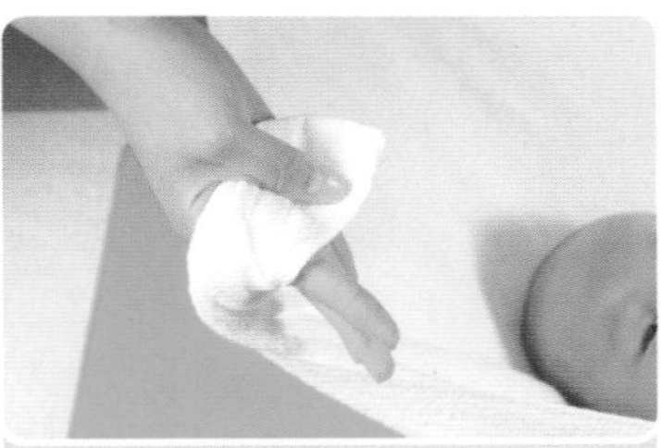

02 爸妈各拉住浴巾的两角。

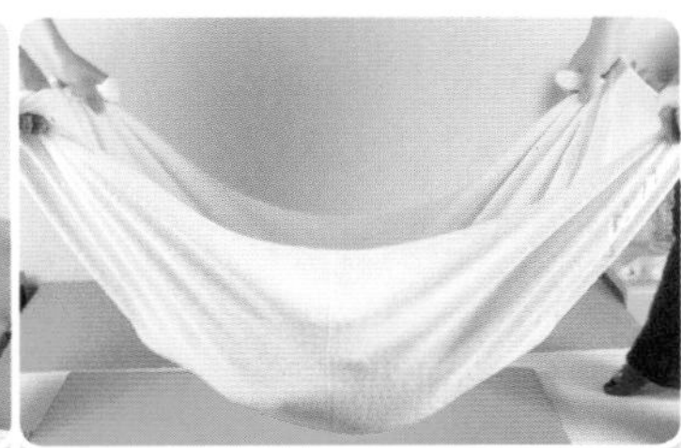

03 拉着浴巾做左右、上下、前后的小幅度摆动，并可做顺时针、逆时针旋转。

4. 仰卧向左右翻身——肘撑俯卧

提示：动作难度较大，在做游戏时，妈妈动作要轻柔，以防弄痛宝宝。这个游戏可以培养宝宝的方向感和移动能力。

时间：5 分钟。

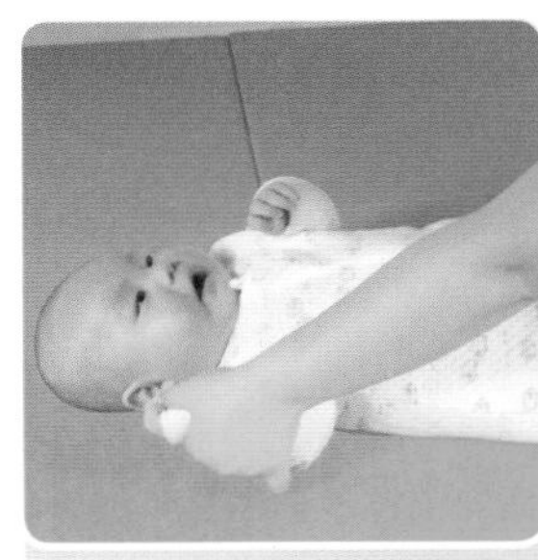

01 宝宝仰卧，妈妈站于一侧。

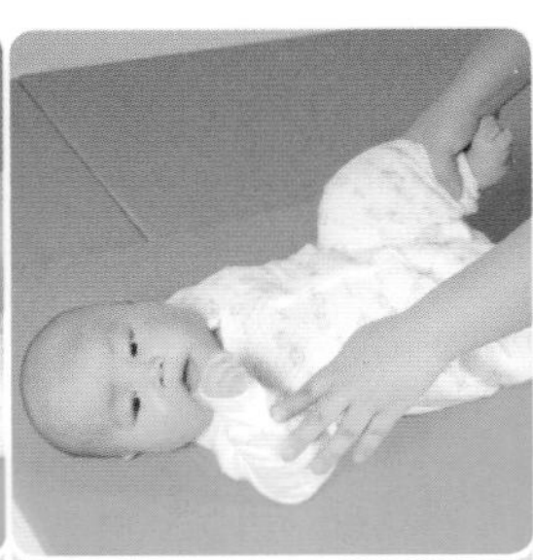

02 以右翻身为例：妈妈先把宝宝的右手弯屈贴肩，左腿搭到右腿上。

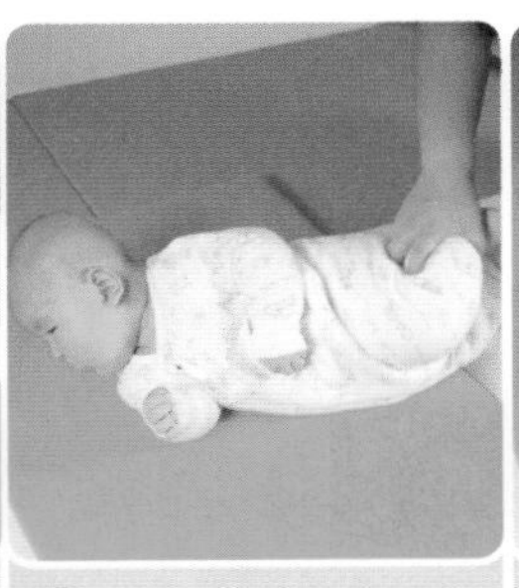

03 一手推宝宝肩背部，另一手推宝宝左腿，帮助宝宝翻身成俯卧位。

04 宝宝成功完成翻身后，妈妈接着让宝宝向相反方向练习。

Part 04

The Fourth Month: I'm a little Social Worker

3~4个月 我是小小社交家

我渐渐长大了，已经不再是之前那个
动不动就放声大哭的“爱哭鬼”。
早上醒来，若是兴致好，我会躺在床上手舞足蹈，
若是妈妈这时过来看我，我还会冲她乐呵乐呵。
我很喜欢交流，总是尝试和爸爸妈妈说话，
若是爸爸妈妈积极和我交流，我会很高兴，
情感的成长也会顺畅很多哦。
这个月，我的手脚变麻利起来了，不再是一团不会动的小肉团，
爸爸妈妈要抓住时机及时训练我，
扶坐、扶站、扶蹦，引导我抓握悬挂玩具等。
与此同时，动作能力的增强也可能给我带来危险，
所以爸爸妈妈要注意我的安全、加强看护，不要以为我睡着了，
就可以放心离开去做自己的事情。

一、成长发育：宝宝月月变化大

进入这个月，溪溪就要过“百日”了和爸妈和奶奶来了个全家总动员，一同陪着小宝贝溪溪来到照相馆，给溪溪拍下了她人生中第一套“艺术照”。照片中的溪溪美美的，小嘴嘟着，真是可爱极了。

在这个月里，很多爸爸妈妈会给宝宝照一套美美的“百日照”，照片一出来，爸爸妈妈会说：“宝宝变胖了，变漂亮了……”总之，看了照片，爸爸妈妈们发现宝宝和刚出生时相比变化还真是不小呢。

（一）本月宝宝身体发育指标

时间过得真快，溪溪从刚出生时的“瘦猴子”变成了一个又白又胖的大头娃娃，每天看着她，溪溪妈感到特别开心。

看着宝宝一天天长大，爸爸妈妈会发现，育儿路上即使再苦再累也是让人觉得快乐的。那么，宝宝的体重、身高、头围等增长幅度是否在正常范围内呢？这是父母们最关心的问题。现在一起来看看宝宝这个月的各项身体发育指标吧。

宝宝叶子萱

表4-1：3～4个月宝宝身体发育指标

特征	男宝宝	女宝宝
身高	平均65.1厘米（60.7~69.5厘米）	平均63.8厘米（59.4~68.2厘米）
体重	平均7.5千克（5.9~9.1千克）	平均7.0千克（5.5~8.5千克）
头围	平均42.1厘米（39.7~44.5厘米）	平均41.2厘米（38.8~43.6厘米）
胸围	平均42.3厘米（38.3~46.3厘米）	平均41.1厘米（37.3~44.9厘米）

脊髓灰质炎混合疫苗（糖丸）：第3次服用脊髓灰质炎混合疫苗（糖丸）。
百白破混合制剂：第2次注射百白破混合制剂。

（二）本月宝宝成长大事记

溪溪满3个月了，这真是一件让人开心的事儿。在这个月里，溪溪看上去比前几个月结实很多，也变得活泼好动起来，就像个小运动员一样，喜欢活动活动手脚。别看溪溪的脚丫子很小，她却可以用小小的脚丫将被子踢开呢。

这个月里，宝宝还会给爸爸妈妈带来什么惊喜呢？一起来看看吧。

1. 漂亮的大头娃娃

宝妈闺蜜来家里做客，看到萱萱，不禁惊呼起来:“呦，才两周不见，萱萱变得这么漂亮了呀。”说完，就开始逗弄起薇薇来。萱萱却用她那圆溜溜的大眼睛疑惑地看着她，仿佛在说：“你是谁呀？我怎么没见过你？”宝宝的神态让大人们都乐了。

宝宝叶子萱：100天的宝宝眼睛瞪得大大的，头高高竖起，就像个可爱的大头娃娃。

在这个月里，宝宝的头看起来仍比较大，脖子挺得直直的，像个可爱的大头娃娃。之所以会出现这种变化，是因为宝宝头部的生长速度比身体其他部位快。

宝宝的黑眼球看上去很大，常常会用惊异的神情望着不认识的人。如果你对他笑，他会回报你一个欢快的笑。当你用手蒙住笑脸，突然把手拿开，宝宝会发出一连串“咯咯”的笑声。

2. 生长速度有所减慢

“妈，溪溪这个月身高、体重怎么增加得这么少啊？是不是我的奶水现在没那么多营养，导致溪溪营养不足啊？”溪溪妈沮丧地去问婆婆。溪溪奶奶说：“别担心，宝宝这个月的生长速度会有所减慢，这都属于正常现象。”

与前三个月相比，宝宝这个月的身高增长速度开始减慢，一个月增长约2厘米，但与1岁以后相比还是很快的。这个月宝宝的体重可以增加0.9~1.25千克。

3. 白天睡眠时间明显减少

3~4个月的宝宝每天睡眠时间是17~18个小时，其中，白天睡3次，每次间隔2~2.5小时，晚上的睡眠时间约为10小时。

宝宝现在越来越好动，妈妈要操心的事也越来越多了。过去，宝宝白天会睡很长时间，现在可不同了，宝宝像是一匹小马驹，每次活动的时间可以长达 1.5 小时甚至 2 个小时。他再也不愿安安分分地躺着了，他会很熟练地从仰卧翻到俯卧位，能主动用前臂支撑起上身并抬起头。如果支撑累了，宝宝自己会把头偏过去休息。

4. 视觉发育：宝宝喜欢鲜艳颜色

第 4 个月是宝宝脑神经发展的关键期。在这个月，宝宝的视觉有了很大的发展，已经具备了较强的远近焦距的调节能力，不再仅能看清近距离的物体，还可以看到远处比较鲜艳或移动的物体。宝宝的视线变得灵活，具有较好的头、眼协调能力，可从一个物体转移到另一个物体，并能追视物体。这个月的宝宝眼睛喜欢跟随鲜艳的颜色移动，他们会开始注视电视中的画面，对色彩鲜艳的广告特别感兴趣。

如果爸爸妈妈发现自己的小宝宝过了 3 个月后，视线仍然不会跟着任何东西移动，视线散漫而无焦点，对周围所发生的声响毫无反应，那么，宝宝有智能发育迟缓的可能，需尽快带宝宝去医院诊查。

宝宝天天：第4个月的宝宝视线已会追随物体了。

5. 听觉发育：听到声音会转头

在这个月，宝宝的听觉发育也很快，且已具有辨别方向的能力。宝宝在听到声音后，头会顺着声音转动 180°。爸爸妈妈可以试着喊一下宝宝的名字，看他是否会扭头寻找。另外，宝宝还十分喜欢儿童的声音，如果他听到周围有儿童的声音，也会扭头寻找。

宝宝黎傲雪：听到妈妈的呼喊，3个多月的宝宝正试着扭头找妈妈呢。

6. 语言发育：宝宝尝试“社交”

宝宝在看到熟悉的人或玩具时，能发出咿咿呀呀的声音，好似在对人“说话”；有时宝宝会改变口腔气流，以低音调发出哼哼声和吼叫声，但不同于肠鸣音；爸爸妈妈在宝宝背后摇铜铃时，宝宝会对声音做出反应，将头转向声源；宝宝有时会以笑或者出声的方式，对人或物进行类似“说话”的社交活动。

7. 记忆力发育：宝宝有了记忆力

3个月以后的宝宝能够辨认某些图像，对新鲜事物注视的时间会更长一些，对看到的东西的记忆变得更加清晰。宝宝已经有了短时的、对看到物象的记忆能力，如：爸爸或妈妈从宝宝的视线中消失，宝宝就会用眼睛到处寻找。另外，宝宝还可以认出爸爸妈妈的脸，能够识别爸爸妈妈的表情所传达出的意思，还能够认识玩具。

宝宝刘沫涵：第4个月，宝宝俯卧时，已经可以用肘部支撑抬起头部和胸部了。

8. 运动能力发育：动作姿势很熟练

4个月时，宝宝动作的姿势变得更加熟练了。宝宝俯卧时，可以用肘部支撑抬起头部和胸部，并能随意地向四周观看，还可以从一侧翻滚向另一侧。当爸爸妈妈拉着宝宝的手臂要他坐起来时，他会配合地用力坐起。

俯卧位时，宝宝用两手支撑抬起全身，手可以握住物体，如摇动手中的拨浪鼓或是抓住自己的衣服；腿还可以抬高去踢被吊起的玩具。在拿东西时，宝宝的手指和以前相比变得更加灵活了，可以准确地抓住东西。

宝宝邵梦童：3个多月的邵梦童对看到的东西记忆比较清晰了，她开始认识爸爸妈妈和周围亲人的脸，不过，她最喜欢看的是妈妈，每次见到妈妈，她都会特别地开心。

9. 心理发育：宝宝喜好看得见

宝宝开始对周围的事物产生浓厚的兴趣，喜欢和别人一起玩耍，能够认出自己的妈妈和与自己比较亲近的人，还可以认出自己经常玩的玩具。当他高兴时，他会笑起来，还会手舞足蹈地来表达自己内心的快乐，还会自言自语地咿咿呀呀“说”个不停。宝宝在这个月已经可以明显地表现出自己的欢喜与不愉快。

二、日常护理：细心呵护促成长

“嘘——嘘——”溪溪妈走到卧室门口，听到里边发出“嘘——嘘——”声。推门走进去一看，发现溪溪奶奶正给溪溪把尿呢。“妈，您这么做行吗？”溪溪妈疑惑地问。“行不行，待会儿就知道啦！”话音刚落，溪溪就真的开始小便啦。溪溪奶奶的方法还真不错。训练宝宝大小便还有其他方法吗？在这个月里，护理宝宝的过程中还会遇到什么问题呢？

（一）呵护宝宝娇嫩的肌肤

转眼间，溪溪就由刚出生时皱皱巴巴的小人儿变成现在白白嫩嫩的模样了。亲朋好友看到她都忍不住想摸摸她的小脸，大家都说，溪溪的小脸为何在秋冬季节还这么水嫩柔滑。有两个朋友还向溪溪妈取经，说他们家宝宝的身体皮肤特别干燥，问怎样护理才能像溪溪那样保持婴儿皮肤持有的水润娇嫩。听大家这么夸自己最爱的宝贝，溪溪妈心里真是乐开了花。其实，要想让宝宝拥有水嫩肌肤并不难，掌握以下几点即可。

1. 秋冬季节，战胜干燥并不难

宝宝现在还不会说话，他们有很多“说不出的心事”，不知道如何向爸爸妈妈表达。比如，在秋冬季节，宝宝的皮肤变得十分干燥，这时候，宝宝很想告诉爸爸妈妈：“我的皮肤‘口渴’了，快来给我补补水吧。”

宝宝的这些无声诉求爸爸妈妈当然听不到啦。若掉以轻心或者护理方法不正确，时间长了，宝宝的脸部和唇部就会变得干裂。瞧，宝宝这是在用有形的“面部语言”和“唇部语言”来向爸爸妈妈抗议：“请用正确的方式来护理我的皮肤！”

爱宝宝的爸爸妈妈们快来，还等什么呢？看看呵护宝宝水嫩肌肤的 3 个秘诀吧。

宝宝刘沫涵：宝宝皮肤白白嫩嫩的，爸妈每次带她出去玩，大家看了都会说：“宝宝皮肤真白啊。”爸妈听了好开心啊。

（1）给宝宝的稚嫩肌肤罩上一层“保护膜”

宝宝的皮肤需要 3 年的时间才可以发育至与成人皮肤相同。尚未成熟的肌肤特别娇气敏感，极易受到干燥气候的伤害，导致皮肤干裂。含有天然滋润成分的护肤产品如乳液（润肤露）、润肤霜和润肤油等，可以给宝宝的稚嫩肌肤罩上一层“保护膜”,对宝宝的皮肤形成有效防护。其中,乳液(润肤露)、润肤霜和润肤油的滋润效果又有所不同，爸爸妈妈可以根据宝宝的皮肤状况来选择适合宝宝的润肤产品。

乳液(润肤露):

滋润程度：☆☆☆

乳液(润肤露)中含有天然的保湿因子，可以使宝宝的皮肤得到有效滋润。

润肤霜:

滋润程度：☆☆☆☆

润肤霜中所含的油性分子要比乳液(润肤露)要高，滋润效果要更好一些。

润肤油:

滋润程度：☆☆☆☆☆

润肤油中含有天然的矿物油，可以有效预防宝宝皮肤干裂，相比于润肤霜和乳液，润肤油的滋润效果要更强一些。

宝宝周里萱：萱萱妈每次给她洗完澡便会涂点儿润肤霜，这让萱萱十分开心。瞧，她正看着妈妈，像在说：“妈妈，怎么还不给我涂香香？”

(2)三步走，呵护宝宝稚嫩的小嘴唇

冬天到了，凛冽的寒风刮得人瑟瑟发抖，同时，也让人的嘴唇变得干干的。这时，即便是成人也会给自己涂上润唇膏或唇油。和成人相比，宝宝的小嘴唇更为娇嫩，到了冬天更易起皮、干裂，可是，小宝宝这时还不能用润唇膏或唇油，这时爸爸妈妈要怎么护理宝宝稚嫩的小嘴唇呢?

第一步：当宝宝唇部干裂时，爸爸妈妈可以先用湿热的小毛巾敷在宝宝的嘴唇上，让宝宝的嘴唇吸收充分的水分。

第二步：爸爸妈妈在宝宝的嘴唇上涂一些香油，可以起到滋润宝宝唇部的效果。

第三步：最后需要提醒爸爸妈妈的是，一定要让宝宝多喝水。宝宝多喝水，唇部才会水水的。

(3)给宝宝擦洗千万不要用粗糙的毛巾

和成人的皮肤相比,宝宝的皮肤更薄、更娇嫩。宝宝皮肤中的胶原纤维比较少,缺乏弹性,很容易被外物渗透和摩擦受损。如果爸爸妈妈用粗糙的毛巾给宝宝擦洗，会使宝宝皮肤受到损伤，并使宝宝皮肤变得粗糙、老化，因此，爸爸妈妈在给宝宝洗脸时应该选择质地柔软的毛巾。

2. 用乳汁涂抹宝宝的脸可以护肤

“妈，你在干嘛呢？”见到婆婆用乳汁涂抹宝宝的脸，溪溪妈喊了起来。溪溪奶奶边涂边说：“用乳汁给溪溪涂脸，可以让溪溪的皮肤变得白白嫩嫩的。”溪溪很不舒服地扭动着身体，似乎是在向妈妈求救：“乳汁涂到我的脸上，真是太不舒服啦。妈妈快来救救我……”见到溪溪痛苦的样子，溪溪妈说：“妈，您的这种方法是不科学的。”“不科学，怎么不科学啦？”溪溪奶奶这么问，溪溪妈一时找不到反驳的理由。

老一辈喜欢用乳汁涂抹宝宝的脸，认为这样可以让宝宝的皮肤变得白。这种做法科学吗？用乳汁涂抹宝宝的脸真的是护肤良方吗？很多新手妈妈对于这些问题一时之间还真答不上来。别着急，下面就将为你揭开与宝宝肌肤有关的秘密。

（1）乳汁与宝宝的脸

母乳中虽然含有丰富的营养，但营养丰富的母乳却给细菌生长提供了一个良好的环境。再加上宝宝的肌肤十分娇嫩，毛细血管丰富，若将乳汁涂到宝宝面部，细菌进入毛孔后，宝宝的面部皮肤便会产生红晕，不久就会变成小疱甚至化脓。若不及时治疗，很快就会溃烂，宝宝的面部就会留下疤痕。因此，妈妈不宜用乳汁涂抹宝宝的脸部。

（2）选择护肤品有诀窍

既然用乳汁涂脸并非护肤良方，那么，如何给宝宝选择护肤品呢？爸爸妈妈可以参考以下几点进行选择：

婴儿专用护肤品。目前，市场上出售的护肤品种类繁多，爸爸妈妈在选购时应选择不含酒精、香料且无刺激的婴儿专用护肤品，这类产品可以很好地保护宝宝皮肤水分平衡。

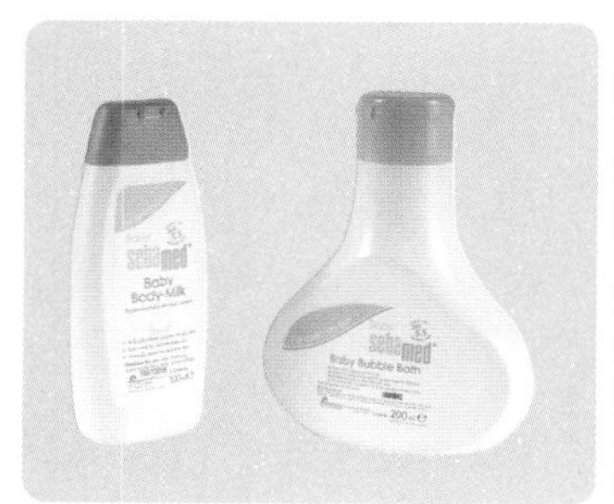

● 给宝宝选择护肤品时千万不可马虎，一定要给宝宝选择婴儿专用护肤品，不可让宝宝使用成人护肤品。

选用品牌不宜常更换。若经常给宝宝更换护肤品品牌，宝宝的皮肤要对不同的护肤品做反复的调整和适应，不利护肤。

遇到不适立即停用。如宝宝使用护肤品后出现疹子、皮肤发红等过敏反应，应立即停用。

3. 身体皮肤护理：让宝宝肌肤红润水嫩

宝宝红润细腻的皮肤看上去十分漂亮，摸上去柔柔滑滑的，十分惹人喜爱。爸爸妈妈都希望自己的小宝宝能够拥有这样的肌肤，那么应该怎样做呢？

（1）带宝宝进行日光浴

爸爸妈妈要经常带宝宝进行日光浴，宝宝的皮肤接受日光的照射后会变得更加健康，并能增加宝宝身体的免疫力。需要提醒爸爸妈妈的是，夏季上午10点到下午3点这段时间不宜带宝宝进行日光浴，因为这段时间紫外线过于强烈，会对宝宝的皮肤造成伤害。

（2）注意宝宝的辅食喂养

爸爸妈妈应按时给宝宝添加辅食，均衡宝宝的饮食，让宝宝多喝水。宝宝吃得健康，皮肤才会变得更加水嫩。另外，水果能补充宝宝体内的水分和营养，爸爸妈妈可让宝宝适量地喝一些果汁。

（3）保持皮肤清洁

爸爸妈妈要注意保持宝宝皮肤的清洁，最好的办法就是经常给宝宝洗澡。小宝宝洗完澡之后，要将宝宝放在大毛巾上，边裹边擦，擦好后可以给宝宝适当涂一些润肤油或润肤露，帮宝宝按摩一下，待吸收完后再给宝宝穿好衣服。在此过程中，一定要注意室内温度，避免温度过低而导致宝宝感冒。

（4）适时给宝宝增减衣物

爸爸妈妈要适时给宝宝增减衣物，因为过热或过冷都会对宝宝的皮肤带来伤害。爸爸妈妈给宝宝穿过多衣服会使宝宝身体过热、出汗过多，而引起湿疹；而过冷，宝宝则容易感冒。

（5）保证宝宝的睡眠充足

想要宝宝拥有红嫩水润的肌肤，爸爸妈妈还应保证宝宝每天有充足的睡眠，只有宝宝的睡眠充足了，宝宝的新陈代谢才能得到好的循环。

（6）适当给宝宝按摩

给小宝宝洗完澡后，妈妈可以适当给宝宝按摩，这不仅可以促进宝宝免疫系统的发育、加强血液循环，还可以使宝宝的肌肉得到锻炼，皮肤变得越来越好。

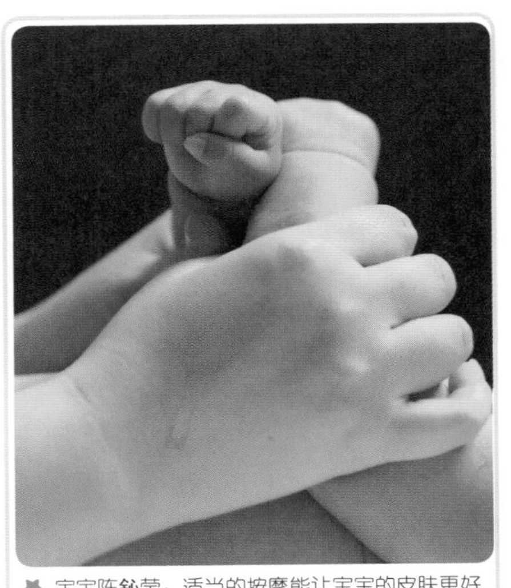

宝宝陈鈊莹：适当的按摩能让宝宝的皮肤更好。

（二）把屎把尿也是一门学问

以前的书上常常这么形容养育宝宝：一把屎一把尿地把宝宝拉扯大。轮到自己做妈妈了，才知道原来给 3 岁前的宝宝把屎把尿有多么费心。有位妈妈说："每天为了能保证宝宝屁股的干爽，我必须全天 24 小时处于高度紧张状态，犹如 FBI 特工，可惜效果往往不尽如人意，常常在自认为安全的时段出现'水漫金山'的场景……"看来，把屎把尿也是一门学问。

1. 留意小便信号，并及时响应

从宝宝 3 个月开始就可以进行把尿训练了，这也是培养宝宝形成良好排便习惯的开始，是宝宝成长过程中的必经之路。仔细观察宝宝的话，会发现，宝宝想尿尿的时候是有迹可寻的。

每个宝宝都有属于自己的表情，当宝宝有了尿意时，常常会表现得跟一般时候不一样，比如打激灵，也就是俗话说的"打尿颤"。当宝宝忽然身体有轻微的颤抖，或者双腿不自觉地摆动，一般就表示有尿意。再比如宝宝在睡梦中突然扭动身体，或叽叽咕咕时，即是要小便了，这时把他抱起来把一下，肯定有收获。还有的宝宝在玩的时候，突然双眼凝视发起呆来，这便是在酝酿小便，这时要赶紧把宝宝放在尿盆上。

2. 观察大便信号，掌握大便规律

正如宝宝想要尿尿有迹可循一样，宝宝想要大便时，也会向爸爸妈妈发出一些小信号。

（1）抓准时间

要想养成宝宝定时大便的习惯，爸爸妈妈首先要抓准宝宝大便的时间。一般来说，宝宝前一天晚上已经大便，第二天早上就不会大便了。另外，大多数宝宝吃奶后都会排便。

（2）看准表情

在训练宝宝大便前，爸爸妈妈需先仔细观察宝宝排大便的规律和大便前的一些特殊表现，做到心中有数。一般来说，宝宝大便前会有脸红、用力、屏气、发呆等表现，这时爸爸妈妈应及时抱起宝宝，给宝宝把大便。

（3）听清声音

掌握了上述两个秘诀，爸爸妈妈还可以通过听声音来掌握宝宝大便的情况。一般来说，大多数宝宝由于肠道内充气，在排便前便会排尿，有时候还会有使劲的声音。

宝宝王宇泽：脸红、用力、屏气、发呆是宝宝大便的前兆。

3. 适时训练

把尿便训练赶早不如赶巧，掌握宝宝排便的规律和时间，是宝宝排便训练成功的关键。宝宝一般在刚睡醒、喝完奶或饮水之后 15~20 分钟左右时最有尿意。了解规律后，妈妈就可以有意识地给宝宝把尿。同样，每个宝宝也有自己的排便规律。注意观察宝宝大便信号，掌握其大便规律，就可以有意识地给宝宝把便了。

4. 固定便盆效果好

给宝宝把尿，最好用一个固定的便盆接，便盆款式不要太花哨，否则宝宝会分心，不利于排便的训练。把尿时，可以让宝宝看到自己的尿流到了盆里，还发出声音，他适应了这样的情况，以后看见便盆的时候就会自觉地排出小便了。大便也是如此。

● 把尿便的正确姿势

5. 把尿便的正确姿势

4 月龄左右的宝宝，把便最常见的姿势是：妈妈双脚分开端坐，双手兜住宝宝屁屁，使宝宝分开两腿坐在妈妈的腿上；宝宝的头、背自然依靠着妈妈的腹部。在把便时，妈妈要用声音作引导，例如尿尿时，发生“嘘——嘘——”的声音，大便时发生“嗯——嗯——”的声音，使宝宝形成条件反射。

6. 男宝宝的臀部清洁

男宝宝的尿常常弄得到处都是，因此，每次换尿布时一定要认真清洁男宝宝的臀部，以防发生臀部肿痛。妈妈可以采取以下方法清洁男宝宝的臀部：

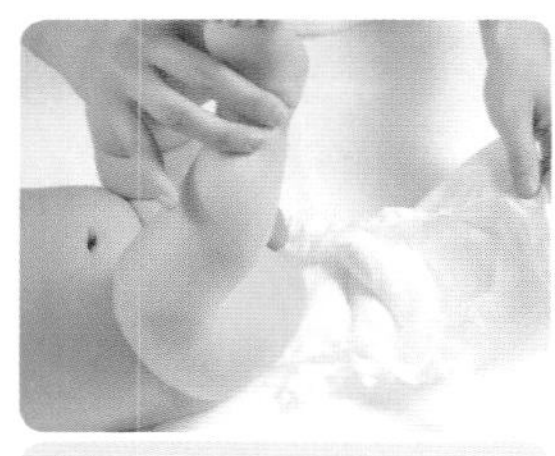

01 先将宝宝穿的纸尿裤脱下。

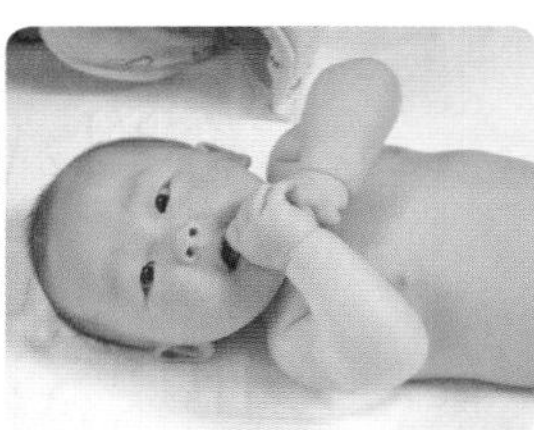

02 用卫生纸将宝宝肛门位置擦干净。

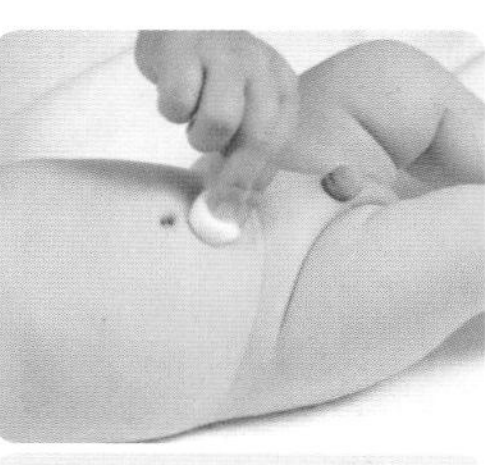

03 用清水蘸湿棉花，开始时先擦宝宝的肚子，直至脐部。

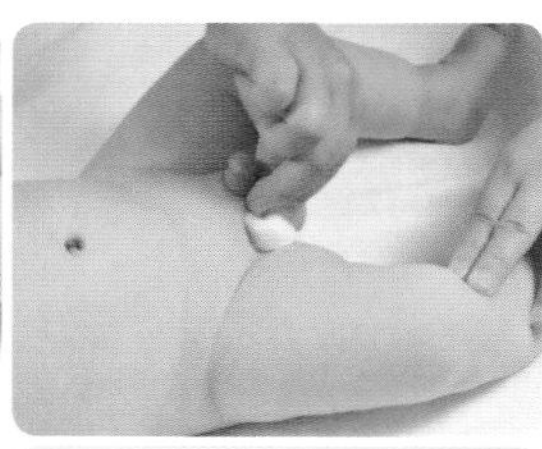

04 然后由里往外彻底清洁宝宝一侧大腿根部的皮肤皱褶。

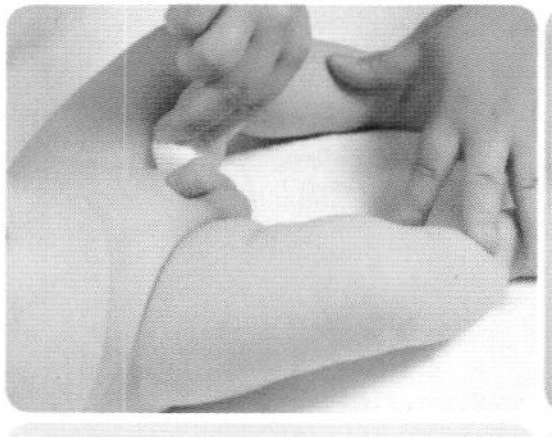

05 用同样的方法清洁宝宝另一侧大腿根部的皮肤皱褶处。

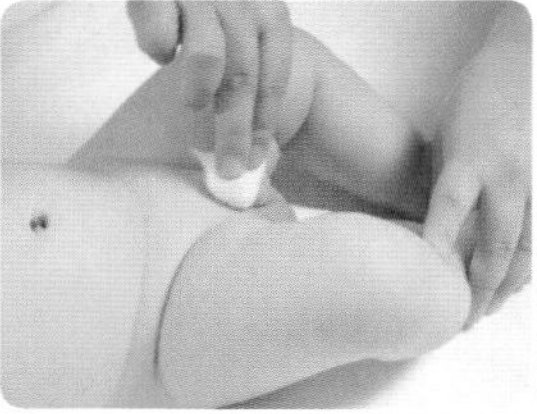

06 用干净的棉花清洁宝宝的阴茎下边以及睾丸各处。

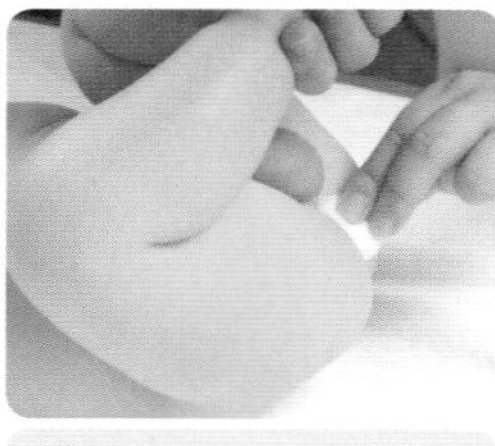

07 一手举起宝宝的双腿，另一手清洁他的肛门、小屁股。

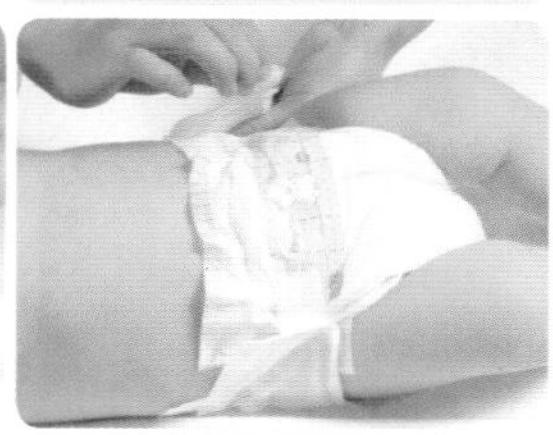

08 擦干双手，然后用干净纸巾擦干宝宝的尿布区，即可给宝宝换上尿布啦。

7. 女宝宝的臀部清洁

妈妈一定要注意女宝宝的臀部清洁，以防止宝宝的臀部发红与疼痛，清洁方法如下：

① 将宝宝放在床上，解开衣服。

② 用清水浸湿棉花，擦洗宝宝的小肚子各处，直至脐部。

③ 用一块干净的棉花由上向下、由内向外擦洗宝宝大腿根部的所有皮肤褶皱。

④ 一手举起宝宝的双腿，另一手由前往后擦洗宝宝的外阴部，这样可以防止肛门内的细菌进入宝宝的阴道。注意不要清洁宝宝的阴唇里面。

⑤ 用干净的棉花清洁宝宝的屁股、大腿及肛门部位。

⑥ 用纸巾擦干宝宝皮肤褶皱处的水分，若温度适宜，可让宝宝光着屁股玩一会儿，稍后即可给宝宝穿上衣服。

三、喂养：营养为成长添助力

溪溪妈抱着可爱的溪溪出去晒太阳，走到楼下，只见小区里的一些妈妈都聚集在一起，似乎很热闹。溪溪妈抱着溪溪走过去，看到大家正围着一个块头比溪溪大两圈的小宝宝。溪溪妈起初以为这个小宝宝有 6 个月了，一打听才知道他只比溪溪大 7 天，原本还想抱着溪溪炫耀一下的溪溪妈不禁泄了气。同样是喂养，别人家宝宝怎么长得那么壮呢？原来，那个宝宝喝的是配方奶。听了妈妈们的议论，溪溪妈动摇了。一直以来自己都坚持母乳喂养，要放弃吗？而且，自己很快就要上班了，如果不给溪溪添加配方奶，以后要怎么喂养呢？

（一）本月宝宝喂养要点

随着小宝宝一天天长大，爸爸妈妈在喂养过程中也会不断地遇到一些新问题。在这个月，爸爸妈妈会为是否给宝宝添加配方奶而迷惑，会为给宝宝吃了配方奶后宝宝厌食母乳而焦虑，还会为宝宝厌食配方奶而着急……其实，在宝宝成长的路上，全天下的爸爸妈妈们一样，都在不断地经历和收获，不断地去寻找和发现喂养宝宝的好方法。

1. 是否需要添加配方奶

这个月，有的妈妈会返回工作岗位，不能全心全意去哺乳了；宝宝的食量也渐渐增大，这些因素都有可能会导致母乳没有前面几个月那么充足了。这时可以先给宝宝添加一次配方奶，如果每天需要添加 150 毫升以上，那就一直添加下去，同时适当添加果汁、菜汁和蛋黄。如果添加的配方奶一天还不足 150 毫升，就说明母乳还能够供给宝宝所需的热量，就不必每天按时添加配方奶了。

有些妈妈在喂宝宝喝配方奶之后会遇到这样的问题：宝宝喝了配方奶之后，喉咙会变得干燥，口腔内还会有一种怪怪的味道。之所以出现这种情况，是因为奶制品中含有某种酵素，这些酵素会让喉咙黏膜变得干燥，让喉咙产生不适感，而干燥的口腔又为厌氧菌提供了生存环境，不但加速了细菌的繁殖，而且细菌还会分解奶制品中的蛋白，产生含有硫化物臭味的气体，从而导致口臭等现象的出现。

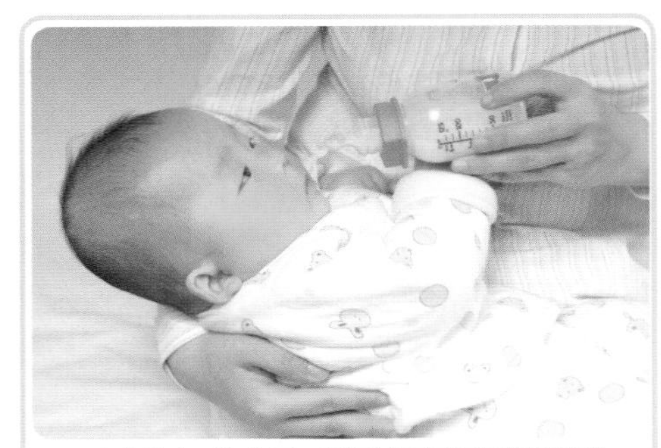

宝宝陈垚：这个月，妈妈就要返回工作岗位啦，从现在起，可以给宝宝添加配方奶了。

因此，爸爸妈妈在喂宝宝喝完配方奶之后，一定要给宝宝补充适量的水分，水的温度最好在 20℃ ~45℃，这样不仅可以清除口腔内残余的牛奶，还能冲掉附着在喉咙上的牛奶残渣，清洁宝宝口腔，并且滋润宝宝的喉咙。

2. 爱配方奶而不爱母乳

有些妈妈在母乳不足时，会选择给宝宝添加配方奶。对于宝宝而言，配方奶是比较甜的，这就使得一些宝宝很喜欢吃配方奶；另外，在喂配方奶时，奶瓶的孔眼比较大，出乳容易，速度快，对于嘴急、奶量大的宝宝来说，这真是一件再好不过的事了，这些原因就使得宝宝喝了配方奶后不再喜欢吃母乳了。

3. 宝宝厌食配方奶

一些妈妈会发现，一直都很喜欢配方奶的宝宝到了 3 个月以后突然开始拒绝喝配方奶，这让妈妈急得不知如何是好。妈妈们使出了浑身解数，在配方奶里加白糖、加果汁等，结果都无济于事。宝宝厌食配方奶，可真让妈妈郁闷：宝宝究竟是怎么了？

（1）厌食配方奶有原因

其实，宝宝之所以会厌食配方奶，是因为宝宝在 3 个月前并不能完全吸收配方奶中的蛋白质，而在 3 个月后，宝宝就能大量吸收配方奶中的蛋白质，肝脏和肾脏几乎全部动员起来帮助消化吸收配方奶中的营养成分，这时宝宝的食欲增强，喜欢吃奶。过多吃奶，使得宝宝的肝脏和肾脏工作量大增，宝宝会胖起来，多余的能量也储存起来了，用不了多久，宝宝的肝脏和肾脏就会因疲劳而歇着，宝宝因此也就开始厌食配方奶了。

（2）厌食配方奶巧应对

妈妈看到宝宝厌食配方奶会非常着急，一些妈妈甚至还强行将奶嘴塞入宝宝嘴中，惹得宝宝放声大哭。其实，当宝宝厌食配方奶时，妈妈大可不必“武力”应对，更不必为此而紧张焦虑，因为宝宝虽小，体内却有一个“能量储备库”。

妈妈若担心宝宝的“能量储备库”无法给宝宝提供充足的营养，还可以给宝宝喂食易于消化的食品，如果汁、水或其他食物。待过段时间（约 2 周），宝宝的肝脏、肾脏、消化系统得到充分休息后，功能逐渐恢复，宝宝就会再度喜欢吃配方奶的。

● 宝宝若厌食配方奶，妈妈可以喂食果汁等易于消化的食物

（二）要上班了，你依然可以坚持母乳喂养

“不想上班，不想上班，不想上班……”溪溪妈像念经一样地嘟囔着。看着熟睡中的溪溪，溪溪妈往日都会感到十分幸福，可是今天她却感到十分惆怅。转眼间，溪溪妈的产假就要结束了，可溪溪还那么小，上班之后要如何喂养溪溪呢？

● 上班的前几天，妈妈应根据上班后的作息时间调整安排好宝宝的哺乳时间。

宝宝 4 个月大的时候，大多数妈妈就要准备上班了，要不要继续哺乳呢？如果要哺乳，如何才能平衡哺乳和工作之间的关系呢？鉴于母乳对宝宝的重要性，即便是上班，妈妈也要想办法坚持母乳喂养。下面是给上班族妈妈哺乳的 9 条建议：

1. 下定决心，全身心投入

同时应付工作和母乳喂养并非易事。艰难的时刻，你会怀疑一切努力是否值得；你会动摇，想放弃挤奶、直接让宝宝吃配方奶；你对吸奶器又爱又恨；漏奶使你尴尬万分，同事对你言语间还颇有微词。然而，一旦下定决心要将母乳喂养进行到底，就没什么能难倒你了。

2. 想办法获得老板的支持

母乳喂养并不只对妈妈和宝宝好，雇主也能从中受益！如果你是让老板明白这个道理，就能更容易地获得他的支持。你可以让老板了解以下几点：

■ 工作单位如果为哺乳妈妈提供母乳喂养的支持，哺乳妈妈的工作满意度更高，工作效率也更高（泌乳和工作表现均出色）。

■ 母乳喂养的宝宝很少生病，即使生病，也比配方奶喂养的宝宝症状轻。宝宝不用常看病，所以用于医疗保健的费用较少，妈妈的缺席率比配方奶喂养的妈妈低 3~6 倍。

■ 母乳喂养的妈妈受泌乳激素的影响，心情放松，脾气也更平和。

■ 母乳喂养的妈妈不会很快再次怀孕，如果坚持母乳喂养，哺乳妈妈至少在 1 年内不会再请产假。

3. 充分利用午休时间

如果工作地点离家近的话，你可以在午休时间回去给宝宝喂奶，这样就可以减少挤奶的次数，保持乳房泌乳量。如果工作地点离家比较远，可以让保姆带宝宝到上班的地方来看你，当然前提条件是来往交通要舒适便利。

4. 设法让照看宝宝的人支持母乳喂养

在中国，绝大部分家庭在妈妈上班后，会由老人或保姆来负责照看宝宝。你要想办法在产假时就让照看宝宝的老人或保姆支持母乳喂养，将母乳喂养的种种好处传达给对方，并耐心地教会老人或保姆处理挤出的母乳，告诉他们如何解冻并加热母乳，并且制定出一套准备奶瓶、标注日期以及存放奶瓶的方法。

5. 每天提前半个小时起床

用闹钟提前 30 分钟把自己叫醒，用这段时间来给宝宝喂奶（即使宝宝还未全醒）。他满足之后，你可以打扮一下自己，准备一天的东西，然后再喂宝宝一次才出门。

6. 充分利用下班后的时光

做完 8 小时工作的妈妈已经非常劳累了，通常没有太多的精力兼顾宝宝和家务。此时应当分清主次，妈妈下班后的首要工作就是喂哺和照料宝宝，家务活可以请丈夫或者家人帮助料理。

7. 选择恰当的服装

选择上班服装时要考虑到哺乳这个因素。在无聊的工作会议中，你可能会走神想着宝宝，没准就漏奶了。所以，上班族妈妈应挑选印花布料制作的宽松上衣，可以稍加掩饰。

8. 想办法获得同事的支持

哺乳的妈妈能准时下班非常重要，但有时也会遇到需要加班的情况。这时，你可以求助同事。如果你的同事是女性，你可以向对方讲述一下宝宝对母乳的依赖和你喂奶的辛苦，相信对方也会因为同情而愿意将未完成的事情独立完成。有时候，你也可以撒一个小谎，如“我的宝宝对配方奶过敏”等，让同事明白你有不得已的苦衷而要先行离开。

9. 享受夜间哺乳

许多母乳喂养的宝宝因为白天和妈妈分开，夜间会更频繁地吃奶。宝宝可以通过傍晚以及夜间更多次的吃奶，弥补在白天所错过的母乳喂养。

（三）上班族妈妈要掌握母乳的储存方法

妈妈要上班，宝宝饿，这是许多上班族妈妈所面临的尴尬局面，溪溪妈也不例外。问了问周围的几个朋友，她们大多在上班后就选择给宝宝喝配方奶了。可是，2008年的“三聚氰胺”事件使奶粉陷入了空前的信任危机，溪溪妈还真的不敢给溪溪添加配方奶，她想要坚持母乳喂养。可是，自己上班了，究竟怎么做才能给宝宝提供新鲜的母乳呢？在这里要告诉上班族妈妈的是，只要掌握好母乳的储存方法，一样可以让宝宝喝上妈妈们的黄金母乳。

1. 掌握挤奶时间和地点

妈妈上班期间可在化妆间、私人办公室等处将奶水挤出，建议妈妈每3小时挤一次奶水。

2. 清洁与消毒

上班族妈妈在每次挤奶前，都应先将手洗净。但是，有些妈妈却对洗手不够重视，每次洗手都是用水冲两下就草草了事，这种做法是很不科学的。现在，就一起来看看正确的洗手方法吧。

妈妈洗完手后，才能进行挤奶工作。挤出的母乳要装入经过消毒的奶瓶中，或是放入冷冻保存的专用一次性消毒奶袋里。

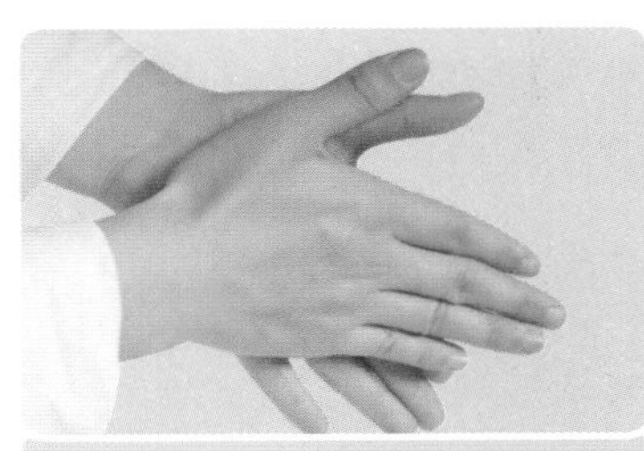

01 双手合十，手心相互搓洗。

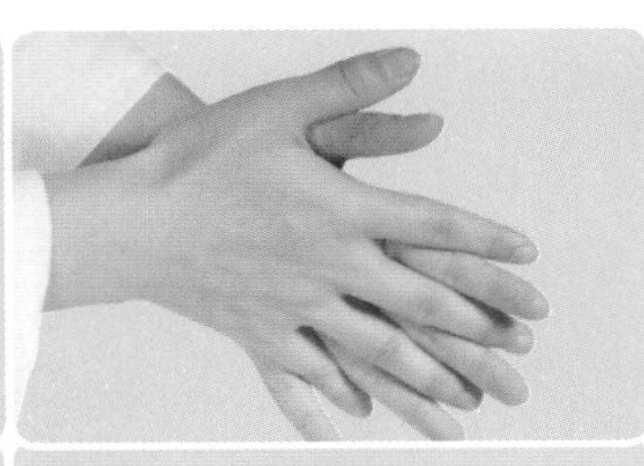

02 双手手指交叉相叠，相互搓洗手指缝。

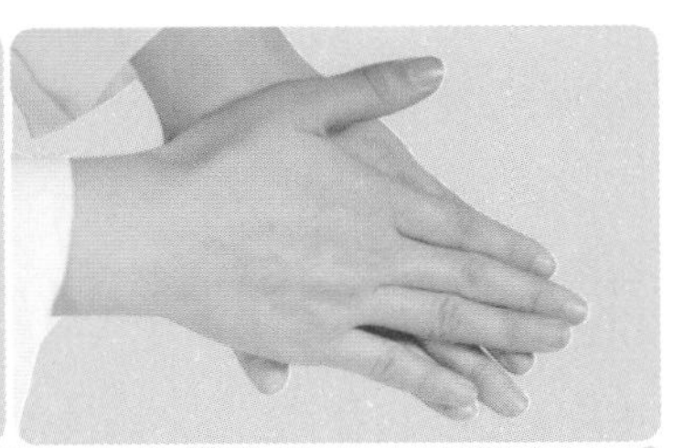

03 用一手手心搓洗另一手手背，左右交替进行。

04 指肚放于手心，用指肚搓洗手心，左右手相同。

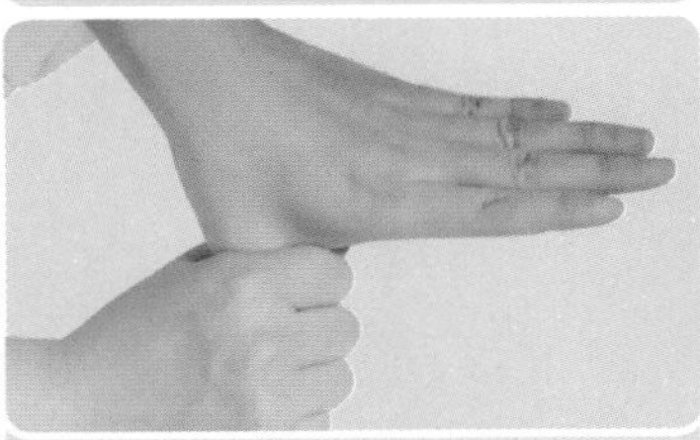

05 一只手握住另一只手的拇指搓洗，左右手相同。

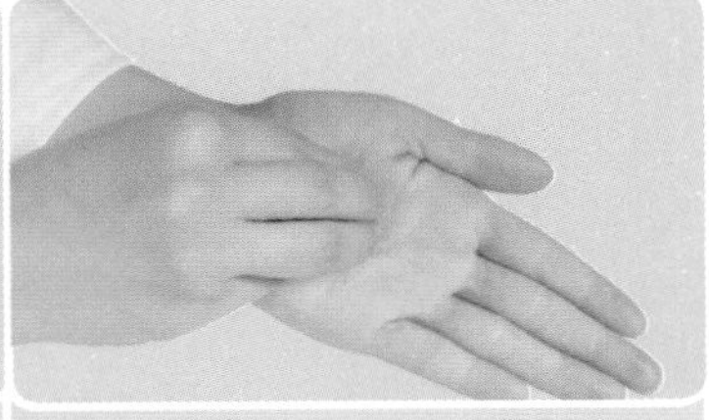

06 用一只手的指肚搓洗另一只手的大小鱼际及手腕。

3. 挤奶的方法

上班族妈妈可以采取人手挤奶和吸奶器挤奶这两种方法来挤奶：

（1）人手挤奶

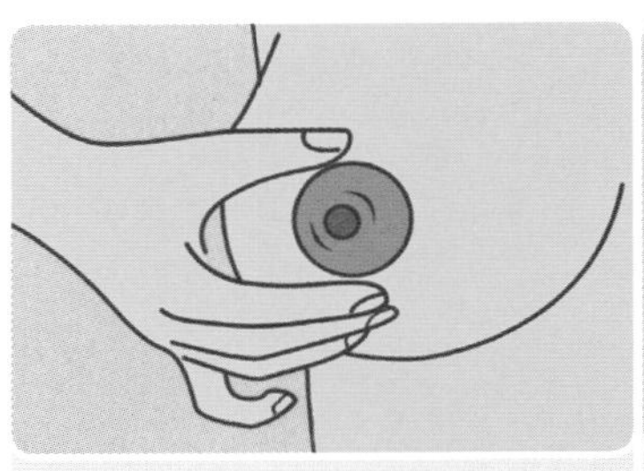

01 拇指及食指对放在乳头上下两侧，四指托住乳房，握成一个“C”形。

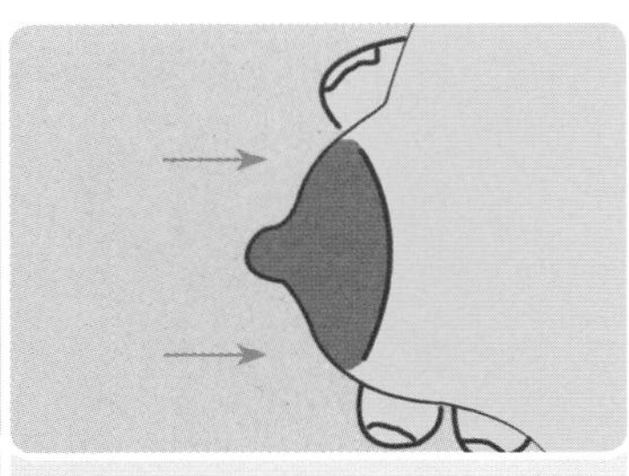

02 用手指朝向肋骨轻压。

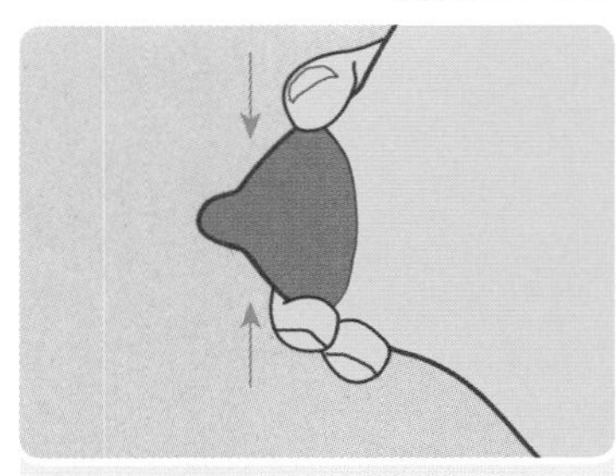

03 用食指及拇指在乳头和乳晕后方轻轻挤压，放松。

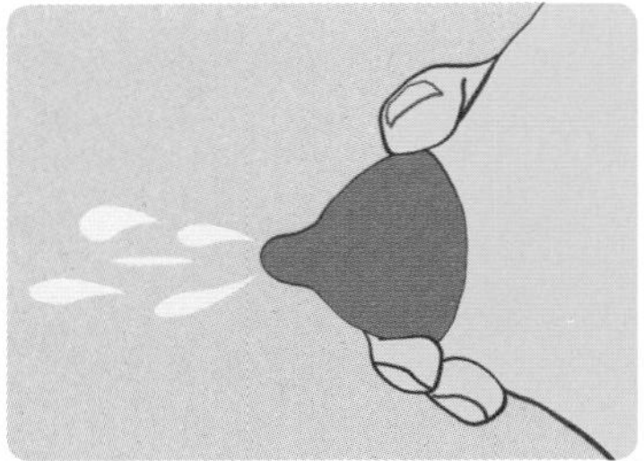

04 重复挤压、放松的动作，直至乳汁流速减慢。

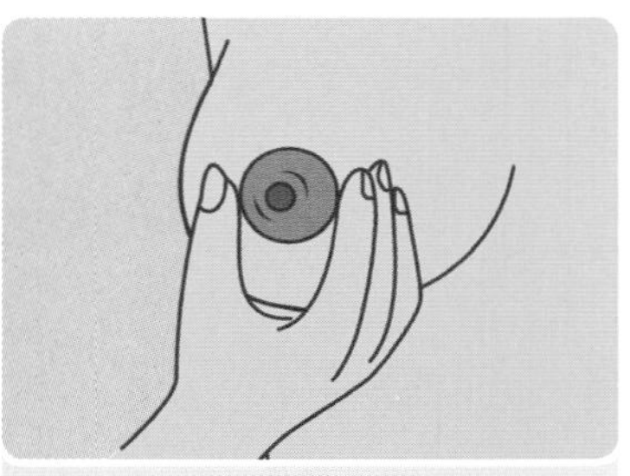

05 拇指和食指可沿顺时针或逆时针方向，转换在乳晕上位置，以便挤出乳房各部位的乳汁。

（2）吸奶器挤奶

妈妈还可以使用吸奶器来挤奶，方法如下：

① 在挤奶前先准备好吸奶器，并将其所有配件消毒。

② 把吸奶器的漏斗放在乳晕上，使其严密封闭，将乳头定位于漏斗的中央。

③ 轻轻拉动成真空状态并保持 5~10 秒钟，直至乳汁停止流出。

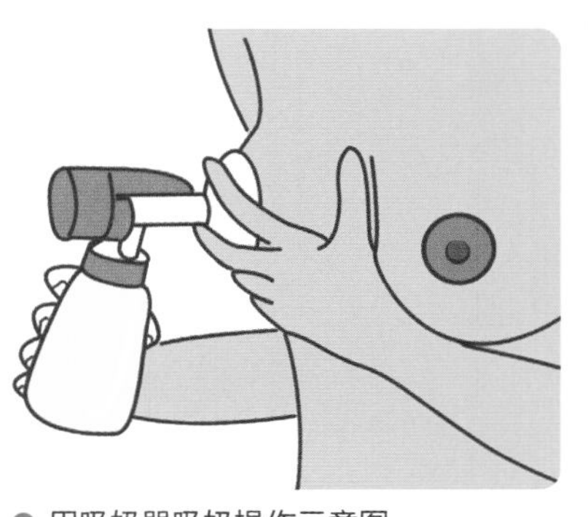

● 用吸奶器吸奶操作示意图

④ 然后松开再抽真空，重复这个动作直至乳房被挤空。换另一侧乳房，用同样的方法挤空。

挤奶时，手指不要在乳房上滑动，以免摩擦皮肤造成乳房红肿。手掌要绕着乳房周围，使所有的奶汁都能挤出。一侧乳房挤 3~5 分钟，再换另一侧，如此交替，挤净为止。

每次挤的奶量不一定相同，开始可能少些，多练习几次就可以挤得比较干净了。

● 吸奶器

4. 母乳的保存方法

现在，妈妈辛辛苦苦地将奶水挤了出来，但如果不注意保存，则会使这些奶水变质。因此，妈妈要按照正确的方式，将奶水放入冰箱的冷冻室中保存。

在保存母乳的时候，妈妈需要注意以下几点：

■ 最好将母乳分成小份冷冻，约 60~120 毫升为 1 份。

■ 给装母乳的容器留点空隙，不要装得太满或把盖子盖得很紧，以防冷冻结冰后胀破容器。

■ 使用塑胶奶袋时最好套两层，以免破裂。

■ 挤出塑料奶袋顶端的空气，并留出 1 寸的空隙，放在可让它直立的容器内，直至奶水冷冻成冰。

5. 母乳的解冻方法

使用微波炉加热会破坏母乳的营养成分，因此建议妈妈在解冻母乳时不要用微波炉加热，也不要在明火上将奶煮开，这样会破坏母乳中的抗体和原性物质，最好的方法是用奶瓶隔水慢慢加热。

奶热以后，将奶摇匀，再用手腕内侧测试一下温度，合适的奶温应该和人体温度相当。母乳最好在解冻后 3 小时内给宝宝喝掉，不宜再次冷冻。

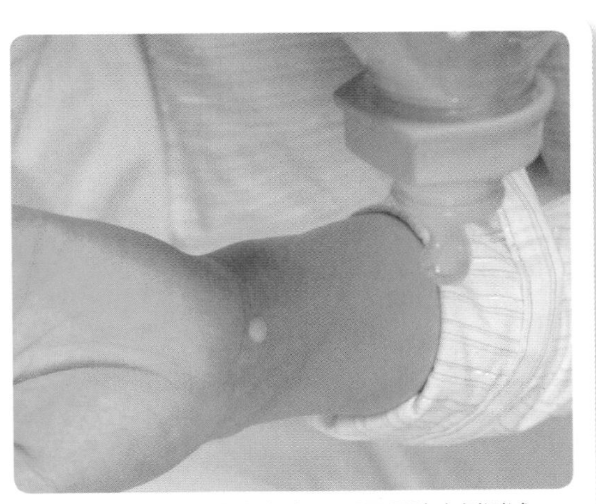

● 奶热之后，妈妈将奶摇匀，再用手腕内侧测试一下温度，若其和人体温度相当，则可以给宝宝喂奶啦。

（四）妈妈上班期间，让宝宝接受配方奶

妈妈都希望宝宝能够吃得好、玩得好，健健康康的。但在这个月里，大多数妈妈就要返回工作岗位了，有些妈妈可以通过储存母乳来坚持母乳喂养宝宝，但是另外一些奶水很少的妈妈，此时的奶水已经无法满足宝宝的喂养需求了，这时妈妈就不得不考虑给宝宝添加配方奶了。但有些宝宝却不接受配方奶，为此，妈妈急得要命，不知如何是好。

遇到这种情况，妈妈无须着急，要注意采取一些方法来提升宝宝对配方奶的兴趣，这样，宝宝就会渐渐爱上配方奶的。

1. 选择合适的奶嘴，让宝宝吃得不费力

奶嘴不合适，会让宝宝不喜欢喝配方奶。妈妈可选择接近乳头的奶嘴，并选择奶嘴孔稍大的奶嘴，这样可以加大奶水的流量，让宝宝吃起来不费力，宝宝自然会爱上配方奶了。

2. 适当延长喂奶时间，宝宝饥饿再喂奶

宝宝是个馋嘴的小家伙，饿的时候给宝宝吃配方奶的话，宝宝便会觉得十分香甜。妈妈可以适当延长给宝宝喂奶的时间，在宝宝饥饿感稍强的时候给宝宝喂一些配方奶，这样便会逐渐达到让宝宝接受配方奶的目的。

3. 善意的欺骗——奶瓶装母乳

宝宝喜欢喝母乳，妈妈就可以将母乳装在奶瓶中喂养宝宝。在宝宝正常进食时，妈妈回避，可由爸爸或是其他宝宝熟悉的人给宝宝喂奶。当宝宝发现奶瓶中的奶和母乳是一样的味道时，便会慢慢习惯用奶瓶喝奶。到时候，妈妈便可将配方奶装入奶瓶中，小宝宝便会“上当”啦。

● 用奶瓶装母乳，可以让宝宝慢慢习惯用奶瓶喝奶。

4. 循序渐进，逐步尝试

在给宝宝添加配方奶时，妈妈要循序渐进，首先要将宝宝的进食时间分为早、中、晚三段。先在中间的时段尝试性地加入配方奶，这时宝宝较易接受新鲜事物，喂养更加顺利。

5. 适量添加辅食，补充营养

妈妈在这个月还可以根据宝宝的生长发育情况给宝宝添加适当辅食，如含铁米粉、蛋黄泥、果汁等，以确保宝宝摄取到足够的营养。

（五）生病时依然可以坚持哺乳

溪溪妈开始上班了，刚一上班就在公司忙得团团转，有时候中午连吃饭的时间都没有，回到家还要照顾好动的溪溪。溪溪这个小家伙最近也不知道怎么了，简直成了小捣蛋，每天玩到很晚才睡觉，这使得溪溪妈每天也不得不陪她玩到很晚。这么熬了 2 周，溪溪妈就生病了。这可急坏了全家人。溪溪妈一直坚持母乳喂养，现在自己生病了，还要母乳喂养吗？

在喂养宝宝的过程中，一些上班族妈妈因工作劳累极易生病，这常常会动摇上班族妈妈继续母乳喂养的决心。但我们从国际母乳会了解的事实是：大多数病症只要妈妈处理恰当，都不会影响母乳喂养。下面列举了一些较为常见的病症，让妈妈了解这些病症对母乳的影响，理性地选择合理的喂养方式。

1. 感冒、流感

母乳中已经有免疫因子传输给宝宝，即使宝宝感染发病，也比妈妈的症状轻。一般药物对母乳没有影响，因此不必停止母乳喂养。可以在吃药前哺乳，吃药后半小时以内不要喂奶。注意多饮水，补充体液。另外，妈妈要注意个人卫生，勤洗手。尽量少对着宝宝呼吸，可以戴口罩防止传染，但若病情重，则不应继续母乳，这样会影响奶质，同时不利于妈妈病情恢复。

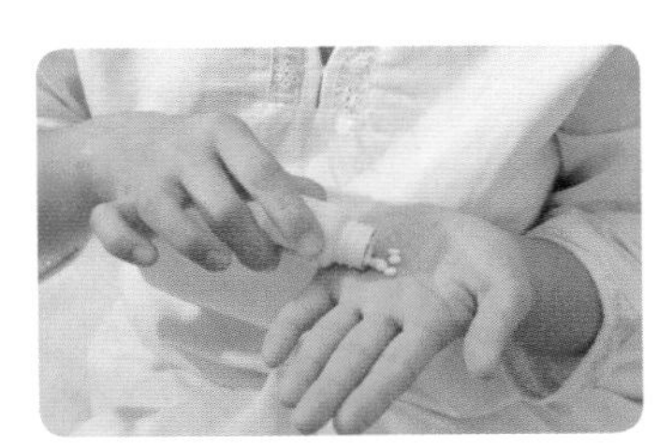

● 妈妈在哺乳期感冒了，正犹豫吃药否。

2. 腹泻、呕吐

普通的肠道感染不会影响母乳质量，因此不必停止母乳喂养，但此时妈妈要注意多饮水。但在一些特殊的病例中，引起腹泻的病菌已经进入妈妈的血液和母乳里，需要服用抗生素进行治疗，这时就要暂时停喂母乳，病愈后再继续哺乳，具体情况请遵照医生的医嘱执行。

3. 糖尿病

胰岛素和母乳喂养并不冲突，因为胰岛素的分子太大，无法渗透母乳，口服胰岛素则在消化道里就已经被破坏，不会进入母乳，所以糖尿病妈妈完全可以进行母乳喂养。母乳喂养对于患有糖尿病的妈妈还有以下好处：

■ 缓解妈妈的压力，哺乳时分泌的激素会让妈妈更放松。

■ 哺乳时分泌的激素及分泌乳汁所消耗的额外热量会使妈妈所需的胰岛素用量降低。

■ 能够有效地缓解糖尿病的各种症状，许多患有妊娠糖尿病的妈妈在哺乳期间病情部分或者全部好转。

（六）根据宝宝给的信号添加辅食

最近溪溪变成了一个小馋猫，见到爸爸妈妈吃东西，她就会在旁边抿嘴巴，似乎在说："爸爸妈妈，好吃的东西也让我吃一口吧。"溪溪每次一露出那种馋样，溪溪爸妈就乐得想笑。溪溪奶奶说："溪溪 4 个月了，可以给她添加辅食了。"听婆婆这么说，溪溪妈说出了自己的疑虑："我看书上说 6 个月起给宝宝添加辅食才科学呢。"溪溪奶奶说："怎么会是 6 个月？我养了几个孩子了，我还不知道是 4 个月吗？"听溪溪奶奶这么说，溪溪妈一脸委屈，自己看书上所说的确实是 6 个月啊，难道自己错了？

对于添加辅食一事，大多数妈妈都感到困惑：宝宝 4 个月时需要添加辅食吗？过早给宝宝添加辅食是否会给宝宝的健康带来不利影响？下面，妈妈们就一起来看看在给宝宝添加辅食前，需要了解的那些有关辅食添加的事儿吧。

1. 辅食添加：4个月还是6个月

日子一天天过去，宝宝也在一天天成长，很多新手妈妈都想知道从什么时候开始给宝宝添加辅食比较好。

过去认为宝宝 4 个月时可开始添加辅食，但在 2005 年世界卫生组织通过的宝宝喂养报告中提出，在喂养宝宝的过程中，前 6 个月宜纯母乳喂养，6 个月以后再开始添加辅食。报告认为，母乳可以全面满足 6 个月内宝宝所需的全部营养素，是宝宝的最佳食品。6 个月时宝宝的各个器官发育日趋成熟，较适合添加辅食。那么，到底是要在宝宝 4 个月时添加辅食呢，还是要在宝宝 6 个月后添加辅食呢？

在这里要提醒妈妈们的是，虽然现在世界卫生组织提倡宝宝 6 个月后添加辅食，但因每个宝宝的生长发育情况不一样，个体也存在一定的差异，因此，在给宝宝添加辅食时，要有一定的灵活性。一般来说，宝宝 4~6 个月时可以开始尝试给宝宝添加辅食。母乳喂养的宝宝 6 个月时可开始添加辅食，而人工喂养或混合喂养的宝宝则要早一些。

在给宝宝添加辅食的时候，妈妈们一定要根据宝宝的健康状况及生长发育情况来定，千万不可教条地由月龄来决定。

2. 辅食需添加，宝宝信号多

妈妈要如何判断是否需要给宝宝添加辅食呢？其实，当宝宝从生理到心理都做好了吃辅食准备的时候，他会向妈妈发出许多小信号。

（1）意犹未尽

宝宝吃完母乳或配方奶后还有一种意犹未尽的感觉，比如宝宝还在哭，似乎没吃饱。母乳喂养的宝宝每天喂 8 ~ 10 次，配方奶喂养的宝宝每天的总喂奶量达到 1000 毫升时，宝宝仍表现出没吃饱的样子，这时，妈妈就要想一想是否该给宝宝添加辅食了。

宝宝王宇泽：第4个月的宝宝看到妈妈吃东西，口水都流出来了，他这是暗示妈妈该给宝宝添加辅食啦。”

（2）相关表现

妈妈可以根据宝宝所表现的一些可爱的行为，如流口水、咬乳头或大人吃饭时宝宝在一旁垂涎欲滴等，来判断宝宝是否需要添加辅食。

（3）能吞咽食物

宝宝喜欢将东西放到嘴里，有咀嚼的动作。当你把一小勺泥糊状食物放到他嘴边，他会张开嘴，不再将食物吐出来，而能够顺利地咽下去，不会被呛到，这时就可以给宝宝添加辅食了。

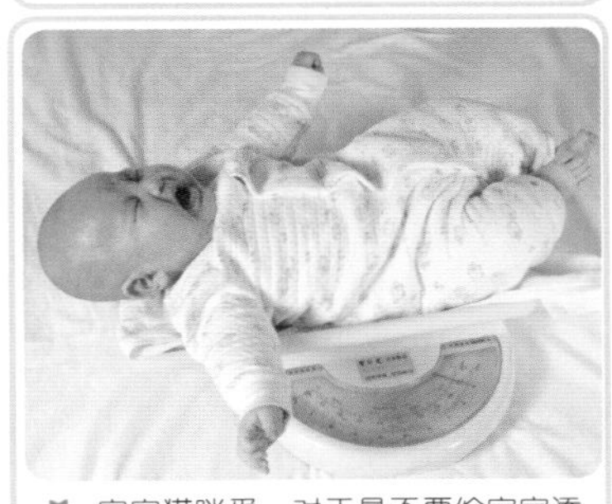

宝宝猫咪蛋：对于是否要给宝宝添加辅食，妈妈决定称过体重后再决定。

（4）身高体重未达标

在爸爸妈妈带宝宝去做每个月的例行体检时，可以向医生咨询，医生会告诉你宝宝的身高、体重增长是否达标，如果宝宝身高、体重增长没达标就应该给宝宝添加辅食了。

3. 辅食要慢慢添加

4 个月宝宝的主食仍应以母乳或配方奶为主，这个月的宝宝对奶的消化吸收能力较强，对碳水化合物的吸收消化能力较差，因此，宝宝对蛋白质、矿物质、脂肪、维生素等营养成分的需求均需从乳类中获得。

虽然大多数宝宝从母乳或配方奶中就可汲取自身所需的全部营养，但有少数宝宝在 4 个月时需开始添加辅食了。在这里需要提醒妈妈们的是，在给宝宝添加辅食的时候，一定要慢慢添加，以保证宝宝有足够的适应时间。

这个月宝宝的消化能力增强了，爸爸妈妈可喂宝宝一些蛋泥，分量根据宝宝的消化情况酌情增减。另外，在这个月里，还要注意补充宝宝体内的维生素 C 和矿物质，可以给宝宝补充一些果汁。

有些爸爸妈妈看宝宝不吃辅食，便强迫宝宝去吃。这里要说明的是，母乳是最好的食品，如果妈妈乳汁充足，宝宝这个月可以不添加任何辅食。另外，强迫宝宝吃他不喜欢吃的辅食是不对的，这样会给以后添加辅食增加难度。

在给宝宝添加辅食的时候，爸爸妈妈可以按照下列辅食添加时间表去做：

表4–2：辅食添加时间表

时间	可添加的辅食种类
1~3个月	每天3~4滴浓缩鱼肝油
4个月	蛋黄泥、果汁
5个月	水果泥、稀粥、龙须面、鱼肉
6个月	菜泥、肉松
7~9个月	鸡蛋羹、整个鸡蛋、排骨汤
10~12个月	肉泥、肝泥、馒头片、面包片、小馄饨、水果沙拉等

4. 辅食添加初体验

第一次给宝宝添加辅食成功与否非常重要，正所谓“好的开始是成功的一半”，若第一次给宝宝添加辅食十分顺利，那么，妈妈日后再给宝宝添加其他辅食就比较容易了。

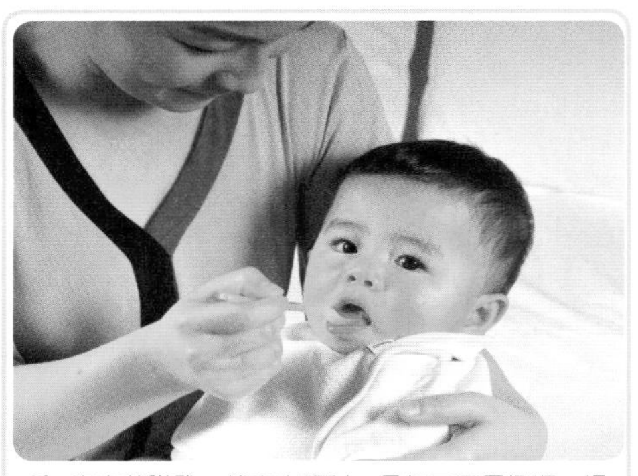

宝宝莫曦雅：给宝宝喂时，最好不要用奶瓶。妈妈应试着用勺子喂宝宝辅食，让她一步步接受勺子。

（1）第1次添加辅食的时间

建议在上午 11 点左右宝宝饿了正准备吃奶之前给他调一些米粉，让他喝两勺，相应的把奶量减少 3~4 毫升。渐渐地，辅食越加越多，奶量越来越少，一般到七八个月以后这一餐就可以完全被辅食替代了。

（2）不要用奶瓶喂流质辅食

给宝宝喂辅食，不仅是为了补充更多的营养，这也是锻炼宝宝吞咽固体食物的好时机。所以，最好不要用奶瓶喂流质辅食，应试着用勺一口一口地喂。

（3）一点一点地添加，每次一种辅食

第 1 次添加 1~2 勺（每勺 3~5 毫升）辅食、每日添加 1 次即可，待宝宝消化吸收得好了再逐渐加到 2 ~ 3 勺。观察 3~7 天，若宝宝没有过敏反应，如呕吐、腹泻、皮疹等，再添加第 2 种辅食。按照这样的速度，宝宝 1 个月可以添加 4 种辅食，这对于宝宝品尝味道来说已经足够了，妈妈千万不要太着急，这个阶段的宝宝还是要以奶为主。如果宝宝有过敏反应或消化吸收不好，应该立即停止添加辅食，等 1 周以后再试着添加。

5. 添加蛋黄小窍门

蛋黄中含有优质的蛋白质、维生素、卵磷脂、铁、钙、磷等矿物质，且较易吸收。从这个月开始，爸爸妈妈就可以给宝宝适量添加蛋黄了。需要提醒爸爸妈妈的是，虽然蛋黄有营养，吃法还需科学才行。那么，怎样才能科学地给宝宝添加蛋黄呢？

（1）做法讲究

在制作蛋黄泥时，可以先将煮好剥出的蛋黄碾碎，用少量的水或粥等调成糊状后，再用小勺喂宝宝吃，切忌将蛋黄和奶混合喂食宝宝。

● 最初可将蛋黄碾碎、加水调成糊状喂食宝宝。

（2）逐步加量

初次添加时，可以先喂宝宝 1/4 个蛋黄，若宝宝消化良好，大便正常，且无过敏现象发生，则妈妈可以在 3~7 天后每次喂宝宝 1/2 个蛋黄，然后再逐步添加。等宝宝到了 6 个月的时候，就可以喂宝宝整个蛋黄了。

6. 喂养米粉有诀窍

婴儿米粉是以大米为主要原料，以白砂糖、蔬菜、水果、蛋类、肉类等为选择性配料，加入钙、磷、铁等矿物质和维生素等加工制成的婴幼儿补充食品。母乳不足或者配方奶不够时，妈妈就可以添加一些米粉作为补充来喂养宝宝。

（1）添加米粉的时间

有一些妈妈在宝宝 3 个月时就给宝宝添加米粉，这种做法是很不科学的。添加米粉的最佳时间是宝宝 4 ~ 6 月龄时，太早或是太晚都不好。因为宝宝体内的胰淀粉酶要在 4 个月左右才达到成人水平，而过早添加米粉，虽然可以为宝宝补充一些母乳外的能量和营养素，但却会降低宝宝对母乳的摄取量，从而影响宝宝的健康。而过晚给宝宝添加米粉，宝宝不能及时吃到各种味道的食物，对宝宝正常味觉的形成极为不利，还会影响宝宝口腔功能的发育。

（2）选择米粉有讲究

爸爸妈妈要给宝宝选择什么样的米粉呢？建议大家在选购时注意以下几点：

选择知名大品牌的产品：这样的产品配方更加科学，对原料的监控较为严格，生产出来的米粉质量较好。

看包装上的标签标志是否齐全：根据国家标准规定，企业在产品的外包装上必须标明商标、执行标准、厂名、厂址、生产日期、保质期、配料表、营养成分表、净含量及食用方法等。若包装上缺少上述任何一项，该产品可能存在有问题，建议最好不要购买。

看营养成分表中的标注及含量：营养成分表中一般会标明蛋白质、脂肪、热量、碳水化合物等基本营养成分含量，微量元素如铁、锌、钙、磷含量，维生素类如维生素 A、部分 B 族维生素和维生素 D 含量。产品中所添加的其他营养物质也要标明。

看产品包装说明：婴儿米粉应该标明“婴儿最理想的食品是母乳，在母乳不足或无母乳时可食用本产品；6 个月以上婴儿食用本产品时，应配合添加辅助食品”等说明文字。这一声明是企业必须向消费者明示的。

（3）调配米粉需知道

现在爸爸妈妈已经知道选购米粉的方法了，接下来，就一起来看看米粉如何调配吧？

对于大多数宝宝而言，最佳的调配方法是用配方奶调配，尤其是母乳喂养的宝宝，用配方奶粉来调配米粉，不仅营养丰富，还能让宝宝渐渐适应配方奶的味道，可以为日后给宝宝顺利断乳做好准备。在调配的过程中，可以将配方奶按比例冲调好 60 毫升左右，然后逐渐加入米粉调和至糊状即可。需要提醒爸爸妈妈的是，如果宝宝对配方奶过敏，则建议用白开水冲调米粉。

（4）喂养米粉有方法

调配好米糊后，要使宝宝、顺利地吃下米糊，妈妈还需掌握一定的技巧。在喂养宝宝的时候，需选择宝宝专用勺，勺子不宜太大；尽量将勺子放在宝宝的舌头中部，这样宝宝就不易用舌尖将米糊顶出。

一些爸爸妈妈为了省事，将米糊和整瓶奶调和到一起让宝宝吸着吃，这么做虽然方便，但却让宝宝失去了锻炼口腔机能的机会。

最后，需要提醒爸爸妈妈的是，千万不要试图用米粉类食物来代替乳类喂养。因为宝宝处于生长阶段，最需要的是蛋白质，米粉中的蛋白质含量很少，难以满足宝宝生长发育的需要。长期过量食用米糊，会导致宝宝生长发育迟缓，神经系统、血液系统和肌肉成长受到影响，抵抗力下降，易生病等。

7. 多彩果汁，喝出健康宝宝

对于宝宝而言，果汁是一种有益的食品。果汁中富含维生素 C，不含有任何脂肪，且方便宝宝吸食。但是，大量饮用果汁会让宝宝对食物失去应有的兴趣，食欲降低，甚至还会发生腹泻，对宝宝的健康极为不利。那么，应该怎样给宝宝补充果汁呢？爸爸妈妈在给宝宝补充果汁的过程中又需要注意什么呢？

● 苹果汁

（1）喝果汁的最佳时机

母乳中含有充足的水分和维生素 C，若是纯母乳喂养的话，宝宝即使不喂果汁也不会缺少营养。母乳喂养的宝宝，6 个月开始添加辅食以后，就可以尝试喝果汁了。

如果宝宝采取的是人工喂养的方法，爸爸妈妈可以在宝宝 4 个月龄时适当添加果汁，这样不仅可以给宝宝补充营养，还有助于宝宝轻松排便。

● 橙汁

（2）哪种果汁好

爸爸妈妈都想知道究竟哪种果汁最适合小宝宝，下面简单地给大家分析一下日常生活中常见的几种果汁的特点。

苹果汁：最受欢迎的水果汁，喝起来香甜可口，小宝宝很喜欢喝。苹果汁性凉味甘酸，有生津止渴、解暑开胃的作用。不过，苹果汁属于澄清汁，其中所含的膳食纤维几乎全部被去除，维生素和抗氧化物质也不多，其中所含的营养物质主要是糖分和钾，营养价值较低。

● 梨汁

橙汁：橙汁性凉味甘酸，有清热生津的作用。橙汁中具有丰富的维生素 C 和胡萝卜素，宝宝刚刚感冒的时候，爸爸妈妈让宝宝喝些橙汁，有助于宝宝病情的好转。

桃汁：桃汁性温味甘酸，具有生津润肠的作用。桃汁中所含有的果胶，能够给宝宝补充一些可溶性膳食纤维。但桃汁过于香甜，宝宝喝过了之后会影响食欲，影响宝宝正餐营养素的摄入，因此最好不要让宝宝在饭前喝。

● 西瓜汁

梨汁：梨汁性凉味甘酸，具有清热生津止渴的作用；洗净鲜梨隔水炖，服取汤汁，则可以清热润肺化痰。

葡萄汁：葡萄汁性平味甘酸，强筋骨，利小便。葡萄汁有助于消化，但因其所含糖分极高，又有涩味，爸爸妈妈在给宝宝饮用的时候一定要注意稀释。如果喝得过多，则会引起肠道娇气的宝宝腹泻。

西瓜汁：西瓜汁性寒味甘，有清热解暑、除烦止渴的作用。如果宝宝夏季食欲不振、爱出痱子，妈妈可让宝宝多喝些西瓜汁。

草莓汁：草莓汁口感细腻，香气清新，十分适合宝宝饮用。草莓汁性凉味甘酸，有润肺生津、健脾和胃的作用。宝宝若是咽喉灼痛，爸爸妈妈可让宝宝喝一些鲜草莓汁，可清热利咽。

（3）市售果汁还是自制果汁

市售果汁好还是自制果汁好，这是妈妈们最常问的一个问题。市售果汁和自制果汁各有其优缺点，但综合来看，自制果汁要好一些。

自制果汁最大的优点就是新鲜。妈妈给宝宝自制果汁，一般都是现榨现喝，这样的果汁较大程度上保留了水果本身所具有的各类营养物质及原汁原味。而且，在榨汁前，妈妈会挑选新鲜的水果，将其清洗干净再榨汁，在安全性上比较有保证。对于妈妈所榨的爱心牌果汁，小宝宝都很喜欢喝。

不过，妈妈自制果汁也会遇到一些小问题，如果汁出现褐变、口感不好、口味不好等情况，但只要妈妈多了解、多尝试，相信一定可以榨出美味可口的果汁的。

市售果汁的优势在于方便稳定，给宝宝喝市售果汁的时候，妈妈无须做过多准备，打开果汁的瓶子将果汁倒出即可，十分省事。但目前市场上有很多果汁中都含有食品添加剂，有些食品添加剂是安全的添加剂，但有些则会对宝宝的健康造成损害。因此，市售果汁的安全性远远不如自制果汁。

（4）制作果汁的步骤

妈妈可以按照下列方法给宝宝制作果汁：

① 首先需要选好材料。对于宝宝而言，新鲜的时令水果就是最好的选择。不过宝宝刚开始喝果汁时，建议选择性质温和的苹果和橘子。待宝宝肠道适应后，再添加其他水果。

② 选好材料后，爸爸妈妈还需要准备自制果汁的用具，如纱布、勺子等。

③ 所有的材料、器具都应用清水洗净，然后待器具放入消毒柜或蒸煮锅中消毒。

④ 接下来就要制作果汁了。妈妈可以用消过毒的纱布包裹水果后将果汁挤出，或是将果肉切成小块放入干净的碗中，用勺子背侧挤压果汁。制作好果汁后，在果汁中加入少量温开水，无须加热即可喂哺。

（七）宝宝喝水学问大

溪溪是个“懂事”的宝宝，平时不哭也不闹，有时候自己玩儿得也很起劲。但溪溪也有不喜欢的事儿，那就是喝水。每次溪溪妈让她喝水，她就会挥舞着小手拼命反抗，好像让她喝的不是水，而是苦苦的药水一样。每次哄溪溪喝水成了溪溪妈的噩梦。唉，让溪溪爱上喝水怎么这么难啊！

在宝宝所需的营养成分排行榜上，我们看不到水的名字，但水却是人体的重要组成部分，直接影响人体的新陈代谢和体温调节活动。资料表明：刚刚诞生的新生儿，水占了体重的80%，1~3 岁宝宝占了 70%，因此，说宝宝是水做的，一点儿都不夸张。

1. 宝宝需要补水啦

按每天每千克体重计算，1 岁以内的宝宝大约需要 150 毫升水；1~3 岁宝宝需要 100 毫升水（炎热季节需酌情增加）。这么算下来，小宝宝每天的需水量还真不少。

宝宝补水，全靠爸妈的观察。如宝宝的摄水量不足，身体将会发出下列报警信号：

■ 24 小时内，宝宝尿湿的尿布少于 6 块，或 6 小时内没有湿尿布。

■ 尿色深黄。

■ 头部囟门下陷。

■ 嘴唇变干，严重的话还会干裂。

■ 皮肤弹性变差。（测试皮肤弹性的方法是：爸爸妈妈用拇指与食指捏起宝宝手背的皮肤，突然放开，能够看到宝宝皮肤恢复扁平的过程。）

如果宝宝的身体出现了上述报警信号，则表示宝宝体内的水平衡已经被打乱，细胞开始脱水，健康已受到了损害，这时及时给宝宝补水可以避免缺水对宝宝带来更大的伤害。

最正确的方法就是在宝宝尚未出现缺水信号前，就根据其生理需求给宝宝补水，以保证宝宝的身体健康。

2. 宝宝喝水巧选择

目前，家庭常用的水主要有白开水、纯净水、矿泉水等。在这些水中，宝宝到底喝哪种水会比较好呢？

（1）纯净水

纯净水经过了分离、过滤等环节处理，有害物质都被清除了，较为卫生。但是，纯净水在处理的过程中，其中所含的有益的矿物质和微量元素也被处理掉了，营养价值也就大打折扣。另外，纯净水还有可能成为营养的一大“窃贼”。这是因为纯净水中的矿物质失去之后，其结构和功能也发生了相应的变化，不仅不能补充锌、钙等微量元素，反而有可能将体内的矿物质排除体外。若让宝宝长期喝纯净水，则会对宝宝的健康造成损害。

（2）矿泉水

矿泉水中确实含有很多矿物元素，矿泉水的不足之处也就在这里——矿泉水中的矿物质太多了，而矿物质的代谢都要经过肾脏，过多的矿物质则会加重肾脏的负担。小宝宝的肾脏尚未完全发育，功能尚未成熟，若让宝宝长时间喝矿泉水，则会对宝宝的健康造成影响。

（3）白开水

相比而言，还是白开水最好。宝宝喝白开水不仅可以促进宝宝的新陈代谢，调节体温，将宝宝体内的“垃圾”清除，还可以有效防止宝宝脱水、电解质紊乱与酸中毒等疾病的发生。即便宝宝生病，水也有助轻松击退疾病的“袭击”，如退热、止痛、软化大便、促进宝宝体内毒素排泄、稀释痰液易于咳出等。因此，爸爸妈妈应将白开水作为给宝宝补水的主品种，其他水只能作为偶尔饮用的次品种。

● 很多爸妈喜欢给宝宝喝纯净水或矿泉水，对宝宝而言，其实白开水最好。

3. 爱上喝水并不难

喝白开水虽好处多多，但有的宝宝却十分讨厌喝白开水，这可怎么办呢？别担心，采取以下方法，经过爸爸妈妈长时间的努力，相信一定可以让宝宝乖乖爱上喝水的。

（1）循序渐进减少摄糖量

爱给宝宝喝糖水的爸爸妈妈一定要注意了，从现在开始，每次给宝宝喝果汁或糖水的时候，要逐渐减少糖的摄入量，直到最后宝宝习惯了水里不加糖。

（2）喂水经常化，少饮多餐

爸爸妈妈给宝宝喂水要少饮多餐，做到喂水经常化。尤其是在炎热的夏季或是干燥的季节，可以试着每隔 20~30 分钟给宝宝喝点儿白开水，这有助于宝宝爱上喝水。

（3）小小杯子造型百变

宝宝有着强烈的好奇心，喜欢新鲜多变的东西。爸爸妈妈可以利用宝宝的这一心理，经常变换使用造型不同的喝水杯子。这样，当宝宝看到可爱的杯子的时候，就会“爱屋及乌”，开心地喝起杯中的水来了。

四、应对宝宝不适：科学护理保健康

最近几天，溪溪总是时不时地咳嗽几声，吓得溪溪妈赶紧带宝宝看医生，不过医生说什么事都没有，可能是这几天太干燥的缘故，回去多给宝宝喝水、保持家里空气湿润即可。听了医生的话，溪溪妈这才松了一口气。

在宝宝成长的路上，多多少少会遇到一些不适或小状况，这时，爸爸妈妈千万不要紧张，一定要细心呵护宝宝。现在，一起来看看宝宝这个月有可能发生的不适状况吧。

（一）夏季脱水热：不要急着给宝宝吃药

这几天天气很热，白天乐乐妈上班累得不行，走回家已是满身大汗。晚上回到家里，还要照顾生病的乐乐。乐乐这几天也不知道怎么回事，经常发热、哭闹，晚上很难入睡，即便入睡了，也总是睡不安，时不时地就会从睡梦中惊醒。给乐乐服了退烧药，却没什么疗效；带乐乐到医院做了检查，显示乐乐身体一切正常。乐乐这究竟是怎么回事呢？

● 宝宝出现“无名热”，妈妈采用各种物理降温方法给宝宝降温，烧终于退了，妈妈脸上露出舒心的微笑。

在炎热的夏季，有的宝宝突然发热，却查不出原因；宝宝即便吃了药，体温依然没有下降的趋势。但是，给宝宝喝点水后，宝宝的体温又会有所下降。爸爸妈妈对于宝宝出现的这种情况真是百思不得其解，故称之为“无名热”。其实，宝宝出现这种情况，多半是患了“脱水热”。

1. 补水不及时，宝宝出现“无名热”

4 个月左右的宝宝汗腺已经开始发育，会因为夏天气温高而出汗，这是宝宝释放热量的有效方式。如果宝宝出汗过多，皮肤水分蒸发过多，又未能及时补充水分，就会出现脱水热。

2. 护理有方，给宝宝降温

宝宝夏季出现脱水热的时候，爸爸妈妈可按以下方法对宝宝进行护理：

（1）让宝宝多喝水，而非吃感冒药

宝宝出现脱水热时，妈妈经常会根据其症状认为宝宝患了感冒而给宝宝吃感冒药，感冒药又多具有发汗作用，这就会导致宝宝脱水更为严重，使宝宝体温变得更高。宝宝夏季患了脱水热，爸爸妈妈不要轻易给宝宝吃感冒药，首先要给宝宝补充水分，增加宝宝的尿量，宝宝的体温自然会下降。

（2）不宜立即降低室内温度，可洗温水澡降温

当宝宝出现脱水热时，爸爸妈妈千万不要立刻降低室内温度，这会让宝宝在受热的基础上外感风寒，即热伤风。正确的做法是先让宝宝喝水以降低体温，之后给宝宝洗温水澡降温，在给宝宝洗澡时注意室内温度与室外温度不要相差太大，温差最好不超 7℃。

（3）夏季注意防蚊虫

在夏季时，爸爸妈妈要注意防蚊虫，蚊子叮咬会传播乙脑病毒，苍蝇落在宝宝的手上、脸上，沾在手上的病菌会通过宝宝吮吸手指而进入消化道，从而引发宝宝肠炎。

（4）注意餐具的卫生

注意保持宝宝餐具的清洁，防止“病从口入”。

（5）户外活动需注意

带宝宝进行户外活动时，应让宝宝待在树荫下，防止太阳直射。

（6）用音乐安抚宝宝

宝宝出现脱水热，会变得烦躁不安，爸爸妈妈可以给宝宝播放一些舒缓的音乐，能很快让宝宝安静下来。

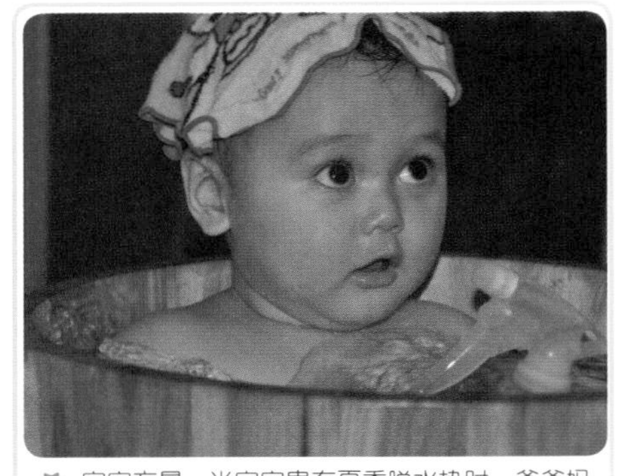

宝宝方晨：当宝宝患有夏季脱水热时，爸爸妈妈可给宝宝洗温水澡降温。

3. 做好预防，远离“无名热”

想要预防宝宝在夏季出现脱水热，爸爸妈妈应注意以下 4 点：

① 夏季应给宝宝经常洗澡，勤换衣服，在洗澡时避免对流风。

② 爸爸妈妈要保持室内空气的清新，在夏季一定要注意定时开窗通风。

③ 给宝宝营造一个舒适凉爽的环境也十分重要，这样可以避免宝宝大量出汗。

④ 要注意给宝宝补充水分，防止宝宝因缺水而引起脱水。

（二）小儿缺锌：宝宝发育有障碍

彤彤妈带着彤彤去做了微量元素测试，结果显示，彤彤缺锌。医生说，宝宝缺锌，会对宝宝的生长发育造成很大的危害，比如可能会使宝宝患上矮小症等。听医生这么说，彤彤妈当场就吓呆了。过了好一会儿，她才反应过来，忙向医生请教如何给宝宝补锌。

1. 宝宝缺锌的危害

锌是人体非常重要的元素，参与人体各种重要酶的合成，如果宝宝缺锌，会对宝宝的生长发育造成下列危害：

■ 刚出生的宝宝缺少锌，脑胶质细胞要减少15%，可能会导致终生不能修复的损害。

■ 缺锌还会使宝宝免疫力降低，增加腹泻、肺炎等疾病的感染率，此外，佝偻病和贫血的患儿大多都缺锌。

■ 宝宝缺锌还会使宝宝的皮肤粗糙，毛发变黄、干枯，使宝宝的味蕾功能受到损害，出现饮食无味、厌食等情况。因此，爸爸妈妈平时要注意给宝宝补锌，积极防治小儿缺锌。

2. 宝宝为什么会缺锌

宝宝缺锌既有先天因素，又有后天影响。母乳喂养是最科学的育婴途径，因为母乳中含有能与锌结合的小分子量配体，有利于锌的吸收，而乳制品中则缺乏这种配体。此外，膳食单一、挑食偏食、精细食物过多都会阻碍锌的吸收。

另外，在我国，很多人都喜欢在菜肴中添加味精，味精（谷氨酸钠）随食物进入人体后，在肝脏中被谷氨酸丙酮酸转化，生成谷氨酸后再被人体吸收。但对于婴幼儿，过量的谷氨酸能与血液中的锌发生特异性结合，生成不能被机体利用的谷氨酸锌，随尿液排出体外，从而使婴幼儿体内的锌被逐渐带走，导致机体缺锌。

此外，谷类食物含有较多的磷酸盐，会与锌形成不溶性的复合物而阻碍锌的吸收。

3. 先检查，后补锌

一般来说，爸爸妈妈很难知道自己的宝宝是否缺锌，因此尚未确定前，千万不要随便给宝宝补锌。如果发现宝宝食欲降低，生长速度减慢，最好先带宝宝到医院做化验检查。如果医生认为宝宝缺锌，宝宝也有缺锌的症状，可试验性给予锌剂。

4. 做好预防最重要

如果等到宝宝因为缺锌而出现矮小症或智障等症时，再补锌恐怕已经来不及了，因此做好预防工作永远是重中之重。预防小儿缺锌要注意以下几点：

（1）最好采用母乳喂养的方式

母乳中富含各种宝宝身体所需的营养物质，其中锌含量较高，因此，妈妈应坚持母乳喂养。在母乳喂养的同时，也不要忘记给宝宝添加辅食，而且要适当挑选富含锌和铁的食物。

（2）巧吃食物来补锌

哺乳的妈妈吃含锌量较高的食物是补锌的好办法。含锌量丰富的食物有：肉类中的猪肝、猪肾、瘦肉，海产品中的鱼、紫菜、牡蛎，豆类食品中的黄豆、绿豆、蚕豆，硬壳果类中的花生、核桃、栗子。而所有这些食物中，牡蛎的含锌量最高，平均每百克牡蛎含锌 100 毫克，堪称“锌元素宝库”。

（3）要培养宝宝良好的饮食习惯

爸爸妈妈给宝宝的饮食应尽量多样化，做到荤素搭配、粗细搭配，避免一味给宝宝吃精制食品。注意多给宝宝吃富含微量元素的食物，并保证宝宝每日摄入足够的热量、蛋白质和水分。

● 黄豆、牡蛎、猪肝等富含锌元素的食物，哺乳妈妈要适当多吃。

5. 宝宝补锌，并非多多益善

婴幼儿生长发育较快，对锌的需要量相对大一些，但并非多多益善，过多的锌会对宝宝的健康造成损害。

削弱免疫力：锌在镁离子的作用下，可以抑制吞噬细胞的活性，降低其趋化作用和杀菌作用。在正常情况下，这种作用会被血清蛋白质和钙离子所抑制，所以，低钙者和佝偻病患儿服锌过多，会导致免疫功能受损，抗病能力减弱。

导致铁含量减少：减少体内血液、肾脏、肝脏内的含铁量，导致发生缺铁性贫血。

引起动脉粥样硬化：使胆固醇代谢紊乱，导致锌与铜的比值增大，产生高胆固醇症，由此易引起动脉粥样硬化。

因此，补锌要适度。一旦宝宝的临床症状得到改善，就应当马上停止服用锌剂，转用饮食疗法提供全面的营养。

五、早教：开发宝宝的智力潜能

“溪溪，快看哦，这个是爸爸，这个是妈妈，这个是……”溪溪妈正在给溪溪看照片时，溪溪奶奶走了过来，她说：“给溪溪看那些照片干啥，她又看不懂，现在每天让她吃好、睡好、不生病就足够了，天天搞那些乱七八糟的东西有什么用？别看了，别看了，我抱溪溪晒太阳去。”说完，溪溪奶奶就抱走了溪溪，留下一脸迷茫的溪溪妈。

其实，溪溪奶奶的这种观念是不科学的，让宝宝吃好、睡好、不生病固然重要，但要知道的是，不运动、不学习的宝宝是不可能吃好、睡好的，且往往多病。因此，在婴幼儿时期对宝宝进行早教尤为重要。

（一）益智亲子游戏

在这个月，随着宝宝各种感觉器官的成熟，宝宝对外界刺激的反应日益增多，爸爸妈妈一定要抓住宝宝智能教育的黄金时期，多和宝宝做一些益智亲子的小游戏，让宝宝快乐长大。

1. 够取玩具：训练宝宝的视觉和够物能力

从这个月起，宝宝的视线可以随着物体而移动了。妈妈可以和宝宝一起玩够取玩具的游戏。这个游戏可有效锻炼宝宝的视觉能力和够物能力，游戏方法为：

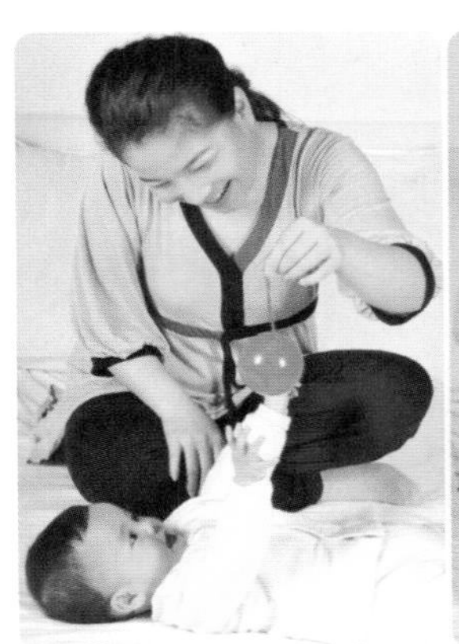

01 宝宝仰卧。用绳子在宝宝眼前系一个晃动的玩具，将其放在宝宝触及手可及之处。

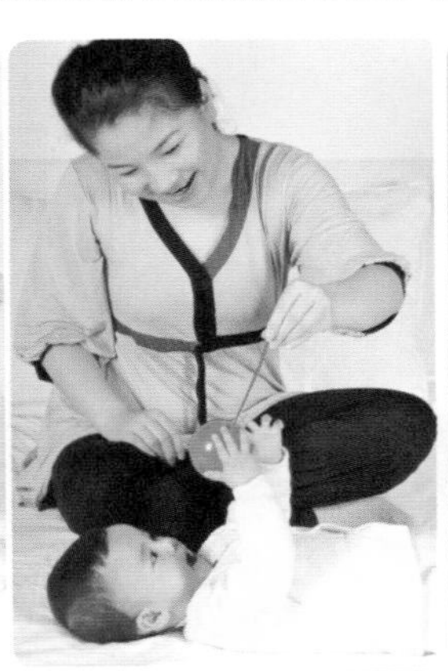

02 宝宝看到玩具就会伸手去摸，当宝宝够到球后，妈妈别忘了夸奖宝宝哦。

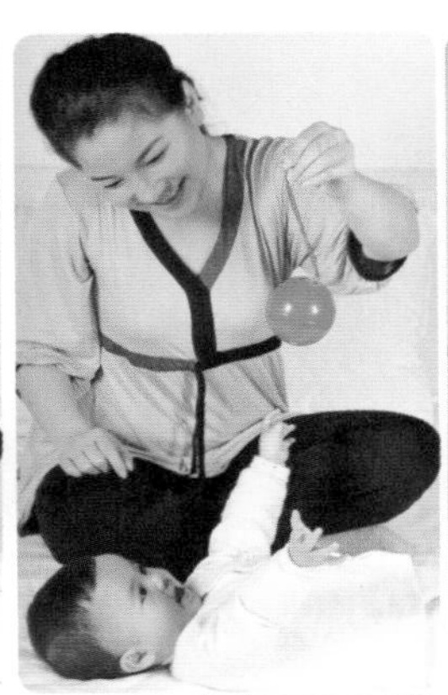

03 待宝宝摸到后，妈妈再将玩具稍微拿远一些。

04 宝宝便会继续努力去够。当宝宝经过多次努力后，让宝宝够住玩具。妈妈这时可别忘记夸奖宝宝。

2. 认物训练：发展宝宝动作的目的性

在这个月里，爸爸妈妈可以和宝宝一起来做认物训练。在和宝宝做此游戏时，爸爸或妈妈可以抱着宝宝站在台灯前。

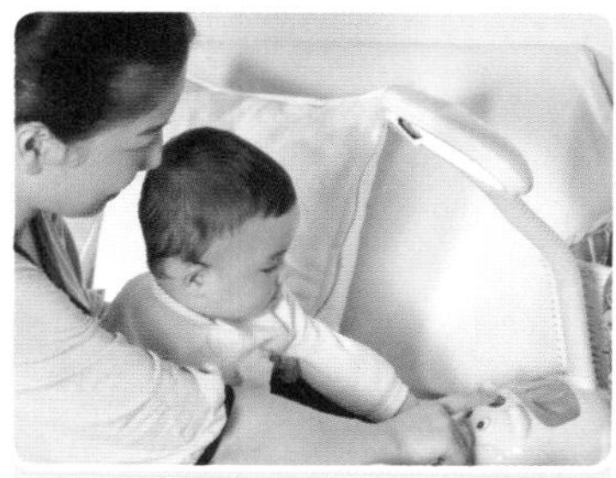

01 用手拧开台灯的开关，对宝宝说："灯。"刚开始，宝宝可能不会注意台灯，这时妈妈无须心急。

02 经过多次开关后，宝宝就会发现光一亮一灭，眼睛就会转向台灯。渐渐地，当妈妈说起"灯"时，宝宝便会快速找到目标。

爸爸妈妈用这种方法教会宝宝认识了第一种物品之后，就可以逐渐教宝宝认识家中的门、窗、桌子、椅子、花等物。以后随着宝宝一天天成长，宝宝就学会用手指认物品了。

认物训练可以让宝宝将语言和物品联系起来，并有助于发展宝宝动作的目的性。

3. 顶鼻子：增强宝宝和妈妈的亲密感

这个月里，妈妈还可以和宝宝一起做顶鼻子的游戏，游戏方法如下：

① 妈妈抱着宝宝视线与之相对，问："宝宝的鼻子呢？"然后妈妈用手指轻摸宝宝的小鼻子，说："啊哈，宝宝的小鼻子在这儿呢！"

② 等宝宝感觉到妈妈的触摸之后，妈妈适时问宝宝："妈妈的鼻子呢？"然后拿起宝宝的小手，让宝宝小手触摸妈妈的鼻子，并同时告诉宝宝："妈妈的鼻子在这儿！"

③ 靠近宝宝，轻轻地和宝宝的鼻子碰触一下，同时要轻声地和宝宝耳语："啊哈哈，顶鼻子。"

这个游戏有助于宝宝认识五官，增加宝宝与妈妈的亲密感。虽然这种游戏看似很幼稚、很简单，但却能够促进宝宝体质和智力的快速发展，因此妈妈千万不要轻视。

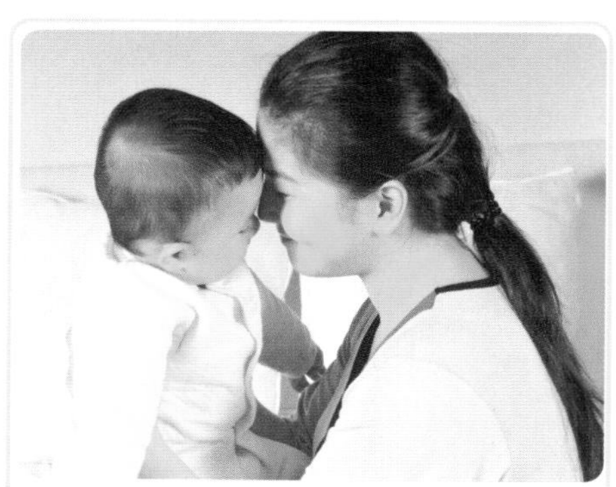

宝宝莫曦雅：曦雅很喜欢和妈妈做顶鼻子的游戏，每次做，她都很开心。

（二）体能训练

这个月可以适当做一些训练宝宝手部能力的游戏。需要提醒的是，这些训练是持续的，这个月可以给宝宝做这些训练游戏，下个月依然可以。但需要注意的是，务必要在宝宝处于轻松愉快的状态下做这些游戏。如违背宝宝的意愿强行进行，这些游戏就会失去其意义，自然也难以到预期的效果。

1. 手指游戏：拍蛋糕

“拍蛋糕，拍蛋糕，面包师傅，帮我烤蛋糕，能有多快就多快。拍一拍，揉一揉，上面还要写个‘糕’。放进烤箱烤一烤，宝宝和我一起吃蛋糕！”唱着欢快的歌曲，按照下列方法来做手指的游戏吧。

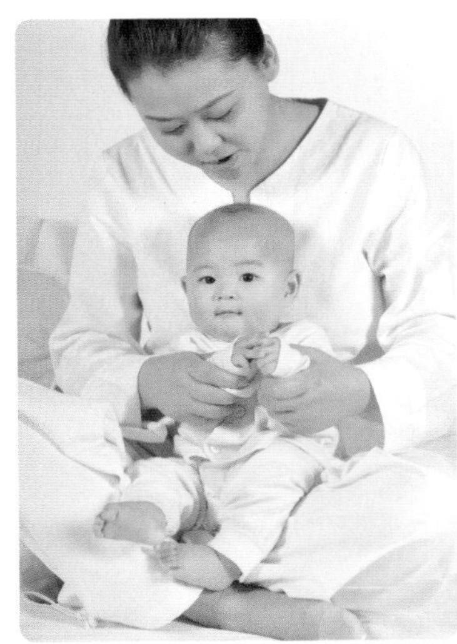

01 妈妈让宝宝靠坐在自己怀中，用双手各抓住宝宝的一只手。

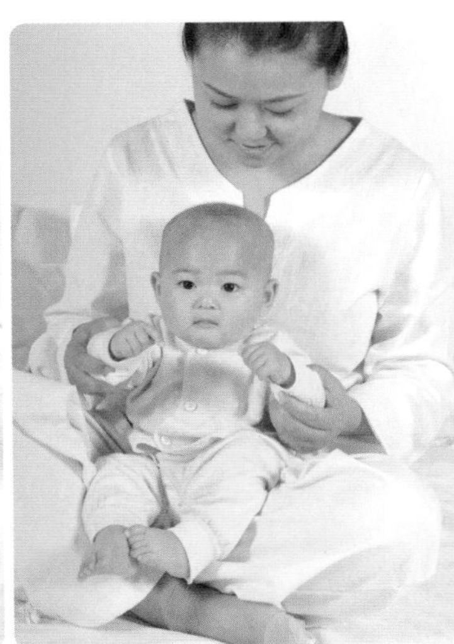

02 妈妈一边唱上面这首歌，一边将宝宝的双手配合着歌曲打着拍子。

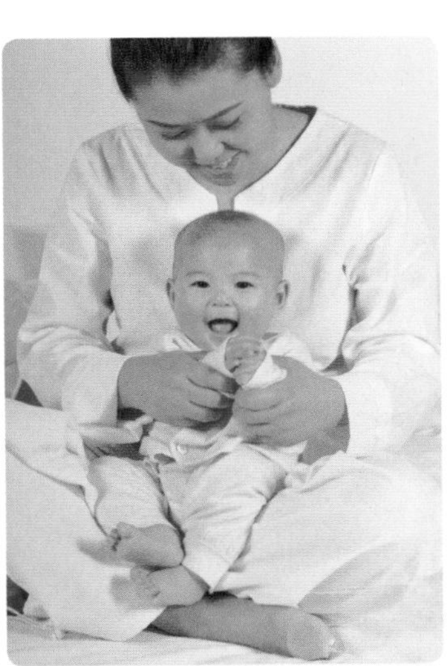

03 经过一段时间的练习，宝宝便会露出开心的笑容，并会喜欢上这个游戏啦。

手指游戏可以刺激宝宝去握、看和抓紧他的双手，在这个月里，爸爸妈妈可以和宝宝经常做这个游戏。

2. 拨浪鼓：训练宝宝的精细动作能力

妈妈可以和宝宝一起做拨浪鼓游戏，这个游戏可以使宝宝的精细动作能力得到提升，同时，还有助于宝宝听觉的发展。

Part 05

The Fifth Month: I Can Turn Over

4～5个月 我会翻身啦

这个月，我学会了翻身，
睡觉成为了一件很有乐趣的事情，
躺在床上，一会儿翻向左边，
一会儿翻向右边，多有趣啊。
不过，爸爸妈妈可要对我睡的床进行一番改造了，
不然我随时有摔下床的可能哦。
爸爸妈妈，如果你们发现，
我对着正在吃东西的你们做吞咽动作，
口水增多，开始长牙……
那是我给你们发出的“要给我添加辅食”的信号哦。
当然，若我没有给信号，
那就不必急着给我添加辅食，
要知道，母乳才是我最好的粮食呢。

一、成长发育：宝宝月月变化大

湉湉是个小眼睛美女。不过，眼睛虽小却分外有神。瞧，湉湉现在已经能用她那小而有神的眼睛传递感情了。当湉湉爸和湉湉对视的时候，从湉湉的眼神中，湉湉爸能看到她内心的喜悦，为此，湉湉爸也十分开心。这个月的宝宝，还会出现哪些有趣的变化呢？

（一）本月宝宝身体发育指标

◆ 宝宝黎傲雪

湉湉是个小胖妞，湉湉妈抱着湉湉到楼下小区玩儿，那些妈妈们一见到她就喜欢摸摸她的小胳膊，夸她十分可爱。是呀，湉湉的小胳膊肉乎乎的，一节一节的，白白嫩嫩，就像莲藕似的，十分讨人喜欢。但湉湉爸却说："湉湉现在太胖了，该给她减减肥啦。"湉湉妈也知道宝宝太胖了不好，可湉湉超重吗？一起来看看吧。

表5-1：4~5个月宝宝身体发育对照表

特征	男宝宝	女宝宝
身高	平均67.0厘米（62.4~71.6厘米）	平均65.5厘米（60.9~70.1厘米）
体重	平均8.1千克（6.3~9.9千克）	平均7.5千克（5.9~9.1千克）
头围	平均43.0厘米（40.6~45.4厘米）	平均42.1厘米（39.7~44.5厘米）
胸围	平均43.0厘米（39.2~46.8厘米）	平均41.9厘米（38.1~45.7厘米）

脊髓灰质炎混合疫苗（糖丸）：第3次服用脊髓灰质炎混合疫苗（糖丸）。
百白破混合制剂：第2次注射百白破混合制剂。

（二）本月宝宝成长大事记

一天晚上，湉湉妈正在厨房做饭，留下湉湉爸独自照看湉湉。等湉湉妈出来，只见湉湉爸和湉湉玩得不亦乐乎。湉湉爸手中拿着一个红色的大气球在前面晃，湉湉则伸着小手想要够球。这幅温馨的父女嬉戏画面顿时让湉湉妈湿了眼睛：时间过得真快呀，湉湉仿佛昨天还是一个只会吃、睡的小小婴儿，今天就会玩耍了，明天她又会掌握什么新的本领呢？

一步一步伴随宝宝的成长，有痛苦，也有快乐，有艰辛，也有收获。这个月里，爸爸妈妈会和宝宝一同经历哪些“成长的大事”呢？一起来看看吧。

1. 体重增速减慢

“湉湉妈，瞧你家宝宝胖乎乎的，多可爱。你看我们家这个，本来就瘦瘦小小的，刚给她称过体重，这个月长得更慢了。”湉湉妈的闺蜜向湉湉妈说道。她一直觉得自家宝宝太过瘦小，还总是拿她和湉湉做比较。不过，她家宝宝在湉湉这个“巨大儿”面前还真是成了个“小瘦子”。湉湉妈听她这么说，忽然想到自己这个月没给湉湉称体重呢！回去一称，结果湉湉的体重也没什么大变化，这究竟是怎么回事呢？

从这个月开始，宝宝体重增长速度开始下降，这是规律性的过程，爸爸妈妈们一定要清楚。4 个月以前，宝宝每个月平均体重增加 0. 9~1. 25 千克；从第 4 个月开始，体重平均每月增加 0. 45~0. 75 千克。

2. 视觉发育：有了视觉反射

湉湉妈发现，湉湉的目光已经可以集中于较远的物体了。每当湉湉看到妈妈拿着奶瓶时，她就会伸出她那胖乎乎的小手去够，显出十分开心的样子。因为，聪明的小湉湉知道，她很快就能吃上美味的配方奶啦。

当宝宝的目光已经能够集中于较远的物体时，这表示他的视觉反射已形成了。妈妈要利用宝宝建立起来的视觉反射，教宝宝认物品，如喂奶前晃动奶瓶对宝宝说这是奶瓶，慢慢地，宝宝看到奶瓶时，不但会联想到吃奶，还会联想到它叫什么，这就是语言与视觉的联系。而当妈妈说“奶瓶”这个词时，宝宝就会用眼睛到处找奶瓶，这就是听力与视力之间的联系。再以后，当宝宝看到奶瓶，就能够说出“奶瓶”这个词来了。所以说，听、看、说、闻等这些运动、思维活动都是相互联系的，训练也应是全方位的，不应该是孤立的。

宝宝黎傲雪：在这个月里，宝宝会伸出小手去和妈妈“抢”她最爱的奶瓶和玩具啦。

3. 听觉发育：可以集中注意力听音乐了

湉湉爸是摇滚乐爱好者，湉湉妈则是古典音乐爱好者，每到周末，两人就为听什么音乐而发生争执。渐渐地，湉湉妈发现每当家里放古典音乐时，湉湉就表现出很有兴趣的样子倾听音乐。于是，她跟湉湉爸建议："湉湉喜欢听什么音乐，家中就放什么音乐。"湉湉爸当即表示赞同。粗心的湉湉爸哪里知道湉湉早就站到妈妈那边去了呢。

在这个月里，宝宝的听力有了很大的发展。如果你放一段音乐，正在哭闹的宝宝就会停止他的哭声，扭头寻找音乐所发之处，并集中注意力倾听音乐。当听到柔美的曲子时，小宝宝还会拍打着小手，小嘴咿咿呀呀地发出一连串欢快的声音。若是听到嘈杂刺耳的声音，小宝宝则会表现出受到惊吓的样子。因此，爸爸妈妈应多给宝宝听一些欢快、柔美的曲子，避免给宝宝听嘈杂刺耳的音乐。

宝宝黎傲雪：宝宝非常喜欢听音乐，每次妈妈一给她听优美的乐曲，她就会眯起眼睛"欣赏"起音乐来。

4. 味觉发育：舌头味蕾已形成

湉湉不仅是一个小胖妞，还是只"小馋猫"，但这只"小馋猫"并不是对所有的食物都会表现出喜爱之情哦。当湉湉妈让湉湉喝苹果汁的时候，湉湉就会拒绝；但一看到妈妈端来美味的蛋黄泥，湉湉馋得口水都要流出来了。

4~5 个月是宝宝味觉发育最为迅速的时期，在这段时间，宝宝的舌头上已经形成味蕾，可以区分出酸、甜、苦、辣等不同的味道，并且宝宝舌头上的"味蕾"会对这些味道留下"记忆"。如果爸爸妈妈喂的食物是宝宝所不喜欢的时，宝宝就会拒绝，但对于那些自己喜欢的食物，宝宝则会主动伸手抓住食物往自己嘴里送。

宝宝黎傲雪：宝宝这个月舌头的味蕾已经形成，她最爱吃甜食。当妈妈让她吃甜甜的食物时，她就会流出口水，伸出小手，想要将食物从妈妈手中全部"夺"过来。

5. 语言发育：宝宝尝试“说话”啦

这时候的宝宝，语音越来越丰富，还试图通过吹气、咿咿呀呀、尖叫、笑等方式来“说话”。爸爸妈妈说话的时候，宝宝的眼睛会盯着看，并学着爸爸妈妈的样子发出声音。从本月起，爸爸妈妈应加强对宝宝的语言训练。日常生活中的点点滴滴都能够教宝宝语言，即使不准备任何教具，也会收到很好的效果。

6. 记忆力发育：记忆力增强了

“米菲，阿姨又来看你了哦。”米菲妈的闺蜜很喜欢米菲，一到米菲家就开始逗米菲玩儿。米菲看到阿姨手中拿着毛茸茸的小熊，非但没有快乐地挥舞着小手，反而哇哇大哭起来，搞得米菲妈的闺蜜不知所措。

这个月的宝宝，只要一看到爸爸妈妈或者奶瓶，就会眉开眼笑，手脚快活地舞动；如果看到陌生人或者使自己受到惊吓的场面，就会大哭不已。这一切说明，宝宝已经有了自己的记忆。因为爸爸妈妈和奶瓶在宝宝眼前出现频率最多，而且也给宝宝带来欢乐和满足，所以宝宝对他们记忆深刻，一看见就高兴。而对于陌生人，宝宝因没有记忆而感到害怕；对于使自己受到惊吓的场面，因宝宝的大脑中已经存储了曾经受到惊吓的记忆，所以会感到害怕。

7. 精细动作能力发育：开始抓东西

湉湉变得越来越活泼了，躺在婴儿床上，小手总是挥舞着去够挂在小床上方的玩具。有时候够了好多次都够不到，但这个小家伙还真有一股不放弃的精神。这不，她又伸手开始新一轮的尝试了。

4~5 个月的宝宝会用一只手去够自己想要的玩具，并能抓住玩具，但准确度不够，做一个动作需反复好几次。玩玩具的时候，如果玩具掉到地上，他会用目光追随掉落的玩具。这一月龄的宝宝还有一个特点，就是不厌其烦地重复某一个动作，比如经常故意把手中的东西扔在地上，捡起来再扔；或把远处的一件物体拉到身边，推开，再拉回。如此反复动作，是宝宝在显示他的能力。

8. 大动作能力发育：宝宝会翻身了

到了快 5 个月时，宝宝已经会翻身了，能够从仰卧翻到俯卧。宝宝由仰卧翻成俯卧时，能主动用前臂支撑起上身，并抬起头。即使没有人在跟前，也不容易堵塞口鼻了。如果支撑累了，宝宝会把头偏过去趴下，以保持口鼻呼吸顺畅。

值得注意的是，这个月龄的宝宝还不会从俯卧翻成侧卧或仰卧，所以爸爸妈妈仍然要时刻不离开宝宝，安全第一。万一宝宝口鼻周围有东西堵住宝宝的呼吸道，那是很危险的。

二、日常护理：细心呵护促成长

这个月湉湉成了一个脏娃娃，整天口水流不停。湉湉妈每天至少要给她换三四套衣服，这样每天给宝宝穿衣服好麻烦啊，但如果不给小家伙换衣服的话，她的下巴很快就会被她的口水给浸红，有时候连脖子那儿也是红红的一片，还会长出一些小红点，前胸也是湿漉漉的。这可怎么办呢？别担心，前胸也总是湿漉漉的，只要一个小小的围嘴就能帮你搞定这些问题。

（一）宝宝会翻身了，要注意看护

在宝宝成长的路上，快乐与痛苦总是相伴相随的。这不，童童刚刚练成了翻身术，危险就出现了。童童妈刚转身去拿奶瓶，小童童就从床上翻下来了。幸运的是，床不高，童童并没受伤。

这个月，大多数宝宝都会练成翻身术啦。看着宝宝在床上翻来翻去玩得不亦乐乎，爸爸妈妈是不是也特别开心呢？在这里，要提醒爸爸妈妈在开心之余可千万别忽视宝宝的安全问题。

1. 宝宝翻身，防护第一

千万不要将宝宝独自放在任何高处，如床、桌子、沙发、椅子上等，因为有时候只需一眨眼的工夫，宝宝就能成功翻过身来，没准儿就会跌落下来。

2. 意外跌落怎么办

即使爸爸妈妈十分小心，仍然难免会遇到宝宝从床上掉下来的情况。这时要怎么办呢？

宝宝从床上掉下来后，如果立刻大哭起来，但几分钟之后就停止哭闹并恢复正常，就表明宝宝没有受伤。

如果宝宝从床上掉下来几个小时或者几天以后，存在如下行为上的变化，如爱哭、嗜睡、不吃东西等，就需要带宝宝去医院做相关检查。

有些宝宝从床上掉下来后会失去意识，这表明宝宝可能存在脑组织损伤等情况，需要爸爸妈妈立即带宝宝去医院做相关检查。

宝宝黎傲雪：这两个月份的宝宝会翻身了，不要将宝宝独自放在任何高处。

（二）口水增多，给宝宝戴上合适的围嘴

宝宝满 4 个月后，妈妈会发现宝宝的口水明显增多了，经常是“哗啦啦”地流一会儿，胸前的衣服就都湿了。有些新手妈妈以为宝宝患了口腔疾病，急急忙忙带宝宝去了医院。其实，宝宝口水增多说明宝宝是要长牙了。

1. 宝宝为何口水多

即将进入出牙期的宝宝，唾液分泌会增多，而宝宝的口腔又比较浅，再加上此时宝宝的闭唇和吞咽动作还很不协调，难以将分泌的唾液及时咽下，因此会流出很多口水。

宝宝邓佳祎：宝宝戴了小方巾好神气啊，瞧她似乎在说：“看我够潮吧，我带的可是今年最新款的围嘴哦！”

2. 宝宝围嘴巧选择

这时候，为了避免宝宝的颈部和胸部被唾液弄湿，妈妈可以给宝宝戴上可爱的围嘴。

在给宝宝选购围嘴时，要注意选择吸水性强的围嘴。妈妈可以到婴儿用品商店去购买，也可以直接从网上购买。妈妈若是会做针线活的话，还可以自己动手给宝宝做几个“妈妈牌”的爱心围嘴，棉布、薄绒布都是很好的原材料。

有些妈妈为了省事，喜欢给宝宝戴塑料或橡胶制成的围嘴，这种围嘴虽然不怕湿，但是却会对宝宝的下巴和小手带来不良影响。

3. 宝宝围嘴使用要点

在给宝宝戴围嘴的时候，爸爸妈妈应该注意：系带式的围嘴不要给宝宝系得太紧；给宝宝喂完饭或是宝宝独自玩耍时，最好不要给宝宝戴系带式的围嘴，以防宝宝发生意外；不要用围嘴给宝宝擦口水、眼泪、鼻涕，这是很不卫生的。

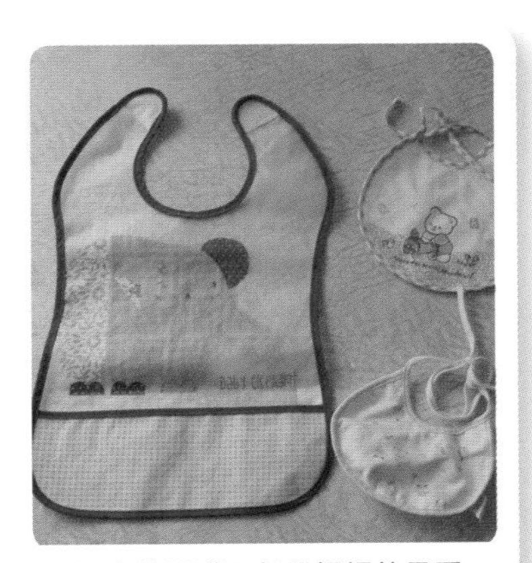

漂亮的围嘴不仅是妈妈的最爱，也是宝宝的最爱。给宝宝选择围嘴时，妈妈可选择有可爱图案的围嘴，这样宝宝便不会总是拉扯围嘴。

4. 宝宝围嘴勤换洗

宝宝的围嘴应该保持整洁和干燥，妈妈每次给宝宝换下围嘴后都要立即清洗，清洗完毕后还需用开水烫一下，最好能在太阳下晒干备用。

三、喂养：营养为成长添助力

湉湉妈发现，当自己和湉湉爸一起吃饭时，小湉湉就会在旁边眼馋咂嘴。每次看到她这一可爱的行为，湉湉妈都会说她是“小馋猫”。自从湉湉和蛋黄泥有了第一次亲密接触之后，小湉湉就渐渐地爱上了辅食，平时只要看到大人嘴巴动一动，她就会目不转睛地看着，露出一副馋相。作为新手妈妈，湉湉妈依旧有不少迷惑，在这个月里，究竟要怎么喂小宝宝呢？

（一）本月宝宝喂养要点

周末朋友聚会，老公又不在家，湉湉妈就带着湉湉去参加朋友的聚会。一到地儿，大家见到湉湉这么可爱都抢着逗她，有孩子的妈妈们则向湉湉妈请教“喂养经”。湉湉妈告诉大家，自己每个月会先了解一下宝宝的喂养知识，然后再根据宝宝的实际情况来选择合适的喂养方法和食物，长期坚持下来，宝宝营养充足，自然会长得快啦。

1. 宝宝的营养需求

这个月宝宝对营养的需求仍然没有大的变化，每日需要的热量为每千克 110 卡。宝宝的热量到底够不够，爸爸妈妈不必费心去计算，这是很容易看出来的。如果宝宝体重、身高增长令人满意，说明宝宝摄取了足够的热量；如果宝宝很瘦小或者发育缓慢，在排除患病的情况下就有可能是热量不够。

5 个月的宝宝，只要母乳是充裕的就不需添加辅食。如果出现夜间频繁醒来吃奶或者体重增加不足那就提示母乳可能不足了，特别是有些妈妈已经开始上班了，工作的辛劳会让母乳的分泌量明显的下降，需要及时添加奶粉，同时也可以试着给宝宝每天添加一次米糊或蛋黄，从 1 ～ 2 小勺开始，逐渐加量。

妈妈还可以逐渐的再添加果泥和瓜泥，如南瓜泥、胡萝卜泥，同样从 1 ～ 2 小勺开始。水果汁需要新鲜的，不能煮熟，从 1∶1 稀释开始给宝宝喝，量从每天 10 ～ 20ml 原汁开始。逐渐加量，在 6 个月前每天的原汁量不要超过 30ml，否则会影响宝宝的吃奶量，因为这个时候奶类是宝贝的主食，是营养的主要来源。

● 辅食添加之初，可以给宝宝喂食富含钙和铁的牛奶红枣粥。

● 胡萝卜汁富含维生素A。

2. 添加辅食不是为了取代乳类

母乳是最佳的婴儿食物，在不足时不能依赖添加辅食来填补母乳的不足。因妈妈上班的原因不能及时哺乳，就及时添加奶粉。夜间，千万不能让宝宝养成叼着妈妈奶头的坏习惯。

3. 及早戒掉宝宝的“奶瘾”

有“奶瘾”的母乳喂养的宝宝不论有无饥饿感，常常有吮吸妈妈乳头的欲望，一旦不能满足便哭闹不止、萎靡不振。有“奶瘾”的宝宝对食物缺乏兴趣，摄入营养少，生长发育水平较低下。当有“奶瘾”的宝宝有吸奶的要求时，妈妈要想方设法不让宝宝喝奶，及早改掉宝宝的“坏”习惯。具体方法如下：

宝宝陈垚：不要让宝宝含着妈妈的乳头睡觉。

■ 转移宝宝的注意力，把宝宝的注意力引导到喜爱的事物方面去，如喜欢的玩具、可爱的小动物等。

■ 逐渐减少宝宝和妈妈在一起的时间，但不要突然离开或把宝宝送到亲友家去，以免宝宝产生情感方面的心理障碍。

■ 增加宝宝和别的小宝宝在一起玩的机会，宝宝看到别的小宝宝不吃妈妈的奶，慢慢也会产生效仿心理，从而淡化吸乳意念。

■ 防止宝宝“奶瘾”的形成关键在于对宝宝的合理喂养：宝宝满月以后，要逐渐延长喂奶的时间，形成有规律的哺乳；不要让宝宝含着妈妈的乳头睡觉；禁止边喂奶边和宝宝嬉戏，无休止地延长哺乳时间；宝宝哭闹和不适时，要弄清楚真正原因，不要把吮吸妈妈乳头作为哄宝宝的手段。

（二）添加辅食要讲究策略

日子一天天过去，宝宝也一天天成长，对于大多数宝宝而言，单纯的母乳或配方奶已经无法满足其营养需求了，及时、合理地给宝宝添加辅食已是势在必行。现在，就一起来看看给宝宝添加辅食的全攻略吧。

1. 辅食添加五原则

在给宝宝添加辅食的时候，妈妈一定要坚持以下原则：

（1）品种由一种到多种

在给宝宝添加辅食的时候，妈妈千万不可一次给宝宝添加好几种辅食，那样极易引起宝宝产生不良反应。妈妈在给宝宝添加辅食的时候，一定要让宝宝对不同种类、不同味道的食物有一个循序渐进的接受过程。妈妈在 1~2 天内给宝宝所添加的食物种类不要超过两种，在给宝宝添加辅食后，观察宝宝在 3~5 天内是否出现不良反应，排便是否正常，若一切正常，则可试着让宝宝尝试接受新的辅食。

（2）食量由少到多

初试某种新食物时，最好由一勺尖那么少的量开始，观察宝宝是否出现不舒服的反应，如一切正常才能慢慢加量。

（3）浓度由稀到稠

最初可用母乳、配方奶、米汤或水将米粉调成很稀的稀糊来喂宝宝，确认宝宝能够顺利吞咽、不吐不呕、不呛不噎后，再由含水分多的流质或半流质食物渐渐过渡到泥糊状食物。

（4）质地由细到粗

千万不要在辅食添加的初期阶段尝试米粥或肉末，无论是宝宝的喉咙还是小肚子，都不能接受这些颗粒粗大的食物，还会因吞咽困难而使宝宝对辅食产生恐惧心理。正确的顺序是汤汁——稀泥——稠泥——糜状——碎末——稍大的软颗粒——稍硬的颗粒状——块状等。

（5）遇到不适即停止

在给宝宝添加辅食的时候，如果宝宝出现腹泻、过敏或大便里有较多的黏液等状况，需立即停止对宝宝的辅食喂养，待宝宝身体恢复正常之后再给宝宝添加辅食。需要注意的是，令宝宝过敏的食物不可再添加。

总之，在给宝宝添加辅食的时候，不要完全照搬别人小宝宝的经验或者照搬书本的方法，要根据具体情况，及时调整辅食的数量和品种，这是添加辅食中最值得父母注意的地方。

2. 辅食添加全过程

在给宝宝添加辅食的过程中，为了宝宝的健康，妈妈应按照以下顺序来进行：

（1）喂水果的过程

从过滤后的鲜果汁开始，到不过滤的纯果汁，再到用勺刮的水果泥，到切的水果块，到整个水果让宝宝自己拿着吃。

当宝宝适应了纯果汁后，妈妈便可以尝试给宝宝们添加水果泥了。

（2）喂蔬菜的过程

从过滤后的菜汁开始，到菜泥做成的菜汤，然后到菜泥，再到碎菜。菜汤煮，菜泥炖，碎菜炒。

（3）喂粥饭、面点类的过程

从米汤开始，到米粉，然后是米糊，再往后是稀粥、稠粥、软饭，最后到正常饭。

面食是从面条到面片、疙瘩汤、面包、饼干、馒头、饼。

米粉　粥

（4）喂肉蛋类辅食过程

喂肉蛋类辅食的过程是从鸡蛋黄开始，到整只鸡蛋，再到虾肉、鱼肉、鸡肉、猪肉、羊肉、牛肉。

3. 辅食制作有方法

蛋黄泥　整鸡蛋　肉类

一提到添加辅食，一些新手妈妈就慌了，究竟要给宝宝添加什么样的辅食呢？这些辅食又要怎么制作呢？别着急，下面就为妈妈们介绍一些辅食的制作方法。

（1）牛奶米粉

取 2 大匙婴儿米粉，加入 100 毫升热牛奶，搅拌均匀呈糊状，即可用小匙喂宝宝食用。

蛋黄羹

（2）大米汤

将 200 克大米淘洗干净，放入锅中，并加入适量的清水。先用大火将水烧开，再改成小火煮 20 分钟，将上层的米汤盛出即可。

（3）蛋黄羹

将鸡蛋煮熟，取蛋黄放入碗内研碎，并加少许肉汤调成蛋黄糊。将蛋黄糊放汤锅内小火煮开，边煮边搅，混合均匀即可。

果汁

（4）果汁

将水果洗净去皮，装入榨汁机内榨汁，然后用过滤网去渣取汁，倒入瓶中即可。

（5）青菜汁

锅内加入一碗水煮开。将完整的青菜叶，如菠菜、油菜、白菜等，先在水中浸泡 20~30 分钟后洗净切碎，再放入沸水中煮沸 4~5 分钟，然后用过滤网去渣取汁，倒入瓶中即可。

西红柿汁

（6）西红柿汁

锅内放水加热，沸腾后将西红柿放入煮 2~3 分钟捞出，将皮剥去，用榨汁机或消毒纱布把汁挤出，将挤出的汁用 1 倍温水冲调，装入瓶中即可。

（7）南瓜汁

将南瓜皮、瓤去除，切成小丁，蒸熟后将其用勺压烂成泥。在南瓜泥中加入适量的开水冲调，放在干净的细漏勺上过滤，将南瓜汁装入瓶中即可食用。

青菜汁

（8）胡萝卜泥

胡萝卜去皮，洗净，切块后加水煮至软熟（或者蒸熟），晾凉，用汤匙压成泥状，用小匙喂宝宝。

（9）水果泥

选果肉多、纤维少的水果，如香蕉、木瓜、苹果等，洗净去皮后，用汤匙将果肉挖出并压成泥状。

水果泥

（10）肝泥

将去毒的猪肝剁碎，放入少量的水和盐煮烂，将其捣成泥状，用小匙喂给宝宝。

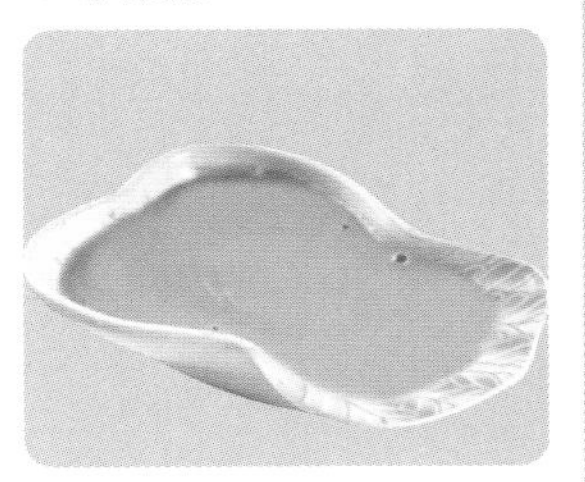
肝泥

（11）鱼泥

将鱼处理干净，放入沸水中，煮好后将鱼皮剥去，除去鱼刺，将鱼肉研碎，用干净的布包好挤去水分。将鱼肉放入锅中，加入食盐、白糖搅匀，再放入开水（鱼肉和水的比例为 1：2），直至将鱼肉煮软即可。

4. 辅食餐具早备齐

现在要开始喂宝宝辅食了，一套宝宝专用的餐具是必不可少的。

塑胶碗

（1）塑胶碗

在给宝宝选择胶碗时，应选用高级、无毒、耐用的塑胶制成的小碗。

（2）防洒碗

一些防洒碗带有吸力圈，可以将碗牢牢地固定在桌子上或吃饭时所用的高脚椅子的托盘上。防洒碗是非常有用的，因为当宝宝刚刚开始自己吃饭时，不可避免地将饭碗和食物一起掉到地板上，而防洒碗则可以有效减少这一情况的发生。

防洒碗

（3）塑胶杯

塑胶材质的杯子较轻，适合刚刚学会拿杯子的宝宝使用。爸爸妈妈在选择杯子的时候，可以选择此类杯子。

塑料杯

（4）汤匙

给宝宝用的汤匙一定要好拿、不滑溜、不易摔碎，汤匙的前端必须圆钝不尖锐。

（5）围兜

爸爸妈妈还要给宝宝准备几个有塑胶衬里的毛巾布围兜，围兜衬里及两边的系带可以保护宝宝的衣服不被食物弄脏，最适合几个月大的宝宝使用。

当宝宝长大后，妈妈可以给宝宝使用能够遮住前胸和双臂的有袖围兜。

有袖围兜

（6）带固定装置的椅子

当宝宝可以坐稳之后，妈妈可以给宝宝准备一把带固定装置的椅子，喂养宝宝辅食的时候，让宝宝坐到这种椅子上会十分方便。

5. 辅食喂养有技巧

01 选择大小合适、质地较软的勺子。开始时只在勺子的前面装少许食物。

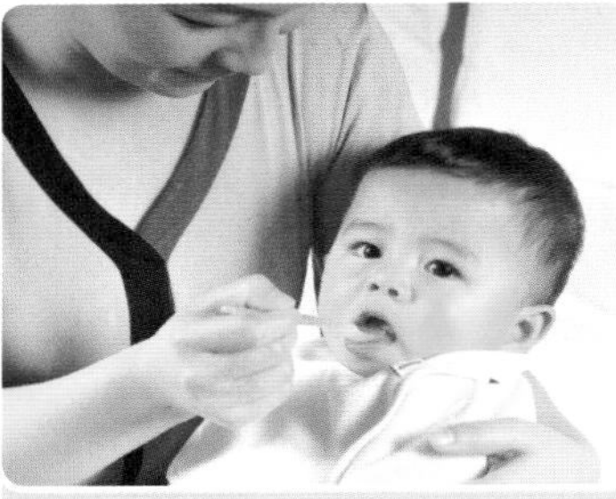

02 轻轻地平伸，放到宝宝的舌尖上。不要让勺子进入宝宝口腔的后部或用勺子压住宝宝的舌头，以免引起宝宝的反感。

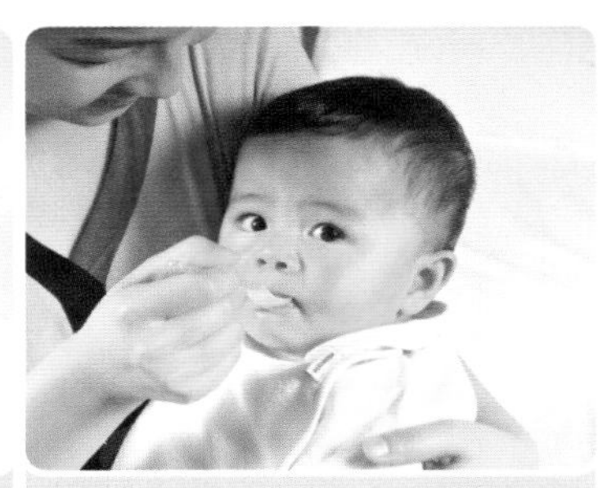

03 如果宝宝将食物吐出来，妈妈就将食物擦掉，然后再将勺子放在宝宝的上下唇之间，试着让他接着吃。

由于宝宝已经吃惯了乳汁，习惯了奶嘴，因此，并不是每个宝宝都能在建议的时间里顺利接受辅食。刚开始为宝宝添加辅食的时候，一些宝宝会出现哭闹、拒食的现象，爸爸妈妈不要为此而烦躁，一定要有耐心，坚持由少量到适量、由一种到多种、由稀到稠、由细到粗的原则，再运用一些技巧，宝宝最终一定会接受辅食的。

妈妈每次在给宝宝添加一种新食物的时候，都要从一勺开始，在勺内放入少量食物，按照以下方法来喂养宝宝：

在给宝宝添加辅食的时候，还应注意观察宝宝的反应。如果宝宝很饿，看到食物就会手舞足蹈。相反，如果宝宝不饿，则会将头转开或是闭上眼睛。遇到不饿的情况，爸爸妈妈一定不要强迫宝宝进食，因为如果宝宝在接受辅食的时候心理受挫，这会给他日后接受辅食带来极大的负面影响。

6. 宝宝不愿吃辅食，妈妈这样喂

喂辅食时，宝宝吐出来的食物可能比吃进去的还要多，有的宝宝在喂食中甚至会将头转过去，避开汤匙或紧闭双唇，甚至可能一下子哭闹起来，拒吃辅食。遇到类似情形，妈妈不必紧张。

（1）宝宝从吮吸进食到“吃”辅食需要一个过程

在添加辅食以前，宝宝一直是以吮吸的方式进食的，而米粉、果泥、菜泥等辅食需要宝宝通过舌头和口腔的协调运动，把食物送到口腔后部再吞咽下去，这对宝宝来说是一个很大的飞跃。因此，刚开始添加辅食时，宝宝会很自然地顶出舌头，似乎要把食物吐出来。

（2）宝宝可能不习惯辅食的味道

新添加的辅食或甜，或咸，或酸，这对只习惯奶味的宝宝来说也是一个挑战，因此刚开始时宝宝可能会拒绝新味道的食物。

（3）妈妈要掌握一些喂养技巧

妈妈给宝宝喂辅食时，要使食物温度保持为室温或比室温略高一些，这样，宝宝就比较容易接受新的辅食；勺子应大小合适，每次喂时只给一小口；将食物送到宝宝的舌头中央，让宝宝便于吞咽。不要把汤匙过深地放入宝宝的口中，以免引起宝宝作呕，从此排斥辅食和小匙。

● 宝宝黎傲雪

（三）让宝宝学会咀嚼

一般来说，4~8个月是宝宝学习咀嚼和吞咽的黄金时间，错过这段时间，宝宝学习吃东西就会变得比较困难。因此，在这段时间里，妈妈应该开始有意识地给宝宝提供咀嚼的机会，让宝宝学会咀嚼。

1. 咀嚼能力培养的重要性

宝宝需要长时间循序渐进的练习，才能做好咀嚼这一门功课。而咀嚼需要口腔、舌头、牙齿、脸部肌肉、嘴唇的完美配合，才可以顺利地将嘴里的食物磨碎或咬碎，进而吃下食物。如果爸爸妈妈没有注意训练宝宝的咀嚼能力，并忽略给宝宝提供各个阶段不同的辅食，等宝宝长大一些，爸爸妈妈就会发现宝宝由于没有良好的咀嚼能力，而无法咀嚼较硬或较为粗糙的食物，很有可能会导致宝宝挑食、营养不良等。

2. 训练宝宝咀嚼有技巧

在对宝宝进行咀嚼训练时，爸爸妈妈应将食物如饼干、馒头片等掰成小块之后再喂宝宝。最初宝宝可能会将食物含在嘴中，然后再将其吐出。这时候，爸爸妈妈千万不要气馁，更不要放弃，应鼓励宝宝反复练习。爸爸妈妈还可以成为宝宝学习咀嚼的模特儿，给宝宝做示范。

需要提醒爸爸妈妈的是，在训练宝宝咀嚼的过程中，千万不要喂宝宝大豆、花生等圆而硬的食物，以防宝宝将其吸入鼻孔而导致窒息。

01 面对着宝宝说："亲爱的宝贝，快看妈妈怎么吃饼干的。"一旦宝宝的注意力被吸引过来了，妈妈就可以先咬一口饼干，然后张大嘴巴向宝宝示范具体的咀嚼动作。

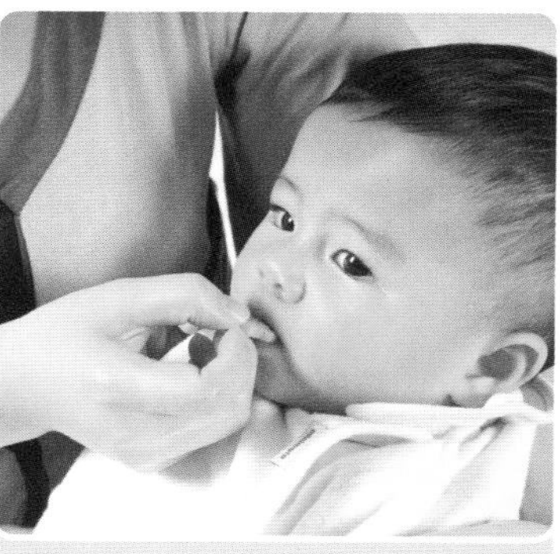

02 动作完成后，妈妈可将饼干放在宝宝嘴边，让宝宝品尝饼干的味道。

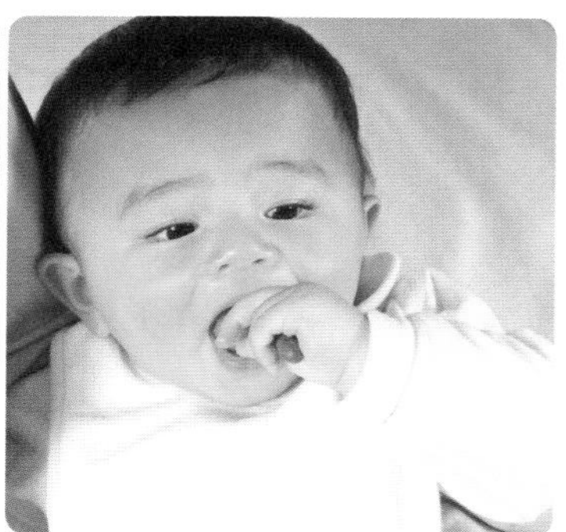

03 之后，妈妈便可以将饼干递给宝宝，鼓励宝宝按照刚才的样子来吃饼干。经过多次训练，宝宝就可以学会咀嚼啦。

四、应对宝宝不适：科学护理保健康

湉湉是个可爱的宝宝，她长得胖乎乎的，又很活泼好动。可是，胖乎乎的湉湉有时候也会遇到一些不适状况，每到这时候，湉湉妈就非常着急。其实，宝宝生病并不可怕，关键在于爸爸妈妈要懂得如何照顾宝宝，尽早发现宝宝的异常，这样，即便宝宝患病，妈妈也可以轻松应对。宝宝这个月常会出现什么不适状况，妈妈们知道吗？

（一）便秘：宝宝几天没大便了

曦雅已经3天没有大便了，为此曦雅妈很是着急，她心想，小家伙不是便秘了吧？可是，婆婆却说曦雅这是在攒肚呢。问别的姐妹，她们说自家的宝宝有时候也会出现这种情况，但这是正常的，关键要看宝宝排便的质量。唉，听大家说来说去，曦雅妈还是没弄明白曦雅这种情况到底是不是便秘了。

1. 如何判断宝宝便秘了

便秘也是小儿常见的一种症状，有时单独作为一种病症出现，有时见于其他疾病中。5个月龄的宝宝经常会出现便秘的问题，当宝宝便秘时，因无法顺利排出粪便，肠道所要承受的负担就会加重，让宝宝感到不舒服。

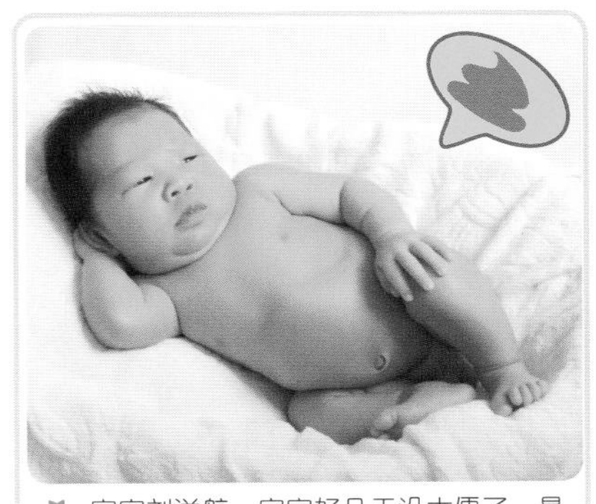

宝宝刘溢航：宝宝好几天没大便了，是不是便秘了呢？妈妈很困惑。

那么，怎么样来判断宝宝是否便秘呢？由于每个宝宝的身体素质均有所不同，排便也有其自身的规律。有些宝宝可能每次吃奶后都要排便，而有些宝宝可能一两天或几天才大便，因此，爸爸妈妈不能因为宝宝排便间隔时间过长而认为宝宝便秘了。对于宝宝而言，没有所谓统一的“正常”排便次数和时间，这就需要爸爸妈妈细心观察，了解自家宝宝的排便规律，以便及时发现宝宝便秘的迹象。不过，宝宝便秘还有两个最主要的特点：

■ 宝宝大便次数和平时相比减少，尤其是宝宝3天以上都未大便，且排便时小脸憋得通红，那么，宝宝很可能是便秘了。

■ 宝宝排出来的便便又硬又干，很难拉出来，在此情况下，宝宝也有可能是便秘。

另外，宝宝便秘还会有一些其他症状，如腹部不适、左下腹有硬块、焦躁易怒、进食情况不佳等，这都需要爸爸妈妈平时多留心观察。

2. 大便不通有原因

一般来说，引起宝宝便秘的因素主要有以下 6 个：

（1）吃配方奶引起宝宝便秘

如果宝宝长期喝配方奶，奶粉中的某些成分可能会引起宝宝便秘。

（2）宝宝平日所吃食物中的纤维素含量较少

喂养宝宝的时候如果不注意为宝宝补充含纤维素较多的水果、蔬菜等食物，也容易使宝宝出现便秘。

（3）宝宝饮水量不足

若宝宝平日里饮水量不足，他的身体就会从他吃喝的食物中吸收水分，当然，也包括从宝宝肠道废物中“回收”水分，从而导致宝宝大便干结，不易拉出。

● 给宝宝喂食一些蔬果有助防治便秘。

（4）宝宝运动量不足也会引起便秘

宝宝运动量不足，肠道蠕动速度减慢，也会引发宝宝便秘。

（5）宝宝没有养成定时排便的习惯

宝宝没有养成定时排便的习惯，该排便时没有去排便而是抑制了自己的便意，长此以往，宝宝的肠道就会失去对粪便刺激的敏感性，使大便在肠内停留时间过长，变得又干又硬。

（6）疾病及精神因素

如果宝宝患有肛门狭窄、先天性肌无力、肠管功能异常、先天性巨结肠等疾病也会便秘，这种情况要及时到医院诊断治疗。

宝宝受到突然的精神刺激（如惊吓或生活环境改变等）也会出现短暂的便秘现象。

3. 做好护理，击退便秘

对于小宝宝来说，便秘的危害可大了。便秘会导致腹胀、腹痛、食欲不振、毒素吸收，从而影响到宝宝的体格和智力发育。排便时坚硬的大便可使肛门发生裂伤，引起出血、疼痛，从而导致宝宝害怕排便、不敢排便。长期便秘还会使直肠内滞留大量粪梗，对膀胱形成压力，使宝宝患上遗尿症或尿道感染。

宝宝出现便秘，爸爸妈妈究竟要怎么办呢？别着急，做好护理，就能轻松击退便秘。

（1）巧用按摩法促进宝宝排便

方法：手掌向下，平放在宝宝脐部，按顺时针方向轻轻推揉，这样可以加快宝宝肠道的蠕动，有效促进宝宝排便。

（2）调理饮食，治疗便秘

妈妈可让宝宝每天喝 100 毫升左右的酸奶。宝宝喝了酸奶之后，排便就会变得十分通畅。如果宝宝喝了 100 毫升的酸奶后仍无效，可尝试增加 1 倍的量。

另外还可让宝宝多吃些高含膳食纤维素的水果、菜末、海苔、海带等食物，可以有效改善便秘症状。

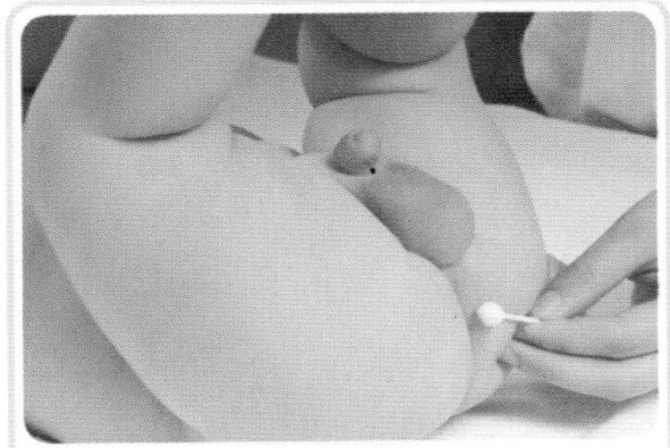

宝宝陈垚：当采取了各种方法都无法帮助宝宝排便时，妈妈可以采用棉签通便的方法。

（3）利用棉签进行润肠

如果通过进餐、补充水分、运动都无法消除便秘症状的话，可以用棉签蘸上婴儿油后，探入肛门内 1~2 厘米深，来回转动予以润肠。

4. 做好预防不便秘

便秘如果不及时治疗，引起的后果可能会相当严重，对此爸爸妈妈一定要高度重视。爸爸妈妈平时就应该注意预防宝宝便秘，下面是预防宝宝便秘的几点措施吧。

（1）营养均衡

爸爸妈妈一定要保证宝宝营养均衡，每天都应使宝宝摄入一定量的五谷杂粮、水果、蔬菜等，比如可以给宝宝吃一些菜泥、果泥，或是喝一些果蔬汁，这样可以增加宝宝肠道内的膳食纤维，促进肠道蠕动，有助于排便。

（2）保证活动量

宝宝运动量不足也会导致便秘。因此，爸爸妈妈一定要保证宝宝每天有一定的活动量。在宝宝还不能独立行走之前，爸爸妈妈要多抱抱他，不要总是让他躺着，也可以多揉揉宝宝的小肚子，这也有益于宝宝的肠道蠕动。

宝宝营养均衡，能够很好地防止便秘。

（3）定时排便

爸爸妈妈应在平时生活中有意识地训练宝宝定时排便的习惯，一般在清晨或傍晚喂哺食物之后就可以给宝宝把把便，长期这样可引起条件反射，宝宝就会养成定时排便的好习惯了。

（二）食物过敏：妈妈乱喂食物害苦宝宝

湉湉是个馋嘴的丫头，看到别人吃东西，她的小嘴会吧唧吧唧地发出声音，有时候还会伸出小手去够别人手中的美食。这不，湉湉妈的姐姐带着她女儿乐乐来家中做客，拿了一大盒巧克力过来。湉湉看到乐乐在吃巧克力，她又“馋”性大发啦。湉湉妈告诉湉湉：“小湉湉，巧克力你还不能吃啊。”但湉湉对于妈妈的劝慰置之不理，依然伸手去够乐乐手中的巧克力。见湉湉那么想吃巧克力，湉湉妈终于不忍心了，便给她吃了半块，结果湉湉吃了后出现了食物过敏的症状。见湉湉上吐下泻的样子，湉湉妈十分内疚和后悔。

宝宝天天

1. 掌握线索，判断宝宝是否有食物过敏症状

对于婴幼儿宝宝尤其是过敏体质的宝宝来说，食用某些食物很可能会引起过敏反应。那么怎样得知宝宝是否对某种食物过敏呢？爸爸妈妈可以通过一些线索来判断。如果宝宝每次在食用了某种食物之后就会出现过敏症状，则可断定宝宝对该种食物过敏。如果症状只是偶然出现，则不算对此食物过敏。

牛奶、西红柿、鸡蛋、黄豆、鱼、咖啡、巧克力等这类食物比较容易引起过敏反应。宝宝食物过敏的症状可能表现为湿疹、哮喘、支气管炎、呕吐、腹泻、荨麻疹、耳部感染、急性口腔炎或舌头肿胀等，但是这些症状也可能是由其他疾病引起，因此爸爸妈妈要综合情况加以辨别。

2. 宝宝为何会发生食物过敏

婴幼儿宝宝容易发生食物过敏的原因，一方面是因为宝宝的肠道功能发育尚未成熟，宝宝的小肠结构不成熟、肠黏膜通透性高，大分子物质容易被小肠吸收，从而引发过敏；另一方面是因为小宝宝肠道内抗感染、抗过敏作用的双歧杆菌、乳酸杆菌数量少，也容易引起食物过敏。

3. 宝宝食物过敏护理方法

如果确定宝宝的症状是因为对某种食物过敏引起的，这时候爸爸妈妈可以为亲爱的宝宝做些什么呢？

（1）找出引起过敏的食物

首先，爸爸妈妈需要找出这个“罪魁祸首”，爸爸妈妈可以通过以下方面找出过敏原：从宝宝最常吃的食物中，选出最可疑的过敏原，最容易引起过敏的食物有：乳制品、大豆、荞麦、玉米、豌豆、糖、巧克力、花生酱、西红柿、肉桂、蛋白、猪肉、小麦、柑橘类、芥末等。

妈妈可以从乳制品开始查找，不过要消去乳制品并不容易，因为许多好吃的食物都是乳制品，如牛奶、酸奶等，牛奶里的蛋白质是最常见的过敏原。连续两星期不要让宝宝吃这些可疑食物，并记录下你的观察。

● 宝宝食物过敏，妈妈首先要找出过敏原。花生、巧克力都是易引起宝宝过敏的食物。

如果你没观察到任何变化，再开始试下一样可疑的过敏原，直到你认为可疑的食物都试验过。通过试验，分别记录下宝宝吃的可疑食物、宝宝的症状、停掉该食物的反应等，这可以帮助你找出过敏食物。

（2）给宝宝创造一个良好的环境

爸爸妈妈要尽力给宝宝创造一个很好的环境，多关心呵护宝宝，给予适当的心理支持和鼓励，这也有利于病情的缓解和控制。

4. 做好预防，降低宝宝食物过敏概率

如果平时注意对宝宝的喂养技巧，就能大大降低宝宝食物过敏的概率。预防宝宝食物过敏，妈妈在喂哺时要注意以下事项：

（1）全母乳喂养：最安全的方式

对于容易发生过敏症的宝宝，最好采用全母乳喂养。聪明的妈妈知道母乳中含有宝宝所需要的全部营养，并可大大降低过敏的发生率。妈妈应当适当延长哺乳期，哺乳时长可以延续到宝宝对食物过敏的消失期，即最好等宝宝 10~12 个月再尝试给宝宝断奶。

（2）小心行事：逐步添加辅食

宝宝在4~6个月时就可以添加辅食了，这不仅可以锻炼宝宝的进食能力，还能提高宝宝对食物的适应能力。在给宝宝添加辅食时，要按正确的方法和顺序，先加谷类，其次是蔬菜和水果，然后是肉类。每添加一种新食品时，都要细心观察是否出现皮疹、腹泻等不良反应。如有不良反应，则应该停止添加这种食品，隔几天后再试，如果仍然出现前述症状，则可以确定宝宝对该食物过敏，应避免再次喂食。

● 吃对食物，可以有效避免宝宝出现食物过敏反应。

宝宝在尝试一种新食物时可能有拒食的表现，这并非对食物过敏的表现，而是宝宝的防御本能。遇到这种情况，可以停喂两三天后再喂食，连续喂食几天，待宝宝适应并且喜欢上这种食物之后再尝试喂新的食物。不过爸爸妈妈需要注意，对同种食物不宜一次性喂食过量，喂食过量单一食物可能会诱发食物过敏。

（3）科学喂养：添加辅食要科学

给宝宝添加辅食要科学合理，一般在宝宝4~5个月开始添加素食，然后逐渐在6~7个月添加鱼肉等荤菜；食物的量是先少后多；主食是先添细粮后添粗粮，按照由稀到稠的原则。

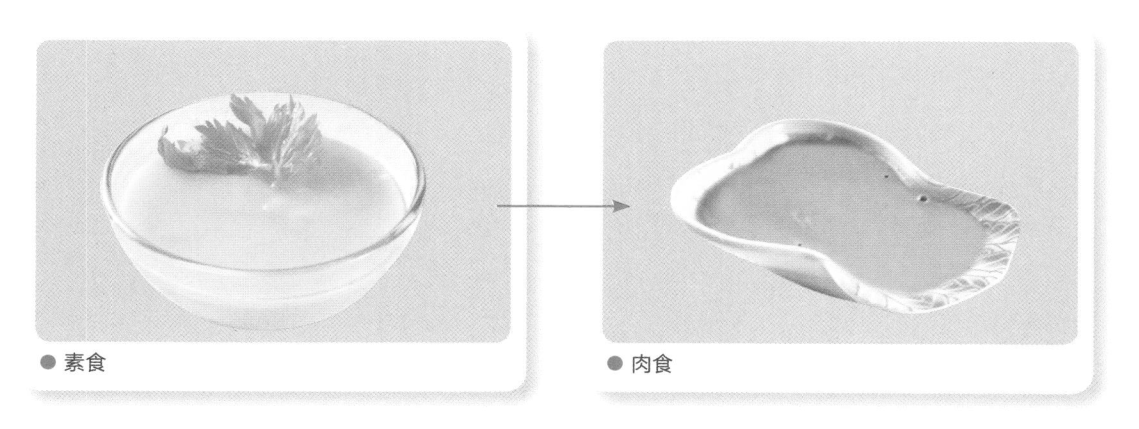

● 素食

● 肉食

（4）禁忌提示：莫给宝宝添加这些辅食

不要给宝宝喂食含过量糖、脂肪类的食物，尤其拒绝含多盐、味精或化学添加剂的食物。这类食物对宝宝的身体非常不利，是引发过敏症的祸首。

生冷的食物也十分容易引发过敏，建议妈妈给宝宝吃的食物都要先煮熟加热再喂给宝宝吃。

五、早教：开发宝宝的智力潜能

在这个月，湉湉仍然不会说话，但在湉湉爸妈看来，湉湉已经有了很大的进步啦。现在，她对语言的感觉变得越来越好，当湉湉爸和湉湉妈说话的时候，湉湉也越来越喜欢咿咿呀呀地参与到其中来了。湉湉妈接到婆婆电话时，怀中抱着的小湉湉特别喜欢对着话筒“唱歌”，奶奶听到后十分开心，直夸湉湉是个聪明的宝宝。

正所谓聪明宝宝用心教，小湉湉之所以变得这么聪明，关键在于湉湉爸妈对湉湉的早期教育做得好。那么，他们是怎么做的呢？一起来看看吧。

（一）益智亲子游戏

“叮叮当，叮叮当，盘儿响叮当。叮叮当，叮叮当，盘儿响叮当……”听，湉湉妈正唱着自己改编的歌曲，和小湉湉一起玩敲盘子的游戏呢。

1. 镜子游戏：认识自己

老一辈的人总是表示反对小宝宝照镜子，说那样宝宝会生病。这种看法是很不科学的。其实，通过照镜子，宝宝可以从感觉上将自我和外界分开，并能够渐渐认识自己。

宝宝5个月左右时，会对和自己差不多大小的宝宝感兴趣，那时候他还不能意识到镜子中的宝宝就是自己。妈妈可以和宝宝一起做镜子游戏：

01 妈妈抱着宝宝站在镜子前边，引导宝宝去看镜子，镜子里的宝宝会让他感到很好玩。

02 他会用手去摸镜子里的宝宝，有时还会用手拍打镜子，和镜子“聊天”。

03 妈妈可指着镜子，告诉宝宝：“这是宝宝”，“这是妈妈”，“宝宝笑一笑”等。

04 妈妈在抱着宝宝照镜子的时候，还可以告诉宝宝五官的位置，如“这是宝宝的嘴巴”等。

慢慢地，宝宝就会发现无论自己做什么样的动作或表情，镜子里的宝宝也会做什么样的动作和表情。宝宝会逐渐明白镜子是用来照人的，镜子中的人就是镜子前的人，同时，这一游戏也有助于宝宝学会认识自我。

2. 挠痒痒游戏：让宝宝开心笑起来

挠痒痒游戏是宝宝们最喜欢的游戏之一，方法如下：

当宝宝平躺的时候，妈妈拉起宝宝的一只手臂，嘴里唱着有节奏的儿歌，在此过程中，轻轻摆动宝宝的手臂。当妈妈唱到最后一个字的时候，可以用另一只手抓宝宝的小肚皮或是腋窝的痒，这时候，宝宝便会咯咯笑个不停。

这个游戏可以让宝宝笑得十分开心，情绪变得很好，还能提高宝宝对触觉的敏感性和对节奏的感知度。

3. 宝宝也会打哇哇：引导宝宝发音

妈妈可以和宝宝一起做打哇哇的游戏，引导宝宝连续而有节奏地发音，初步感知声音。游戏方法如下：

提前准备好一张洁净的薄纸备用。妈妈先用手在自己的嘴上拍，发出哇哇的声音，然后拿着宝宝的小手在他的嘴上轻拍。当宝宝发出哇哇声时，妈妈拿出薄纸放在他的嘴前，让他看到由自己的声音而引起了纸的振动，这样可以引导宝宝更好地感知声音。

如果宝宝不能发出哇哇的声音，妈妈可以示范发音，让宝宝看着你的口形。拍宝宝嘴巴的时候，妈妈同时要引导性地发出哇哇的声音。

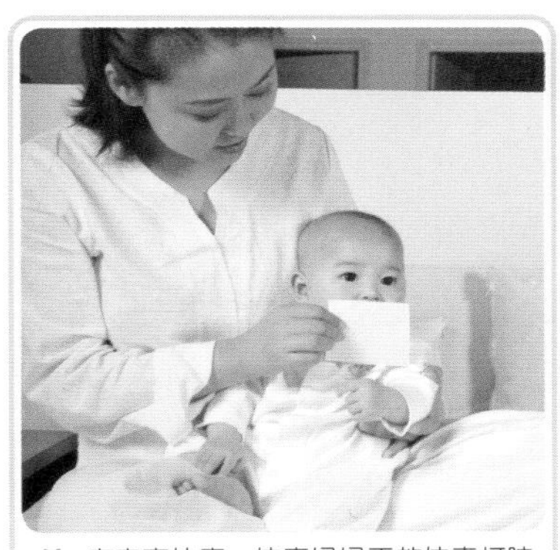

宝宝李佳熹：佳熹妈妈正教佳熹打哇哇，不过，佳熹学得可不是太认真。

4. 抬腿踢球游戏：促进宝宝左右脑发育

妈妈可以和宝宝一起做抬腿踢球游戏：

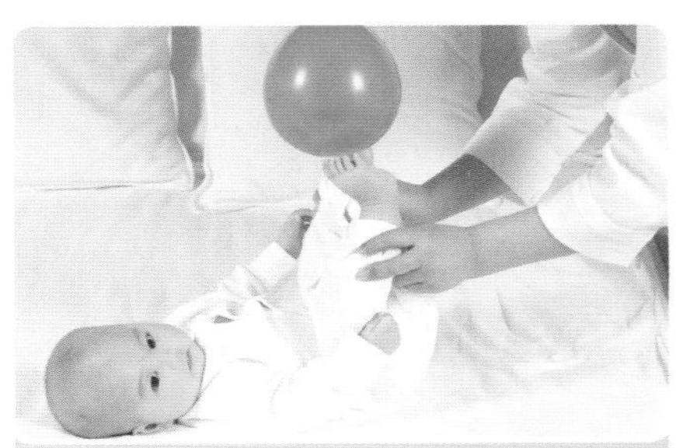

01 用线将气球挂在宝宝床上方，高度为宝宝抬起脚时刚好能碰到。妈妈轻轻抓住宝宝的一只小脚丫，抬起踢一下气球。

02 当宝宝踢到球后，妈妈要亲吻宝宝以给予鼓励。接下来，妈妈可以让宝宝左右脚轮流踢球，或抓住宝宝两只小脚丫一同踢球。

这个游戏可以促进宝宝的腿部发育，同时，还可以促进宝宝左右脑发育。

（二）体能训练

进入第 5 个月，宝宝的肌肉力量和肢体灵活性都有很大的发展，爸爸妈妈要抓紧宝宝成长的黄金期给予适当的训练。在这个月，除了进一步锻炼宝宝四肢的灵活性外，也可以开始对宝宝进行独坐训练了，为其在 6 个月大时学会独坐打下基础。

1. 亲子来玩拉大锯：有效锻炼宝宝上肢肌肉

妈妈可以和宝宝一起玩拉大锯的游戏，边做边唱："拉大锯，扯大锯，外婆家，唱大戏。妈妈去，爸爸去，小宝宝，也要去。"游戏方法如下：

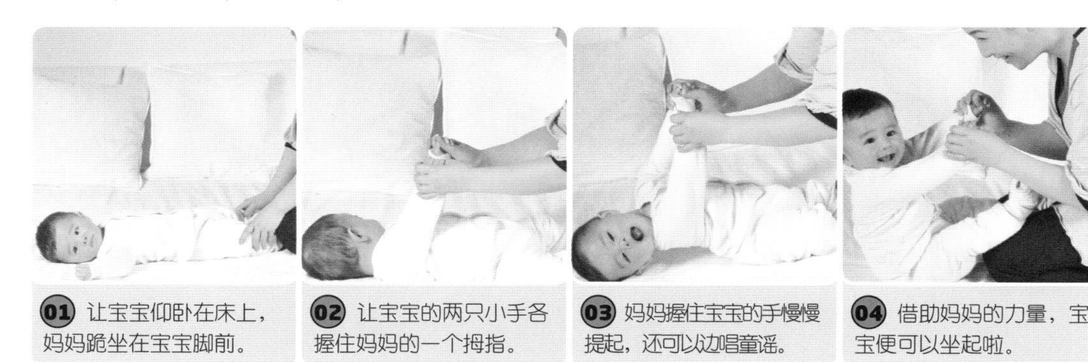

01 让宝宝仰卧在床上，妈妈跪坐在宝宝脚前。

02 让宝宝的两只小手各握住妈妈的一个拇指。

03 妈妈握住宝宝的手慢慢提起，还可以边唱童谣。

04 借助妈妈的力量，宝宝便可以坐起啦。

妈妈和宝宝一起玩拉大锯这个游戏，可以锻炼宝宝的上肢及肩部、胸部肌肉，同时还可以培养宝宝的语言视听能力。

2. 擀面杖游戏：锻炼宝宝的肢体动作

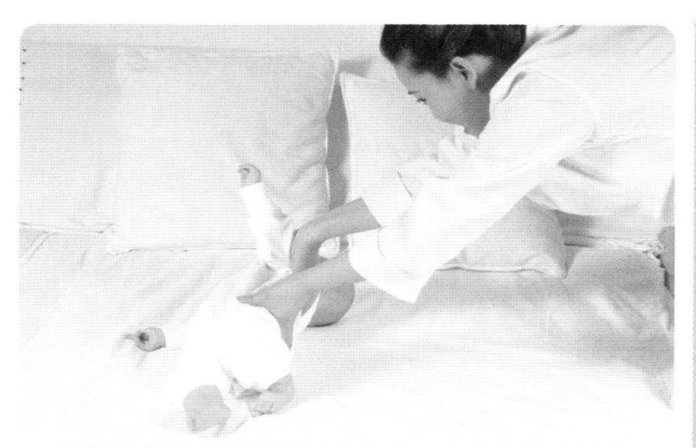

● 佳熹十分喜欢做擀面杖的游戏，在床上滚来滚去，她可开心了。

在这个月，爸爸妈妈可以和宝宝一起来玩擀面杖的游戏，游戏方法为：

让宝宝躺在地毯上或是床上，爸爸或妈妈轻柔地将宝宝左右来回滚动，并和宝宝说："宝宝，我们要擀面啦。"

在滚动的过程中，宝宝会感到十分快乐。这个游戏可以使宝宝的肢体动作得到很好的锻炼。

3. 下蹲起跳：提高宝宝腿部屈伸能力

妈妈可以和宝宝一起做下蹲起跳的游戏，游戏方法如下：

这个游戏是匍匐爬行的一个重要辅助练习，对提高宝宝腿部屈伸能力很有帮助。

01 妈妈在背后托住宝宝腋下使之站立，然后发出蹲下口令，同时稍稍下压让宝宝蹲下。

02 接着发出跳的口令，并扶住宝宝腾空跳起。

4. 靠坐练习：帮助宝宝学会独坐

坐对于改善宝宝的视觉有很大的好处，此时，在适当的时候让宝宝独立坐起来，可以促进宝宝的心理发展。但这里所说的“适当”并不是由宝宝的月龄来决定的，而是以宝宝的翻身能力而定的。当宝宝可以左右两个方向自如地翻身之后，爸爸妈妈就可以训练宝宝独坐了。在训练的时候，应从靠坐逐步过渡到独坐，方法如下：

01 将宝宝放在有扶手的沙发上，让宝宝靠坐着玩。

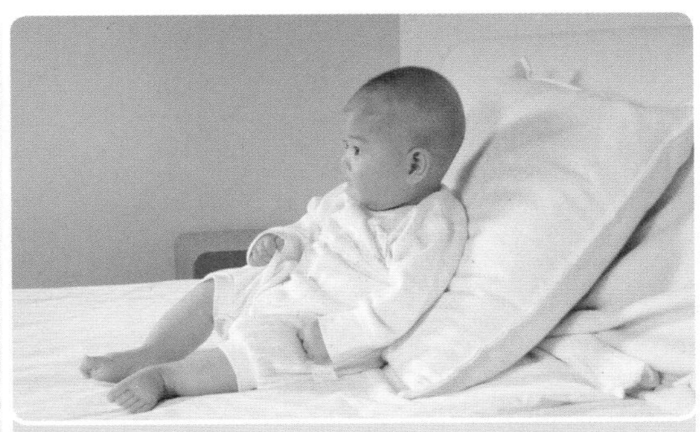

02 然后慢慢减少他身后靠的东西，使宝宝仅有一点支持即可坐住或独坐片刻。

Part 06

The Sixth Month: I Have Teeth Now

5~6个月 我开始长牙牙了

有一天，妈妈看到我的牙龈处冒出了两颗白白的牙齿，
高兴得欢呼起来！
呀，我长牙了，
是不是意味着以后我可以吃更多好吃的东西了呢？
可是，出牙期我的牙龈处老是痒痒的，难受得很，
总想咬啥东西来缓解这种不适感，
这种不适感常常惹得我心情烦躁、莫名哭闹，
妈妈可以拿磨牙棒啊、苹果条之类稍微硬一点的东西给我吃，
这样可以帮助我缓解这种不舒服的感觉哦。
这个月，母乳已经不能完全满足我对营养的需求了，
所以到了给我添加辅食的时候了，
妈妈给我吃些含铁丰富的辅食吧，从现在开始我需要补铁了。
这个月如果训练得好的话，我有可能学会独坐哦。

一、成长发育：宝宝月月变化大

大宇长着一双大大的眼睛，双眼皮，十分漂亮。大宇妈带着大宇一起出去，经常会引起他人的"围观"，亲朋好友都夸大宇很有"明星范儿"。大宇妈平时最爱做的事就是给大宇拍照，好记录下他每一刻的可爱瞬间，同时也记录下大宇的点滴成长变化。

（一）本月宝宝身体发育指标

对于爸爸妈妈而言，每个月最幸福的事莫过于看到自己的宝宝又长胖、长高啦，又学会了新技能……宝宝的每一个小小的进步都会让爸爸妈妈感到万分的快乐。那么，在这个月里，宝宝的身高、体重会有什么变化呢？

宝宝田耕宇

表6-1：5~6个月宝宝身体发育对照表

特征	男宝宝	女宝宝
身高	平均68.6厘米（64.1~73.1厘米）	平均67.0厘米（62.4~71.6厘米）
体重	平均8.4千克（6.6~10.2千克）	平均7.8千克（6.1~9.5千克）
头围	平均44.1厘米（41.5~46.7厘米）	平均43.0厘米（40.4~45.6厘米）
胸围	平均43.9厘米（39.7~48.1厘米）	平均42.9厘米（38.9~46.9厘米）

流行性乙型脑炎疫苗（灭活疫苗）：进行初次免疫，一共2针。一般在接种第1针后间隔70天接种第2针。此后，在1岁、4岁、7岁时还需各接种1次加强针。

流行性脑脊髓膜炎疫苗：进行初次免疫，一共2针。第1针在6个月时接种，在流行地区间隔3个月后注射第2针。此后，到3岁时还需接种1次加强针。

（二）本月宝宝成长大事记

现在，大宇这个“帅小伙”变得越来越热衷于运动了，运动能力相应也有了很大的提高。从仰卧翻到侧卧，再从侧卧翻到仰卧，对于大宇而言简直是小菜一碟。但是大宇还没有练成“五项全能”哦！从俯卧翻到侧卧再翻到仰卧，这对于大宇来说还是一件难事儿。在这个月里，大宇还会有什么成长的收获呢？

1. 身高、体重增长仍然缓慢

相对于前面的几个月份来说，本月宝宝的身体发育速度仍然较为缓慢，但比上个月又有一定的进步。这个月里，宝宝身高平均增长 2 厘米左右，体重可以增长 450~750 克，头围增长的数值不大。

宝宝刘溢航：宝宝这个月背靠东西已经可以坐上一小会儿啦，妈妈真为他的这一进步感到开心。

2. 宝宝们个体差异明显

随着年龄的增长，宝宝在这一阶段的个体差异会更加明显，有的宝宝不需要扶也能坐一小会儿，另一些宝宝需要扶着才能坐稳，长得快的宝宝甚至开始出牙了。妈妈不必为宝宝的个体差异而担心，只要宝宝精神好、能吃能睡就没问题。

3. 情感发育：开始认生

在这个月里，大宇开始表现出“认生”的现象，大宇妈和大宇爸将此称为大宇情感发展的第一个重要里程碑。从此时期起，大宇开始懂得爸爸妈妈是他最亲密的人，小小的他也开始有了“防备心理”。当有陌生人靠近他时，大宇会仔细地打量他，甚至还会哇哇大哭，似乎在说：“爸爸妈妈快来啊，我不喜欢这个怪叔叔。”这真的是一件很有趣的事吧。

6 个月龄的宝宝感情变得丰富起来，他的情绪会被你的行踪左右着。当你在宝宝身边时，宝宝会很快乐，而你离开时他会变得很烦躁。由于对周围世界的认识能力提高，宝宝能认识妈妈的脸，看到疼爱与细心护理自己的妈妈就会笑；看到陌生的人，尤其是陌生的男人，会害怕地把头藏到妈妈的怀里，甚至哭闹。

宝宝田耕宇：这个月的宝宝变得认生起来，看到陌生人就会躲避。

4. 语言发育：宝宝咿呀学语啦

在这个月里，大宇仍然不会说话，但在语言方面却有了一个惊人的变化，那就是大宇已经进入了咿呀学语阶段。在这一阶段，他对语音的感知更加清晰，发音变得更加主动，会无意识地叫“mama”、“baba”、“dada”啦。对于大宇爸和大宇妈来说，这真是一件振奋人心的事情啊！

当宝宝发出语音时，爸爸妈妈不能仅仅沉浸在自己的喜悦之中，还要积极地对宝宝做出回应哦。宝宝发出“mama”的语音时，妈妈要马上说“妈妈在这里”，最好能用手指着自己对宝宝说：“我就是宝宝的妈妈。”把语音和实际结合起来，宝宝会更加快速地学会发音，并能运用它。同样道理，爸爸也要常常告诉宝宝自己是谁，在做什么。

这个阶段里，宝宝学习语言的最佳途径仍然是爸爸妈妈多说，宝宝多听。看到什么说什么，不断反复地说，并让宝宝看见、摸到，让宝宝不断感受语言，认识事物。

宝宝田耕宇：忽然有一天，宝宝竟然发出了“baba”的声音，让爸爸十分开心。

二、日常护理：细心呵护促成长

这段时间，大宇变得越来越“疯狂”了，周围有什么东西，他都会放进嘴里乱咬一通，就连他每天喝水的奶瓶也难逃“劫难”。今天给大宇喂奶的时候，大宇竟然咬住妈妈的乳头不撒嘴，简直要把大宇妈疼死了。咨询了其他妈妈，大宇妈才知道宝宝这样原来是长牙所致。

对于宝宝来说，长牙是一件痛苦的事，在这一过程中，宝宝会有很多不适。当宝宝出现这些不适状况的时候，爸爸妈妈要如何护理呢？

（一）宝宝进入出牙期，要保护好乳牙

在宝宝 6 个月时，妈妈会发现宝宝的牙龈开始冒出小小的、硬硬的白色小牙苞，这表示宝宝开始长牙了。宝宝长牙阶段是护理宝宝口腔的重要时期，爸爸妈妈要对宝宝多加关爱和呵护，为宝宝日后拥有一口漂亮的牙齿打下坚实的基础。

1. 小小乳牙作用大

当宝宝长出乳牙后，所能吃的食物就越来越多了，从流质到固体，从咀嚼到吞咽食物。随着宝宝一天天长大，牙齿长得越来越齐全，颌骨的生长发育也愈加健全，这对宝宝的发音、说话都有很大的帮助。如果宝宝没有健全的乳牙，就无法完全咀嚼食物，容易牙痛，严重的话还会对宝宝日后恒齿的生长造成影响。因此，从宝宝长出第一颗乳牙开始，爸爸妈妈就应精心呵护宝宝的牙齿。

2. 长牙的时间和顺序

一般来说，宝宝 6 个月左右会长出第 1 颗乳牙，2 岁半左右 20 颗乳牙会全部长出。宝宝的乳牙长牙顺序和大概的时间如下：

表6-2：乳牙长牙顺序和时间表

类别	上排牙齿	下排牙齿
中切牙	8~12个月	6~10个月
侧切牙	9~13个月	10~16个月
尖　牙	16~22个月	17~23个月
第一乳磨牙	13~19个月	14~18个月
第二乳磨牙	25~33个月	23~31个月

虽然宝宝长牙的时间和顺序有一个大约的平均值，但具体到每个宝宝身上，又会存在个体差异。有些宝宝一出生就有牙齿（胎生齿），有些宝宝则在 12 个月大才冒出第 1 颗牙齿。出现这种情况时，爸爸妈妈不要过于担心。正如宝宝的生长发育有快有慢一样，宝宝长牙的时间和顺序也各不相同，不一定所有的宝宝都是按照平均值来长牙。

宝宝乳牙生长顺序图

出牙的早晚与宝宝喂养习惯尤其是食物的粗化程度密切相关，如果超过 1 岁还没有出牙，妈妈就需要检查一下给宝宝吃的食物是不是总是弄得很细，没有给宝宝创造咀嚼机会，限制了宝宝口腔功能的形成，出牙晚的宝宝，还会有吃什么东西都像是喉咙被卡住想吐的表现。

3. 宝宝出牙反应大

一般来说，宝宝出牙时反应都比较大。当妈妈发现宝宝出现异常情况，如：一直流口水，脾气变得十分暴躁，喜欢咬人或是咬玩具，有时候还喜欢哭闹等，就表示宝宝的牙龈有可能已经开始冒出小牙苞了。

宝宝的口腔是一个十分敏感的触觉器官，婴幼儿时期的宝宝正处于口欲期，这一时期，小宝宝喜欢用嘴来感知和认识这个世界，因此不管是什么东西都会放在嘴里尝一下。另外，宝宝在长牙的过程中，牙龈处会痒痒的，而咬人或咬玩具会让他感到舒服些，同时，长牙给宝宝带来的疼痛让宝宝十分难受，情绪就会变得不佳，并会借哭闹来表达自己的不适。

宝宝周里萱：给宝宝咬一些东西能缓解出牙的不适感。

4. 出牙不适巧缓解

宝宝在出牙期间的这些不适虽然会随着宝宝牙齿的生长而逐渐消失，但它们却会对宝宝牙齿的生长产生极大影响，若未得到很好的护理，就会影响宝宝恒牙的健康。宝宝出现上述不适状况时，爸爸妈妈可以采取以下措施来缓解宝宝出牙的不适：

按摩：用手指轻轻按摩宝宝的牙床，可以让宝宝感觉更舒服一些。

食物：让宝宝吃一些手指饼干、苹果块或胡萝卜条等食物，可以让宝宝感到更加舒适。

固齿器：准备一些硬度适中的固齿器让宝宝啃咬，可以促进宝宝牙龈的血液循环，有助于宝宝出牙，并能有效缓解宝宝出牙时的不适。要注意固齿器不应含有易被宝宝咬下的小部件，同时应选择可以被宝宝两手轻轻握住的造型，最好选择无色或浅色的产品，保证产品材料安全、无毒、卫生。

磨牙棒：爸爸妈妈还可以准备一些磨牙棒让宝宝啃咬，可食用的磨牙棒味道不错，宝宝也乐意拿着啃咬。在选购磨牙棒时，要选择制作得硬度适中的磨牙棒，这样的磨牙棒可以让宝宝的牙齿更舒服，同时还能锻炼宝宝的咀嚼能力。

喂些温开水：爸爸妈妈可以在宝宝进食后给宝宝喂一些温开水，有助清洁宝宝的口腔，避免宝宝牙龈发炎。

情感关怀：适时地给予宝宝呵护与关怀，可缓解宝宝不舒服的情绪。

需要提醒爸爸妈妈的是，在这一时期，宝宝很有可能将任何身边所见之物放入嘴中，因此一定要注意检查宝宝周围的物品是否安全卫生。

宝宝莫曦雅：宝宝长牙，妈妈可以让宝宝拿着磨牙棒啃咬。

5. 口腔清洁保健康

有些妈妈认为小宝宝不用刷牙，殊不知，牙齿上永远是附带着细菌的，小宝宝的牙齿也不例外。一旦小宝宝长出小乳牙，细菌就会附着而生，而宝宝所喝的母乳或配方奶中所含的乳糖和碳水化合物正是细菌存活的能量来源，这就加大了宝宝发生龋齿的可能性。因此，在

宝宝李佳熹：宝宝喝完奶后，妈妈可用温开水蘸湿纱布后，轻拭宝宝的牙龈，以保持宝宝口腔清洁。

宝宝的牙齿尚未长出前，爸爸妈妈就应该注意宝宝的口腔清洁工作。

每次喂完宝宝奶或是辅食之后，都要对宝宝进行口腔清洁，每天早上和晚上的清洁尤为重要，千万不可马虎。具体方法如下：

宝宝喝完奶后，妈妈坐在椅子上，让宝宝坐在妈妈腿上，并把宝宝的头稍微后仰。妈妈用纱布或棉花棒以温开水蘸湿后，轻拭宝宝的舌头与牙龈。

当宝宝牙齿长出，且已习惯了纱布或棉签以后，妈妈就可以一边小心照看宝宝，一边像跟宝宝游戏一样用宝宝专用牙刷来给宝宝刷牙啦，方法如下：

① 将妈妈的食指套上专用牙刷。

② 切莫急于擦拭宝宝的牙齿。为了让宝宝适应，可先将宝宝嘴部周围及嘴唇擦拭干净。

③ 将手指慢慢伸入宝宝口中，轻轻擦拭宝宝的牙齿。

6. 保护好宝宝的牙齿，防止“奶瓶龋”

有些妈妈为了让宝宝尽快安静地入睡，便让宝宝含着装有果汁或是牛奶的奶瓶睡觉，殊不知，这会给宝宝的牙齿健康带来很大的危害。宝宝的牙齿在液体和糖分的影响下，极易产生有害的酸性菌斑，这就大大增加了宝宝患上“奶瓶龋”的可能性。

（1）何为“奶瓶龋”

“奶瓶龋”是一种由宝宝睡眠时不断吮吸奶瓶而造成的龋齿，表现为上颌乳切牙（门牙）的唇侧面及邻面的大面积龋坏，牙齿患龋病后再也不能长好。

宝宝的乳牙钙化程度较低，宝宝患龋齿后病情发展迅速，破坏面积广，治疗效果差，因此需要爸爸妈妈在日常生活中积极预防为主。

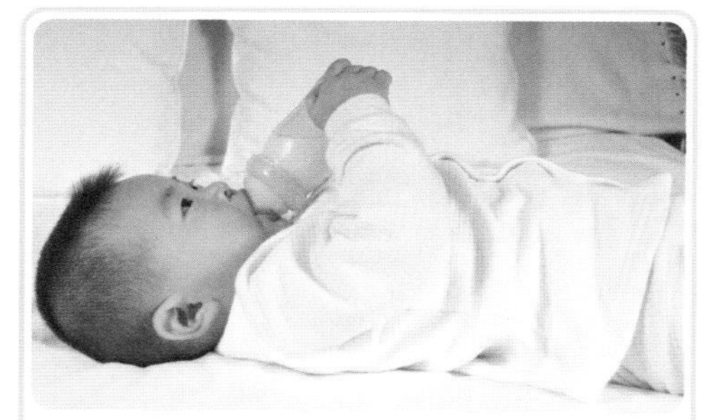

宝宝吴哲睿：宝宝含着装有配方奶的奶瓶睡觉，很有可能会患上“奶瓶龋”。

（2）预防“奶瓶龋”的方法

要预防“奶瓶龋”，首先要避免宝宝长时间使用奶瓶。有些宝宝过于依赖奶嘴，这不仅会影响宝宝语言以及口腔发育，也可能导致“奶瓶龋”的不断恶化。当宝宝可以自己喝水后，爸爸妈妈就可以开始训练宝宝使用杯子了，以戒掉宝宝对奶嘴的依恋。

其次，爸爸妈妈要经常给宝宝漱口，比如在喝完奶之后可以喂宝宝一些温开水。即使宝宝喝完奶睡着了，也不妨将装着温开水的奶瓶放入宝宝嘴里让他喝两口。

（二）做好措施让宝宝睡得香甜

爸爸妈妈看着熟睡中的宝宝，会感到万分幸福和踏实，他们知道，高质量的睡眠对宝宝的成长发育起着十分重要的作用。但有些爸爸妈妈就没那么安心了，他们每日每夜都被宝宝的睡眠问题所困扰，很想知道如何才能让宝宝睡得香甜。别着急，快来看看让宝宝安睡的小妙招吧。

1. 舒适的环境

舒适的环境，是宝宝睡得香甜的一大前提。爸爸妈妈在为宝宝打造一个良好的睡眠环境时，需要注意以下几点：

婴儿床：宝宝最好能有个婴儿床，这可以确保宝宝睡眠时的安全。婴儿床以采用木板床为宜。在放置宝宝的时候，应将其脚部放在婴儿床的底部，使他不能扭动到毯子或被子下面。

被褥：给宝宝所用的被褥要清洁、舒适、厚薄适宜。

睡衣：爸爸妈妈应该给宝宝选择纯棉、柔软、宽松的睡袍，睡袍的长度要长过宝宝的手脚面，这样可以保证宝宝手足的温暖。

婴儿睡袋：睡袋是穿在婴儿睡衣外面的，在用睡袋时不能再加其他被褥。

光线：宝宝睡觉的时候，爸爸妈妈应关灯、拉窗帘，室内的光线不宜太亮，否则会影响宝宝入眠。

温度：室内温度应以 18℃ ~25℃为宜，过冷或过热都会对宝宝的睡眠造成影响。

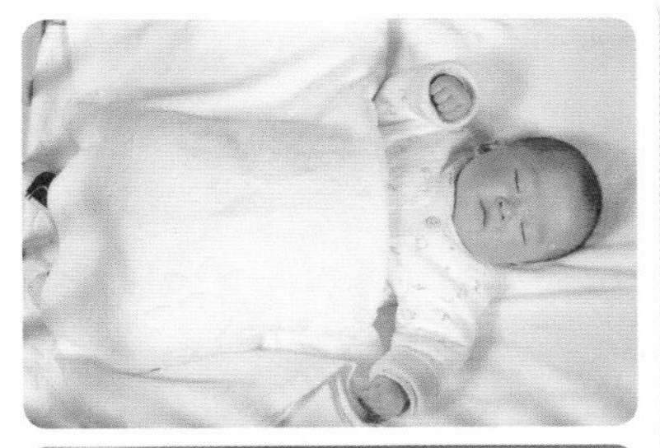

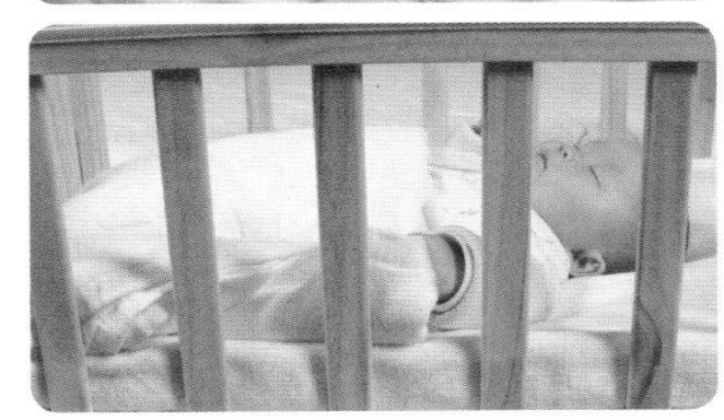

● 宝宝躺在婴儿床上，妈妈要将其脚部放于婴儿床的底部。

声音：爸爸妈妈应当避免周围有太大的声响，但也不必过于寂静，因为宝宝对声音十分敏感，室内声音过大会影响宝宝的睡眠，过于寂静则稍有动静宝宝便会惊醒。

室内空气：室内的空气应保持新鲜，每天定时开窗通一下风，但不要让风直接吹向宝宝。

2. 让宝宝学会按时睡觉

由于家庭环境的差异性，每个宝宝的睡眠时间也各不相同。爸爸妈妈要让宝宝形成自身的睡眠规律，保证每天有充足的睡眠。但这并不意味着宝宝每天可以睡得过晚，因为宝宝睡得过晚，就会减少宝宝深度睡眠的时间。而生长激素主要是在宝宝处于深度睡眠时分泌的，因此，爸爸妈妈应尽量让宝宝早些入睡。

3. 建立睡觉前的习惯

爸爸妈妈应该给宝宝建立一种睡前模式：在宝宝睡觉前的 1 个小时，爸爸妈妈应尽量让宝宝吃饱，过半小时再给宝宝洗澡、换上睡衣。若冬天天气太冷，无法坚持每天给宝宝洗澡，也应每天在睡前给宝宝洗脸、洗脚、洗屁股。洗完之后，立即抱宝宝上床，给宝宝哼一支歌或讲一个故事等。每次在做完这些活动时，就要告诉宝宝："乖宝宝，我们要睡觉了哦。"这些睡觉前的固定习惯，会让宝宝提前做好睡前准备，有助于宝宝更快地入睡。

4. 巧用睡前按摩，让宝宝快速入眠

宝宝睡觉前，爸爸妈妈还可以给宝宝做一下睡前按摩，可让宝宝快速安睡。具体按摩方法如下：

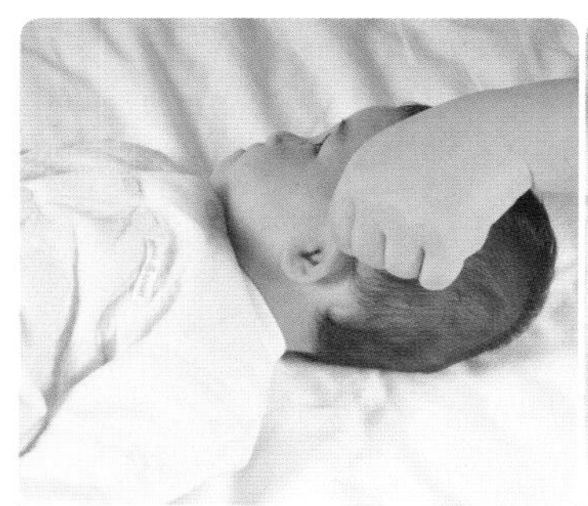

01 用手掌在宝宝眼睑处从上到下轻轻抚摸，宝宝很快就闭上双眼。

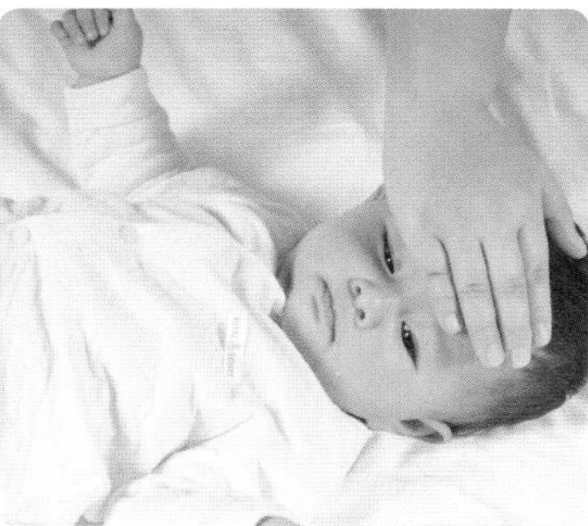

02 用指尖轻轻抚摩宝宝耳垂及耳孔周围，宝宝很快就会安静下来。

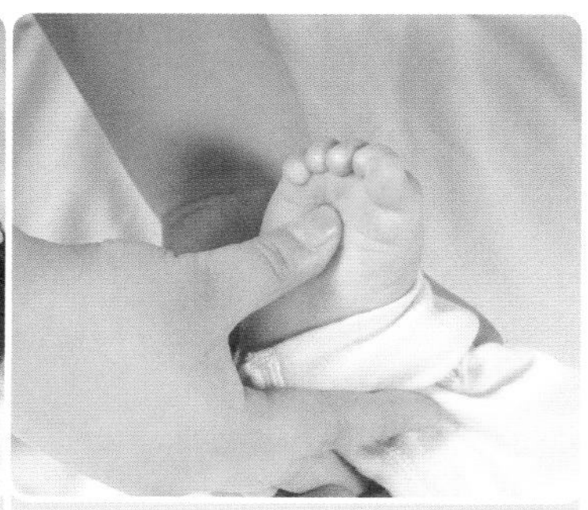

03 拿起宝宝的小脚，轻轻抚摩宝宝的足底，仔细聆听宝宝的呼吸。

经过爸爸妈妈 10 分钟的按摩，宝宝很快就会进入甜美的梦乡啦。

5. 查明宝宝睡眠不稳的原因

当宝宝入睡不深时，爸爸妈妈应细查原因。

首先，爸爸妈妈要先确定宝宝是否生病，如发热、腹泻，皮肤有无创伤等。

其次，看看宝宝的尿布是不是湿了，是否饥饿。

最后，要查看室内温度是否适宜，因为室内气温过高或过低都会对宝宝的睡眠造成影响。爸爸妈妈可以摸一下宝宝的小手，看宝宝小手是出汗过多还是十分冰凉，并据此来调节室内温度。

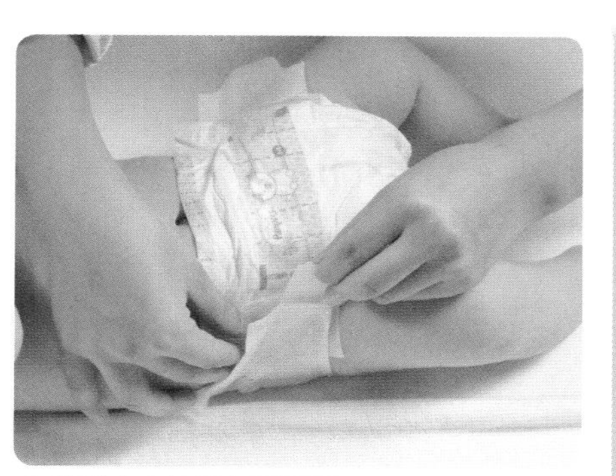

● 查看宝宝的尿布是否湿了。

（三）明明白白用童车，快快乐乐去出游

这个月，大宇爸妈经常带大宇出去散步，让他晒晒太阳，呼吸新鲜空气，接触和观察大自然。刚开始时，大宇爸和大宇妈还觉得很新鲜，可次数多了，问题就出来了。大宇现在已长成了胖小子，经常抱着他出去真的太累了。后来，大宇爸便萌生了购买婴儿车的念头，他提议："要是有一辆婴儿车，把宝宝放在车子里，既能练坐，又能让他自己玩耍，我们也可以轻松不少。"大宇妈当即同意。但买婴儿车要注意什么，使用时又要注意什么，大宇爸和大宇妈还真是一窍不通。别急，相信看了以下内容，你就会成为购"车"、用"车"达人了。

1. 婴儿车的选择有技巧

一些爸爸妈妈萌生了买婴儿车的念头之后，便立刻开始行动了。可是，去商场走了一圈，才发现市场上的婴儿车看得人眼花缭乱，一时之间不知道如何选择了。下面告诉爸爸妈妈几个选购婴儿车的技巧：

（1）安全系数很重要

在购买婴儿车时，一定要选择安全系数高的。具体应该注意以下几点：

推杆和调节杆：推杆和调节杆的直径应在10~12毫米，否则容易在紧急情况下折断，导致宝宝跌伤。

夹缝：手脚能够触及的夹缝一般应大于12毫米或小于5毫米，避免宝宝手脚被卡住。

车垫凹陷度：车垫凹陷高度应小于50毫米，因为过度凹陷会影响宝宝的骨骼生长。

车座兜和扶手：车座兜和扶手之间的深度不要过浅，以免宝宝在车中翻身或扭动时重心偏移，造成翻车事故。

刹车：检查刹车装置是否灵敏。如果车停在斜面地形，爸妈无法及时拉住，车随时会产生滑动甚至翻倒。

锁紧、保险装置：具有折叠功能的婴儿推车应设置锁紧保险装置，以免在使用中推车意外折叠，造成宝宝受伤。

安全带：国家标准中对婴儿车的安全带要求为：其上围高于坐垫180毫米，肩带、叉带、跨带的最小宽度分别为15毫米、20毫米、50毫米。

还需要提醒爸爸妈妈的是，在选购婴儿车时要检查一下车上是否有锋利的尖角、突出物和容易脱落的小部件，以防宝宝被划伤。

（2）轻便舒适更舒心

如果妈妈计划经常推着婴儿车走动的话，就要选择具有大轮子且具有加强防震动功能的婴儿车了，这可以让妈妈不费力地推着婴儿车行进，也能为宝宝提供一个舒适的环境。

（3）考量车子性价比

在购车时，爸爸妈妈还要考量一下车子的性价比。有些推车带有遮阳或遮雨的顶篷，以及类似裹脚棉被的配件，有些却没有。因此在购车前，爸爸妈妈要检查一下婴儿车的价格中包含了哪些配件，然后再将其与其他婴儿车做一下对比。

总之，爸爸妈妈在购买婴儿车时，一定要从安全角度多做考虑，另外，婴儿车并非价格越高越值得购买，也并非功能越多越值得购买，要选择适合、实用的婴儿车。

2. 正确使用婴儿车，安全不打折

在使用婴儿车时，爸爸妈妈需注意以下几点：

（1）使用婴儿车，注意安全

在使用婴儿车前，爸爸妈妈一定要反复详细阅读婴儿车的使用说明书；当宝宝坐在车上时，爸爸妈妈则要全程给他们系上安全带；不要在车内和把手上挂其他重物；要让宝宝的脖子始终处于最舒适的状态，注意腰与坐席间不要有空隙，使其背部尽量舒展，不压迫腹部，这样有利于宝宝脏器的正常发育。

（2）莫让宝宝背向爸妈

宝宝坐婴儿车时，不要让宝宝背向爸爸妈妈。如果宝宝背向爸爸妈妈，宝宝与爸爸妈妈的交流就会减少，宝宝也会因为看不到爸爸妈妈而感到害怕，这对宝宝身心发展不利。

宝宝田耕宇：让宝宝坐在婴儿车中虽然省事，但长时间让宝宝这样坐着可是有害的哦。

（3）莫让宝宝长时间坐在婴儿车中

任何一种姿势保持的时间长了，都会造成宝宝正在发育中的肌肉负荷过重。另外，让宝宝整天单独坐在车子里，缺少与父母的交流，时间长了也会影响宝宝的心理发育。正确的方法应该是，让宝宝坐一会儿，然后爸爸或妈妈抱一会儿，如此交替进行。户外活动时，也可以选择一个比较安全的地方，在地上铺块毯子，把宝宝放到毯子上，让宝宝坐着或爬着玩，这更有利于宝宝的健康发育和成长。

（四）宝宝咬乳巧应对

宝宝进入长牙阶段后，智力也在迅速增长。吃奶时，他不再只顾着吃奶，而会对妈妈所说的话做出反应，窥视妈妈的表情，有时还会叼着妈妈的乳头玩耍。

1. 被咬后，妈妈要做出正确的反应

当宝宝咬乳头时，若急忙用力抽拉乳头，乳头就会被宝宝的牙齿弄伤。妈妈可将宝宝紧紧搂向胸口，这样他便会松开乳头张开嘴巴呼吸。

如果宝宝正处于咬乳的阶段，可以在他的嘴角放一根手指，一旦意识到他要咬，就制止他。1 周以后，他就知道不能咬了。

对于大一点的宝宝，可以使用“收回、放下”的方法。他一咬，就立即让他离开乳房，把他放下。这并不是惩罚，而是让他意识到咬妈妈和被放下是相关的。

宝宝陈垚：宝宝咬住乳头之后，妈妈切忌用力抽拉乳头。

2. 冷静、坚决地制止宝宝

宝宝咬了妈妈的乳头之后，有些妈妈因疼痛而感到十分生气。这里需要提醒妈妈的是，即使生气也不要大声地喊叫或打他，态度要冷静、坚决。大喊大叫只会吓着宝宝，让他伤心，甚至会导致宝宝拒绝吃奶；也不要面带微笑地制止他，这只会让宝宝觉得这样做很好玩，就会一而再、再而三地咬乳头。

3. 留意宝宝的行为，防止宝宝咬乳

咬乳通常发生在喂奶快要结束时，那时宝宝不再积极地吮吸吞咽，所以只要留意他的行为，就可以防止宝宝在吮吸时咬到你。

某种特定的眼神、某个特定的嘴部动作，都会提示你咬乳即将发生。你可以在自己受伤前采取措施，结束哺乳。

妈妈还准备一些可以嚼或咬的东西给宝宝，例如他喜欢放在嘴里啃的玩具或是冷冻磨牙棒。总之，你只要对宝宝咬乳的态度坚决并前后一致，这个问题很快就会不再出现了。

三、喂养：营养为成长添助力

为了给大宇最健康的食物，大宇妈一直坚持母乳喂养。虽然不少育儿书上都说，要在宝宝4~6个月大时添加辅食，但大宇妈一直坚定一个信念，那就是不盲从育儿书，看宝宝的需求。当大宇在饭桌上看着大人吃饭不停流口水时，大宇妈开始寻思：是时候给大宇添加辅食了吧？可辅食添加初期给宝宝吃什么好呢？辅食和母乳的比例各占多少比较合适呢？

（一）本月宝宝喂养要点

现在，宝宝已经半岁了。在这个月里，无论是母乳喂养、人工喂养还是混合喂养的宝宝，都要开始添加辅食啦。爸爸妈妈一定要高度重视宝宝的营养，只有营养充足，宝宝才能更健康。

1. 要补铁了

宝宝在这个阶段最容易缺钙、铁、锌，尤其是铁。宝宝出生时从母体里带来的铁到这个月已经消耗得差不多了，为了避免宝宝因缺铁而引起贫血，宝宝要从辅食中进一步获取铁。

妈妈可以给宝宝食用鸡蛋黄来达到补铁的目的。动物肝脏、瘦肉末等也是获取铁的来源。对于只喝牛奶而拒绝吃其他辅食的宝宝，要注意选择强化铁奶粉。

2. 不要频繁更换奶粉

最忌频繁给宝宝更换奶粉。每种配方奶粉都有相对应的符合宝宝成长的阶段分级，因为宝宝的肠胃和消化系统尚未完全发育，而各种奶粉的配方又不尽相同，如果换用另外一种新的奶粉，宝宝又要去重新适应，这样极易导致宝宝腹泻。所以，妈妈给宝宝更换奶粉要谨慎，要循序渐进，不要过于心急，要让宝宝有个适应的过程；要随时注意观察，如果宝宝没有不良反应，才可以增加添加量，如果不能适应就要慢慢改变。

此外，更换奶粉应在宝宝身体健康时进行，接种疫苗期间也最好不要给宝宝更换奶粉。

在喂宝宝配方奶的过程中，妈妈切忌频繁给宝宝更换奶粉。

3. 摄取帮助牙齿发育的营养素

6 个月的宝宝进入了长牙期，所以妈妈要注意在宝宝的饮食中添加有利于牙齿发育的各种营养素。

维生素 C：足够的维生素 C 与铁配合，能够确保铁的良好吸收。另外，缺乏维生素 C 对宝宝的牙齿也会有影响，牙龈容易水肿、出血，所以要给宝宝喂食富含维生素 C 的新鲜果蔬。

维生素 A：在宝宝快长牙的时期，如果缺乏维生素 A，宝宝出牙会延迟，牙釉质细胞发育也会受到影响，使牙齿变色。此外，维生素 A 还能增强宝宝的抵抗力。胡萝卜泥、肝泥、蛋黄泥中含有丰富的维生素 A。

维生素 D：缺乏维生素 D 会使宝宝出牙晚，牙齿小且间隙大。在宝宝长牙期，爸爸妈妈要给宝宝补充足够的维生素 D。从牛奶、鱼虾、蛋黄等食物中或通过晒太阳，都可以补充丰富的维生素 D。爸爸妈妈还可以给宝宝添加维生素 A 和维生素 D 比例为 3∶1 的鱼肝油，每天添加 4~5 滴。

钙、磷、镁、氟：钙、磷、镁、氟对宝宝牙齿的正常发育和密度增大极为有益，其中适量的氟能够增加乳牙的抗腐蚀能力，可以预防龋齿。这些矿物质可以从母乳、配方奶、豆腐、胡萝卜中获取。

● 西红柿含有多种维生素，妈妈可以在宝宝的辅食中添加西红柿泥。

4. 出牙期间拒食莫担心

在这个月，大部分宝宝都开始长牙了，这可真让妈妈开心。但高兴过后，迎接妈妈们的则是烦恼与困惑，因为妈妈们会发现，长了牙齿的宝宝在吃奶时和以前有了很大的不同，有时候会连续猛吸几分钟乳头或奶瓶，有时候又会突然放开乳头，像是忽然感到疼痛一样哭闹起来，如此反反复复，妈妈们真是束手无策。

其实，宝宝之所以会出现这种情况，是因为在吮吸乳头时碰到了牙龈，使牙床疼痛。这时候，妈妈只需要给宝宝吃点儿固体食物，宝宝就会变得安静而开心啦。

另外，在宝宝出牙期间，妈妈可以将给宝宝每次喂奶的时间分为几次，在两次的间隔当中可以给宝宝适当喂一些面包、饼干等固体食物。如果给宝宝喂配方奶，可将橡皮乳头的洞眼开得大一些，这样宝宝不用费力就可以吸到奶，就不会感到牙龈疼了。需要提醒妈妈的是，橡皮乳头的洞眼也不能开得太大，以免呛着宝宝。

5. 特别注意宝宝辅食的健康

宝宝年幼体弱，易感染各种疾病，所以爸爸妈妈在喂养时应该严格注意饮食卫生，以防病从口入。

食物新鲜干净： 一定要给宝宝食用新鲜的蔬菜、水果，应选择那些无农药污染、无霉变、硝酸盐含量低且新鲜干净的食物。

食用带皮水果： 给宝宝食用带皮的水果，如橘子、苹果、香蕉、木瓜、西瓜等，这类水果的果肉部分受农药污染与病原感染几率较少。

蔬菜水果再清洗： 对于已经买回家的可疑蔬菜，可以用蔬菜清洗剂或小苏打溶液浸泡后再用清水冲洗干净。根茎类蔬菜和水果，一律要削皮后再烹调或食用。

宝宝田耕宇：给宝宝吃水果的时候，一定要注意先仔细洗净之后再给宝宝食用。

清除有毒物质： 鱼的体表经常会有寄生虫和致病菌，鱼腹腔内的黑膜是有毒物质的淤积，因此做鱼时要把鱼鳞刮净，鱼内的黑膜去掉。鸡、鸭、鹅的臀尖也会积淀有毒物质，一定要去掉。

避免使用消毒剂： 尽量不用消毒剂、清洗剂洗宝宝用的餐具和炊具、案板、刀等，以免化学污染。妈妈可以采用开水煮烫的办法保持厨具卫生。

6. 5~6个月宝宝每日饮食安排

建议妈妈们在喂养宝宝的时候，要注意逐步养成宝宝良好的饮食规律。下面为妈妈们推荐本月宝宝每日饮食安排表。

表6-3：5~6个月宝宝每日饮食安排表

时 间	喂养内容
6:00~6:30	母乳或配方奶250毫升，饼干3~4块
9:00~9:30	蒸鸡蛋1个
12:00~12:30	1碗菜粥（20克），豆腐
15:00	苹果泥或香蕉泥
15:30~16:00	母乳或配方奶200毫升，面包1小块
15:00	面条1碗（40克）
15:30~16:00	母乳或配方奶220毫升

（二）辅食添加正当时，小心谨慎莫入误区

6个月大的宝宝，消化器官已经发育得比较好，对乳类以外的食物也有了消化能力，并且宝宝本身也对乳品外的食物表现出了极大的兴趣。这时，不管你的乳汁是否充盈，都应给宝宝适当地添加辅食了。

但给宝宝添加辅食并不是一件简单的事情，其中也蕴涵着诸多的科学喂养知识。不少新手爸妈由于受到“传统思想”的影响，稍有不慎，就会步入以下辅食喂养的误区：

1. 误区1：以辅食替代乳类

有些妈妈认为，宝宝既然已经可以吃辅食了，就可以减少或中止宝宝对母乳或其他乳类的摄入了，这种想法是十分错误的。母乳依然是这个月宝宝的最佳食品，其中含有的营养素和所供给的能量比任何辅食都多且质优，而辅食只能作为一种补充食品存在。妈妈切不可急于用辅食将母乳替换下来，否则会影响宝宝的健康成长。

2. 误区2：辅食吃得越多长得越壮

有些妈妈总是担心宝宝的营养不够，希望宝宝能够吃得更多，吃得更饱。平时，只要宝宝有想吃东西的意愿，妈妈就从不限制，还经常给宝宝吃一些超级“营养”食品，如奶油蛋糕、巧克力等。小宝宝这么吃下去，会变得越来越胖，可妈妈却认为这没什么，有些还认为宝宝越胖越漂亮。殊不知，让宝宝吃过多辅食，摄入过量的营养，不但会对宝宝的健康造成影响，还会对宝宝的智商造成影响。

因此，爸爸妈妈在喂养宝宝的过程中，一定要注意科学喂养，均衡饮食。

3. 误区3：经常给宝宝吃油炸食品

有些妈妈知道宝宝需要一定脂肪后，便经常给宝宝吃油炸食物，而油炸食品中的炸薯条、炸土豆片恰恰是宝宝超爱的小食品，吃起来更是不亦乐乎。殊不知，经常食用油炸食品对宝宝的正常发育是极为不利的。

油炸食品

油炸食品在制作过程中，由于油的温度过高，会使食物中所含有的维生素被大量地破坏，使宝宝失去了从这些食物中获取维生素的机会。如果制作油炸食物时反复使用以往使用过的剩油，食物里面会含有十多种有毒的不挥发物质，对宝宝的健康十分有害。另外，油炸食物也易消化，易使宝宝的胃部产生饱胀感。

4. 误区4：添加形形色色的调味品

在给宝宝制作辅食时，爸爸妈妈通常对于原材料十分关心，却忽视了辅食中所加入的调味品。要知道，一些常见的调味品也会对宝宝的饮食和健康产生不利影响。

爸爸妈妈在为宝宝制作辅食时，应尽量避免添加下表中的调味品，以保证宝宝的健康。

表6-4：常见调味品对宝宝的危害

调味品	不宜添加的理由
味精	味精中含有钠元素，食用过量不利于宝宝健康，长期食用还会引起味觉迟钝
咖喱	咖喱中的挥发油、辣味等成分具有较强的刺激性，不适合1岁以下的宝宝食用
花椒	花椒粉以及姜粉、芥末等具有很强的刺激性，宝宝在消化系统未成熟时不宜食用
米醋	在宝宝味觉尚未发育成熟时，辅食中经常加醋，会让宝宝对辅食失去兴趣

5. 误区5：给宝宝加“油”易引起动脉硬化

有些妈妈认为，小宝宝的血管十分稚嫩，容易被“油水”伤着，担心给宝宝加“油水”会引起宝宝动脉硬化，让宝宝小小年纪就患上高血压或心脏病。殊不知，小宝宝和成人一样，也是需要脂肪的。脂肪乃是小宝宝生长发育必需的 3 大营养素之一，对其健康起着重要作用。如宝宝缺乏脂类营养，就会影响宝宝的大脑和组织器官发育，还会引发一系列脂溶性维生素缺乏症，如皮肤湿疹、皮肤干燥脱屑等。

妈妈给宝宝添加辅食之后，应该适当给宝宝加点“油”。植物性脂肪的吸收率较高，且当中宝宝必需的脂肪酸含量较高，较为适合宝宝。

6. 误区6：让宝宝喝蜂蜜水

蜂蜜不但香甜可口，而且还含丰富的维生素、葡萄糖、果糖、多种有机酸和有益人体健康的微量元素，是一种比较好的滋补品。但是，蜂蜜中可能存在肉毒杆菌芽孢，成人抵抗力强，食用后不会出现异常；但宝宝的抵抗力较差，肠道菌群发展不平衡，食用后容易引起食物中毒。肉毒杆菌中毒的宝宝可出现迟缓性瘫痪、哭声微弱、吸奶无力、呼吸困难等症状。因此建议爸爸妈妈不要给 1 岁以下的宝宝喂食蜂蜜。

● 妈妈应避免让宝宝吃过多含糖量高的食物，蛋糕更不能多吃。

7. 误区7：让宝宝吃过多甜食

6个月的宝宝对味道更加敏感，而且容易对喜欢的味道产生依赖，尤其是甜味。很多宝宝都喜欢甜食，但如果大量进食含糖量高的食物，宝宝能量补充过多，就不会产生饥饿感，不会再去想吃其他食物。吃甜食多的宝宝从外表上看长得胖乎乎的，体重甚至还超过了正常标准，但是肌肉很虚软，身体不是真正健康。宝宝甜食吃多了还容易患龋齿，不仅影响乳牙生长，还会影响将来恒牙的发育。因此，妈妈千万不要给宝宝吃过多的甜食。

8. 误区8：让宝宝喝茶

茶水具有利尿之功效，宝宝喝茶之后尿量增加，会对宝宝的肾脏功能造成影响。茶水中含有大量的鞣酸，会影响人体对铁元素的吸收，导致宝宝患缺铁性贫血。另外，茶水中的鞣酸、茶碱等成分还会刺激宝宝的胃肠道黏膜，影响营养物质的吸收。

● 茶水是很多成年人的最爱，但对于小宝宝，茶水并非好的饮品。

9. 误区9：从不让宝宝吃零食

有些妈妈很少或从不让宝宝吃零食，她们认为零食会影响宝宝的正常饮食，妨碍宝宝身体对营养的摄取。妈妈们的这种想法是很不科学的。

研究显示，宝宝恰当地吃一些零食有助于营养均衡，是宝宝摄取多种营养的一条重要途径。妈妈给宝宝吃零食，关键是要把握一个科学尺度：

① 给宝宝吃零食的时间要恰当，最好安排在两餐之间吃。

② 每次要控制好宝宝的零食量，莫让零食影响正餐。

③ 要选择清淡、易消化、有营养的小食品，如新鲜水果、果干、奶制品等，零食不要太甜、太油腻。

● 妈妈可以给宝宝适当吃些零食，清淡有营养的圣女果可以说是不错的零食选择。

（三）断掉“夜奶”并不难

很多宝宝都有喝夜奶的习惯，如果妈妈没有及时让宝宝断掉夜奶，晚上一到点宝宝就会哇哇大哭，既影响睡眠，不利于宝宝的大脑发育，还会影响宝宝消化系统的发育，并易造成龋齿。人们常说：“6 个月时戒哭 3 天；1 岁后戒哭 3 周；3 岁再想戒，宝宝半夜起来冲奶。”由此可见，宝宝若有喝夜奶的习惯，应尽早在宝宝 6 个月时戒掉。

1. 饿了还是犯了奶瘾

有些妈妈会说，宝宝才 6 个月就要控制他喝奶，真不忍心这么做。其实，宝宝 6 个月大以后，肠胃就有了一定的储存能力，妈妈不必担心会饿坏宝宝。

由于个体发育差异，有些宝宝到晚上确实就饿了，这时妈妈要怎么判断宝宝到底是饿了还是犯了奶瘾呢？

告诉妈妈一个简单的方法，就是在宝宝哭的时候摸摸宝宝的小肚子，如果宝宝的肚子瘪瘪的，摸上去软软的，就表示小宝宝确实饿了，这时候需要妈妈喂他奶喝啦；若宝宝的肚子鼓鼓的，并且拼命吮吸自己的手指，这就是犯了奶瘾，妈妈需要积极帮助宝宝戒掉这个坏习惯。

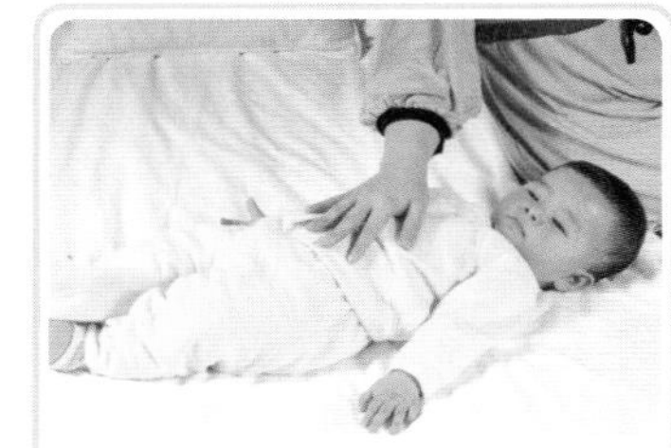

宝宝莫曦雅：妈妈可以通过抚摸宝宝的小肚子以查看宝宝是否饥饿。

2. 断夜奶的好方法

给宝宝断夜奶的方法有很多，下面就给妈妈们推荐三个断夜奶的好方法：

（1）睡前饱餐一顿

妈妈可以在下午 6 点钟左右让宝宝吃点儿米粉或粥，到了晚上 10 点的时候喝一大瓶奶，这样宝宝吃得饱饱的，夜里就可以睡个安稳觉了。随着宝宝肠胃功能的健全，妈妈还可以给宝宝添加鱼泥、肝泥等含铁丰富且易吸收的食物。

（2）半夜用温水代替奶

宝宝半夜醒来时，不要直接将宝宝抱起来，应尽量先拍宝宝一会儿，如果宝宝仍然哭泣，妈妈则可将配方奶调得稀一些让宝宝喝，并逐渐过渡到用温开水代替奶。

（3）调整作息时间

白天减少宝宝的睡眠时间，让宝宝多玩多动，这样宝宝在晚上的睡眠质量就比较高，睡觉时间比较长。妈妈们还可以选择让宝宝睡觉时间比平时稍晚一些，并在临睡前让宝宝吃得饱饱的，宝宝在夜里睡得也会比较香。

（四）观甲知健康：补足营养，呵护宝宝小指甲

指甲虽小，但却至关重要，它既可以保护宝宝的手指免受伤害，也是宝宝营养与健康状况的一面小镜子。因此，爸爸妈妈一定要悉心呵护宝宝的小指甲。

1. 宝宝健康指甲的样子

健康宝宝的指甲通常具有以下特征：

- 指甲呈可爱的粉红色，光滑亮泽。
- 指甲表面无斑点、无凹凸、无裂纹。
- 指甲坚韧且呈优美的弧形。
- 指甲半月颜色稍淡。
- 甲阔上没有倒刺。
- 轻轻压住宝宝的指甲末端，如果甲板呈白色，放开后立刻恢复为粉红色。

★ 宝宝李佳熹：妈妈需经常察看宝宝的指甲，一方面是为了察看宝宝的指甲是否长长了，另一方面则可以此来了解宝宝的健康状况。

若有上述特征，则说明宝宝的指甲十分健康，同时也表明宝宝的身体十分健康。

2. 补足营养，让指甲更健康

做过上面的测试后，相信现在应该是“几家欢乐几家愁”吧。宝宝指甲不健康，这是宝宝在借小小指甲向爸爸妈妈传递信号，想要让爸爸妈妈知道需要给自己补充下列营养啦。

（1）蛋白质

指甲中 97% 的成分是蛋白质，妈妈应坚持让宝宝每天摄入一定量的乳类，可有效预防宝宝指甲断裂。

● 含维生素食物——菠菜

（2）B族维生素

宝宝体内缺乏 B 族维生素会使宝宝的指甲变得粗糙。爸爸妈妈可以让宝宝吃些蛋黄、动物肝脏、绿豆与深绿色蔬菜等。

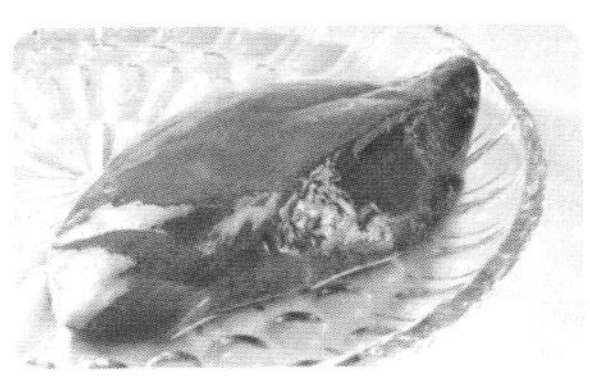

● 含锌食物——动物肝脏

（3）锌

宝宝缺锌，指甲上便会长出白色的斑点，可让宝宝多吃肉类、海产品、全麦食品等。

（4）胱氨酸

氨基酸之一的胱氨酸也是指甲成分之一，爸爸妈妈可以让宝宝多吃瓜果、蔬菜、坚果等来补充人体所缺的胱氨酸。

四、应对宝宝不适：科学护理保健康

大宇刚出生时，身体比较弱，经常生病，为此，大宇爸和大宇妈操了不少心。如今，在大宇爸和大宇妈的精心呵护下，大宇已经成长为一个身体强壮的小家伙啦。大宇爸妈是如何实现这一转变的呢？他们说，关键在于宝宝出现不适状况时，大人要及时做好护理工作。现在，就一起来看看宝宝这个月可能出现的不适状况吧。

（一）肠套叠：让宝宝大哭不止的元凶

一直十分活泼好动的朗朗突然哭了起来，屈着腿，面色苍白，额头上还冒出了好多冷汗，看上去好像身体某部位很疼痛。之后，朗朗便开始呕吐并拒绝吃奶。但过几分钟，疼痛感似乎消失了，朗朗又如常地玩了起来。但很快，宝宝又因为疼痛而大哭起来，并再次呕吐。这种情况真是让朗朗妈担心不已，朗朗到底得了什么病呢？

朗朗其实是患了肠套叠。肠套叠是指某段肠管进入了临近的肠腔内，引发肠道堵塞。肠套叠是小儿外科最常见的急腹症，多发于 6 个月至 1 岁的宝宝。

1. 宝宝患病有原因

宝宝出现肠套叠主要是由以下几个因素引起的：

（1）饮食性质和规律的改变

4~10 个月龄的宝宝正值从单纯吃母乳或配方奶到添加辅食或断奶的阶段，宝宝此时消化道能力相对薄弱，不能很快地适应新添加的食物的刺激，再加上有些爸爸妈妈喂养方法不当，极易引发宝宝肠套叠。

（2）肠炎、菌痢等疾病所引起

肠炎、菌痢等腹泻疾病会加速肠道蠕动，此时，宝宝的肠道功能发育尚未完全，肠道的过度蠕动会引发肠套叠。

（3）寄生虫和毒素的刺激等

寄生虫和毒素的刺激以及肠运动发生异常，使得宝宝的肠道难以抵抗或应对这些变化，极易发生肠套叠。

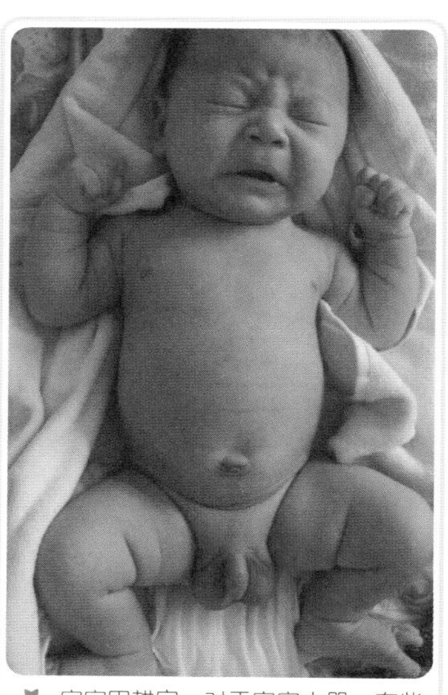

宝宝田耕宇：对于宝宝大哭，有些妈妈早已见惯不惊了。殊不知，宝宝大哭，有时可能是患上了肠套叠。

2. 宝宝生病，爸妈护理

宝宝患上肠套叠后，爸爸妈妈一定要细心照顾宝宝，采取以下方法对宝宝加以护理：

（1）气体灌肠法

婴儿肠套叠来势凶猛，但如果早期能够发现并确诊病情，95% 以上的患儿都可以通过气体灌肠法（通过塞入直肠内的导管，向肠道中注入一定量压力的气体，使套入的肠管逆行复位）而治愈，这个方法十分简单，效果明显，且不会给患儿带来痛苦。

（2）急诊手术

如果到了晚期（超过 2 天以上），患儿出现面色不佳、眼窝下陷、高热不退等症状，甚至出现脉搏微弱、手脚发凉等症状时，就不可使用简单的气体灌肠法来治疗了，这时候需要对宝宝进行急诊手术，但手术的危险性较大，因此此病还是早发现、早治疗为好。

（3）密切观察病情变化

宝宝患病期间，爸爸妈妈应当密切观察宝宝的病情变化，注意宝宝是否出现阵发性哭闹、呕吐等。一旦有异常出现，需立即告知医生。

3. 做好预防，将疾病挡在门外

要想预防宝宝发生肠套叠，爸爸妈妈需要在日常生活中做到以下几点：

（1）合理喂养

爸爸妈妈平时要注意科学喂养宝宝，不可让宝宝过饱或过饥。给宝宝添加辅食的时候，一定要遵循由少量到多量、由一种到多种、由粗到细、由稀到稠的原则。在炎热的夏季或宝宝身体不适的时候，宝宝的食欲会下降，适应能力较差，爸爸妈妈不宜给宝宝添加新的辅食。

（2）留心宝宝的变化

爸爸妈妈在日常生活中要注意观察宝宝的一切变化，发现问题就及时带宝宝去医院就诊，这样可以有效降低宝宝患肠套叠的几率；若是患病，则能得到及时有效的治疗。

● 妈妈切忌让宝宝吃得过饱，若宝宝已吃饱，不愿再喝奶，妈妈就不要强迫宝宝了。

（二）幼儿急疹：“疹”出热退

过年回老家，君君突然发热没精神，这可急坏了君君爸妈。第2天早上起床，君君又腹泻，带她到附近的医院验血，说是病毒感染。君君妈问医生是什么病，医生说是感冒。

回去给君君吃了药，病情并不见好转，晚上就烧到了39℃。农村迷信说是受惊了，婆婆甚至想找来村里的神婆来给君君“收魂”，幸亏君君爸强烈反对才没有这样做。

第3天，君君不但不见好转，体温反而升至39.5℃了，这让君君妈既心疼又着急，君君爸决定带君君去市区的儿童医院看看。医生诊断后说是病毒感染，又给君君开了退热药。听医生这么说，君君爸妈回家便继续给君君服退热药，君君服药后仍持续发热。

第4天，君君妈发现君君的身上、胳膊上、脸上、脖子底下长了好多红点，这些小红点究竟是什么呢？君君妈百思不得其解。

这些小红点呀，就是“疹子”，它的学名叫“幼儿急疹”，也称“玫瑰疹”。

1. 幼儿急疹，“热退疹出”

幼儿急诊常发生于1周岁以下的宝宝身上，由于起病急、出疹快，因而被称为“急疹”，其特点为“热退疹出”。宝宝最初感染幼儿急疹时并无什么明显症状，随后会突然起病，持续发高烧3~5天，体温可升至39℃~41℃。有的可能伴有轻微的腹泻、厌奶、呕吐、睡眠不好等症状，情况较为严重的宝宝还会出现淋巴结肿大、嗓子红肿等症状。退热后，宝宝的身上、胳膊上、脖子上会长出很多红色的小疹子，这些疹子会在24小时内出齐，经过1~2天可消退。疹子消退后并不会在宝宝稚嫩柔滑的皮肤上留下痕迹，这一点爸爸妈妈无须担心。

宝宝陈海莹

2. 都是病毒惹的祸

幼儿急疹是由疱疹病毒感染所引起的一种出疹性疾病，通过呼吸道传染，一年四季均可发病，尤其在春、秋两季节较为普遍。宝宝患上幼儿急疹很大程度上源于成人，因成人感染了疱疹病毒时并不发病，但其病毒却会通过呼吸道飞沫传染给宝宝。

3. 宝宝患病巧护理

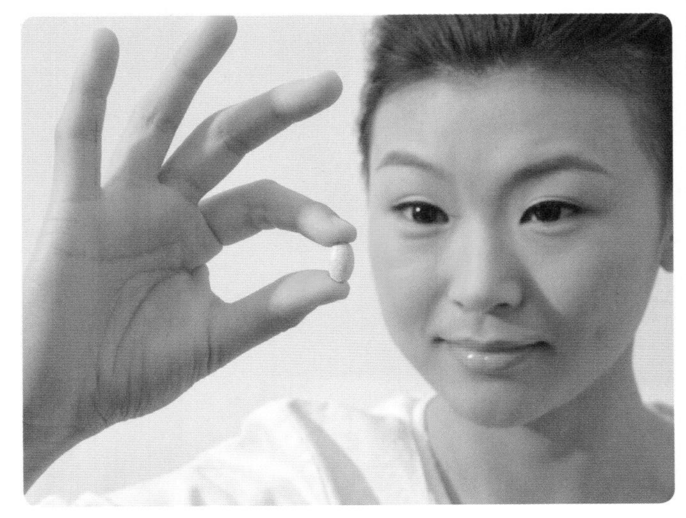
宝宝患有幼儿急疹，给宝宝用药时要谨慎。

幼儿急疹并不是什么大病，虽然它是一种传染性疾病，但其传染性并不是很强，治愈之后对宝宝的身体健康并无太大影响。而且宝宝出过一次幼儿急疹后，就不会再出了，爸爸妈妈无须为此太过担心。不过，宝宝得了幼儿急疹后的护理工作仍然十分重要。

注意休息：宝宝患病后，爸爸妈妈要注意多让宝宝卧床休息，被子不应盖得太厚太多，所处的室内要安静，定时开窗换气，以保持室内空气的清新。

物理降温：宝宝高热时，要不停地给宝宝擦拭，进行物理降温，另外也要注意保暖，别让宝宝着凉。当宝宝的体温超过 39℃时，可用浓度为 75% 的酒精为宝宝擦身，防止宝宝因高热引起惊厥。

喝水排毒：爸爸妈妈要多给宝宝喝水，这样可以通过汗尿而实现排毒的目的。

谨慎用药：由于幼儿急疹的症状和感冒的症状看起来很像，有些妈妈便会在宝宝患病初期给宝宝吃形形色色的抗生素或输液，殊不知，这会对宝宝的身体抵抗力造成极大的伤害。在宝宝患幼儿急疹后，爸爸妈妈一定要谨慎用药，悉心观察病情的发展。

心理调试：通常，得了幼儿急疹的宝宝会变得烦躁不安、易疲倦、爱哭闹，爸爸妈妈这时候要多给宝宝一些抚摸，给予宝宝更多的关心与爱，让宝宝有足够的安全感。

4. 做好预防，谨防疹发

幼儿急疹现在确定为疱疹病毒 6 型或 7 型感染，要想不生病，一要切断感染源头，加强隔离；二要增强宝宝抵抗力，做好“三浴”（日光浴、空气浴和水浴）。

（三）流口水：宝宝口水源源不绝为哪般

最近，大宇总是流口水，这可忙坏了大宇妈，每天都要给大宇换洗三四次衣服。只是换洗衣服也就罢了，关键是大宇流了口水后，脖子下边一片红，还长出了小红点，这可真是一件麻烦事，为此，大宇妈烦恼不已。

每个宝宝都要经历一段流口水的时期，有些宝宝流口水多一些，有些宝宝流口水少一些。宝宝流口水并不是疾病，而是一种生理现象，但这也给爸爸妈妈护理宝宝带来了不少麻烦，不仅需要经常给宝宝更换口水巾和衣服，宝宝的局部皮肤还会因为口水长期浸渍而发红、破损甚至糜烂。

1. 宝宝流口水原因多

一般来说，宝宝流口水是由以下几方面原因引起的：

（1）大部分宝宝流口水为生理现象

5~6 个月时，宝宝唾液腺发育成熟，唾液会显著增多，而宝宝的口腔比较浅，吞咽和调节功能发育还不够完善，不能及时吞咽下分泌后积存在口腔中的唾液，而且因为闭唇、吞咽动作还不够协调，因此就会出现口腔中唾液溢流出嘴巴外的现象。

通常，宝宝流口水最多的时期正好处在长牙阶段，乳牙的萌出顶破牙龈，会刺激到牙龈的神经，更加刺激到唾液腺，呈现反射性唾液分泌量增加。

另外，宝宝处于辅食添加期时，口水也会较多。这是因为宝宝的饮食中逐渐加入了含淀粉等营养成分的糊状食物，宝宝的唾液腺受到这些食物的刺激后，唾液分泌会明显增加，当口腔内的口水存到一定量时就会流出。

（2）警惕由疾病引起的流口水

上述现象都属于宝宝正常的生理现象，不算是病。但是爸爸妈妈对于宝宝流口水也不要掉以轻心，实际上有很多流口水现象是由疾病引起的。

腮部腺体疾病：如果大人们经常因宝宝好玩而捏压小儿脸颊部，就会使宝宝腮部腺体机械性损伤而导致流口水。

咽部疾病：宝宝若出现扁桃体肿大、咽喉发炎，也会导致宝宝流口水。

● 宝宝最近总是流口水，妈妈刚给他换上一件衣服，瞧，口水又流到了衣服上。

口腔疾病：如果宝宝患有口腔疾病，如口腔炎、黏膜充血或溃烂，或舌尖部、颊部、唇部溃疡等，也会导致流口水。

脑部疾病：如果宝宝持续性流口水，且其生长发育明显落后于其他同龄宝宝，或经常吐舌头、喂养困难、表情呆滞，爸爸妈妈则要考虑宝宝是否患有脑部疾病或是先天性发育异常。脑部的疾病也会引发宝宝的调节吞咽功能出现障碍，出现持续性地流口水。

2. 招招有效：护理口水宝宝的简单方法

别看流口水是小事，即使是生理性的流口水也要注意家庭的护理，因为宝宝流口水会常常打湿衣襟，容易感冒并诱发其他疾病。而病理性流口水，如脑炎后遗症、呆小症、面部神经麻痹等导致的唾液调节功能失调，则一定要及时采取相关疗法进行治疗。

一般来说，宝宝若是生理性流口水，爸爸妈妈则可以采取简单的家庭护理方法对宝宝加以护理。

（1）少量多次喂水

爸爸妈妈应少量多次给宝宝喂水，这样可以保持宝宝口腔黏膜的湿润和口腔的清洁。

（2）随时擦拭口水

注意随时用质地柔软、吸水性强的毛巾或手帕为宝宝擦去口水，动作一定要轻柔，切忌用粗糙的毛巾或手帕在宝宝嘴边擦来擦去，这样很容易让宝宝稚嫩的肌肤受伤，最好是轻轻地蘸去流在嘴边的口水，爸爸妈妈应尽量避免用含香精的湿纸巾帮宝宝擦拭脸部，以免刺激皮肤。

宝宝李佳熹：宝宝口水较多时，妈妈可以用毛巾轻柔地为宝宝擦去口水。

（3）定时清洗

由于宝宝口腔周围的皮肤十分娇嫩，爸爸妈妈每天要至少用清水给宝宝清洗两遍。这样可以让宝宝口腔周围的皮肤保持干燥、清爽，不易让宝宝因此而患上湿疹。

（4）饭前勤洗手

爸爸妈妈每次喂养宝宝之前，一定要注意洗手，防止将手上的病菌带入宝宝的口中而引发口腔感染。

（5）消毒工作要做好

爸爸妈妈一定要重视宝宝用具的卫生消毒工作，尤其是乳头、奶瓶、奶锅、杯、匙等器具的清洁消毒，一般清洗后煮沸消毒 20 分钟即可。

（6）清洗枕头

宝宝如果习惯趴着睡觉，口水会尽数流到枕头上，容易使里面滋生细菌，因此爸爸妈妈一定要经常清洗、晾晒、更换宝宝的枕头。

● 要让宝宝多吃新鲜果蔬，西红柿就是一个不错选择。

（7）注意饮食

爸爸妈妈要注意平时多让宝宝吃新鲜水果、蔬菜等食物，避免让宝宝吃巧克力、糖果等甜食，以帮助宝宝每天排便通畅。

（8）围嘴儿口罩混着用

纱布做的口罩吸湿性较好，而且比较柔软，清洗起来比较方便，不足之处是样式不太好看。爸爸妈妈可以给宝宝买一些样式好看的围嘴，其材质选用柔软、略厚、吸水性强的布料为宜。在家的话，就给宝宝用纱布做的口罩，出门的话就换成围嘴。

最后需要提醒爸爸妈妈的是，如果宝宝口水流得特别严重，爸爸妈妈就要带宝宝去医院，让医生检查一下宝宝的口腔内部有无异常病症、吞咽功能是否正常等。

3. 做好预防，让宝宝远离口水

即使是像宝宝流口水这样的“小事”也是可以预防的，具体方法如下：

食物选择：对于生理性的流口水，爸爸妈妈可以给宝宝买磨牙饼干，帮助宝宝长牙齿，减少流口水的。

口腔卫生：在日常生活中，注意保持宝宝的口腔卫生。如果宝宝口腔不卫生，易导致细菌的繁殖，牙缝和牙面上的食物残渣或糖类物质的积存，容易发生龋齿、牙周病等，这些不良因素的刺激可能造成宝宝流口水。妈妈可在喂完奶后，让宝宝喝些水或是用干净的纱布蘸盐水来帮宝宝进行口腔清洁。

不良习惯：注意不要让宝宝啃咬东西，如啃指甲、吐舌等，因为这样容易造成前牙畸形，导致流口水。

妈妈注意不要让自己或别人捏弄宝宝的脸颊，以免造成腮部腺体机械性损伤而流口水。

（四）腹泻：宝宝消化道出问题了

乐乐肠道不是很好，上个月经常便秘，在乐乐妈的精心护理下，好不容易才使乐乐的便秘状况有所好转。但这个月，乐乐却又开始腹泻不已，每天都要拉上个七八次。看着乐乐那瘦下来的小脸，可把乐乐妈给心疼死了。

腹泻是婴幼儿最常见的消化道综合征，没有发生过腹泻的宝宝并不多见，此症在6~11月的宝宝中更为常见。

1. 生理性腹泻与判别方法

所谓生理性腹泻并不是疾病，它和生理性溢乳、生理性贫血等是同样的概念。那么，如何判断宝宝出现的是生理性腹泻呢？爸爸妈妈可以根据以下几点做出判断：

■ 腹泻次数每天不超过8次，每次大便量不多。

■ 大便虽然不成形、较稀，但含水分并不多，成黏稠状。

■ 大便没有特殊臭味、色黄，可有部分绿便，可含有奶瓣，尿量不少。

■ 宝宝精神好，吃奶正常，不发热，无腹胀，无腹痛（腹痛的宝宝哭闹，肢体卷缩，臀部向后拱）。

■ 体重正常增长。

■ 大便常规正常或偶见白细胞、少量脂肪颗粒。

2. 宝宝腹泻有原因

宝宝腹泻的主要原因是免疫力差，尤其是肠道的免疫功能差。刚离开母体的宝宝自身的抵抗力比较弱，当肠道受到感染时没有能力去战胜病毒，便很容易患上感染性腹泻。此外，下列因素也可以引发宝宝腹泻：

喂养：给宝宝喂食的奶粉过浓、奶粉不适合宝宝体质、奶液过凉、奶粉中加糖、过早添加米糊等淀粉类食物，都很容易导致新生儿积食，从而引起宝宝腹泻。宝宝消化系统功能发育还不够完善，所以，吃得太多、吃了不干净的食物或腐败变质食物均易引起腹泻。

疾病：宝宝感冒了一般会伴随腹泻症状，肠道轮状病毒感染也会引起腹泻，甚至是中耳炎等呼吸道感染疾病都会引起腹泻。

体质：属于过敏体质的宝宝饮用牛奶或奶粉之后会因为牛奶或奶粉蛋白质过敏而腹泻。

气候：气候突然变化，宝宝腹部受凉使肠蠕动增加或因天气过热使消化液分泌减少，都可诱发腹泻。

爸爸妈妈要认真观察宝宝的病情，以便及早发现宝宝腹泻的病因，这样就可以早日对症施治。

3. 巧妙护理，快速治愈宝宝腹泻

宝宝发生腹泻的时候，爸爸妈妈没必要太过惊慌。先要观察宝宝的症状，而不要急着求医问药。以前大多数用来治疗腹泻的药物，要么是毫无用处，要么对身体有潜在的危险，所以千万不要乱用。一般的腹泻，爸爸妈妈通过简单的家庭护理就可以治愈了。

（1）合理选择喂养食物

如果是纯母乳或纯配方奶喂养，添加辅食后出现腹泻情况，就应立即停止给宝宝添加辅食。

如果妈妈母乳不足，给宝宝添加配方奶之后宝宝出现腹泻现象，爸爸妈妈可以考虑给宝宝选择其他品牌的配方奶。若仍然无效，可以减少配方奶的量，适当添加一些米粉。

如果给宝宝添加米粉后，腹泻情况更为严重，爸爸妈妈应该立即停止给宝宝添加米粉，继续给宝宝添加配方奶。

（2）少食多餐，保证营养

腹泻期间一定要保证宝宝的营养。在此期间，爸爸妈妈应遵循少食多餐的原则，每天至少给宝宝进食 6 次。

（3）补充水分，防止脱水

宝宝发生腹泻时，爸爸妈妈要注意提供给宝宝充足的水分。如果宝宝不愿意喝水或吃东西，或者频繁腹泻，妈妈就应该给他服用一些特别的混合剂，比如含有葡萄糖和适量盐分的补水液。这些东西在市场上可以买到，或者通过医生处方在药店里也可以买到。

（4）观察宝宝大便巧应对

对于腹泻的宝宝，爸爸妈妈要认真观察宝宝的病情并记录下宝宝大便的次数、性状、颜色及量的多少等，这可以为医生制订治疗计划提供很好的依据。

呈臭鸡蛋味：这种情况多是由蛋白质消化不良而引起的，应适当减少蛋白质的摄入量。

多泡沫，有酸臭味：如果宝宝的大便多泡沫、有酸臭味，这可能是奶中加多了糖所引起的，爸爸妈妈应在奶中少加糖或是换一种含糖量较低的配方奶。

有奶瓣：若大便中有奶瓣，则往往是宝宝消化不良的表现，爸爸妈妈应多注意宝宝的饮食，注意减少奶量和食量，以减轻宝宝消化系统的负担。

大便发绿：若宝宝大便发绿，那是因为宝宝腹部受凉，肠蠕动增快，过多的胆汁进入大便而造成的。出现这种情况时，爸爸妈妈应注意让宝宝腹部不要受凉，晚上注意给宝宝盖被子。

呈水样或含脓血：如果宝宝的大便呈水样（似蛋花汤样、水便分离）或含脓血，则多因为病毒或细菌感染而引起，需在医生的指导下治疗。

（5）呵护宝宝的小屁股

腹泻过多的话，宝宝的小屁股就会受到污染，同时腹泻时的粪便对宝宝娇嫩的皮肤刺激较大，如果不注意清洁就容易引起臀部溃烂。因此，宝宝每次排便后，妈妈都要用温水洗洗宝宝的小屁股。

尿布最好用柔软清洁的棉尿布，且要勤换洗，以免发生红臀及尿路感染。如果小屁屁发红了，应将它暴露在空气中自然干燥，然后涂抹一些尿布疹膏，宝宝的红臀现象很快就会消失的。

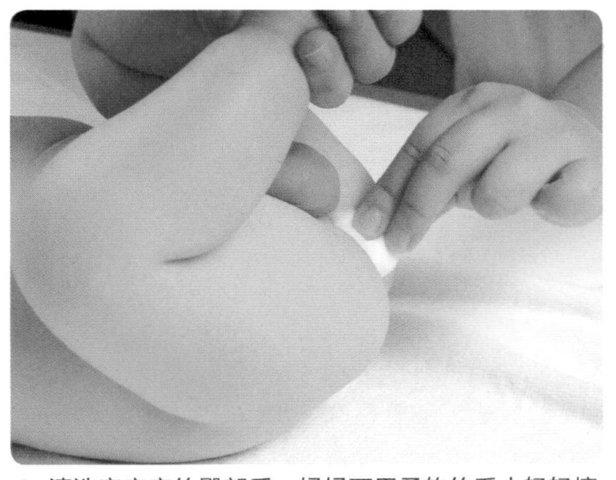

● 清洗完宝宝的臀部后，妈妈可用柔软的毛巾轻轻擦拭，将水分擦掉。

（6）注意宝宝用品的消毒卫生

爸爸妈妈还应注意宝宝用品的消毒卫生，宝宝的玩具、儿童车、奶瓶、橡皮奶嘴、餐具等要及时地进行消毒，宝宝的衣物、被子要勤洗勤晒。

（7）按摩保暖宝宝腹部

宝宝发生腹泻时，经常会因为肠道痉挛而引发肚子疼，这时，爸爸妈妈应当注意对宝宝腹部的保暖，可以有效缓解肠道痉挛，达到减轻疼痛的目的。爸爸妈妈还可以适当地对宝宝的腹部进行按摩，也可以达到缓解疼痛的目的。

4. 做好预防，跟腹泻说Bye Bye

宝宝的肠胃非常脆弱，长期腹泻会导致宝宝失水过多及营养不足，对宝宝的身体伤害甚大。所以，爸爸妈妈们一定要注意做好预防工作。

对于处于哺乳期的宝宝来说，最好采用母乳喂养方式。因为母乳是无菌的，而且有各种病菌的抗体，对肠道感染有一定的抵抗力，因此母乳喂养的宝宝不易患腹泻。如果没有条件进行母乳喂养，也要进行正确的人工喂养，尤其是要保持奶具的干净卫生。

对于稍大一点的宝宝，爸爸妈妈要注意宝宝平时的饮食卫生，注意宝宝的手部清洁，做到饭前、饭后、便后都洗手；定期给玩具和食具煮沸消毒，在给宝宝喂奶之前母亲要用温开水洗净乳头；合理喂养，给宝宝充足的营养，注意饮食的均衡；留心天气变化，给宝宝做好保暖工作；观察宝宝是否属于过敏体质，如果是就不要喂食可能引起过敏的食物。

五、早教：开发宝宝的智力潜能

在这个月，宝宝的好奇心和求知欲更强了。瞧，大宇爸和大宇妈就利用宝宝的这一特点在对大宇进行早教呢。只见大宇爸和大宇妈准备了一些有趣的玩具，其中有个玩具是大宇最喜欢的，这玩具按下按钮就有音乐响起同时会跳出一个小玩偶，大宇每次都会一遍遍地玩呢。

（一）益智亲子游戏

玩水是宝宝的天性，大宇就很喜欢玩水。在给大宇洗澡的时候，大宇爸和大宇妈会准备一些颜色鲜艳的小玩具，让其漂浮在浴缸中。这样，在给大宇洗澡的时候，大宇妈就会引导大宇去抓水上漂浮的玩具，这个游戏使得大宇再也不害怕洗澡啦，同时也提高了大宇的视觉追踪能力和抓握能力。

此外，爸爸妈妈可以经常和宝宝做一些亲子小游戏，这有助于开发宝宝的智力。

1. 藏猫猫：增强宝宝想象力

5 个月以前的宝宝，外界物体在他的脑海里尚不能形成具体的印象，但 5 个月以后的宝宝就有了这种能力。我们利用宝宝的这种能力和宝宝藏猫猫。这游戏很简单，方法如下：

01 妈妈可以用手绢蒙在宝宝的脸，并说："看不见了"，让宝宝自己寻找妈妈在哪儿。这时，宝宝就会试图用小手拉下手绢。

02 当宝宝开始用手拉手绢时，妈妈可以拿开手绢，让宝宝的小脸露出来，并对宝宝微笑，说"妈妈在这里"。

藏猫猫这个游戏可以让宝宝意识到，虽然宝宝的脸被手绢挡住了，暂时看不到妈妈，但妈妈并未消失，而是在手绢后面，一旦移开手绢，妈妈就会出现。

经过多次玩藏猫猫的游戏，妈妈可以试着用手绢将脸蒙上，宝宝就会用手去掀妈妈脸上的手绢，这一进步可真不小，这表明宝宝已经可以对事物做出判断，并付诸行动，体现了宝宝大脑的思维活动。藏猫猫游戏不仅能够让宝宝感到快乐，还有助于增强宝宝的想象力。

2. 你看你看，妈妈的脸：加强宝宝大脑的视觉潜能

妈妈可以和宝宝一起玩“你看你看，妈妈的脸”这个有趣的小游戏。游戏方法为：

这个游戏可以对宝宝形成有利的视觉刺激，加强宝宝大脑的视觉潜能，有助于培养宝宝的观察力，并能使宝宝面临困难时可以在最短的时间内找到事物之间的联系及解决问题的办法，充分发挥宝宝的聪明才智。

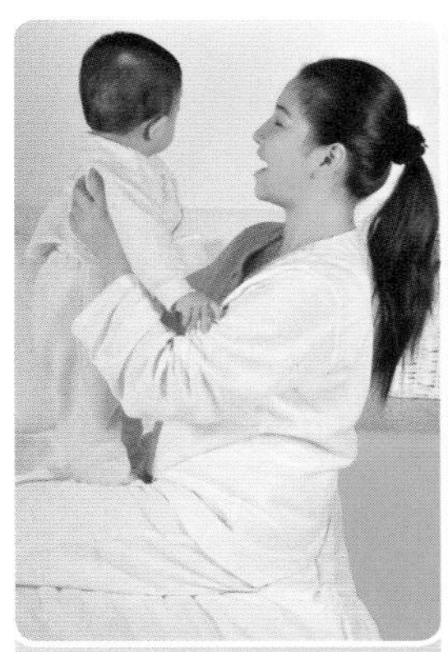

01 妈妈坐在床上或地毯上，两腿伸直，抱住宝宝的腋下，让宝宝站在自己的膝盖上。

02 妈妈屈膝时，宝宝会上升，妈妈边做边说：“妈妈的脸在下面。”

03 放平膝盖时，宝宝就会下降，妈妈边做边说：“妈妈的脸在上面。”

04 妈妈可以和宝宝反复做几次这个游戏，让宝宝从上上下下不同角度观察妈妈的脸。

3. 语言训练：辅音练习

这个月，宝宝已经开始学会发一些单音了，爸爸妈妈可以在此基础上教宝宝发一些简单的辅音，如 ma-ma、ba-ba、ya-ya、wa-wa 等。在宝宝模仿发音的时候，妈妈还可以指着声音所对应的人或物，如说到 ma-ma 时，可以指着自己；说到 ba-ba 时，可以指着爸爸；说到 ya-ya 时，可以指着玩具鸭子；说到 wa-wa 时，可以指着玩具娃娃，这样有助于宝宝更快地学会发音，同时，还能提高宝宝的认知能力。

（二）体能训练

这个月，宝宝坐的能力有了很大的提高。爸爸妈妈可以对宝宝进行独坐训练，这样可以使宝宝的大动作运动能力得到有效提高。同时，爸爸妈妈还可以让宝宝做一下撕纸游戏，以增强宝宝的手部灵活性。

1. 独坐练习：学会独坐，改善宝宝视觉效果

让宝宝学会独坐，对于改善宝宝的视觉效果有着重要的作用。这一个月的独坐训练十分重要，爸爸妈妈一定要抓紧时间对宝宝进行训练。

宝宝开始独坐，两腿分开大于 90°，使宝宝的支撑面积尽量的大；两臂放置于体前两腿之间，让重心尽可能在支撑面的中间。爸妈用手在宝宝胸前和背后保护，防止宝宝摔倒。

独坐练习开始阶段，每次时间要短，即使宝宝已经能独立坐了也只让他坐 3 ~ 5 秒钟就休息，以防骨骼畸形。在宝宝能独立地坐后，可让宝宝自己控制坐的时间。

2. 撕纸游戏：锻炼宝宝的手指灵活性

大多数宝宝这个月会有撕纸、咬纸的现象发生，对此，爸爸妈妈千万不要阻止。其实宝宝撕纸，就像他们学走路一样正常。爸爸妈妈可以跟宝宝一起来玩撕纸游戏，游戏方法为：

01 在进行撕纸游戏时，爸爸妈妈可以选择一些干净、质地柔软的纸，先向宝宝演示一下撕纸动作。

02 然后，将纸的一头交给宝宝抓住，爸爸或妈妈抓住另一头，示意宝宝一起用力，直到把纸撕坏。

03 交给宝宝一张纸，让宝宝抓住纸的两端，爸爸或妈妈两手抓住宝宝的小手，共同将纸片撕开。

04 让宝宝独自练习撕纸片。

刚开始，不管宝宝撕成什么形状，爸爸妈妈都要给予宝宝鼓励。之后，爸爸妈妈可将纸撕成三角形、方形、圆形，并将其摆放在宝宝的面前，告诉宝宝每一个是什么图形。这能让宝宝有一种良好的视觉体验，还能增强宝宝对简单图形的记忆储存。与此同时，撕纸游戏可以使宝宝的手部肌肉力量和手部的灵活性得到很好的锻炼，促进宝宝脑功能的健全和成熟。

3. 大拇指与食指的对捏练习：帮助宝宝学会捏细小物品

在这个月里，妈妈可以训练宝宝进行大拇指与食指的对捏练习，让宝宝学会捏起一些细小物品，如米粒、葡萄干等。

大拇指与食指对捏是人类特有的一个动作，对促进宝宝大脑发育极有好处。需提醒妈妈，在对宝宝进行训练的过程中，一定要注意宝宝的安全，防止宝宝将拿到的东西吞入口中。

01 在小碗中放入一些细小物品（如葡萄干或其他果干等），让宝宝用大拇指和食指对捏的方法去拿。

02 若宝宝无法够到小碗中的细小物品，妈妈可以将小碗放得稍微高一些，方便宝宝够到。

03 妈妈可以在一旁抓着宝宝的小手，帮助宝宝拿到细小物品。经过一段时间的练习，宝宝就可以用大拇指和食指将细小物品捏起了。

4. 蹬车游戏：发展宝宝的肢体运动能力

妈妈给宝宝换完尿布或洗完澡后，如果宝宝心情很不错，妈妈就可以和宝宝一起做蹬车游戏。游戏方法如下：

这个游戏可以发展宝宝的肢体运动能力，提高宝宝的运动智能。

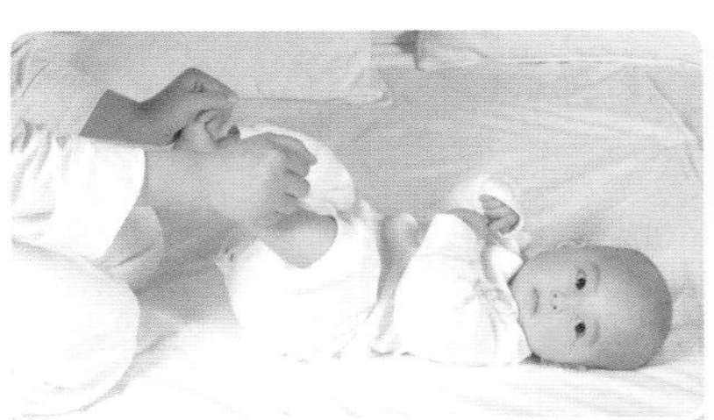

01 让宝宝仰卧，妈妈用双手轻轻抓住宝宝的小脚丫，但注意抓宝宝小脚丫的力度一定要适当，千万不要太用力哦。

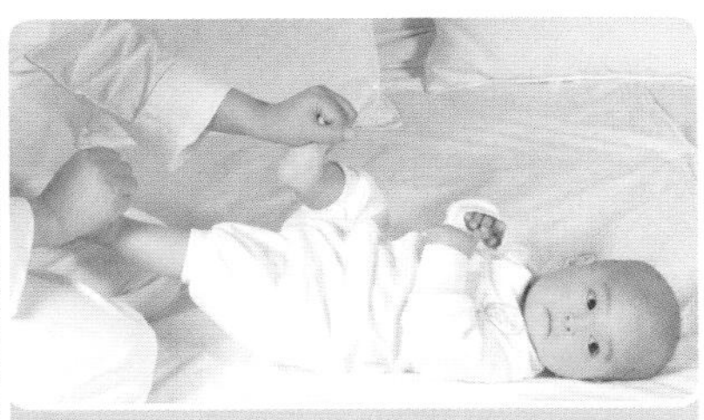

02 接下来，妈妈要让宝宝的脚像蹬自行车一样活动。在玩这个游戏的时候，妈妈最好注视宝宝的眼睛，并对宝宝说：“宝宝蹬车车玩去喽。”

Part 07

The Seventh Month: I Can Sit All by Myself

6~7个月 我会独坐了

这个月，我已经能独坐好一会儿了，
这归功于妈妈早早地就对我进行了独坐训练。
当我能完全独坐时，就可以独自玩耍了，
不必时刻再让妈妈抱着或者扶着，
这样，妈妈照看我时也就不会那么累了，
我用我的成长来报答妈妈的爱，妈妈你感觉到了吗？
这个月，妈妈要继续强化我的独坐能力，
多给我适当的训练，同时还可训练我练习爬行哦，
这些运动都能锻炼我的运动能力、全身协调能力，
甚至是智力。我还喜欢上了模仿大人的行为，
大人们都觉得很好笑，殊不知，
模仿行为能帮助我更好地认识这个世界，
增进我的智力，爸爸妈妈可要好好利用我的模仿欲望，
多给我进行语言、动作的训练哦！

一、成长发育：宝宝月月变化大

萱萱过了半岁以后和爸爸妈妈交流的方式越来越多啦，她时常通过自己丰富的表情来表达自己的喜怒哀乐。当萱萱高兴时，她会手舞足蹈，有时候还会开心地拍着她的小手；而当爸爸妈妈没有满足她的愿望时，她就会将小脸皱起来，有时候会乱扔东西。每次萱萱要起小脾气来，萱萱爸都会说："哟，我家闺女长大了，都懂得使小性子了。"宝宝的变化总是惊人的，那么在这个月里，宝宝又会有什么令人意外的变化呢？

（一）本月宝宝身体发育指标

在外人眼中，萱萱虽不是个小胖妞，但绝对不瘦。不过，爱孙心切的奶奶却认为萱萱不够胖。虽然萱妈跟老人解释说"萱萱身上的肉比较结实"，但老人依旧将信将疑。既然如此，那就用数据说话吧。接下来，就和萱妈一起来看看本月宝宝的身体发育指标吧。

表7-1：6~7个月宝宝身体发育指标

特征	男宝宝	女宝宝
身高	平均70.1厘米（65.5~74.7厘米）	平均68.4厘米（43.6~73.2厘米）
体重	平均8.8千克（6.9~10.7千克）	平均8.2千克（6.4~10.0千克）
头围	平均45.0厘米（42.4~47.6厘米）	平均43.8厘米（42.2~45.4厘米）
胸围	平均44.9厘米（40.7~49.1厘米）	平均43.7厘米（39.7~47.7厘米）

（二）本月宝宝成长大事记

现在，萱萱已过半岁啦。从学会抬头，到学会翻身，再到如今学会独坐，萱萱的每一步成长都令萱萱妈感到无比欣慰和自豪。每个月，萱萱妈都会记下萱萱的成长大事。在这个月里，萱萱又会有什么"成长的故事"载入妈妈的育儿日记呢？

1. 身体发育趋于平缓

这个时期的宝宝，身体发育开始趋于平缓，但总体还是在逐步增长。在这个月里，宝宝的身高平均增长 2 厘米，但这只是平均值，实际可能会有较大的差异。因为宝宝身高增长有时也会像芝麻开花一样，一节一节的，这个月没怎么长，下个月却长得很快。爸爸妈妈要动态观察宝宝的生长。与身高相比，宝宝体重波动不大——平均增长 450~750 克。此外，头围平均增长 1 厘米。

2. 宝宝牙齿又长出1颗

在这个月里，萱萱的牙齿又长出了 1 颗，这可真让萱萱妈高兴。现在，萱萱可以吃到更多美味的食物啦。

在本月，许多宝宝下面的 2 颗门牙就露出来了，但也有的宝宝要到快 1 岁才开始长牙。出牙期间，宝宝的口水更多，牙床发痒，抓住什么咬什么，妈妈可以给宝宝磨牙棒或者硬的水果让他放在口中咀嚼。

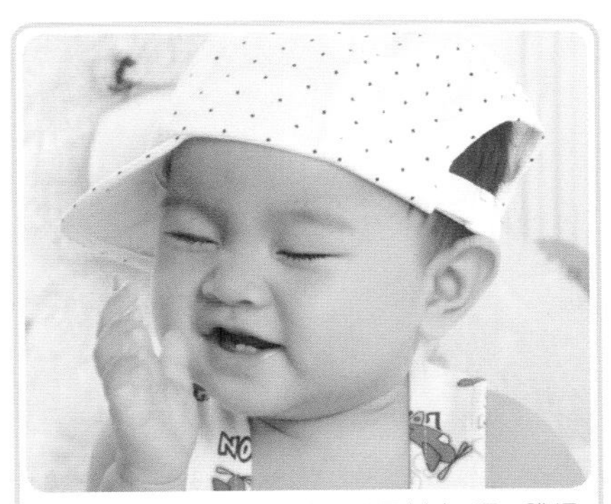

宝宝周里萱：萱萱的牙齿又长出1颗，瞧把她给高兴的。

3. 情感发育：宝宝情感表达越来越丰富了

这个月里，萱萱的情感变得越来越丰富了，如果萱萱妈将她手中的玩具拿走，她就会撅起小嘴；若是妈妈不将玩具还给她，她就会放声大哭。

在这个月里，宝宝的高兴或不高兴都会"写"在脸上，爸爸妈妈可以通过观察宝宝的表情或眼神，来判断宝宝是要玩、要吃还是拉或者睡。见到陌生人时，宝宝的双眼会一眨不眨地盯着陌生人，或者会表现出不快，还可能把脸和身体转向亲人。

宝宝周里萱：萱萱的情感表达变得越来越丰富了，一不如意，她就会生气地撅起小嘴。

4. 动作发育：宝宝能坐稳，开始练爬行

现在，萱萱的脊背已经能够挺得直直的，她的坐姿也变得越来越规范，坐得也越来越久、越来越稳，再也不会像以前那样东倒西歪了。

在这个月里，宝宝坐的能力有了很大的提高，他的坐姿变得越来越稳当，还可以从趴着的姿势转变成坐姿。有时，宝宝会趴着转圈，找自己的小脚。

宝宝莫曦雅：宝宝听到妈妈的呼唤，应声回头。可见，她已经开始能听懂大人说的话了。

这个月，小宝宝还会开始练习爬行，其爬行动作会变得渐渐很有章法：两只小手在前面撑着，小腿在后面使劲蹬，而且还能用胳膊做支点转圈或后退。当你拉宝宝站起来时，宝宝会自己用力，平衡能力也越来越强。

5. 听觉发育：开始能听懂大人的话了

以前处于懵懂状态的宝宝，到本月混沌初开，能听懂大人说的一些话了。如宝宝特别喜欢到户外去，当妈妈抱起他说“我们到外头玩去”，他会用小手指着大门，脸上露出开心的笑容。不妨多跟宝宝交流吧，宝宝虽然不能说，但他已经开始明白你说的话了。

二、日常护理：细心呵护促成长

6个月以后，萱萱的抵抗力和免疫力急速下降，再加上现在正值秋冬交替之际，以前健健康康的萱萱如今经常生病。在这个月里，做好对萱萱的日常护理成了爸爸妈妈的一项艰巨的任务。爸爸妈妈要怎样给萱萱喂药呢？如何增强萱萱的免疫力呢……现在就来学习一下吧。

（一）让宝宝乖乖吃药的秘诀

这个月里，萱萱的抵抗力急速下降，极易生病，而给萱萱喂药则成了萱萱爸妈的梦魇。有时候，萱萱爸妈在对萱萱“威逼利诱”以及采取一系列如按头、撬嘴、捏鼻子等强硬措施后，萱萱仍然不买账，横竖就是不肯吃药。爸爸妈妈这方喂药喂得满头大汗、手足无措，萱萱那方却是哭得声嘶力竭，百般抗拒。

宝宝邢睿瑶：宝宝很不喜欢吃药，一看到妈妈拿药过来就大哭。

给宝宝吃药俨然已经成了一场没有硝烟的战争。很多爸爸妈妈经历过给宝宝喂药的艰辛后，都会祈祷：小宝宝，你可再也不要生病了。宝宝不生病？这可能吗？答案当然是不可能！这就意味着宝宝生病时，爸爸妈妈还是得乖乖给宝宝喂药。

其实，在给宝宝喂药时，只要掌握一些方法和技巧，喂药就会变成一件轻松活儿！

1. 喂药辅助工具：让宝宝乖乖吃药的“法宝”

正所谓“工欲善其事，必先利其器”。爸爸妈妈若是能有效地使用喂药的辅助工具，就可让喂药过程变得更加顺利。下面，就一起来看看这些让宝宝乖乖吃药的“法宝”吧。

汤匙： 适合新生儿至1岁以下宝宝。

针筒或滴管： 对尚未学会吞咽的宝宝最为适合。

药杯： 适用于已经会吞咽的1岁以上的宝宝。

甜点诱惑： 对于6个月以上的宝宝，可以准备小零食作为宝宝吃药后的奖励。

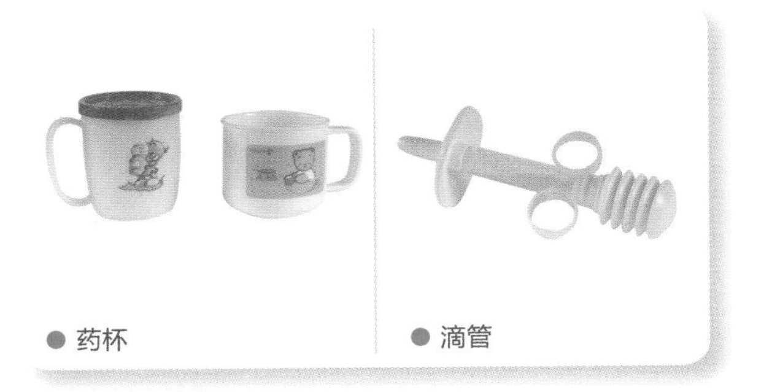

药杯　　滴管

2. 做好喂药前准备，让小宝宝乖乖吃药

想要轻松给宝宝喂药，就一定要做好喂药前的准备。一般来说，爸爸妈妈在喂药前需要做好以下准备事项：

■ 准备好要喂的药物，再仔细看一遍说明书，检查药盒上的名字、日期，核对一下药量，重新看一下药物是要饭前吃还是饭后吃。若有疑问应向开药医师咨询，以求安全。

■ 给宝宝戴好围嘴，并在旁边准备好卫生纸或是毛巾，以方便药物溢出时及时擦拭。

■ 清洗好喂药所需的辅助工具，并放置在药物旁边。

■ 喂药者要用洗手液洗净双手。

■ 准备一些白开水。

做好这些准备工作之后，爸爸妈妈就可以开始给宝宝喂药啦。

3. 饭前还是饭后，喂药时间巧选择

爸爸妈妈要选择饭前 0.5 ~ 1 小时这段时间给宝宝喂药，此时宝宝的胃内已排空，有利于宝宝对药物的吸收，并能有效避免宝宝服药后呕吐。需要提醒爸爸妈妈的是，一些对胃部有强烈刺激作用的药物，如阿司匹林、扑热息痛等，需在宝宝饭后 1 小时左右服用，可以有效防止宝宝胃黏膜受到损伤。

4. 掌握喂药步骤，步步为"赢"

现在，就要进入给宝宝喂药这一最关键也最让爸爸妈妈头疼的环节了。究竟要怎样给宝宝喂药呢？顺利给宝宝喂药有什么小绝招呢？别急，下面就一一为你揭秘。

（1）喂药水类药物的方法

给宝宝喂药水类药物时，妈妈可以这样做：

① 妈妈采取坐姿，让宝宝半躺在妈妈的手臂上，妈妈用手指轻轻按住宝宝的下巴，让宝宝张开小嘴，并轻声对宝宝说："宝宝，喝甜水啦"，这样可以转移宝宝的注意力。

② 用滴管或针筒式喂药器取少量药液，将药液慢慢送入宝宝口中。一般来说，在药液进入宝宝口中时，宝宝都会反抗，这时候，妈妈要注意鼓励宝宝。

③ 轻抬宝宝下颌，帮助宝宝吞咽药液。

④ 所有药液都喂完后，再用小勺加喂几勺白开水，并对宝宝说："宝宝好棒，喝点儿水就不苦啦"。

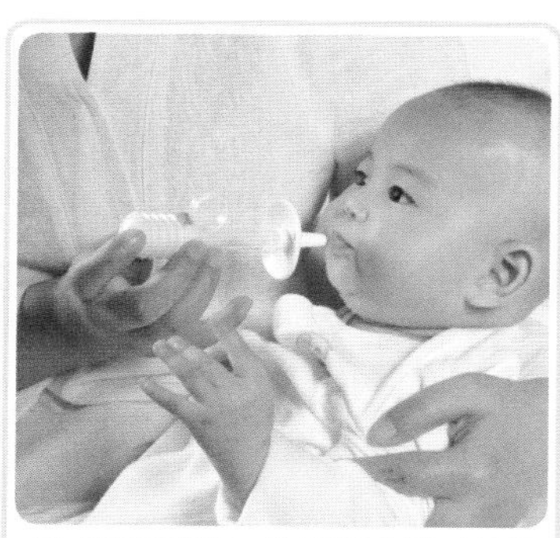

宝宝李佳熹：掌握了喂药的小妙招之后，佳熹妈妈给佳熹喂药一点儿都不困难了。

（2）喂片剂类药物的方法

给宝宝喂片剂类药物时，妈妈可以这样做：

① 将药片碾碎，并捣成散粉状。

② 取适量粉末倒在小勺上，并在药粉上撒少许糖，可以将药粉的味道遮盖住。

③ 让宝宝张开小嘴，将药粉直接倒入宝宝口中。这时候，大多数宝宝都会反抗，妈妈要学会转移宝宝的注意力，告诉宝宝："宝宝乖，很快就可以喝甜水啦。"

④ 让宝宝吮吸装有适量白开水的奶瓶，以帮助宝宝吞下药粉。当宝宝喝过水后，才发现妈妈刚才所谓的"甜水"是骗自己的，便会将奶瓶推走，妈妈这时要夸奖宝宝。

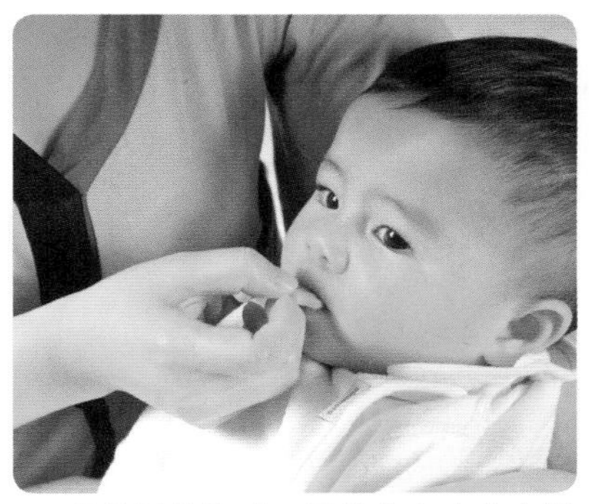

● 喂片剂药物时，可给宝宝吃点小饼干，以冲淡药粉留在口中的苦味。

⑤ 给宝宝吃块小饼干，以减少药粉在宝宝嘴里留下的苦味。

在给宝宝喂药的过程中，爸爸也可以参与进来，可以找一个宝宝比较感兴趣的玩具，分散宝宝的注意力，并时不时地夸奖宝宝。听到爸爸的夸奖，小家伙就会变得很开心，吃药就会变得更顺利啦。

5. 喂药之后，妥当护理

爸爸妈妈掌握了上边所述的喂药秘诀之后，再给宝宝喂药就会变得轻松很多。爸爸妈妈是不是正偷着乐呢？先别忙着高兴哦，给宝宝喂药之后，爸爸妈妈还需要给宝宝做以下护理，现在快来看看吧。

（1）喂宝宝适量温开水

温开水可以将残留在宝宝口腔内及食管壁上的药物冲洗掉，有助于清除口腔药味，避免食管黏膜受损。若宝宝吃的是磺胺类药，爸爸妈妈更应让宝宝多喝一些水，以防止宝宝肾功能受损。

（2）喂药后抱宝宝有方法

给宝宝喂完药后，爸爸妈妈应将宝宝竖直抱起，轻轻拍打宝宝的背部，这样有助于排出宝宝胃部的空气，避免宝宝因哭闹而吞入较多的空气并在嗳气时将药液一起吐出。

（3）服药后需仔细观察

有些感冒药有导致心跳加快的副作用，因此，爸爸妈妈在给宝宝服药后一定要小心观察。

（4）感觉不适需停药

有些体质过敏的宝宝，在服用退热、止痛药或抗癫痫药物后可能会产生过敏反应。因此，给宝宝喂完药后要注意观察宝宝是否出现不良反应。宝宝服药后一旦发生任何不适，爸爸妈妈应立即给宝宝停药，并咨询医师。

6. 喂药，爸妈最易犯的几个小错误

宝宝有病，当然要给他吃药啦！但是很多爸爸妈妈在给宝宝喂药这件事上却显得不够“专业”，经常是犯了错而不自知。

（1）错误1：不吃药就强行灌药

有些宝宝一看到爸爸妈妈要给自己喂药，便开始哭闹起来，一些爸爸妈妈为了图省事便捏着宝宝的鼻子，强行将药物灌入宝宝嘴中。殊不知，这么做会迫使宝宝用口腔代替鼻腔进行呼吸，将药物灌入宝宝嘴中后，宝宝往往无法及时吞咽，药物很有可能会随着吸入的气体进入气管。而药物一旦进入气管，轻则刺激呼吸道黏膜，引发阵发性呛咳和气喘；重则会导致气管阻塞，造成宝宝窒息。

另外，爸爸妈妈强行给宝宝喂药还会导致宝宝对喂药愈发恐惧，造成宝宝产生心理阴影，以后想要给宝宝喂药就会变得更加困难。当宝宝在哭闹的时候，爸爸妈妈要懂得哄宝宝开心，用一些玩具转移宝宝的注意力，待宝宝安静下来再喂宝宝。

（2）错误2：1次喂药量过多

有些爸爸妈妈觉得给宝宝喂药要花不少工夫，便将大量的药一次给宝宝喂下。假设宝宝一次需要服 1 袋冲剂，若拿勺子将药溶解，一次服下，必然会引起宝宝的呕吐反射。

在给宝宝喂药的时候，爸爸妈妈应该根据宝宝的口腔大小和需要，将药物分成几份，一次次地慢慢喂下。否则，药物一次喂的量过大，都会引起宝宝的厌恶而拒服药物。

（3）错误3：用普通汤匙或茶匙

有些爸爸妈妈喜欢用普通汤匙或茶匙量药水喂宝宝吃，而非用专门为婴幼儿设计的试管形药匙，认为这样比较省事。殊不知，普通汤匙不易掌握药量，给药过多或过少都会影响疗效。建议爸爸妈妈在给宝宝喂药的时候最好使用试管形药匙或使用专业药杯。

（4）错误4：将药物与牛奶或果汁混合

有些妈妈担心药太苦，在给宝宝喂药的时候就在里边掺一些果汁或牛奶，让宝宝更易接受药物。这种做法是很不可取的。因为果汁口味甘甜，但和健胃药和止咳药等一同服用会使药效降低；而牛奶中含有较多的无机盐类物质，可以和某些药物发生作用而影响药物的吸收。

（二）正确给宝宝使用安抚物

萱萱妈发现，萱萱现在有了一个新伙伴，那就是安抚奶嘴。萱萱每天都会含着安抚奶嘴，睡觉时含着，玩乐时含着，真是一刻都离不开。萱萱妈一将安抚奶嘴从萱萱嘴中拿走，萱萱就会大哭起来。安抚物虽省了萱萱妈不少心，但是，萱萱每天含着安抚奶嘴会对她的健康有害吗？萱萱妈还真有些担心啊。

1. 爱上安抚物的小秘密

喜欢安抚物是宝宝逐步走向独立的一种常见表现。6 个月时，宝宝的自我独立意识逐渐明确，他开始表露出一定的本能——坚持和爸爸妈妈的身体保持轻微的距离，坚持自己做某事的权利，并开始意识到独立对自身的重要性。

那么，宝宝独立意识的觉醒和他爱上安抚物又有什么关系呢？我们知道，每个人都会有不开心的时候，小宝宝也不例外。当他们出现不开心、害怕、焦虑等情绪时，他就会希望回到妈妈的幸福大怀抱中。可是，小宝宝又不愿意放弃自己此时已经取得的这种宝贵的独立，于是，宝宝就利用安抚物来缓解自己内心的恐惧、焦虑等情绪，找回昔日的安全感。

2. 安抚物虽好，使用还需恰当

安抚物虽好，但宝宝使用安抚物时应注意以下几点：

（1）莫让安抚物替代妈妈的安抚

即使宝宝有了安抚物，妈妈每天仍需和宝宝有充分的肌肤接触，对宝宝的精神给于足够的安抚。在宝宝睡觉时，妈妈要多抚摸宝宝的身体、脸部等，这样可以加深宝宝和妈妈之间的感情，也不会让宝宝对安抚物过分依赖。

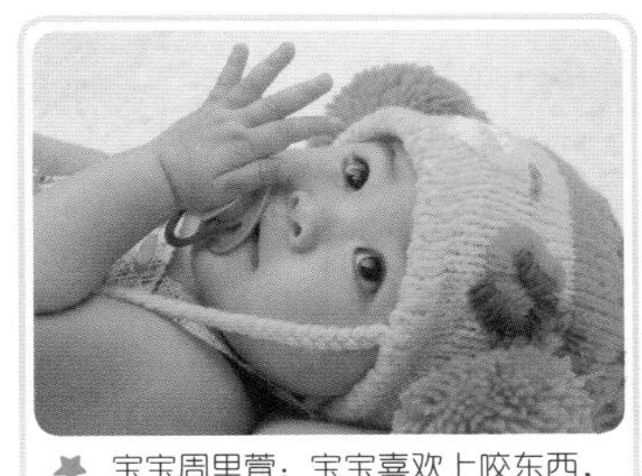

宝宝周里萱：宝宝喜欢上咬东西，这样似乎能给她带来安全感。

（2）注意宝宝和安抚物的卫生

有些宝宝很喜欢安抚物，甚至睡觉嘴里还含着安抚奶嘴，在这种情况下，宝宝每天所接触的安抚物若不卫生，则很容易对宝宝的健康造成危害。为此，妈妈要注意经常为宝宝洗手，并对宝宝用的安抚物进行消毒，以免病从口入。

（3）营造温馨和谐的家庭氛围

安抚物虽然可以给宝宝带来快乐和安全感，但宝宝若过度依恋安抚物则会对其日后的成长及心理健康带来影响。爸爸妈妈在日常生活中要注意建立温馨和谐的家庭氛围，平时要注意多和宝宝做做游戏，多逗逗宝宝，给宝宝足够的安全感，让宝宝感到幸福快乐。

（三）宝宝开始认生了，是好事还是坏事呢

一些妈妈会发现，之前宝宝对看到的每个人都会露出超级甜美的笑容，成为人见人爱的可爱宝宝，但是，忽然有一天，宝宝的脾气却变得很大，也不再喜欢上街了。抱着宝宝出去时，宝宝总是喜欢将脸藏入妈妈怀中；遇到陌生人和他逗乐他也不再微笑，甚至有时候会撇着小嘴“哇”的一声大哭起来，更不要提让陌生人抱抱了。这让妈妈十分纳闷：宝宝这是怎么了，是病了吗？不，宝宝这是认生了。

1. 宝宝认生不奇怪

大多数的宝宝都要经历“认生期”。有的宝宝认生的程度较轻，而有的宝宝就非常严重。宝宝认生是宝宝的社会性发展到一定程度的表现，是宝宝感知、辨别、记忆能力、情绪和人际关系得到发展的体现。

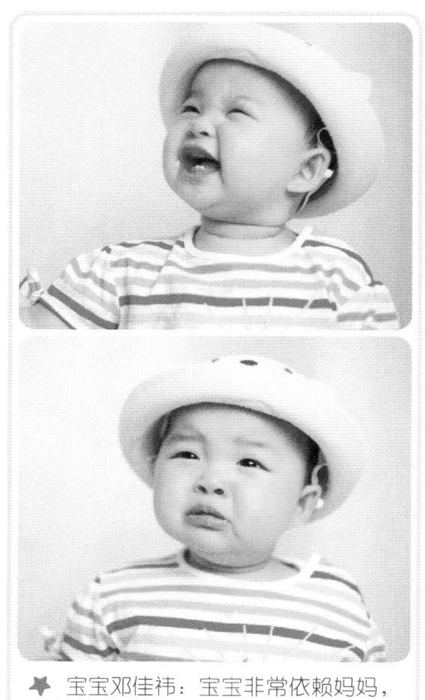

宝宝邓佳祎：宝宝非常依赖妈妈，妈妈在时喜笑颜开，妈妈一离开马上就哭闹起来了。

我们知道，宝宝在三四个月大时就能认出妈妈了，只要妈妈走近宝宝，他就会朝着妈妈笑。这时候的宝宝对任何事物都感到好奇，并不会认生，他们见到陌生人也会报以微笑。

5 个月的宝宝其自我认识和活动范围不断扩大，识别能力也不断增强，此时已经可以区别爸爸妈妈和其他人，见到陌生人会“有所警惕”。

6 个多月的宝宝已开始有了依恋、害怕、认生等情绪，对妈妈表现出一种强烈的依赖感。出于自我保护的目的，这个阶段的宝宝对陌生人和陌生环境都会表现出十分抗拒的反应，如哭闹、回避等。

8 ~ 12 个月的宝宝认生的程度达到了高峰，之后随着宝宝一天天长大，宝宝认生的现象会逐渐减弱直至消失。

2. 宝宝认生有原因

并不是所有的宝宝都会出现认生这一现象，那么，引起宝宝认生的原因到底有哪些呢？

（1）妈妈和宝宝生活的环境

妈妈和宝宝生活的环境会导致宝宝认生。如果妈妈不经常把宝宝带出去玩，而是整天都和宝宝待在家里，这就使得宝宝的生活空间相对狭小，一看到陌生人就会表现得十分胆怯，从而产生一系列“认生”反应。

（2）经常由一个人带着的宝宝

宝宝经常只由一个人带着，这就使得宝宝每天只和这一个人打交道，很容易就会对他人产生排斥心理。

（3）害怕有某种特征的人

宝宝对有某种特征的人产生恐惧心理，从而产生认生现象。如平时妈妈不戴眼镜，有一天忽然戴了一副眼镜，宝宝就会很不习惯。宝宝见到和自己最亲近的妈妈尚且如此，见到戴眼镜或是有其他特征的陌生人产生认生现象便是再自然不过的事了。

3. 妈妈有妙招，宝宝不“认生”

宝宝认生是一种自我保护现象，这对宝宝的成长有一定的积极意义。有些妈妈因此便认为可以对宝宝认生置之不理，殊不知，宝宝认生也在一定程度上阻碍了宝宝和外界的人际沟通，若对其放任不管，对宝宝日后的成长和心理健康十分不利。下面就告诉妈妈几个小妙招，可以帮助宝宝轻松度过“认生期”。

（1）改变环境：多带宝宝出去走走

妈妈要多带宝宝出去走走，经常去人多的地方，这样可以扩大宝宝的接触面，逐渐养成适应陌生环境的能力。

（2）“以毒攻毒”：多多接触陌生人

有些宝宝整天只让妈妈一个人抱，别的人一抱，宝宝就哭闹起来。之所以会出现这种情况，是因为宝宝每天只看到妈妈，平时接触的陌生人不是很多。

妈妈可以尝试着带宝宝多多接触身边较为熟悉的亲人，如爸爸、爷爷、奶奶、姥姥、姥爷等，之后再逐步让宝宝接触一些陌生人，如爸爸妈妈的朋友、邻居等，让宝宝逐渐养成和陌生人交往的能力。

（3）宝宝都爱小宝宝

宝宝天性就喜欢和小宝宝在一起，妈妈带宝宝出去玩时，可以让宝宝多和其他小宝宝打招呼，并和他们一起玩儿。时间长了，宝宝就不会再害怕陌生人了。

宝宝陈海莹和陈钐莹：宝宝天性喜欢和宝宝在一起，瞧这俩姐妹玩得多开心呀。

（四）打疫苗：让宝宝远离疾病

直到现在，萱萱妈仍然忘不了给萱萱打疫苗的那次经历。那天，医院注射疫苗处排起了好长的队，小家伙似乎知道来此的目的，加之这里气氛特殊，空气也不好，还时不时地会听到别的小宝宝的哭声，宝宝也害怕了，开始哇哇大哭起来，声音盖过了所有宝宝，小脸还涨得通红。医生说："瞧，这小家伙哭得还挺厉害。"不过，哭归哭，这一针是躲不过的。妈妈使劲抱着萱萱，爸爸则抓着他的胳膊，宝宝动弹不得，哭得声嘶力竭，心疼得妈妈眼泪都要掉下来了。

6 个月龄的宝宝从母体内所获得的抵御传染病的能力正逐渐减弱直至消失，而宝宝自身合成抗体的能力还很差，极易感染各种传染病。这时候，就需要宝宝来注射疫苗了。

1. 计划免疫：保护宝宝身体健康

计划免疫是指为了保护宝宝的身体健康，按照规定的科学免疫程序，有计划地为宝宝接种疫苗，达到控制以至最终消灭相应传染病的目的。为此，爸爸妈妈一定要高度重视，按照免疫程序全程为宝宝进行接种，主动配合医务人员完成疫苗接种工作，让宝宝获得完整、牢固的免疫力。

2. 精心护理疫苗期的宝宝

宝宝接种疫苗前后，一定要注意对宝宝的护理。

（1）疫苗接种前的护理

一般在宝宝接种疫苗前，爸爸妈妈应该给宝宝提供平衡的膳食，尤其注意不要让宝宝在疫苗接种前一周感冒了，在这一周里也不能给宝宝使用抗生素。

（2）疫苗接种后的护理

在给宝宝接种疫苗之后，爸爸妈妈又要如何护理宝宝呢？

观察：给宝宝接种疫苗后，应带宝宝在接种地点观察 15~30 分钟再回去。

休息：一定要让宝宝好好休息一下，切忌让宝宝做剧烈的运动。

饮食：不要吃刺激性食物，如辣椒、葱、姜、蒜等；鸡蛋、海产品也要尽量少吃。

洗浴：接种部位 24 小时内要保持干燥和清洁，最好不要给宝宝洗澡。

注意接种反应：有的宝宝在接种疫苗后会发生"接种反应"，如接种部位发红、轻微发热、精神不振、厌食等。一般来说，这些反应并不十分严重，24 小时之后就会自然消失，爸爸妈妈无须过于担心，也无须对其进行特殊护理，注意适当保护即可；但是如果宝宝出现持续发热等现象，就应尽快带宝宝去医院进行诊治，并向接种单位进行报告。

三、喂养：营养为成长添助力

最近，萱萱爱上了吃辅食。每次萱萱妈给萱萱喂完辅食，萱萱都会用小手扒着小碗，还想继续吃。萱萱妈便告诉萱萱："萱萱乖，下午咱们还有美味的鸡蛋面呢，到时再给你吃啊。"在萱萱妈的安抚下，萱萱终于安静了下来。看到萱萱这么能吃，萱萱妈十分开心，小宝宝营养充足，身体才能更健康嘛。

（一）本月宝宝喂养要点

这个月，萱萱已经长出了小乳牙了，也有了咀嚼能力，她的小舌头也具有了搅拌食物的功能。对于食物，萱萱越来越表现出个人的喜好了。那么，在这个月里，妈妈在喂养宝宝的时候需要注意什么问题呢？

1. 坚持母乳喂养

世界卫生组织建议，如果条件允许，母乳喂养可持续到 2 岁。母乳喂养的宝宝更加不容易生病。6 个月后，宝宝从母体带来的免疫力就消失了，而此时，宝宝本身所具有的免疫力相对成人较弱，这也是为什么宝宝过了半岁后会很容易生病的原因。而母乳喂养的宝宝能继续从母体中获取免疫力，同时，母乳喂养相较人工喂养来说更加安全，更加卫生。

2. 配方奶仍然很重要

人工喂养的宝宝，可能比母乳喂养的宝宝更喜欢吃辅食。但是妈妈们要知道,奶类依然是这个月宝宝营养的主要来源，不能完全用辅食替代，妈妈应该掌握好辅食的量。

（1）让宝宝爱上配方奶

就算宝宝确实不爱喝配方奶，更容易接受辅食，妈妈们也要想尽办法让宝宝摄入配方奶，因为奶和米、面相比，其营养成分要高得多。

因此，如果由于宝宝吃了小半碗粥，而让他少吃一瓶奶的做法是不对的。

宝宝田耕宇：给宝宝冲的配方奶千万不要太浓。

（2）配方奶并非越浓越好

有些妈妈认为配方奶越浓，宝宝得到的营养就越多，生长发育就越快，因此在给宝宝冲奶粉的时候就多加奶粉少加水，使其浓度超出正常标准，这种做法是很不科学的。因为宝宝的脏器娇嫩，难以承受过重的负担和压力，如果经常给宝宝喝过浓的配方奶，会引起宝宝食欲不振、腹泻、便秘等，严重的话，还会引起急性出血性小肠炎。因此，在给宝宝冲调配方奶时，一定要根据说明冲调，牢记“过犹不及”这个道理。

3. 固体食物巧添加

宝宝从吮吸乳汁到用碗、勺吃半流质食物，再到咀嚼固体食物，食物的质和饮食行为都在变化，这对宝宝提高食欲是大有益处的，同时对宝宝掌握吃的本领也是个学习和适应的过程。那么，爸爸妈妈究竟要在什么时候开始给宝宝添加固体食物呢？

（1）添加固体食物的时机

宝宝吃固体食物的时机判断标准是：宝宝能够靠支撑物的帮助坐起来，能稳定地控制自己的脖子并且可以把头从一侧转向另一侧的时候。这通常发生在宝宝 7 ～ 9 个月大时。

这个阶段的宝宝口腔唾液淀粉酶的分泌功能日趋完善，神经系统和肌肉控制等发育已较为成熟，而且舌头的排斥反应消失，可以掌握吞咽动作。

（2）固体食物的添加方法

喂固体食物可以从谷类食物开始，因为谷类引发过敏反应的可能性最小。一开始喂的时候应该用非常小的量，大约是一勺谷类食物混合几勺母乳或代乳品。

给宝宝喂固态食物不宜太稠，应呈流状，而且应该用一个小的适合宝宝口腔的勺子喂，让粥流进宝宝的嘴里。含有燕麦、大麦以及小麦的谷类食物可以在宝宝 6 个月之后喂；蔬菜和水果可以在宝宝 7 ～ 9 月大时喂。

表7–2：6~7个月宝宝每日饮食安排表

时间	喂养内容
6:00～6:30	母乳或配方奶220毫升，面包或馒头片1~2片
9:30	3~4块饼干，3~4滴浓缩鱼肝油低剂，母乳或配方奶120毫升
12:00～12:30	1碗大米粥（20克），肝泥（20克）
15:00	1~2片面包，母乳或配方奶150毫升
18:30	1碗西红柿鸡蛋面，苹果泥或香蕉泥
22:00	母乳或配方奶220毫升

（二）让宝宝养成良好的饮食习惯

现在，萱萱正一天天长大，她也变得越来越懂事。在萱萱爸妈的培养下，萱萱逐渐养成了很多好习惯，良好的饮食习惯就是其中之一。现在，一起来看看，萱萱爸妈是如何培养萱萱的吧。

1. 喂养严格按规定

在喂养宝宝的时候，爸爸妈妈应该做到定时、定量、定地点，这样有助于宝宝养成良好的饮食习惯，有利于形成内在的条件反射，从而为宝宝消化系统的正常运行提供有力保证。

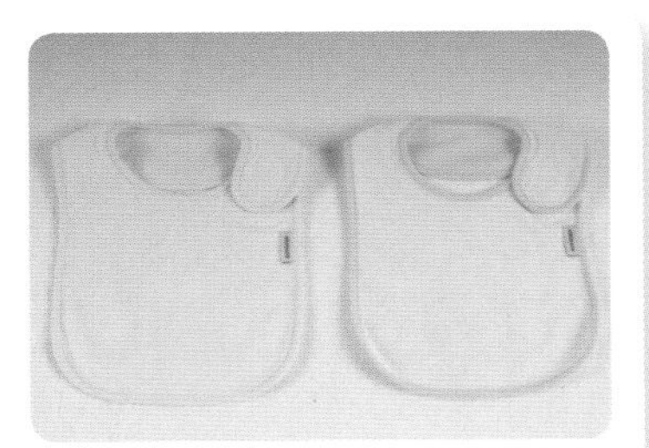

● 爸爸妈妈在喂养宝宝前要给宝宝洗净小手，戴上围嘴。

2. 进餐更要讲卫生

用餐时，宝宝的卫生习惯也不容忽视。爸爸妈妈在喂养宝宝前要给宝宝洗净小手，戴上围嘴或是围上小手帕。

3. 莫让宝宝边吃边玩

不要让宝宝边吃边玩，或者是吃几口又去玩，这是一种很坏的进食习惯，对食物的消化极为不利，既不科学又不卫生。同时，边吃边玩的毛病不仅会损害宝宝的身体健康，还会使宝宝从小养成做什么事都不专心、不认真、注意力不集中的坏习惯。

改变宝宝边吃边玩的习惯要从头抓起，一旦给宝宝开始添加辅食，爸爸妈妈就要重视培养宝宝定时、定地点吃饭的饮食行为，还要注意饭前 1 小时内不再给宝宝吃零食，如果两顿饭之间的零食吃得过多，不感到饥饿，宝宝就会在吃饭的时候心不在焉，就会坐不住。

4. 吃零食要有节制

零食中有很多营养成分都是正常饮食所缺乏的，但如果让宝宝没有节制地吃零食，会让宝宝的肠道得不到休息，影响宝宝的正常进餐。

爸爸妈妈要注意帮助宝宝养成正确吃零食的习惯，做到定时定量，最好是在两顿饭之间或饭前两小时左右吃适量的零食，这样可以更好地发挥零食的功效，也不会影响宝宝的正常进餐。

● 零食可以吃，但不能毫无节制地吃哦。

（三）吃对食物，增强宝宝免疫力

北北在 7 个月以前身体很好，一直没生过什么病，可是一进入 7 月，北北就开始三天两头生病，不是感冒就是发热，这让北北的爸爸妈妈感到十分纳闷，为什么北北越大，生病次数反倒是越来越多呢？

1. 先自测宝宝免疫力的强弱

一些宝宝在 6 个月以前身体很好，进入 6 个月后，宝宝体内来自母体的抗体水平逐渐下降，此时宝宝自身合成抗体的能力还很差，这就导致宝宝的免疫力下降，极易生病。接下来通过下面的测试来看看宝宝的免疫力水平吧。

表7–3：宝宝免疫力强弱自测表

	12分	5分	0分
①母乳喂养	A. 母乳喂养4个半月以上	B. 母乳喂养少于4个半月	C. 从未对宝宝进行母乳喂养
②合理膳食	A. 营养均衡	B. 有点儿挑食	C. 挑食、偏食
③睡眠充足	A. 睡眠充足	B. 基本保证	C. 毫无规律
④生活规律	A. 生活很有规律	B. 基本规律	C. 毫无规律，全由宝宝做主
⑤晒日光浴	A. 每天一次	B. 偶尔一次	C. 从来没有
⑥合理锻炼	A. 经常	B. 偶尔	C. 从不锻炼
⑦心情愉快	A. 宝宝笑口常开	B. 基本愉快	C. 感觉不出愉快
⑧周围环境污染程度	A. 没有污染	B. 污染较少，注意防范	C. 污染严重，疏于防范
⑨合理用药	A. 十分合理	B. 比较注意	C. 十分随意
⑩免疫接种	A. 按计划定时接种疫苗	B. 偶然会忘记	C. 从来不接种

结果分析：

● 85 分以上：宝宝免疫力很好，继续努力

在爸爸妈妈的精心呵护下，宝宝的免疫力很好哦。一般来说，宝宝不易生病，即使生病也会很快痊愈。只要在未来生活中继续注意均衡饮食和加强锻炼，相信你的宝宝一定会更加健康的。

● 60~84 分：宝宝免疫力一般，稍做改善

宝宝的免疫系统还不算完善，要注意稍加改善。不过，宝宝偶尔生个小病也并不一定是坏事，因为宝宝在战胜疾病的同时，其免疫系统也得到了很好的锻炼和提高。宝宝若下次再遇到此种病毒，已训练过的免疫细胞便会产生针对性极强的抗体，从而迅速将病毒消灭。

● 60 分以下：宝宝免疫力不足，需要增强

宝宝的免疫力还不足，需要爸爸妈妈通过饮食和锻炼等方法来加强宝宝的免疫力。

2. 吃对食物，有效增强宝宝免疫力

通过上面的测评，你家的宝宝免疫力是强还是弱呢？如果在 85 分以下，妈妈们可要注意加强养护哦！现在，先从饮食上给宝宝的免疫力“加分”吧。

（1）多吃母乳

母乳不仅是宝宝身体和智力发育的黄金食品，而且还具有增强宝宝免疫力的功效。研究发现，母乳喂养的宝宝免疫力要比非母乳喂养的宝宝高。之所以会出现这种结果，是因为母乳中含有对呼吸道黏膜有保护作用的几种免疫球蛋白，以及一定量的可以抑制感冒病毒的溶菌酶、乳铁蛋白、巨噬细胞等免疫因子。因此，建议妈妈在喂养宝宝的过程中，尽可能地让宝宝多吃母乳。

（2）多吃碱性食物

碱性环境不利于病毒的繁殖，身体若能保持碱性环境，就能有效抵御感冒病毒的侵袭。因此，爸爸妈妈应多给宝宝吃碱性食物，如葡萄、苹果、西红柿、胡萝卜、海带等，从而改变宝宝身体的内环境，这可以有效提高宝宝身体的免疫力。

● 鸡蛋、牛奶等富含维生素A的食物可增强宝宝免疫力。

（3）多吃含锌食物

锌有“病毒克星”的美称，具有抑制感冒病毒繁殖、增强人体免疫功能之功效。爸爸妈妈可以多让宝宝吃一些富含锌的食物，如海产品、肉类、家禽、豆类以及坚果类食物。

（4）多吃含铁食物

人体若缺乏铁元素，可导致免疫功能下降，降低人体的抵抗能力。爸爸妈妈可以让宝宝多吃一些含铁元素比较丰富的食物，如奶类、肉类、动物血、蛋类、菠菜等，但切忌盲目贪多，这会降低人体对锌、铜的吸收。

（5）多吃富含维生素A、维生素C的食物

维生素 A 具有稳定人体上皮细胞膜、增强人体免疫功能的功用，维生素 C 有间接促进抗体合成、增强免疫的功用。富含维生素 A 的食物有鸡蛋、南瓜、奶类、胡萝卜等，富含维生素 C 的食物有新鲜绿叶蔬菜及各种新鲜水果，爸爸妈妈可以有意识地让宝宝多吃一些富含维生素 A、维生素 C 的食物，以增强宝宝的免疫功能。

（6）少吃高盐、高糖食物

在喂养宝宝的过程中，爸爸妈妈还应注意尽量让宝宝少吃或不吃高盐、高糖的食物。

四、应对宝宝不适：科学护理保健康

宝宝的成长路上充满了快乐，同时，也充满了各种不适，小则感冒、发热，大则肺炎、贫血等，这让爸爸妈妈十分担心。在这个月里，宝宝会出现什么常见的不适状况呢？爸爸妈妈又应该如何护理呢？一起来看看吧。

（一）缺铁性贫血：宝宝食欲不佳、精神不振

6 个多月的旦旦最近食欲骤减，有时稍微运动一下就会面色苍白，爸爸妈妈和他一起玩，他还会时不时地发脾气，显得烦躁不安，旦旦食欲不振、精神不佳的状态令旦旦爸妈十分担心，便带旦旦去医院做了相关检查，原来，旦旦患有轻度缺铁性贫血。

宝宝 6 个月以后，极易患缺铁性贫血，这对宝宝的健康生长造成了很大影响，严重的话，还会影响宝宝的智力发育。

1. 发现宝宝患病的“蛛丝马迹”

缺铁性贫血发病缓慢，不易被爸爸妈妈发现和重视，待有明显症状时，多已属中度贫血。那么，爸爸妈妈要如何发现缺铁性贫血的“蛛丝马迹”呢？

一般来说，宝宝患有缺铁性贫血的话，会出现面色苍白、食欲减退、活动减少、生长发育迟缓等症状，严重的话，在宝宝大哭时还会出现呼吸暂停现象。年龄稍大一些的贫血儿则会注意力不集中、理解力差、过于好动等，少数则会表现出喜欢吃沙子、吃土、吃纸等异食癖。

宝宝陈海莹：宝宝若食欲不佳、精神不振，妈妈应检查一下宝宝是否贫血。

2. 宝宝为何易贫血

为什么宝宝 6 个月以后容易贫血呢？这是因为宝宝在宫内时，妈妈通过胎盘将自己的铁给了宝宝，足月生产的宝宝在出生时体内的铁较多，可在出生后的 4~6 个月满足宝宝身体快速生长的需要。可 6 个月以后，宝宝从妈妈那里获得的铁就无法满足自身生长发育的需要了，同时，这一时期母乳中所含的铁已无法满足宝宝的需要，宝宝就必须从食物中获取铁，爸爸妈妈若不能及时给宝宝添加辅食，宝宝就很容易发生缺铁性贫血。

3. 贫血宝宝的家庭护理

对于缺铁性贫血，治疗的方法就是要给宝宝补充铁量。因多数小儿患贫血是喂养不当引起的，且贫血为轻度的，故可通过饮食疗法来纠正。

食品中含铁量最高的为黑木耳、海带、动物血液和肝脏，其次为肉类、豆类、蛋类和绿叶蔬菜。动物血、肝脏、瘦肉和鱼类不仅含铁丰富，而且吸收率高达 11%~20%，是补充铁剂的良好来源。母乳喂养的宝宝，妈妈要注意多吃上述含铁高的食物，并经常检查血色素，发现贫血时尽早治疗，以免体内缺铁导致宝宝摄取不到足够的铁。

无论是母乳喂养还是人工喂养，到了 6 个月以后就要逐步给宝宝添加蛋黄、菜泥、肝泥、肉泥等富含铁的辅食。

对缺铁患儿在日常生活中还要注意以下事项：

① 让宝宝保持静卧，保证充足睡眠，减少不必要的刺激。

② 注意冷暖变化，以免宝宝受凉。

③ 观察病情变化，注意观察神态、心律、呼吸、血压、瞳孔及大便、呕吐等。注意贫血有无加重及合并其他疾病，协助医师观察贫血的原因。

● 宝宝患有缺铁性贫血，妈妈可以让宝宝多吃红枣、动物肝脏、鸡蛋等含铁量高的食物。

4. 做好预防，将贫血挡在门外

那么，爸爸妈妈在日常生活中怎样才能预防宝宝贫血呢？

（1）母乳喂养

预防贫血，首先就要提倡母乳喂养。母乳中所含的铁元素虽不多，但却极易被人体吸收。

（2）多吃含铁元素食物

爸爸妈妈要多给宝宝添加含铁元素较多的食物，如在宝宝 4 个月后让他吃些蛋黄、菜泥等，在宝宝 6 个月后，逐渐添加肉泥、鱼泥、肝泥、瘦肉粥、动物血等。爸爸妈妈还应让宝宝多摄入一些富含维生素 C 的果汁，这可以增加宝宝身体对食物中铁元素的吸收利用。

（二）感冒：最喜欢欺负宝宝的“小怪兽”

旦旦马上就要 7 个月了，旦旦妈原打算周末带旦旦一起拍一下“写真”，记录旦旦这个月的变化。可是，周六早上一起来，旦旦妈就发现旦旦有些流鼻涕，时不时地打喷嚏，还有些发热，这让旦旦妈十分担心。旦旦妈让旦旦喝了很多水，还让旦旦吃了感冒药和消炎药，并取消了当日的拍摄计划。

1. 宝宝感冒的发病过程

感冒是上呼吸道感染的俗称，是宝宝最常见的疾病之一，多见于季节变换时。宝宝感冒发病后，常常先是感到鼻咽部位干燥不适，鼻痒，总是揉鼻子、打喷嚏；1 ~ 2 天时，宝宝会出现鼻塞，流清水样鼻涕的症状；3 ~ 5 天后，宝宝的清水鼻涕就会变成黏性或黏脓性涕。有些宝宝在感冒过程中还会伴随发热现象。

宝宝黎傲雪：宝宝感冒前两天，总是不停地揉鼻子，很不舒服的样子。

2. 感冒症状有哪些

宝宝在感冒期间会食欲下降、精神不振、烦躁不安，睡眠质量下降。有的宝宝因自身抵抗力下降，因此还会引发咽炎、中耳炎等疾病。

3. 宝宝感冒祸首是病毒还是细菌

宝宝感冒多数是由病毒感染引起的，少数是由细菌感染引起的。宝宝在身体受凉、营养不良、护理不当等情况下，鼻腔黏膜的正常防御功能遭受破坏，病毒入侵鼻腔黏膜后不断地成长繁殖，从而会引发感冒。

宝宝在这段时间易患感冒的根本原因是 7 个月以前的宝宝，体内有来自母体的抗体等抗感染物质，在 7 个月后，宝宝体内来自母体的抗体水平逐渐下降，而宝宝自身的免疫力又很差，对病原体的抵抗力也很弱，易患各种感染性疾病。

宝宝刘溢航：宝宝若感冒了，会哭闹不安，父母也疲于照看，所以感冒重在预防。

4. 感冒入侵，教你五招保护宝宝

宝宝生病，爸爸妈妈一定要沉着应对，悉心照顾宝宝，在感冒初期，如果宝宝不发热，最好不要带宝宝去医院打针，以免引起交叉感染。爸爸妈妈在家中对宝宝感冒的护理，要做到以下几点：

（1）注意饮食

宝宝在感冒的最初4~5天里，食欲下降，爸爸妈妈不要强迫宝宝喝奶，以免增加黏液分泌。爸爸妈妈可以给宝宝吃些清淡易消化的半流食，如稀米粥等；同时要让宝宝多喝水，充足的水分可以让宝宝的鼻腔分泌物变得稀薄，更易于清理。

（2）充分休息

在宝宝感冒期间要尽量让宝宝休息好，注意室内空气的流通，保证房间干净整洁、空气新鲜湿润，爸爸妈妈还可以用加湿器增加室内温度，这有助于宝宝呼吸更加顺畅。

方法一：宝宝出现鼻塞时，可在头部褥子底下垫上毛巾，保持宝宝45°坡度躺卧，有助于缓解宝宝鼻塞症状。

方法二：宝宝若是单侧鼻塞，则可让宝宝侧卧，这样可以让宝宝睡得更舒服。

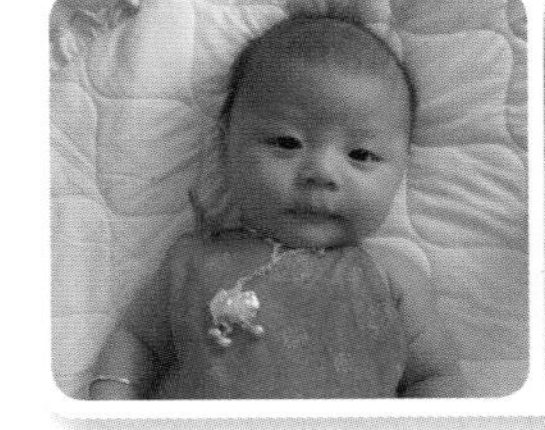

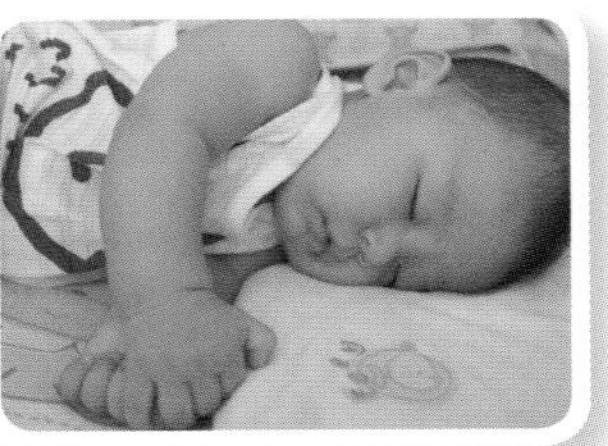

（3）让宝宝睡得更舒服

宝宝睡得舒服，也有助于缓解病情。

（4）随时关注宝宝的病情

小儿感冒与流感在发病过程中，都可因继发细菌感染而合并其他疾病，如肺炎、中耳炎等，发现这些并发症后要及时请医生诊治。

5. 加强护理，调节饮食，做好预防

在日常生活中，只要妈妈多注意，做好预防，就能很好地帮宝宝将感冒挡在门外：

- 保持室内空气流通、空气清新，是预防感冒最有效的办法。
- 提倡科学育儿，宝宝衣服要随气候的变化及时增减，勿过度保护。
- 让宝宝养成良好的生活规律，加强宝宝在室外的活动。
- 饮食不宜过饱，让宝宝多吃蔬菜、水果、豆制品等食物，切忌吃过多甜食、油腻的食物。
- 在冬春季呼吸道疾病流行期，要避免带宝宝去人群聚集的公共场所。

（三）小儿肺炎：比感冒恐怖多了

大年初三的晚上，京京爸觉得房间里太热，就关掉了电暖器。结果，京京晚上睡熟了满床翻滚，把被子给蹬掉了。早上起来，京京妈就发现京京着凉了，一直咳个不停。之前京京感冒咳嗽，京京妈给他吃几次药就好了，可是这次给京京吃了好几天药，咳嗽、咳痰症状似乎有增无减，并持续伴有低热状况，这可急坏了京京爸妈。二人抱着儿子来到了医院。经过医生检查，确定京京是患了肺炎。

肺炎是小儿时期的一种常见病，尤其多见于婴幼儿。肺炎是造成宝宝夭折的主要原因之一，爸爸妈妈一定要对其高度重视。

1. 小儿肺炎，由谁引起

较大的宝宝如果感到头痛，咳嗽时咳出黄绿色、带有血斑的浓痰，并且呼吸急促、困难，还伴随着高热的症状，那么宝宝可能患上了肺炎。

肺炎是由细菌感染或病毒感染引起的。普通感冒等上呼吸道感染或水痘等传染病也会引发肺炎，而患有囊性纤维性病变的宝宝也很容易发生肺炎。

2. 肺炎与感冒的区分方法

肺炎初起的症状跟感冒相似，以致于很难辨别，有的肺炎就是由感冒发展而来的。但是如果仔细观察，两者之间还是存在许多差别的。爸爸妈妈可以通过下列方法加以区分：

（1）测量宝宝的体温

肺炎常伴有发热的症状，且宝宝的体温常在38℃以上，持续2~3天，即使是使用退热药也只能暂时退一会儿。普通感冒虽然也会发热，但以38℃以下较多，持续的时间也比较短暂，使用退热药之后的效果比较明显。

（2）观察宝宝的咳嗽和呼吸

肺炎会导致咳嗽甚至喘憋等症状，程度较重，常有呼吸困难；而感冒引起的咳嗽一般较轻，不会引起呼吸困难。

（3）观察宝宝的饮食

宝宝感冒后饮食比较正常，即使进食量较少也不会少太多。但如果是患上肺炎，宝宝的食欲就会明显降低，不吃东西、不吃奶，或者一喂奶就会因憋气而哭闹。

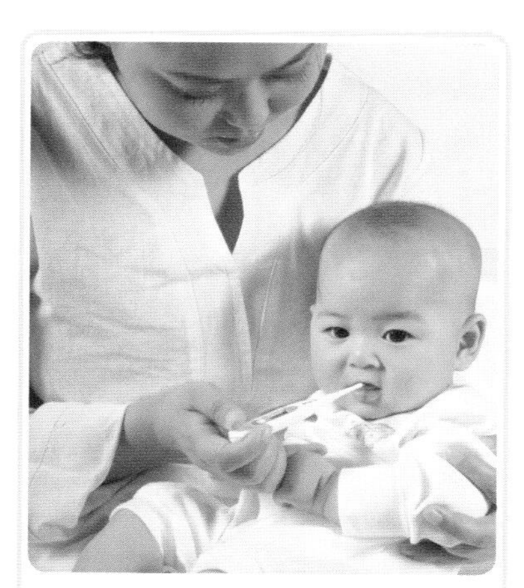

宝宝李佳熹：通过给宝宝测量体温，妈妈可初步判断宝宝所患是肺炎还是感冒。

（4）观察宝宝的精神状态

宝宝得了普通感冒，一般精神状态都不会有很大的改变，还能照常玩耍；如果是肺炎，则常会导致精神状态不佳，常有烦躁、哭闹不安或者昏睡、抽风等现象。

（5）观察宝宝的睡眠

宝宝感冒之后，睡眠通常不会有多大的变化。患肺炎之后就往往会睡不沉、容易惊醒，爱哭闹，在夜间还通常会有呼吸困难的症状。

（6）听宝宝肺部的声音

妈妈把耳朵紧贴在宝宝的胸部，普通感冒宝宝的肺部没有杂音，如果是肺炎就可以听到粗重的“呼噜呼噜”的呼吸声。

3. 做好护理，让宝宝早日痊愈

宝宝如果患上肺炎，爸爸妈妈一方面要积极配合医生进行治疗，另一方面则要从以下几个方面对肺炎患儿加以护理：

（1）保持室内空气新鲜

爸爸妈妈要定时开窗，使室内空气流通，可减少空气中的致病细菌。冬天通风换气时应注意避免对流风，要注意对宝宝的保暖。夏天炎热，爸爸妈妈可以用被单将宝宝包好，抱至室外阴凉处乘凉，让宝宝呼吸一下新鲜空气。

宝宝陈海莹：宝宝的健康需要妈妈的悉心呵护。

（2）宝宝睡眠要充足

爸爸妈妈应保证宝宝的睡眠充足，各项检查和护理应集中进行，避免过多哭闹，以减少耗氧量和减轻心脏负担。

（3）做好饮食护理

爸爸妈妈应让宝宝多吃富含维生素的流食，如母乳、菜泥和果汁，不要让宝宝大量使用高脂肪食物，避免宝宝吃辛辣食品。宝宝因高热呼吸增快，身体失去的水分较多，爸爸妈妈应注意给宝宝补充水分，最好是给宝宝喝白开水，因为白开水有消炎化滞的作用，有益于肺炎的防治。

（4）喂食、喂水、喂药有诀窍

重症肺炎患儿，喂食、喂水、喂药时，应将患儿抱起呈斜坡位，少量勤喂，下咽后再喂。

（5）多去户外活动

对痰多的患儿应尽量让痰液咳嗽出，以防痰液排出不畅而影响肺炎恢复。在病情允许的情况下，爸爸妈妈应经常将患儿抱起，轻轻拍打背部。对于卧床不起的患儿应帮助其勤翻身，这样既可防止肺部淤血，也可使痰液容易咳出，有助于康复。爸爸妈妈还可多带宝宝去户外活动，多晒太阳，阳光中的紫外线还有杀菌作用。

（6）加强皮肤及口腔护理

爸爸妈妈要加强对宝宝的皮肤及口腔护理，尤其是对汗多的患儿要及时更换其潮湿的衣服，并用热毛巾把汗液擦干，这对皮肤散热及抵抗病菌有好处。

（7）密切注意宝宝病情变化

密切注意宝宝的病情变化是护理的重要环节。由于宝宝抗病能力较差，尤其是婴儿病情容易反复，当爸爸妈妈发现患儿呼吸快、呼吸困难、口唇四周发青、面色苍白或发绀时，说明患儿已缺氧严重，必须尽快就医。

最后需要提醒爸爸妈妈的是，肺炎治疗要彻底，千万不要因为宝宝已不咳嗽不发热了，就认为是肺炎治好了，于是中断了治疗，以致病情迁延。

4. 防病胜于治病，小儿肺炎的预防措施

在日常生活中，爸爸妈妈要做到以下的工作：

（1）保持室内空气清新

要保持室内的空气清新，爸爸妈妈千万不要在家中吸烟。宝宝被动吸烟，就容易引发肺炎和气管炎。

（2）让宝宝远离感染源

预防肺炎，首先要避开传染源。家里如果有人感冒，尽量与宝宝隔离。如果是妈妈感冒了，喂奶时要带上口罩，以免呼吸道传染。

● 妈妈感冒的话，给宝宝喂奶时一定要戴上口罩，避免将感冒传染给宝宝。

（3）宝宝饮食要均衡

合理的营养可以提高宝宝的身体素质。妈妈平时要注意均衡宝宝饮食，让宝宝多吃营养丰富、容易消化、清淡的食物，多吃水果、蔬菜等，避免食用刺激性食物。爸爸妈妈平时还要注意多给宝宝喝白开水，利于清肺化滞。

五、早教：宝宝聪明健康有道

7 个月的宝宝有着强烈的好奇心，喜欢尝试，对于任何事物都想要探索，这时，爸爸妈妈要鼓励宝宝去学习、认知事物，这有助于发展宝宝的语言能力、记忆力以及身体等各项机能。

（一）益智亲子游戏

这个月，萱萱越来越喜欢玩闹了，瞧，她正和妈妈一起玩拔河游戏呢。只见她们面对面坐着，手中拿着一条毛巾，各自抓住毛巾的一端，妈妈一边来回拉动毛巾，使宝宝上肢前屈后伸，一边念儿歌：“拔呀拔，拔呀拔，看看谁的力气大。”除了拔河游戏，萱萱妈还会和萱萱做好多游戏呢，一起来看看吧。

1. 和妈妈一起看书：促进宝宝语言发展

妈妈可以拿一本绘有彩色插图的书给宝宝看，方法如下：

① 妈妈选一本彩色插图多而文字较少的书籍和宝宝一起翻看，这样，宝宝就会被书中的图画给吸引。

② 在翻的过程中，妈妈可以向宝宝指出其中的事物，如：“宝宝，这是大白兔，你看到了吗？”“宝宝，这是袜子，你的袜子在哪儿呢？”

让宝宝和妈妈一起看书有助于宝宝的语言发展，并能有效提高宝宝的视觉能力。经过一段时间的训练，妈妈就会惊奇地发现，宝宝能够自己指出这些事物啦。

宝宝莫曦雅：妈妈经常和宝宝一起看书，有助于宝宝语言的发展。

2. 语言训练：鼓励宝宝正确发音

经过前几个月的训练，在这个月，有个别宝宝会无意识地叫“爸爸”“妈妈”了。在听到宝宝喊“爸爸”“妈妈”的时候，爸爸妈妈都十分激动和开心。但要提醒爸爸妈妈的是，一定要再接再厉，鼓励宝宝学习发音和模仿各种声音，并教宝宝使用正确的发音和语言。如果宝宝发错了音，爸爸妈妈一定要及时纠正宝宝的错误，切忌对其加以批评，另外，每次练习最好不要超过 3 次。

这一时期，宝宝已经开始理解语言了，爸爸妈妈要帮助宝宝逐渐建立起语言和动作的联系。如爸爸要上班了，妈妈要教宝宝说“再见”，并教宝宝做出再见的动作。如果爷爷奶奶来看宝宝，妈妈要教宝宝说“欢迎”，并做出动作。

3. 寻物游戏：增强宝宝记忆力

积极的记忆能够促进宝宝大脑的发育，因此，在宝宝很小的时候，妈妈就要注意训练宝宝的记忆力。妈妈可以常和宝宝做这种寻物游戏，以此锻炼宝宝的记忆力和解决问题的能力。在做寻物游戏的时候，爸爸妈妈可以这样做：

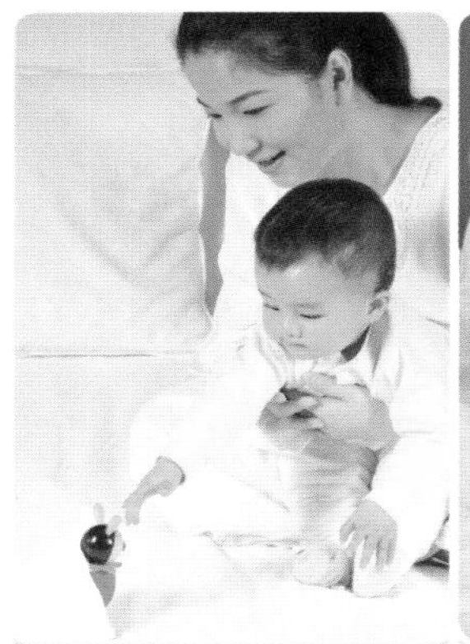

01 将一件小玩具，如小白兔的毛绒玩具放在桌子上。

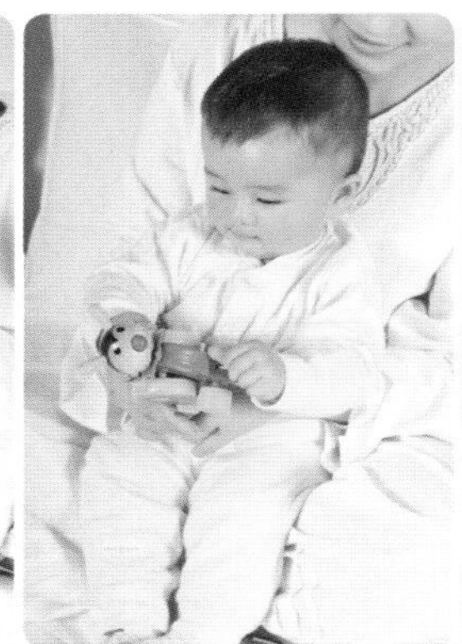

02 将玩具递给宝宝，让宝宝先玩一小会儿。

03 拿回玩具，放在桌子上，用一块手帕盖住玩具的一半，看宝宝是否会去拿玩具。

04 让宝宝找一会儿，妈妈就可以拿掉手帕，告诉宝宝："小白兔在这里。"宝宝发现玩具还在，就会十分高兴。

4. 叫名回头：锻炼宝宝的视听综合能力

爸爸妈妈这个月里可以和宝宝玩"叫名回头"的游戏，游戏方法如下：

当宝宝俯卧用手撑起上身时，妈妈可试着在他的背后叫他的名字，让他回头找人。一旦他会回头，就马上将他抱起，并亲亲他说"宝宝真棒"。

这个游戏可以锻炼宝宝的视听统合能力，发展宝宝的注意力和观察力；引起宝宝的好奇心，促进宝宝听觉的分辨能力。做游戏的过程中，妈妈要声情并茂，配合游戏发出一些声音，启发宝宝日后对语言的学习能力。在宝宝视力范围外不远处发声，能够扩大宝宝探索的领域。

宝宝莫曦雅：瞧，曦雅正和妈妈做"叫名回头"的游戏呢。

（二）宝宝被动操：为爬行做准备

这个月宝宝的大动作学习重点是为了爬行做准备，小动作学习则是促使手的动作向实用、精细发展，如左右倒手、用手击球等。下面这套被动操是针对 7 ~ 9 个月宝宝的生长发育特点而编排，能有效训练宝宝的大动作和小动作。

1. 斜手倒立

01 宝宝俯卧，妈妈一手托住宝宝胸部，另一手抓住宝宝小腿。

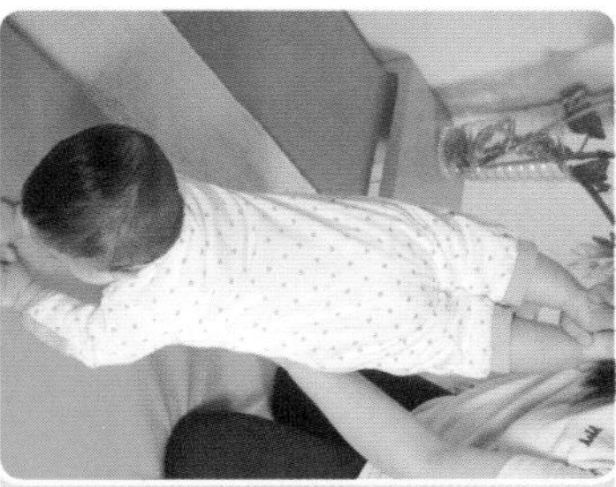

02 把宝宝的身体托成和垫子成45°的斜手倒立状，保持稍停3~5秒钟。

03 爸爸妈妈托胸的手要适当增加或减少用力，慢慢让宝宝靠自己的力量支撑斜手倒立。

提示：这一训练可以增强宝宝的手臂支撑力量，为爬行做准备。

时间：不要超过 3 分钟。

2. 仰卧蹬腿

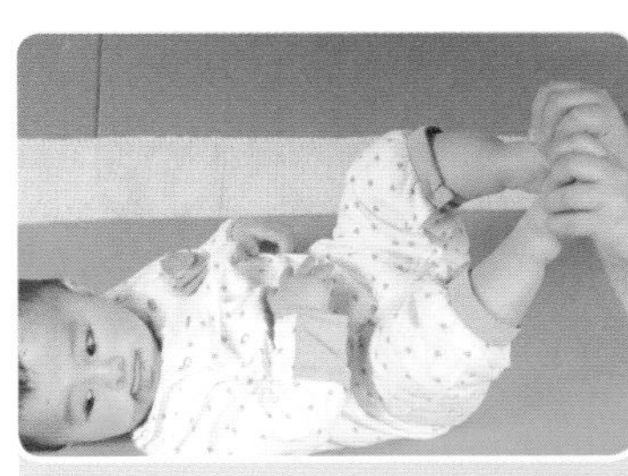

01 宝宝仰卧在垫子上，爸妈用手顶住宝宝的双脚底，并使他双腿弯曲。

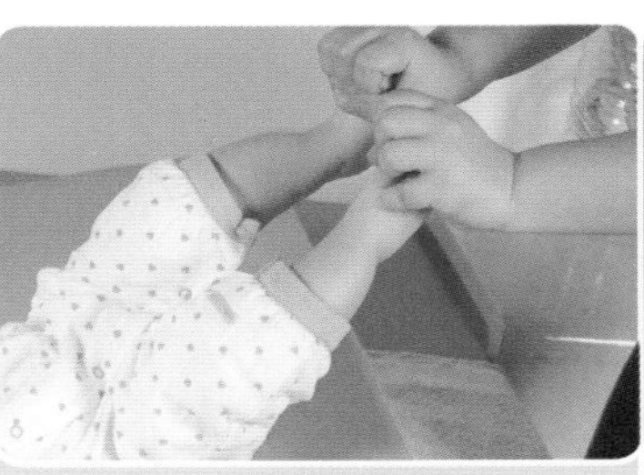

02 稍停后发出蹬腿口令并使宝宝双腿蹬出。

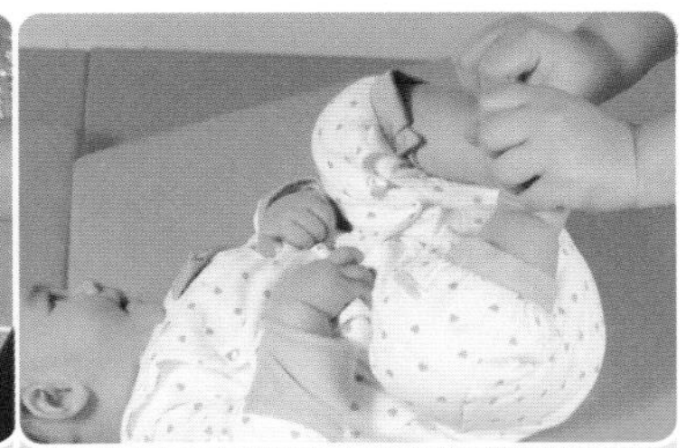

03 使宝宝恢复为开始动作，重复做仰卧蹬腿的动作。练习几次宝宝就会按照爸妈的口令做出蹬腿移动身体的动作了。

提示：蹬腿是宝宝爬行的重要动作之一，而仰卧蹬腿是最容易的方法，它也属于爬行的重要动作之一。在新生儿时期经常做被动操（腿部屈伸）的宝宝学习这个动作比较容易。

时间：3 ~ 5 分钟。

Part 08

The Eighth Month: I Can Crawl

7~8个月 我会爬了

妈妈没事的时候，总喜欢让我趴着，
还拿我最喜欢的红球在前面吸引我的注意力，
刚开始我手脚并用地往前爬，爬几步我就感觉累，
有好几次，我觉得爬得顺畅了，
原来爸爸在我身后用双手推我的脚丫帮助我“爬”呢。
在爸爸妈妈的不懈努力和帮助下，我很快掌握了爬行的技巧。
妈妈说爬行能给我的成长带来很大的帮助，
对于我来说，最大的好处就是我能轻易地拿到我喜欢的玩具，
可以有更开阔的空间让我玩耍了，想去没去过的地方“探险”，
不用哭着求助妈妈，我自己爬着去就行了！
不过，我还不能分辨哪些地方对于我来说是危险的，
所以，爸爸妈妈要做好防范措施，
保证我的安全哦。

一、成长发育：宝宝月月变化大

通过晶晶爸妈的训练，小家伙已经可以自己爬行了。如今对于晶晶来说，爬行已经成了一种乐趣，她每天都会在床上爬来爬去寻找她的宝贝玩具，玩得十分开心。除了学会爬行，晶晶这个月还会有什么变化呢？一起来看看吧。

（一）本月宝宝身体发育指标

晶晶是个白白胖胖的小家伙，她现在变得很喜欢让爸爸妈妈抱。可是，爸爸妈妈抱着晶晶这个小家伙可不轻松呢，因为这个月她又长高、长胖了不少。一起来看看这个月宝宝的身高、体重会有什么样的变化吧。

宝宝郭乙瑶

表8–1：7~8个月宝宝身体发育指标

特征	男宝宝	女宝宝
身高	平均71.5厘米（66.5~76.5厘米）	平均70.0厘米（65.4~74.6厘米）
体重	平均9.1千克（7.2~11.0千克）	平均8.5千克（6.7~10.3千克）
头围	平均45.1厘米（42.5~47.7厘米）	平均44.2厘米（41.5~46.9厘米）
胸围	平均45.2厘米（41.0~49.4厘米）	平均44.1厘米（40.1~48.1厘米）

流行性乙型脑炎疫苗（灭活疫苗）：进行初次接种，一共2针。一般在接种第1针后间隔70天接种第2针。此后，在1岁、4岁、7岁时还需各接种1次加强针。

流行性脑脊髓膜炎疫苗：进行初次接种，一共2针。第1针在6个月时接种，在流行地区间隔3个月后注射第2针。此后，到3岁时还需接种1次加强针。

（二）本月宝宝成长大事记

这个月，晶晶最大的进步就是开始理解别人的感情了。如果爸爸妈妈对她十分轻柔地说话，她就会很开心；但如果遭到爸爸妈妈大声的训斥，她就会“哇哇”大哭。

这个世界千变万化，时刻会有意想不到的 Discovery（发现），对于宝宝来说更是如此。宝宝每个月都会有一些大变化，现在，就一起来看看宝宝这个月的大变化吧。

1. 宝宝的个性初显端倪

这个月宝宝对待玩具、对待父母和对待生人的态度,跟宝宝的个性有很大的关系。有的宝宝个性胆小、文静，特别黏父母，遇到生人会抗拒、害怕；有的宝宝却能跟任何生人在短时间内熟络起来。以后，宝宝之间的性格差异会越来越明显。

宝宝陈海钏：她是个活泼开朗的小姑娘，每次见到其他宝宝，她很快就能和他们玩成一片。

2. 宝宝不再“任人摆布”了

8 个月的宝宝已经有了自己的意愿和想法，他不再“任人摆布”了。当他不喜欢吃某种食物时，会用手推开，有时还会左右晃脑袋躲闪，即使喂到嘴里也会吐出来。当他想要一个玩具时，如果爸爸妈妈给了他另一个，宝宝则不会像以前那样顺从地接受，而是会执拗地伸出自己的小手，指着自己想要的玩具，直到爸爸妈妈将玩具拿给他为止。

3. 小小牙齿没几颗，宝宝却爱啃东西

这个时期的宝宝，牙齿已经萌出几颗，因此特别喜欢啃东西,基本上是逮着东西就往嘴里送咬。玩具、奶瓶甚至妈妈的肩膀和乳头，都会成为宝宝的啃咬对象。因此，妈妈要将宝宝啃咬的玩具擦洗干净，哺乳妈妈要注意护理好自己的乳房。

宝宝郭乙瑶：宝宝小牙没几颗，却很爱啃东西。毛绒玩具刚拿到手中，她就放到了嘴边。

4. 宝宝认知能力更强了

本月的宝宝认知能力更强了。如果妈妈经常抱着宝宝在镜子面前认五官，以发问的形式如“宝宝的鼻子在哪里”问宝宝，宝宝会很快会用小手指出来。做游戏时，宝宝能找出他平常最喜欢玩的玩具。这个月，爸爸妈妈要多跟宝宝玩游戏，增加宝宝的认知能力。

5. 语言发育：宝宝开始发些简单音节

本月宝宝开始发一些简单的音节，如baba、mama等。相较于前几个月的无意识发音，本月宝宝的发音开始有了意识的参与，爸爸妈妈一定要抓住这一时机引导宝宝学说话哦。在这个月，宝宝还可以听懂爸爸妈妈的一些简单语言，他可以将语言和实物联系起来，爸爸妈妈可以利用宝宝的这一特征教宝宝认识更多的事物。

6. 听觉发育：宝宝开始会听了

这个月的宝宝对话语及短语很感兴趣，他们不但可以听懂爸爸妈妈的部分话语，而且还能在爸爸妈妈的教导下做一些动作了，如双手握拳作揖、小手挥挥再见等。宝宝不但能做还能明白其中的含义。如果客人告辞，有可能你还没发出指令，宝宝已经将小手挥上了。小宝宝这么机灵，真是越来越招人喜欢呢。

7. 动作发育：活动能力更强了

和上个月相比，宝宝这个月坐得更稳了，坐着的时候，小脑袋还能自由地转动，其视野更开阔了。这个月，有的宝宝爬的意愿非常强烈，有的却不愿爬，这就导致有些宝宝可以爬来爬去十分快乐，有些宝宝却还不会爬行。但无论如何，爸爸妈妈都要把爬行作为训练的重点，要有意识地训练宝宝爬行。

宝宝邓佳祎

二、日常护理：细心呵护促成长

有的妈妈认为，宝宝越大就越容易护理，其实不然。宝宝越大，活动能力就越强，爸爸妈妈稍微不注意，宝宝就会遭遇危险。那么，在这个月，爸爸妈妈要如何护理喜欢爬来爬去的小宝宝呢？

（一）便盆训练：让宝宝养成良好的排便习惯

晶晶4个月时，晶晶妈就开始训练晶晶把尿了，那时候晶晶十分配合，一把就尿。最近晶晶也不知道是怎么回事，给她把尿她就打挺，不肯尿。可是一把她放到床上，她立马就“画起了地图”，仿佛存心气人似的。爸爸妈妈这时应该怎么办呢？

这个月宝宝已经可以坐得很稳了，即便爸爸妈妈放开手也没有问题。因此，从这个月起，爸爸妈妈应对宝宝开展便盆训练了。每天定时让宝宝坐在便盆上排便，时间长了，宝宝便会养成良好的排便习惯。下面就一起来看看训练宝宝坐便盆的方法吧。

1. 观察宝宝排便规律，推断宝宝排便时间

爸爸妈妈首先要掌握宝宝的排便规律，知道宝宝何时排便。每当到了这个时间，爸爸妈妈就要高度注意，若是发现宝宝出现脸红、瞪眼等神态，就应立即将宝宝抱到便盆前，并用“嗯——嗯——”的发音使宝宝形成条件反射，不多久宝宝便会有便意了。

2. 选好便盆，让排便变得舒适

训练宝宝排便一定要选择合适的便盆，这更有助于宝宝排便习惯的养成。

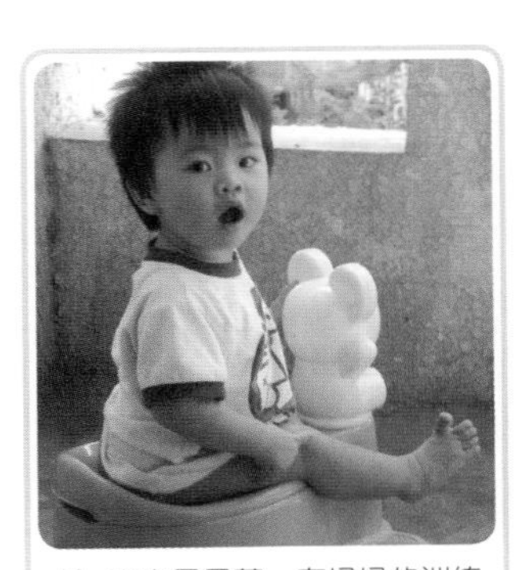

宝宝周里萱：在妈妈的训练下，萱萱现在已经爱上了坐便盆。瞧她坐在妈妈为她准备的可爱便盆上，多开心啊。

（1）便盆材质要合适

宝宝的坐便盆最好选择塑料材质的，且盆边要宽而光滑，这种便盆一年四季都可以用。搪瓷便盆最好不要冬天用，因为到了冬天，搪瓷便盆会变得很凉，会让宝宝的小屁股很难受，宝宝就不愿意坐了。

（2）便盆高度要合适

爸爸妈妈还要根据宝宝的身高等情况来调整便盆的高低度，

如果便盆过低，可以在便盆的底部垫上一些东西。

3. 让宝宝熟悉便盆，消除对便盆的恐惧感

有些宝宝不喜欢坐便盆，一看到便盆就会产生恐惧感，这多半是因为宝宝还没熟悉便盆的用法及功能。妈妈可以将便盆放在马桶旁，当妈妈带宝宝去马桶便便的时候，就可以告诉宝宝："宝宝现在还小，还不能坐在马桶上面啊。妈妈给宝宝准备了一个便盆哦，宝宝可以坐在上边便便。等宝宝长大一点，就可以像大人一样坐马桶了。"时间长了，宝宝就会明白自己使用便盆和大人使用马桶一样，是一种"自然又安全"的事情。

4. 宝宝便便，爸爸妈妈来协助

刚开始的时候，宝宝在便盆上坐得还不稳，这就需要爸爸妈妈在一旁协助了。爸爸妈妈可以在一旁扶着宝宝，并逐渐增加每次的练习时间——从开始的每次 2~3 分钟，逐渐增加到 5~10 分钟，注意时间不要过长，以免宝宝脱肛。若是宝宝没有成功便便，爸爸妈妈可以让宝宝起来活动一下，过一会儿再训练宝宝坐便盆。

5. 及时给予宝宝鼓励，加强宝宝的排便动机

当宝宝坐到便盆上后，妈妈要及时鼓励宝宝。当发现宝宝有排便的表情时，爸爸妈妈要给予宝宝称赞和鼓励，加强宝宝的动机。当宝宝顺利完成后，爸爸妈妈也要适当给予宝宝称赞和鼓励，可以夸宝宝："宝宝好棒，已经学会自己便便了。"

6. 便便完成，小屁屁擦干净

每次宝宝顺利排便后，爸爸妈妈应立即将宝宝的小屁股擦干净，并用流动的清水给宝宝洗手，这样可以有效减少细菌感染的几率。妈妈还应每天晚上给宝宝清洗小屁股，以保持宝宝臀部和外生殖器的清洁。

● 宝宝王宇啸

（二）8个月大的宝宝，不该再吃手指啦

旦旦从满月后就爱上了吃手，刚开始时旦旦奶奶说："俗话说'小孩手上3斤蜜'，非得都吃完了才不吃手，现在就让旦旦尽情地吃吧。"可是，这都第8个月了，旦旦的这一爱好依然不改。有时候，爸爸妈妈刚刚将宝宝的小手从嘴中拿出来，过不了多久小家伙又会再次将手指放入嘴中。看到宝宝的手指被他吮得通红，爸爸妈妈感到十分苦恼。

1. 吮吸手指，害处多多

吮吸手指对宝宝早期有一定的益处，但一般到八九月后，宝宝就不应再吮吸手指了。若是宝宝长期吮吸手指，其害处多多呢。

害处1：宝宝在吮吸手指时，会将大量病菌带入口腔和体内，引发口腔、牙齿感染，甚至还会导致宝宝患肠道寄生虫病、消化道疾病等。

害处2：宝宝长出牙齿之后，若依然经常吮吸手指，会导致牙齿排列不整齐，如门牙缺角、牙齿外龅，会对宝宝将来的容貌造成影响。

害处3：宝宝吮吸手指还会造成宝宝指甲畸形，引发宝宝手指出血或感染，如果侵及甲沟，则会造成甲沟炎。

宝宝邢睿瑶：宝宝前3个月吸吮手指是成长的体现，但随着月龄的增长，就不应再让其吸吮手指了。

2. 戒掉吮吸手指习惯的两大妙招

纠正宝宝吮吸手指的习惯需要一个过程，切不可强力阻止宝宝，更不要期望一天之内就能让宝宝戒掉这一习惯。下面，就来看看有助于戒掉宝宝吮吸手指习惯的两大妙招吧。

（1）多多关爱宝宝

宝宝喜欢吮吸手指多是因为爸爸妈妈对宝宝关爱不够。如果宝宝有吮吸手指的习惯，爸爸妈妈首先要检讨一下自己，平时对宝宝的关心是否足够。如果答案是否定的，那爸爸妈妈平时就要多关心宝宝了——多和宝宝玩玩，多和宝宝说说话，多亲亲、抱抱宝宝。

（2）让宝宝照照镜子

让宝宝看到自己吮吸手指的样子，有助于纠正宝宝的这一坏习惯。爸爸妈妈可以抱着正在吮吸手指的宝宝来到镜子前，让宝宝观察自己在吮吸手指时的样子。这个方法很有用，有些宝宝看到自己的这个样子后会受到很大的触动，便会逐渐停止吮吸手指了。

（三）耳朵护理：让宝宝保持良好的听力

和眼睛一样，耳朵也是人体与外界保持联系的一个重要渠道。爸爸妈妈平时若不注意保护宝宝的耳朵，则有可能导致宝宝听力下降。那么，怎么做才能让宝宝拥有好听力呢？

1. 养成洗耳的习惯

耳朵的外层面暴露在空气中，极易吸附一些尘土和细菌，因此爸爸妈妈一定要注意保持宝宝耳部的清洁。现在，一起来看看清洁宝宝耳部的操作步骤吧。

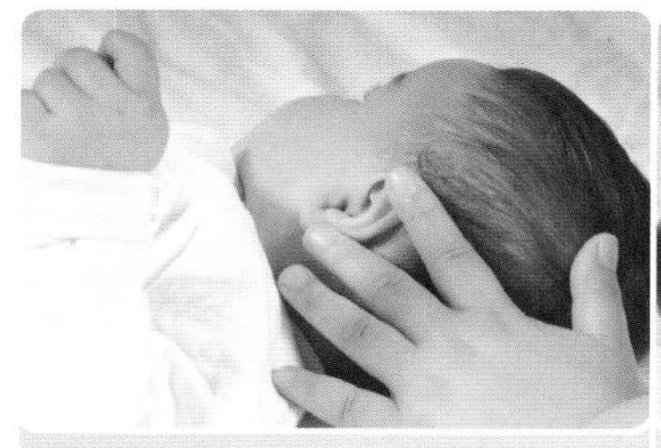

01 让宝宝侧卧。为了不让宝宝感到紧张，妈妈可以边跟他说话边做清洁。

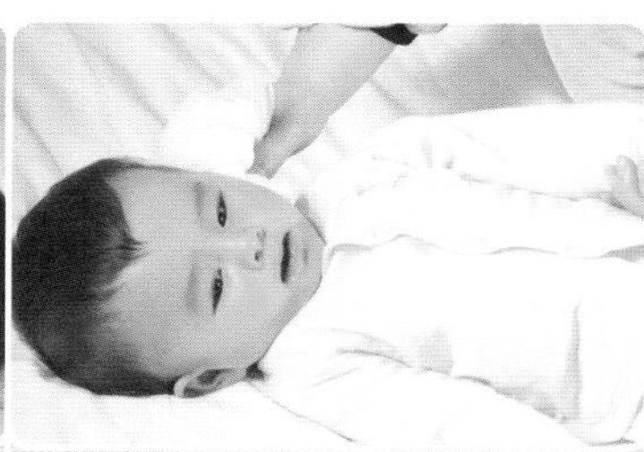

02 妈妈将沾有水的纱布或浴巾缠在手指上，仔细擦洗宝宝的耳后及耳朵周围。

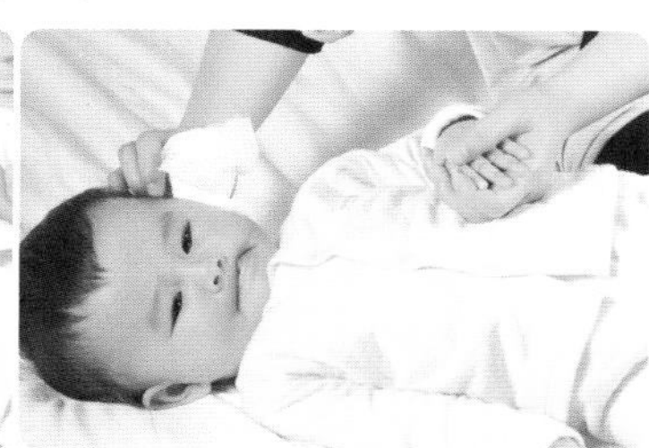

03 用浴巾轻轻擦拭残留在宝宝耳部的水珠。

2. 给宝宝清理耳屎的最佳方法

有时候，宝宝耳内发痒，妈妈为了帮宝宝止痒，会顺手拿不干净的火柴棒或是用自己的指甲在宝宝的耳道内掏挖。殊不知，这样做会导致病菌进入中耳腔内，极易引起宝宝中耳腔感染、耳道长期流脓，严重的话，还会造成鼓膜穿孔，对宝宝的听力造成极大的影响，甚至导致耳聋。

很多妈妈会用耳药水来给宝宝清理耳屎。在宝宝临睡前，给他滴 1~2 滴耳药水，是比较安全的清理耳屎的方法，具体操作如下：

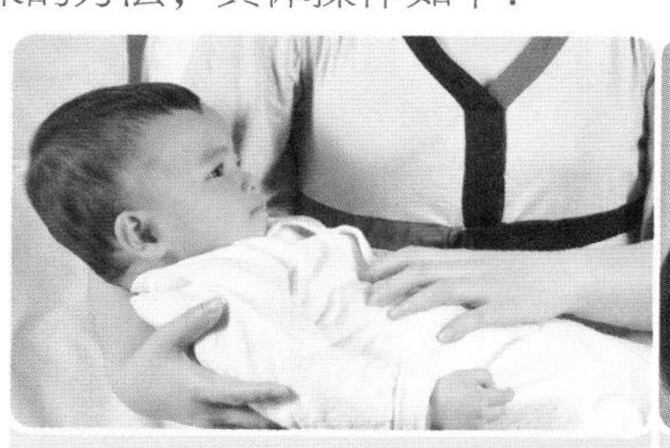

01 在滴药水时，爸爸妈妈要让宝宝躺在床上或把他抱在膝盖上，将他的头侧过来，有耳屎的耳朵在上。

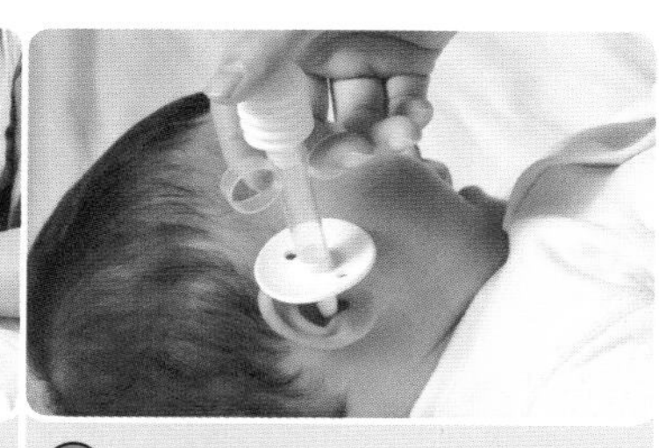

02 向宝宝耳朵里滴入1～2滴耳药水后，要让宝宝保持这个姿势2分钟，使耳屎得到充分的稀释。

妈妈还可用消毒棉球给宝宝清理耳屎，方法为：在宝宝的耳朵内塞一个用消毒棉球做成的耳塞，第二天取出耳塞，耳屎可能粘在上面从而被清除出耳道。

如果上面说的办法都没有用，那么爸爸妈妈应该到医院寻求医生的帮助。

宝宝莫曦雅：曦雅耳朵里有耳屎了，曦雅妈妈正试图用消毒棉球给曦雅清理耳朵。

3. 防止异物进入耳朵

很多宝宝喜欢将东西塞入自己的耳朵中，这是一种很危险的行为，因为宝宝的耳道非常细窄，如果有异物进入，易撑压耳道，并在耳道中形成具有相当危险性的阻塞。

4. 户外活动也要保护耳朵

爸爸妈妈带宝宝外出时，要注意保护宝宝的耳朵。保护主要集中在两个方面：一是防晒防冻防风，二是防外压和碰撞。如果户外的太阳光线很强，爸爸妈妈可以通过戴可以遮挡耳部的遮阳帽或在耳部外表涂抹少许防晒霜等来保护宝宝的耳朵；如果是寒冷的冬季，爸爸妈妈则要给宝宝戴上可以遮住宝宝小耳朵的帽子，以防宝宝的耳朵被冻伤。当宝宝耳部出现异常现象或疼痛时，妈妈应及时带宝宝就医。

宝宝邢睿瑶：秋冬季节，宝宝外出时妈妈总会给她戴上帽子以保护她的耳朵。

5. 避开噪声的刺激

高分贝的噪声也会导致宝宝听力下降。有些爸爸妈妈喜欢听 MP3，于是突发奇想地想让宝宝也“享受”一下，便将耳机塞入宝宝耳中，殊不知，这么做是很危险的。因为音量过大，会损害宝宝的听力；耳机直接塞入宝宝耳中，声音直接刺激鼓膜，然后通过鼓膜来传导，久而久之，鼓膜就易疲劳，也易造成宝宝听力下降。因此，爸爸妈妈在让宝宝听音乐、听故事的时候，最好不要让宝宝戴耳机听，而是采取外放的方式，且音量不宜过大。

6. 慎用耳毒性药物

对于个别具有特殊过敏体质的宝宝来说，一些抗生素药物如链霉素、卡那霉素、庆大霉素等对宝宝耳朵的听神经有明显的毒害作用，即使是医生在为宝宝注射上述药物时，爸爸妈妈也一定要留心观察，如果宝宝出现头晕、耳鸣、口角麻木等症状，就要及时给宝宝停药，否则会导致宝宝中毒性耳聋。

（四）教你练成排痰神功，宝宝有痰不再怕

宝宝免疫力弱，较易感染气管炎、支气管炎等呼吸系统疾病。由于气管发炎，宝宝喉咙里总会有很多黏稠的痰液“呼噜呼噜”作响。但宝宝这时还不会吐痰，痰不及时排出就会堵住呼吸道，导致宝宝呼吸不畅，对健康不利。那么爸妈怎样才能帮助宝宝排出痰液呢？

1. 良好的外部环境有助排痰

宝宝的卧室要经常通风，保持空气清新，通风时要把宝宝抱到其他房间，通风完毕再抱回来。室温以 18℃ ~22℃为宜，相对湿度保持在 55%，如果空气干燥，可用加湿器保湿，也可在房间里放一盆水，或用湿布拖地板，都能增加室内的空气湿度。适宜的温度和湿度有利于呼吸道黏膜保持湿润状态和黏膜表面纤毛的摆动，有助于痰的排出。

2. 四招排痰大法，让宝宝轻松排痰

打造好了外部环境之后，爸爸妈妈接下来就要给宝宝排痰啦。

（1）多饮水：止咳、稀释痰液

宝宝喉咙有痰，爸爸妈妈可以让宝宝多喝一些白开水，可以起到止咳和稀释痰液的作用。痰液的黏稠度降低，也就较易排出了。

（2）蒸汽法：止咳祛痰

将沸水倒入一个大口罐或茶杯中，将宝宝抱起，使其口鼻对着升起的水蒸气吸气，这样可以稀释痰液，有助于排出。

（3）食疗法：化痰止咳

我们日常所食用的一些食物就有很好的清热、化痰、止咳的功效，如梨、萝卜、枇杷、荸荠、冬瓜、藕等，爸爸妈妈可以选择性地给宝宝食用。

（4）拍背法：帮助宝宝排痰

拍背法可以促使宝宝肺部和支气管内的痰液松动，向大气管引流并排出。当宝宝有痰咳不出而又呼吸困难时，爸爸妈妈可以采取这种方法帮助宝宝排痰。具体方法如下：

两侧交替进行，每侧至少拍 3~5 分钟，每日拍 2~3 次。拍击的力量不宜过大，要从上而下、由外向内依次进行。

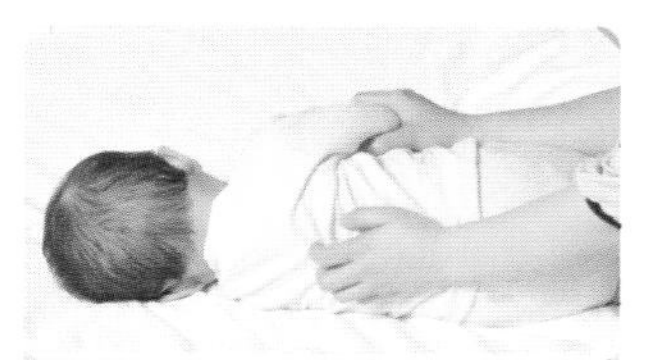

01 让宝宝在床上侧卧或抱起侧卧。一只手五指稍屈，轻轻地拍打宝宝左侧背部。

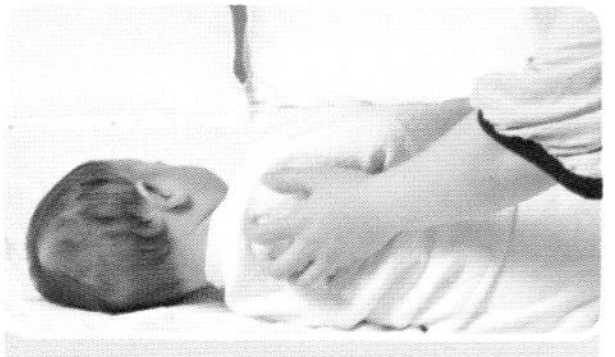

02 采取同种方法拍打宝宝右侧背部。

三、喂养：营养为成长添助力

晶晶最近不知道怎么回事，忽然变得挑食了，以前她很喜欢吃胡萝卜泥，可现在妈妈只要将勺子放在她嘴边，她就会推到一边去。同事告诉晶晶妈，应对宝宝挑食，妈妈最关键。那么，妈妈该如何使宝宝养成良好的习惯？在这个月里，喂养宝宝又应注意什么呢？

（一）本月喂养要点

宝宝长出了牙齿，可以吃的食物越来越多了，到了这个月，爸爸妈妈就可以给宝宝添加固体食物了。在喂养宝宝的过程中，爸爸妈妈还要注意什么问题呢？

1. 继续添加辅食，但要保证奶类的摄取量

本月除了继续给宝宝吃上个月的辅食，还可以添加肉末、豆腐、整个蛋黄、整个苹果、猪肝泥、各种菜泥等。未曾添加过的新辅食，要一样一样地添加，不要一次添加两种或两种以上。

虽然辅食的量慢慢增多，但这时期还是以母乳为主食。授乳量虽然会慢慢减少，但仍应保证每天至少授乳 3~4 次，总量达到 500~600 毫升。

有些乳汁充盈的妈妈图省事，迟迟不给宝宝添加辅食。不管妈妈的乳汁是否充盈，宝宝半岁以后也应给宝宝添加辅食了。一来，妈妈乳汁中所含的铁已远远跟不上宝宝的身体需要；二来，半岁后宝宝进入长牙期，需要接触各种辅食来锻炼咀嚼能力。

2. 让宝宝习惯奶杯

逐渐让宝宝用奶杯喝奶，是断奶的重要方法。这并不是说要马上改用奶杯，完全丢弃奶瓶，而是让宝宝逐渐适应并知道：除了奶瓶，用奶杯也可以喝奶。

妈妈可以每天给宝宝的奶杯里倒入一点配方奶让宝宝喝。也许刚开始宝宝不愿多吃，等他逐渐习惯后，妈妈就可以用奶杯给宝宝喝果汁、喝水了。这个计划一旦开始实施，最好在每次吃辅食的时候，都用奶杯喂宝宝一两次。

3. 适当增加固体食物

这个月，妈妈应适当给宝宝吃些固体食物，如水果条、馒头片、饼干、磨牙棒等。有些爸爸妈妈总是担心宝宝没长牙，不能嚼这些固体食物，其实宝宝会用牙床咀嚼，能很好地下咽。

（二）巧吃食物，让宝宝更聪明

蕾蕾自出生就一直是个小胖妞，添加辅食后，妈妈发现她只喜欢吃肉食，而对水果和蔬菜一点儿都不想吃，这可真急坏了蕾蕾爸妈。

很多妈妈都会有这样的感觉，宝宝之前吃东西还很乖，可是到了七八个月时，就开始变得挑食了。这是为什么呢？

1. 宝宝为什么开始挑食

宝宝之所以会出现挑食的情况，是因为随着宝宝越来越大，其味觉发育越来越成熟，对各类食物的好恶表现得越来越明显。一般来说，味觉越是敏感的宝宝，挑食情况越严重。

有些爸爸妈妈对于宝宝挑食的情况置之不理，殊不知，宝宝挑食时间长了便会养成偏食的习惯，对于宝宝的健康成长极为不利。

2. 树立正确的喂养观念

事实上，宝宝偏食往往是爸爸妈妈的喂养方式不当而引起的，因此，要想纠正宝宝偏食的坏习惯，首先需要爸爸妈妈树立正确的喂养观念：

（1）正确看待宝宝挑食、偏食

宝宝的这种挑食、偏食行为有时是很天真的，并非永久性。他在这个月龄不喜欢吃的东西，很有可能到下个月就又变得很喜欢吃。如妈妈不了解这一点，就很容易因为担心宝宝缺了营养而对宝宝的这种挑食、偏食行为十分较真，以致采取强硬的态度来改变宝宝，这就会在宝宝的脑海中留下十分不良的印象，导致他形成真正的偏食习惯。

（2）对挑食、偏食宝宝耐心诱导

当宝宝出现挑食、偏食情况之后，爸爸妈妈不要过于紧张，更不要对宝宝采取强硬措施，这会造成宝宝的抵触情绪。妈妈应该对偏食的宝宝耐心诱导，要知道，对于一种新的食物，宝宝一般要经过一段时间的适应。

3. 应对挑食、偏食有方法

宝宝挑食、偏食是成长发育过程中较为常见的一种现象。不过，若爸爸妈妈不及时纠正宝宝的这一习惯，就会对宝宝的健康造成一定的影响。下面，告诉爸爸妈妈几个应对宝宝挑食、偏食的小妙招。

● 把食物拼成可爱的图案，可以大大增强宝宝进食的兴趣。

（1）变形变色法

宝宝的好奇心很强，同样的食物变个花样，宝宝就会被吸引。爸爸妈妈可以改变食物的颜色，让食物白嫩得更加好看；也可以将宝宝不爱吃的食物做成可爱的形状，如手枪、火箭、小白兔、花朵、小火车、小汽车等。这些漂亮的图案通过视觉、嗅觉和味觉等感官传到宝宝的大脑食物中枢，可增强宝宝进食的兴趣。

（2）调整烹饪法

同样的食材有不同的烹饪法，当宝宝出现偏食、挑食情况时，爸爸妈妈要想办法提高宝宝对食物的兴趣。爸爸妈妈可以经常变换烹调方式，时而将食物做成软烂易嚼的，时而将食物做成颗粒分明的，食物的花样越多，宝宝就越感兴趣。

（3）食物掺杂法

爸爸妈妈可以将宝宝不喜欢吃的食物掺入宝宝喜欢吃的食物中，如将芹菜切成碎末拌在菜里或是饺子馅中。最初放的量可以少一些，待宝宝习惯后再逐渐增加。当增加到一定程度之后，宝宝自然就养成吃此食物的习惯了。

（4）餐具诱惑法

爸爸妈妈还可以将宝宝不喜欢吃的食物放到一个十分可爱的容器中，这样，宝宝的注意力便会被这个形状可爱的容器所吸引，吃的意愿就会大大提高。

● 爸妈可以用可爱的容器装辅食，以增强宝宝的食欲。

（5）榜样的力量是无穷的

宝宝偏食，需要爸爸妈妈以身作则，做到不偏食、不挑食，并经常在宝宝面前吃一些宝宝比较挑剔的食物。在吃的过程中，爸爸妈妈要表现出非常喜欢吃的样子，让宝宝潜意识认识到这些食物很好吃，这样，宝宝就会逐步尝试并接受这些食物。

（6）鼓励和表扬很重要

当宝宝出现挑食、偏食情况后，爸爸妈妈应多给予宝宝鼓励。当宝宝吃饭不挑食的时候，爸爸妈妈一定要表现出关心和高兴等积极反应，并夸奖宝宝“宝宝好棒”之类的话语，以达到强化的目的。

需要提醒爸爸妈妈的是，对于宝宝挑食、偏食，爸爸妈妈可以巧妙引导宝宝改正这一不良习惯，但一定不要强迫宝宝，以免宝宝产生厌食症。

（三）宝宝吃出好脑力

爸爸妈妈不仅希望宝宝可以健康成长，同时也希望宝宝是个聪明伶俐的小家伙，于是想尽一切办法来增加宝宝的营养，希望可以让宝宝变得更聪明。那么，究竟哪些食物有助于宝宝吃出好脑力，哪些食物又会损害宝宝的脑部发育呢？

1. 巧吃食物，让宝宝更聪明

有些爸爸妈妈为了让宝宝变得聪明，不惜一切代价给宝宝购买昂贵的营养品，其实，爸爸妈妈大可不必如此。我们都知道，脑细胞的发育离不开蛋白质、碳水化合物、维生素、脂肪和矿物质，因此，只要在日常生活中多让宝宝吃含有此类物质的食物就能促进宝宝智力的发育，为宝宝的健康成长保驾护航。

（1）小米

小米营养丰富，含有丰富的蛋白质、脂肪、钙、磷、铁等营养成分，人体必需的8种氨基酸含量也比较丰富，被人们称为“健脑主食”。

● 小米

（2）大豆

大豆中含有的优质蛋白和不饱和脂肪酸是脑细胞成长和修补的基本成分；其中所含的卵磷脂是促成聪明大脑的重要物质。在给宝宝添加辅食时，妈妈要让宝宝适当摄取豆类食物，这样可以增强和改善宝宝的记忆力。

● 大豆

（3）核桃

核桃有“益智果”的美称，是补脑益脑的佳品。核桃所含的蛋白质中有人体必需的赖氨酸，赖氨酸是健脑的重要物质；核桃所含的脂肪中有大量的亚油酸和亚麻酸，可排除血管壁内的代谢垃圾，净化血液，为大脑提供新鲜血液，从而提高大脑的生理功能；核桃所含的卵磷脂有助于宝宝智力的发育。爸爸妈妈可以炖核桃粥给宝宝喝，需注意核桃仁中所含的油脂较多，不易消化，因此每次不宜吃太多。

● 核桃

（4）鸡蛋

鸡蛋含丰富的优质蛋白，较易被人体吸收。蛋黄中含有丰富的卵磷脂、铁和磷，对于宝宝大脑发育也很有帮助。

（5）香蕉

香蕉中含有丰富的矿物质和钾离子，经常食用具有益智健脑之功效。

● 香蕉

（6）肝脏

肝脏中含有丰富的铁、维生素、微量元素等营养成分，可以有效补充人体所需营养，增强人体免疫力，其中，动物肝脏中所含的胆碱还有助于提高宝宝智力。

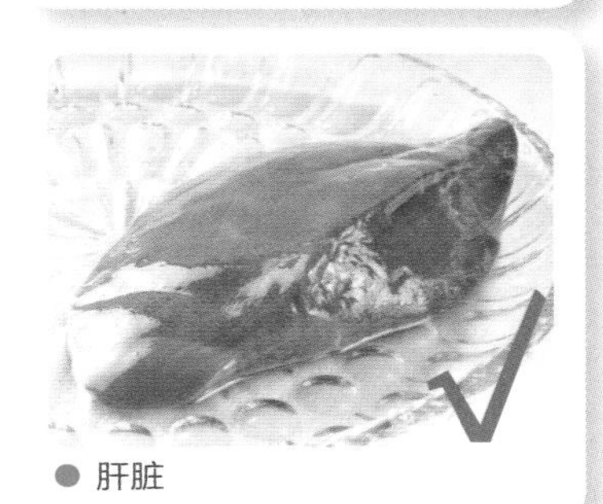

● 肝脏

（7）卷心菜

卷心菜中含有丰富的B族维生素，妈妈经常给宝宝吃卷心菜，可以更好地预防宝宝大脑疲劳。

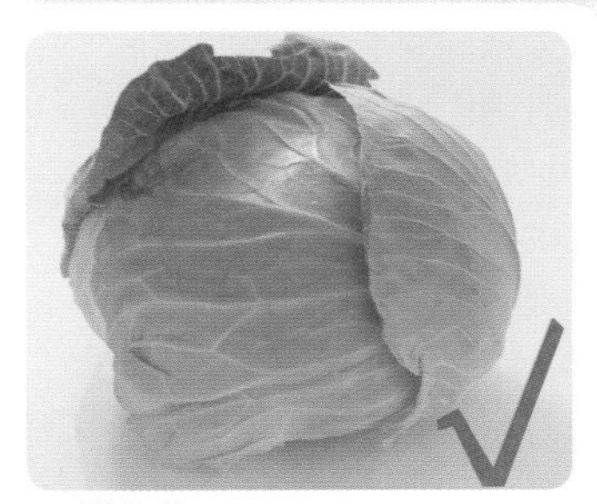

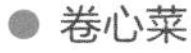

● 卷心菜

（8）鱼类

鱼肉中含有丰富的蛋白质和不饱和脂肪酸，可以分解胆固醇，使脑血管通畅，是宝宝健脑的良品。在鱼类中，海水鱼所含的DHA的含量高于淡水鱼，爸爸妈妈可经常让宝宝食用海水鱼。但在给宝宝食用鱼肉时，爸爸妈妈一定要注意别让鱼刺卡住宝宝的喉咙。

● 鱼类

（9）黄花菜

黄花菜被称为“健脑菜”，当中含有丰富的蛋白质、脂肪、钙、铁，宝宝经常吃黄花菜对益智健脑十分有益。

（10）牛奶

爸爸妈妈千万不要小看一杯牛奶的作用哦！要知道，每100毫升牛奶中含有3.5克蛋白质、125毫克钙。牛奶中的钙最易被人体吸收，具有调节神经、使肌肉兴奋的作用。对于宝宝来说，适当地喝点儿牛奶不仅有助于钙的吸收，还可以为大脑注入营养。

2. 损脑食物，不宜多吃

现在爸爸妈妈已发现了日常我们所食用的食物中所蕴涵的大学问，想要尝试着给宝宝做点什么食物了吧。不过，生活中还有很多食物是宝宝不宜多吃的，否则会令大脑受到损害。下面，看看有哪些食物是宝宝不宜多吃的吧。

● 咸菜

（1）过咸食物：食盐、咸菜

妈妈经常给宝宝吃过咸的食物，会使宝宝的动脉血管受到损伤，影响宝宝脑组织的血液供应。而宝宝的脑细胞则会因为长时间处于缺氧状态而造成宝宝反应迟钝、记忆力下降。因此，爸爸妈妈每天给宝宝吃的食物应以清淡为主，将宝宝每天的食盐摄入量控制在 4 克以下。

（2）糖精、味精含量较多的食物

宝宝食用过多糖精，会使大脑细胞组织受到损伤，因此，宝宝在 1 周岁以内应避免食用糖精以及含糖精类的食物。另外，1 周岁以内的宝宝食用味精也有可能引起宝宝脑细胞坏死，因此爸爸妈妈应避免在宝宝的食物中加入味精。

● 松花蛋

（3）含铅食物：爆米花、松花蛋

铅是脑细胞的一大“杀手”。爸爸妈妈给宝宝吃的食物含铅量过高会损伤宝宝的大脑，导致宝宝智力低下。爸爸妈妈应避免给宝宝吃爆米花、松花蛋等含铅食物。

（4）含过氧脂的食物：腌渍食品、煎炸食物

研究显示，油温在 200℃以上的煎炸类食物以及长时间暴晒于太阳底下的渍制食物含有大量的过氧脂质，宝宝长期食用，将使体内代谢酶系统受到损害，导致宝宝大脑早衰或痴呆。因此，爸爸妈妈应少让宝宝吃煎炸类食物和腌渍食品。

● 宝宝邵梦童

（四）嚼食喂养害处多

“妈，你怎么又把食物嚼过喂乐乐啦？”乐乐妈走出来，看到婆婆正将嚼过的食物塞到乐乐嘴中。乐乐妈已经和婆婆说过好几次了，嚼食喂养害处多。可婆婆总不听，还说自己的几个孩子都是这么喂大的。唉，怎样才能说服婆婆放弃嚼食喂养呢？乐乐妈真为此烦恼不已。

过去，老人在喂宝宝东西时，担心宝宝咬不动、嚼不烂，习惯先将饭菜嚼碎再喂宝宝，认为这样可以帮助宝宝消化。现在，一些老一辈的人或是受老一辈育儿方式影响颇深的年轻人在喂养宝宝时仍然喜欢这么做。殊不知，嚼食喂养宝宝可是害处多多。

1. 易将疾病传染宝宝

正所谓“病从口入”。成人口腔中有很多病菌和细菌，当成人将嚼碎的食物喂给宝宝时，病菌和细菌也会随着食物一同进入宝宝口中，这些病菌和细菌易使宝宝患病。尤其是肝炎、肺结核、口腔病、龋齿、咽喉炎、痢疾患者，更易将细菌传染给宝宝，引发宝宝患病。

也许有些人会说自己身体很健康，没有患上述疾病，更不可能将细菌传染给宝宝。其实，这种认识也是片面的，因为身体健康并不代表体内不含有病菌，而且，有些病菌可能对成人没有什么危害，但是宝宝抵抗力相对较弱，一旦各种病菌乘虚而入，就会让宝宝患病。

2. 降低宝宝食欲和消化能力

饭菜经过成人咀嚼过后，味道会发生很大变化，食物的色香都被破坏掉了。对于宝宝而言，嚼食过的食物就是一团没滋没味的烂糟糟的食物，这会影响宝宝唾液和胃液的分泌，降低宝宝的食欲和消化能力。

3. 易使宝宝产生依赖性

成人将食物嚼碎后喂宝宝，还容易让宝宝形成一种依赖性，对宝宝的咀嚼肌和下颌的发育十分不利，同时也不利于宝宝独立性的养成。

（五）巧用零食，训练宝宝独立进食

零食是指主食以外的糖果、点心、饮料、水果等。6个月以内的宝宝是不能吃零食的，因为他们还不会咀嚼，吃固体食品易发生哽噎，但七八个月的宝宝就能尝试着吃些零食了。

1. 小小零食作用大

爸爸妈妈千万不要小瞧了零食，这小小零食的作用可不小呢。零食对宝宝的成长和学习起着重要的调节作用。因为正餐是由大人喂他吃的，而零食是由宝宝自己拿着吃的，这对宝宝独立进食是很好的学习和训练机会。

零食还可以满足宝宝的口欲。这一时期的宝宝基本上处于口欲阶段，喜欢将任何东西都放入口中，以满足心理需要。吃零食提供了这种心理满足，也避免了宝宝把不卫生或危险的东西放入口中。

适当地吃点零食还能为宝宝断奶做准备。

2. 宝宝零食分级

我们可将作为零食的食物分为几大类，即糖果类、肉类、海产品类、蛋类、谷类、豆制品类、蔬菜水果类、奶制品类、坚果类、薯类。根据食物的营养特点和制作方式，又将每一类零食划分为三个推荐级别，即“可经常食用”、“适当食用”、“限制食用”。

宝宝天天：处于口欲阶段的宝宝，适当地吃点零食能给他带来心理满足。

（1）可经常食用的零食

这些食品是水煮蛋、无糖或低糖燕麦片、煮玉米、全麦面包、豆浆、香蕉、西红柿、黄瓜、梨、桃、苹果、柑橘、西瓜、葡萄、大杏仁、松子、榛子、蒸煮或烤制的红薯及不加糖的鲜榨橙汁、西瓜汁、芹菜汁等。

这些食品营养素含量丰富，低脂肪、低盐、低糖，既可提供膳食纤维、钙、铁、锌、维生素C、维生素E、维生素A等人体必需的营养素，又能避免摄取过量的脂肪、糖和盐分。

可以让宝宝经常食用不加糖的鲜榨橙汁、西瓜汁。

（2）适当食用的零食

这些食品是巧克力、火腿肠、肉脯、卤蛋、鱼片、蛋糕、怪味蚕豆、卤豆干、海苔片、苹果干、葡萄干、奶酪、奶片、花生酱等。

这些食物营养素含量相对丰富，但却含有或添加了中等量脂肪、糖、盐等应限制的成分。

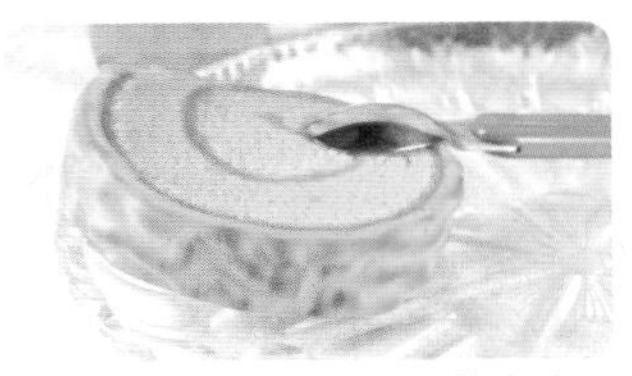

● 面包虽香甜，但却不能多吃。

（3）限制食用的零食

这些食品是棉花糖、奶糖、糖豆、软糖、水果糖、炸鸡块、炸鸡翅、膨化食品、巧克力派、奶油夹心饼干、方便面、奶油蛋糕、罐头、果脯等。

这些食品营养价值低，含有或添加了较多脂肪、糖、盐，所含的热量较多。

● 雪饼对宝宝的健康极为不利，妈妈应避免让宝宝吃此类食物。

3. 宝宝吃零食要注意

零食虽好，但也不可以随便给宝宝吃，妈妈让宝宝吃零食时需要注意以下事项：

（1）要选择新鲜、天然、易消化的零食

宝宝的肠胃尚在发育，所以要选择易消化的零食，奶类、果蔬类、坚果类食物营养价值高，最适合宝宝。

（2）吃零食的时间不要离正餐太近

吃零食的时间最好放在两次正餐中间，以至少相隔1.5～2小时为好，零食量要求不影响正餐。宝宝睡觉前半小时避免吃零食，否则不利于消化及睡眠，还会增加患龋齿的可能。

（3）吃零食前要洗手，吃完零食要漱口

要防止病从口入，食用零食前洗手十分必要，这也有利于宝宝从小养成良好的卫生习惯。很多零食中的糖和油脂在口腔细菌的作用下会变为酸性物质，从而损坏牙齿珐琅质，因此宝宝吃完零食后要及时漱口。

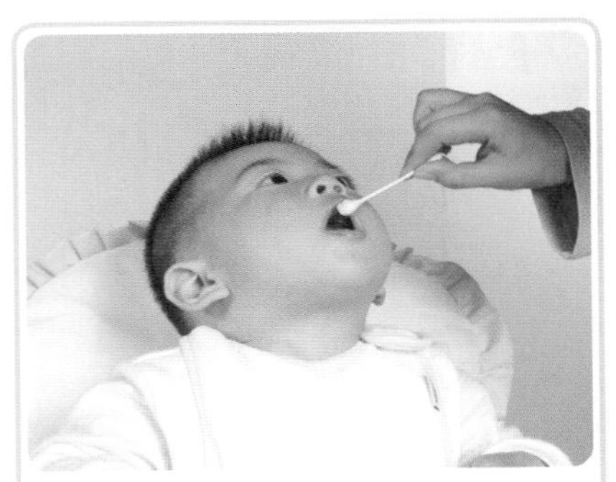

★ 宝宝吴哲睿：宝宝吃完零食后，妈妈要用棉签或者是纱布帮宝宝清理牙齿和牙龈。

（4）注意零食的食用安全

坚果类零食要弄碎以后再给宝宝吃，最好在爸爸妈妈的看护下食用。不要让宝宝一边玩耍一边吃，也不要在宝宝哭闹、嬉笑的时候给他吃零食。

四、应对宝宝不适：科学护理保健康

时间过得好快啊，晶晶马上就要8个月了。在这近8个月的时间里，晶晶妈真正明白了这样一个道理：一分耕耘，一分收获。给予宝宝的爱多一些，自己得到的也会更多。在养育宝宝的过程中，做好准备，宝宝生病时才不致慌乱。下面就一起来看看宝宝这个月里可能会出现的不适状况、护理方法及预防措施，一同做好育儿准备吧。

（一）咳嗽：宝宝咳得苦，父母听得慌

早上醒来，乐乐妈发现乐乐不知道是冻着了还是怎么了，鼻子不通，还不停地干咳。乐乐爸到附近的卫生院向医生说明了情况并让医生给配了一些药。第二天，乐乐咳嗽的症状并没有减轻，反而有加重的迹象。乐乐妈刚给乐乐喂完药，乐乐就全部吐了出来，之后便哭闹不止。乐乐妈十分担心，和乐乐爸一起带乐乐去了医院。他们向医生说明了情况，医生说乐乐得了毛细支气管炎。听到医生的话，乐乐妈心里既紧张又难过，暗暗怪自己没有照顾好乐乐。

1. 引发咳嗽的原因多

引起咳嗽的原因有很多，主要是由于异物、刺激性气体、呼吸道内分泌物等刺激呼吸道黏膜里的感受器，通过传入神经纤维传到延髓咳嗽中枢，引起咳嗽。

很多时候宝宝咳嗽可能是由于非疾病因素，比如由吸入物刺激而引起。空气中的尘螨、花粉、真菌、动物毛屑、硫酸、二氧化硫等，都会刺激小儿呼吸系统，引发咳嗽。

宝宝邓一杨：尽量避免让宝宝接触动物毛屑等容易引发咳嗽的物体。

气候的变化也会诱发宝宝咳嗽，因此在寒冷季节或秋冬气候转变时，咳嗽的患儿较多。

如果宝宝属于过敏体质，一旦食用可引起过敏的食物，如鱼类、虾蟹、蛋类等，也有可能引起咳嗽。

疾病也是引起咳嗽的主要原因，感冒、呼吸道感染、肺炎、咽喉炎等许多疾病都有咳嗽的症状。

2. 咳嗽护理，讲究科学

宝宝咳嗽时，爸爸妈妈应寻找诱发咳嗽的原因，并选择最好的治疗方法。不过，如果宝宝只是轻微的咳嗽，妈妈就不必太担心，做好护理工作就能让宝宝的病情得到缓解：

（1）给宝宝提供充足的水分

若宝宝摄取水分不足，会使痰变得更加黏稠，使其紧附着在呼吸道黏膜上，从而加重咳嗽。因此，爸爸妈妈要注意给宝宝补充比平日更多的水分。

（2）减少每次进食量

如果宝宝“吭吭”地咳嗽，连气都透不过来并呕吐的时候，可以减少每次进食的量，做到少食多餐。

（3）防止家中干燥，保持空气清新

为了保护宝宝的呼吸道，必须维持家中适宜的湿度，因为干燥的空气会刺激呼吸道黏膜。

（4）让宝宝远离二手烟

爸爸妈妈不要在宝宝的房间里吸烟，不要让宝宝在二手烟的环境下生活，这会加剧宝宝咳嗽的症状。

（5）拍打宝宝背部以协助将痰咳出

宝宝咳得难受时，可以让其趴在妈妈的膝盖上，然后妈妈凹起掌心在宝宝的胸部及背部轻拍或者揉搓，注意用腕力轻轻拍打即可。

（6）给宝宝多吃富含维生素的新鲜蔬菜

新鲜蔬菜如青菜、胡萝卜、西红柿等，可提供给宝宝多种维生素和无机盐，有利于机体代谢功能的恢复。

（7）宝宝穿衣要适当

生活中经常会见到这样的爸爸妈妈，他们认为宝宝肯定比成人怕冷，因此便不分季节、场所，将宝宝捂得厚厚实实的，不让宝宝受一点寒气，结果导致宝宝机体调节能力差、抵抗力低下。

（8）适当运动

适当运动对提高免疫力是有帮助的。不过，在疾病流行的季节，要少让宝宝到公共场所去，以减少交叉感染的概率。

● 应给宝宝多吃富含维生素的新鲜蔬菜

（二）中耳炎：宝宝耳朵疼痛难忍

早上起床，阳阳妈给阳阳喂蛋黄泥，阳阳就是不肯吃。阳阳妈还以为阳阳是挑食了，便给他冲了一瓶奶，结果阳阳仍然不喝。在此过程中，阳阳妈发现阳阳总是甩他的小脑袋，还时不时地用手去扯他的耳朵，并且哭闹不止。难道是阳阳的耳朵有问题？阳阳妈开始担心起来。于是，她赶紧带着阳阳一起去医院做了检查，医生说阳阳患上了中耳炎。

1. 宝宝为何患上中耳炎

宝宝突然出现烦躁不安、哭闹、发热现象，爸爸妈妈触动或牵拉一下宝宝的耳朵，宝宝就有触痛或者牵拉痛的感觉；当宝宝入睡时，耳朵被碰到会突然醒来哭闹，或者喂奶时耳朵受挤压引起啼哭不肯吃奶，就说明宝宝耳道疼痛，妈妈要想到宝宝可能患了中耳炎。

中耳炎主要是由于上呼吸道感染，病菌通过耳咽管到达中耳，导致中耳发炎所致。宝宝如果感冒或者喉咙痛，可能会使病菌进入鼓室，导致鼓室黏膜发炎肿胀，阻塞中耳。就像感冒时鼻塞那样，脓液积聚在中耳内压迫鼓膜，因此患儿感觉耳朵疼痛。

宝宝卢奕凡：一直很乖的宝宝突然哭闹不止，有时候还会用手抓耳，出现这种情况时，妈妈要带宝宝去医院检查是否患有中耳炎。

2. 治疗为主，护理为辅

中耳炎是比较严重的小儿疾病，如果宝宝的耳朵已经流脓，鼓膜已经出现穿孔，很可能会因为治疗不及时而影响宝宝的听力，甚至会导致耳聋。所以一旦发现宝宝患有中耳炎，最好马上先到医院检查治疗，以免错过最佳治疗时间。

在遵从医生治疗方法的同时，爸爸妈妈也应做好以下护理以协助治疗：

① 急性期注意休息，保持宝宝鼻腔通畅。

② 给宝宝多食有清热消炎作用的新鲜蔬菜，如芹菜、丝瓜、茄子、荠菜、蓬蒿、黄瓜、苦瓜等。

③ 注意卫生，保持患儿的枕具、玩具、治疗用具（如药棉、器皿）等干净无污染。

④ 中耳炎患儿不宜游泳。

⑤ 保持环境安静，以免宝宝心情烦躁，加重病痛。

⑥ 带宝宝到户外锻炼身体，保持宝宝的良好情绪。

宝宝患上中耳炎，妈妈可以给宝宝喝些清热消炎作用的蔬果汁，如芹菜汁等。

3. 做好预防工作，保护好宝宝的耳朵

在日常生活中，爸爸妈妈要保护好宝宝的耳朵，做好预防的工作。如果爸爸妈妈能够注重生活上的护理，宝宝患中耳炎的几率就会大大减少。

（1）采用母乳喂养的方式

据研究表明，采用母乳喂养的宝宝患中耳炎的概率比较低，大约是人工喂养的宝宝的一半。这是因为母乳中含有免疫抗体，能帮助宝宝抵抗细菌和病毒的感染。

（2）保持正确的喂奶姿势

喂奶时妈妈不要躺在床上，宝宝也不要平卧，要让宝宝头部抬起成一定角度，特别注意不要让宝宝拿着奶瓶入睡，以避免奶液流向宝宝的咽鼓管，使咽鼓管阻塞，导致细菌繁殖而出现中耳炎。如果宝宝吐奶，应立即把宝宝抱起，让他头呈侧位，使奶吐出，然后轻轻立起，头躺在妈妈肩上，轻轻拍其背部。

（3）做好预防宝宝感冒的工作

因为感冒会使咽鼓管阻塞，容易引发中耳炎，所以爸爸妈妈要多锻炼宝宝的身体，及时接种流感疫苗，注意宝宝的保暖，避免宝宝感冒。

（4）不要轻易给宝宝挖耳

由于挖耳可能会损伤中耳，引起炎症，所以不要轻易给宝宝挖耳。

（5）宝宝耳朵要注意防水

给宝宝洗澡、洗头时，要防止宝宝不合作以致污水流入耳内发生感染。如果带大宝宝去游泳，上岸后要扶着他让他单脚跳动，让耳内的水流出，或者用棉签吸干水分。

（6）耳内有虫要智取

如果宝宝耳朵中不小心有虫子进入，不要急躁硬捉，可以往宝宝的耳朵里滴入食用油泡死小虫后取出。

（7）避免在家中吸烟

被动吸烟也是导致中耳炎发作的重要原因。为了宝宝的健康，爸爸妈妈最好不要在家里吸烟。

（8）积极治疗鼻咽部疾病

如果宝宝患有鼻咽部疾病，一定要及时积极治疗，以免病菌进入中耳，引发炎症。

五、早教：开发宝宝的智力潜能

最近晶晶老喜欢歪着头，这跟谁学的呢？妈妈百思不得其解。一次，妈妈抱着晶晶坐在床上玩，忽然，晶晶又对着墙壁歪脑袋。妈妈见墙上挂着的宝宝画，恍然大悟：原来小丫头在模仿画中宝宝的动作呢。这一时期的小宝宝具有很强的模仿能力，爸爸妈妈应该抓住宝宝的这一特点，积极地对宝宝开展早教教育。

（一）益智亲子游戏

小宝宝都很喜欢玩水，晶晶也不例外。每次洗澡，晶晶都喜欢拍水，看到水花四溅，晶晶就会特别开心。没错，对小宝宝来说，生活中的任何事情都可能变成好玩又益智的游戏。在这个月，爸爸妈妈还可以多和宝宝做以下益智游戏，这些游戏都有助于宝宝的智力开发。

1. 捏响球：发展宝宝的创造性思维能力

爸爸妈妈可以和宝宝一起做捏响球的游戏。首先要准备好各种可以发出响声的球，接下来就可以开始游戏啦。

① 妈妈把藏在背后的玩具捏响，问宝宝："咦！是哪里发出来的声音呢？"然后再捏响，吸引宝宝。

② 妈妈向宝宝出示玩具，问宝宝："哦，原来是漂亮的球宝宝呀。宝宝，你想不想让小球也发出好听的声音呢？"

③ 妈妈把球放在宝宝的手里，然后抓住宝宝的手，和他一起捏，使球发出声音。

④ 宝宝熟练掌握后，妈妈可以引导宝宝有节奏地捏响球。

这个游戏可以培养宝宝的手眼协调能力，并发展宝宝的创造性思维能力。

宝宝莫曦雅：经过一段时间的练习，曦雅现在已经能捏响手中的玩具啦。

2. 音乐教育：发展宝宝的音乐能力

8 个月是宝宝听觉发展的良好时期，爸爸妈妈在这一阶段对宝宝进行音乐教育，能使宝宝的音乐潜能得到较好的发展。

爸爸妈妈可以经常给宝宝唱儿歌或是播放一些节奏感强、优美欢快的歌曲，在唱歌的时候，注意有节奏地摆动宝宝的上、下肢。在游戏、进餐和睡眠时间播放不同的音乐，长期下来，不仅可以使宝宝的音乐潜能得到发展，还可以用音乐来影响宝宝的日常生活。如午睡或是晚上睡觉前，当宝宝听到睡眠时间给自己播放的音乐时，就更容易入睡。在播放音乐的过程中，爸爸妈妈要注意留心宝宝的反应，以免给宝宝造成过分刺激；爸爸妈妈还可以和宝宝做一些小游戏，如将宝宝抱在怀内，跟随着音乐的节奏翩翩起舞，有助于加深和宝宝的关系。

宝宝莫曦雅：涵涵很喜欢听音乐，每次一听到自己喜欢的音乐，他就会开心地舞动小手。为发展他的音乐潜能，妈妈给他买了把小吉他，涵涵十分喜欢。

3. 饼干搬新家：让宝宝感受数字

妈妈可以和宝宝一起做“饼干搬新家”的游戏。在做游戏之前，首先要准备一盒手指饼干、两个小碗。妈妈还要将自己和宝宝的手都洗干净。这个游戏的方法为：

01 妈妈把若干根手指饼干放入一个小碗中。

02 妈妈用食指和拇指拿起一根手指饼干，放入另外一个小碗中。

03 妈妈引导宝宝使用相同的方法，将饼干一根一根地放入另一个小碗中。每当宝宝拿起一根手指饼干的时候，爸爸妈妈都要在一旁数数：“1，2，3……”

这个游戏可以让宝宝感受数量和物品之间的逻辑关系，有助于发展宝宝的动作连贯性和协调转换能力，促进宝宝动作思维的萌芽。

（二）体能训练

现在，宝宝的爬行本领已经很棒了，有时甚至还可以扶着物体站起来呢。这个月，爸爸妈妈要加强对宝宝的动作训练，使宝宝的四肢得到充分的锻炼。

1. 动作训练：充分锻炼宝宝四肢

在这个月里，有些宝宝爬行时腹部依然不能离开床面，爸爸妈妈可用手或悬吊的毛巾将宝宝的腹部托起，使宝宝的重心落在手和膝上，让宝宝在爬行的过程中学会手膝并用。

等宝宝学会了用手和膝盖爬行，妈妈可以采取以下方法训练宝宝学习手足爬行：

让宝宝趴在床上，用双手抱住宝宝的腰。抬高宝宝的小屁股，使宝宝的膝盖离开床面，小腿蹬直，两条小胳膊支撑着。轻轻用力地将宝宝的身体前后晃动几十秒，然后放下。经过不断训练，宝宝慢慢就会做手足爬行了。

游戏过程中，锻炼宝宝的四肢，增强小脑的平衡与反应能力，有助于宝宝日后学习语言和开展阅读。

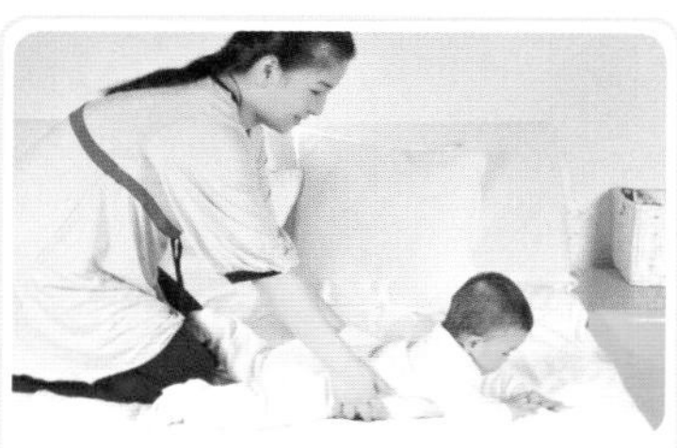

宝宝莫曦雅：瞧，曦雅妈妈正训练曦雅练习手足爬行。

2. 小青蛙蹦蹦跳：为行走做准备

爸爸妈妈可以和宝宝一起做“小青蛙蹦蹦跳”的游戏。这个游戏的方法如下：

01 让宝宝站在地毯上，背对妈妈。妈妈从背后托住宝宝的腋下，让宝宝伴随着儿歌开始蹦跳。

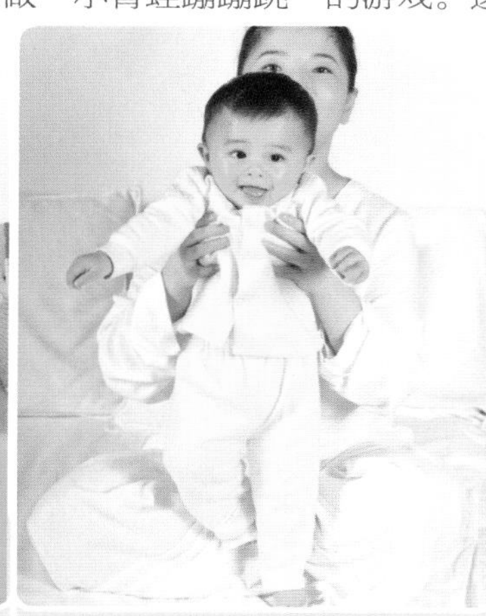

02 妈妈可教宝宝儿歌：“一只青蛙一张嘴，两只眼睛四条腿，两只青蛙两张嘴，……”

03 当唱到“扑通一声”时，妈妈要托起宝宝的腋下，将其举起，让宝宝的腿部自然地做弹跳动作两次。

在游戏过程中，让宝宝被动地做跳跃动作，能使宝宝的腿部肌肉和膝关节得到锻炼。

（三）被动操：爬行的加强版训练

能够在地面上自由爬行，是宝宝大动作发展的一个重要里程碑。研究证明，经过爬行这个中间环节的宝宝比不经过爬行直接直立行走的宝宝心脏发育得更好；和同龄不会爬行的宝宝相比，会爬的宝宝智力发育更好。

之前，宝宝的活动范围比较有限，但当他可以自由爬行时，他的活动范围就大大扩展了。在爬行的过程中，宝宝也变得“见多识广”啦，他的情感、意志、兴趣等高级心理活动变得更加丰富起来。下面，就一起来看看宝宝被动操——爬行训练的加强版吧。

1. 上坡爬行

提示：上坡爬行对宝宝来说是比较困难的，但是对手臂力量的要求却比较低。妈妈可用手顶住宝宝脚底帮助宝宝爬行，反复练习后，使宝宝逐步能够把上臂支撑直了爬。这个练习对于上肢力量差和还在匍匐前进的宝宝来讲特别有效。

时间：3~5 分钟。

01 把宝宝放在斜面上。

02 妈妈用手顶住宝宝脚底，让宝宝由下向上爬行。

2. 下坡爬行

提示：下坡爬行对宝宝来说相对简单。宝宝练习此动作时，妈妈可在宝宝前面放一个玩具，吸引宝宝向前爬行。

时间：2~3 分钟。

01 宝宝能肘撑后，将宝宝放在斜面上。帮助宝宝做好手膝爬行的姿势，同时发出蹬腿口令。

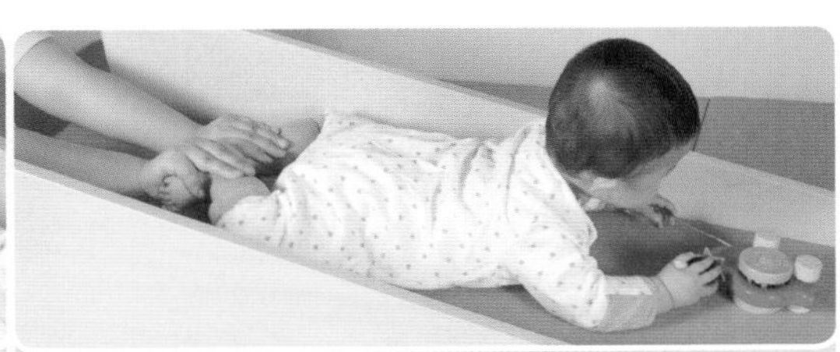

02 一般宝宝在稍停后会做出双腿蹬的动作，使自己手膝交替前进。

3. 匍匐前进

提示： 爸爸妈妈把宝宝的大小腿顶到弯曲成小于 90° 是宝宝蹬腿的关键。

时间： 5 分钟。

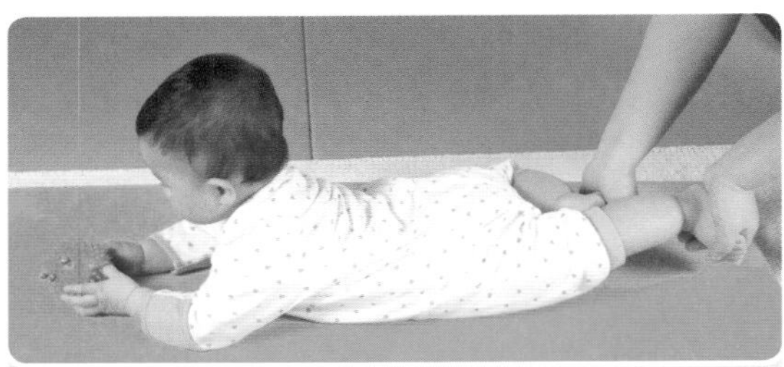

01 宝宝俯卧于垫子上。妈妈用手把宝宝双脚顶住，并且使宝宝大小腿弯成小于90°。

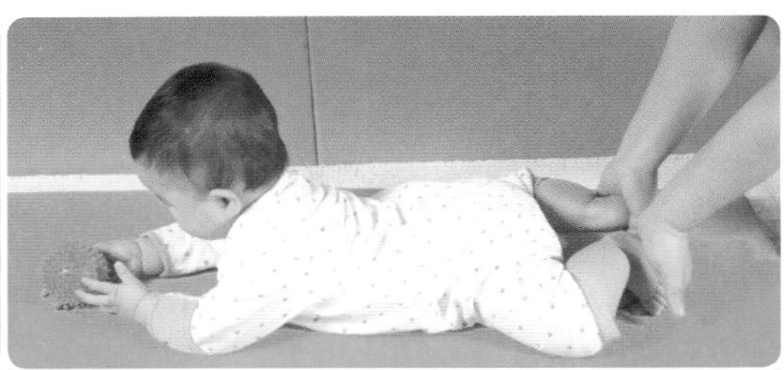

02 发出蹬腿口令。一般宝宝在稍停后会做出双腿蹬的动作，使自己匍匐前进。在宝宝双腿蹬腿动作熟练后，妈妈可让宝宝做轮流蹬腿的匍匐前进动作。

4. 前滚翻

提示： 宝宝学会低头后，就可以在妈妈的帮助下做前滚翻。宝宝开始时可能无法顺利低头，妈妈可以帮助他一下。妈妈放手时间要特别注意——宝宝低头后马上放手，早或晚都不行。

时间： 5 分钟。

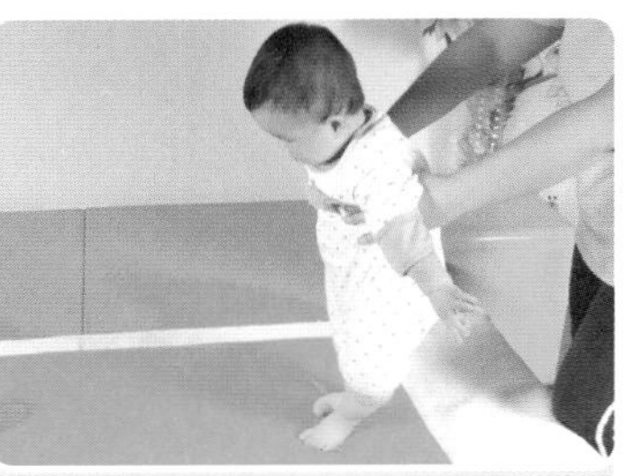

01 妈妈站在宝宝后面扶着宝宝腋下，让宝宝站立。

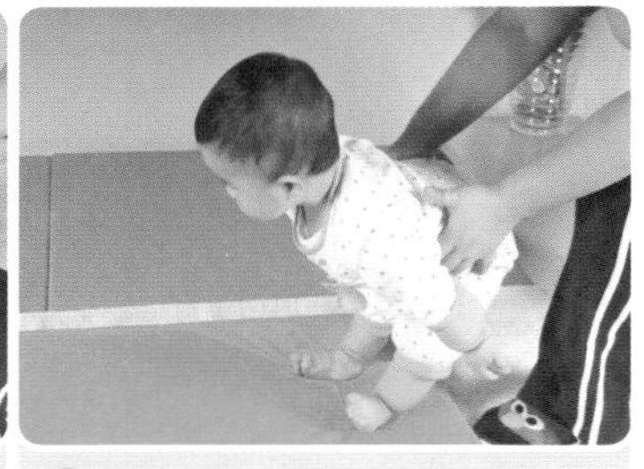

02 宝宝蹲撑，妈妈双手托宝宝的腰。

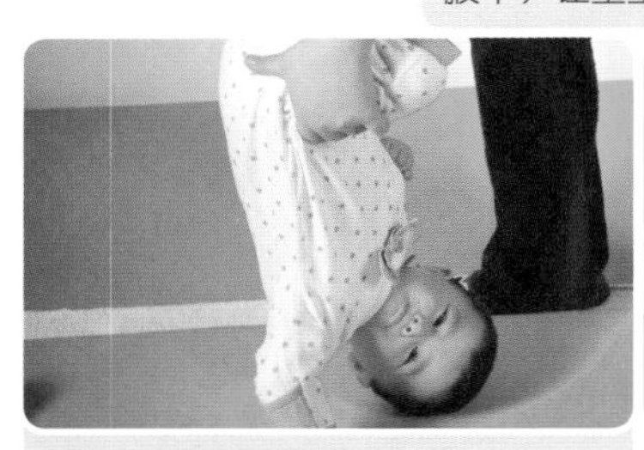

03 妈妈提起宝宝的腰部，同时发出低头口令。

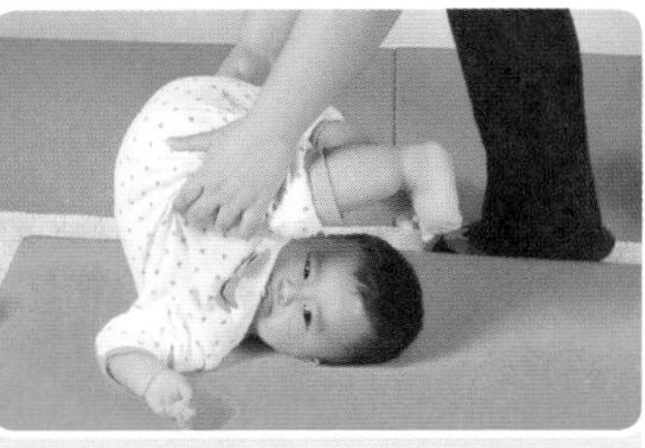

04 当宝宝低头后，妈妈及时向前送出并放手。

05 现在，宝宝已经成功完成前滚翻啦。

5. 后滚翻

提示：后滚翻可以训练宝宝的前庭器官，提高宝宝的空间能力。完成后滚翻的关键是妈妈的手法。宝宝头部必须正直，歪斜时不能做。

时间：5 分钟。

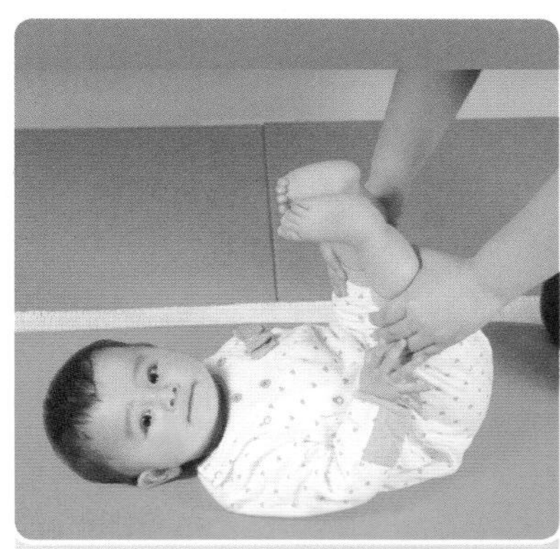

01 宝宝仰卧。将婴儿手臂弯曲，妈妈抬起宝宝双腿，帮助宝宝团身。

02 妈妈托起婴儿的大腿帮助婴儿翻臀部、团身，接着向上提。

03 向前（对宝宝来讲是向后）推手，帮助宝宝完成后滚翻。

6. 跪撑爬行

提示：跪撑爬行也称手膝爬行，是最合理的爬行姿势。在宝宝具有匍匐前进的能力后，为进一步提高宝宝的爬行能力，妈妈需要帮助宝宝获得跪撑的能力。

时间：8 分钟。

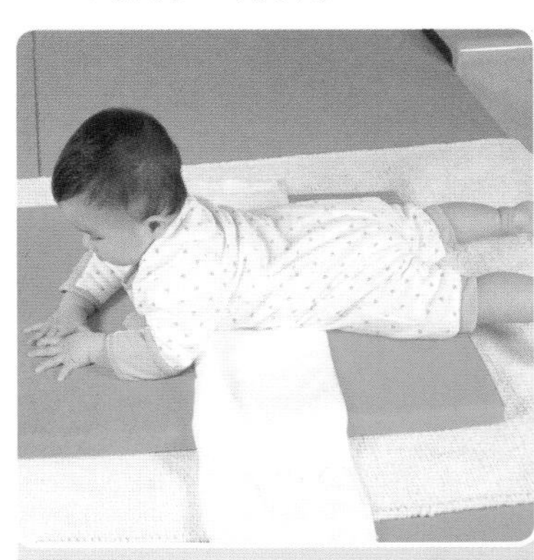

01 将宝宝放在已折好的大毛巾上，呈俯卧姿势。

02 妈妈用大毛巾吊在宝宝的腰部。

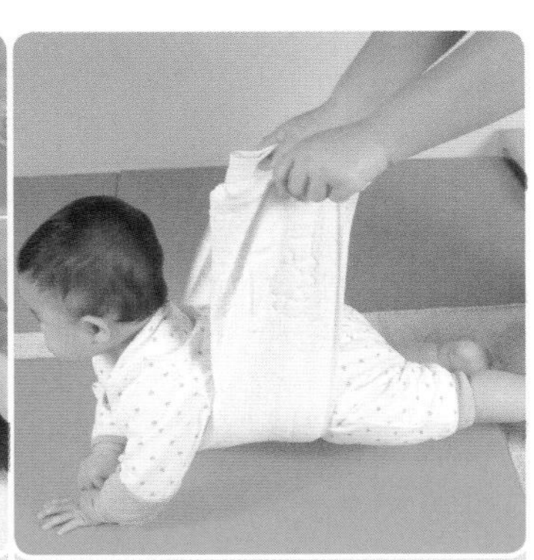

03 宝宝爬行时稍稍提起宝宝的腹部。

ABOARD

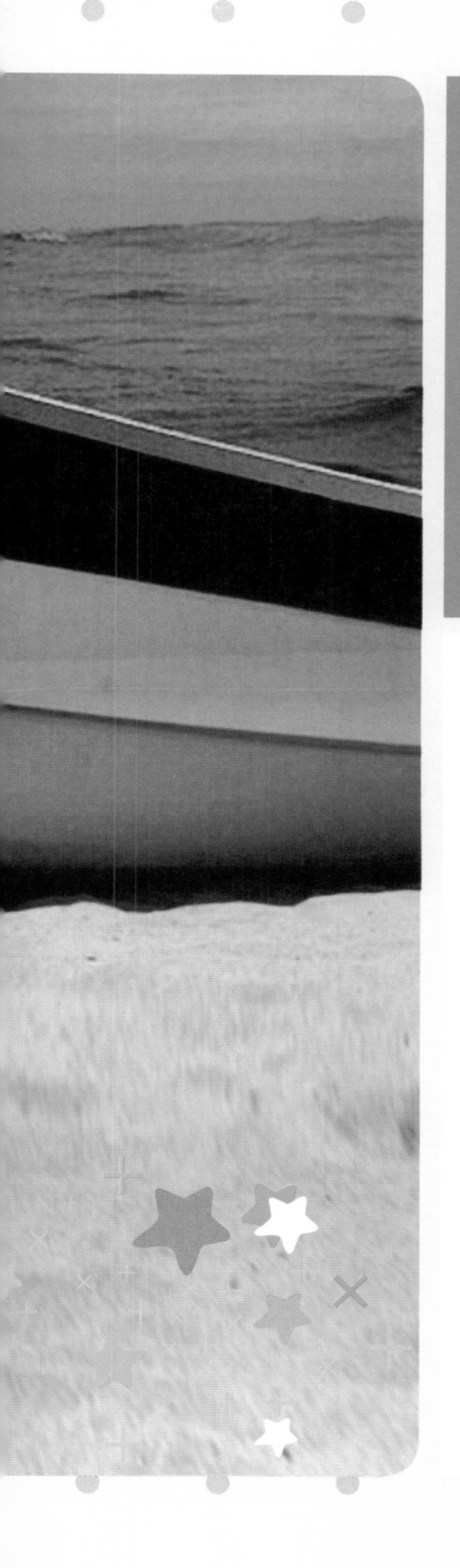

Part 09

The Ninth Month: I Like Imitating

8~9个月 我喜欢上了模仿

这个月我已经爬行得非常顺溜了，
只要是在地上的玩具，
我就能轻易地拿到。
可是，妈妈为何老是把我心爱的玩具放在凳子上呢，
我只好尝试着扶着凳子站起来，
这对我来说，可是从未有过的尝试哦。
妈妈说这是在训练我学习站立。
另外，我发现一件很好玩的事情——模仿，
大人的语言和动作
都是我没做过的，我都想试一试呢。
妈妈要抓住我的这种好奇心
及时地训练我的语言和动作能力哦。

一、成长发育：宝宝月月变化大

9个月大的凡凡爬得越来越熟练了，这让凡凡妈的闺蜜羡慕不已，她家的宝宝至今还不会爬呢。和凡凡一对比，她怀疑自己的宝宝运动能力是否有问题。

宝宝到9个月大时会出现一定程度的个体成长差异性，有的宝宝到了这个月龄爬得很娴熟了，而有的宝宝到这个月龄还不会爬；有的宝宝已经有好几颗牙齿了，而有的宝宝还没有出牙。对于这些差异，妈妈们不用太担心，关键在于做好日常护理和指导，并让宝宝多学习和尝试。

（一）本月宝宝身体发育指标

凡凡长到第9个月时，体重比第8个月增加了240克。你的宝宝发育是快还是慢呢？对照下面的表格，找出答案吧。

表9–1：8~9个月宝宝身体发育指标

特征	男宝宝	女宝宝
身高	平均72.7厘米（67.9~77.5厘米）	平均71.3厘米（66.5~76.1厘米）
体重	平均9.3千克（7.2~11.4千克）	平均8.7千克（6.7~10.7千克）
头围	平均45.5厘米（43.1~47.9厘米）	平均44.5厘米（42.1~46.9厘米）
胸围	平均45.6厘米（41.6~49.6厘米）	平均44.4厘米（40.4~48.4厘米）

流行性脑脊髓膜炎疫苗：为保证流脑流行季节体内免疫抗体浓度达到最高，可将初次注射时间拖至11~12月份。

风疹疫苗和流行性腮腺炎疫苗：在8~12个月龄期间，可接种风疹疫苗和流行性腮腺炎疫苗。

（二）本月宝宝成长大事记

这个月凡凡的手脚协调能力大大增强，加上好奇心强烈，他看到什么东西都要去摸一摸。妈妈给凡凡买了个“唱歌”、会“下蛋”的玩具母鸡，看到玩具母鸡蹦跳着“下蛋”，凡凡高兴得手舞足蹈，伸手抓住“鸡蛋”就往嘴里塞，妈妈连忙制止道“不要吃”，凡凡马上缩回手来。看来，9个月大的凡凡已经能够听懂妈妈的“命令”了。这个月的宝宝，还会有什么令人惊喜的变化呢？

1. 大动作发育：能坐稳、会爬、想学站立了

本月宝宝已经能稳稳地独坐，还可以自由地扭转身体，视野也随之变得更加开阔了。不仅如此，当宝宝想拿到远处的玩具时，他还会由坐改成爬。有些腿劲大的宝宝，甚至跃跃欲试地想要学站立了。

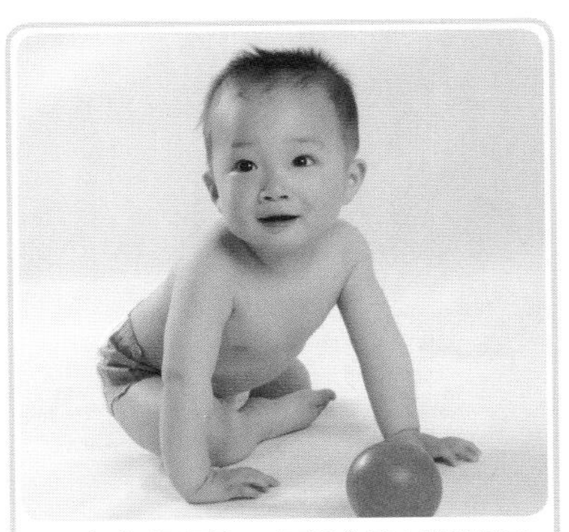

宝宝卢奕凡：宝宝8个月大的时候已经能稳稳地独坐，甚至还可以由坐转换成爬。

2. 语言发育：会叫爸爸妈妈了

宝宝的语言能力有了很大的提高，其中最让爸爸妈妈高兴的是，宝宝会清晰地叫“爸爸”、“妈妈”了，这真是一个里程碑式的进步。

3. 看的能力：会选择性地去看

这个月，宝宝不再是有什么看什么，而是有选择性地看。飞的鸟儿、奔驰的汽车等动的物体是本月宝宝喜欢看的东西。

4. 精细动作发育：食指和拇指对捏

以往，宝宝拿东西都是用手抓或捧，到本月，宝宝能用食指和拇指捏住小东西，初步掌握了精细动作的技巧——运用手指间的配合。现在，宝宝也学会同时用双手拿东西了，会双手配合着玩耍了。

二、日常护理：细心呵护促成长

（一）正确引导宝宝模仿

模仿能力的增强，是宝宝自我意识和活动能力增强的表现。通过模仿，宝宝可以将他人与自我良好地区分开来，使“自我”的概念更加清晰和成熟。同时，积极地模仿外界，也是宝宝认识事物、社交的一种方式。

1. 利用宝宝的模仿欲对其进行训练

这个月，随着宝宝模仿能力的增强，爸爸妈妈可以充分利用机会，鼓励宝宝说话和走路，对宝宝进行语言和步行训练。

宝宝其实已经储备了不少句子和词汇，就等一个合适的契机脱口而出。所以，爸爸妈妈要积极地做好引导工作，抓住宝宝这个语言能力发展的关键期，让宝宝多接触之前就熟知的事物，在教宝宝认事物的同时辅以发音，“催化”宝宝的语言功能。

在学步上，爸爸妈妈可以先辅助宝宝进行肢体的训练，让宝宝熟悉走路的动作，尤其是下肢的活动。注意，要让宝宝有一个适应的过程，不可操之过急。

宝宝郭乙瑶：9个月大的宝宝很喜欢模仿了，瞧，宝宝正在模仿大人打电话呢。

2. 爸妈要积极引导宝宝的模仿行为

这个月龄的宝宝已经会主动去模仿爸爸妈妈的动作和语言了。爸爸妈妈从这个时候开始，要注意自己的言行习惯，尽可能为宝宝做一个好榜样。不要在宝宝面前吐痰、说脏话，或者表现出暴躁、阴郁的情绪，否则，宝宝会通过模仿“感染”这些坏习惯和情绪，对其正常生长发育造成影响。

宝宝会走路以后，就会经常在户外走动，所看所闻也会丰富起来。对于他好奇的人，特别是喜欢的人，宝宝都会主动去模仿，因为模仿是人类对于“喜欢”最原始的表达。这时，爸爸妈妈不能用严厉的语言来命令宝宝不要去模仿，而是应该用商量和诱导的方式引导宝宝去模仿好的方面。

（二）撕纸，并非有意搞破坏

大多数宝宝进入第 9 个月后，会有撕纸、咬纸的现象发生。

处于这一时期的宝宝，手部动作渐趋精细，手眼协调能力也基本具备。当他们发现通过自己小手的动作可以改变纸的形状、大小，撕纸时会发出声响等时，会让宝宝感到欢乐和惊喜，故而乐此不疲。有些爸爸妈妈担心撕纸会养成他们破坏东西的习惯，因而担忧，其实，这些担忧是多余的。

通过撕纸，可以锻炼宝宝手部肌肉的力量和手指的协调性，利于手部精细动作的发展；也可以使宝宝初步认识到自己有改变外界环境的能力，从中得到乐趣；同时也可以训练手、眼的协调能力，促进脑功能的发育。

因此，爸爸妈妈不要阻止宝宝撕纸，可以说，宝宝撕纸，就像他学习说话、走路一样正常，爸爸妈妈要顺其自然，为宝宝创立撕纸的条件，当宝宝撕得好的时候，还要鼓励他。

当然，宝宝撕纸时爸爸妈妈应注意相应的安全问题：

一要注意卫生、安全：宝宝有的时候不仅撕纸，还会放在嘴里咬、啃，这时爸爸妈妈可以给宝宝找一些不带字的干净纸或者面巾纸，让宝宝撕着玩，但要防止宝宝把纸吃进肚里。

注意考虑纸的质量：可以给宝宝准备一些小手撕不烂的画册或卡片，这样既可以让宝宝在撕纸或者翻书的过程中认识物体、学到知识，又可以防止宝宝啃咬书本时将纸屑吞进肚里。

（三）给宝宝灵活穿开裆裤

在婴儿期，宝宝还不能控制大小便，且其饮食主要以奶类为主，大小便的次数较多，因此妈妈需要不停地为宝宝把便和更换尿布。为了方便，许多妈妈常常会给小宝宝穿开裆裤。

1. 穿开裆裤“露点”有危害

开裆裤确实能给妈妈省去不少麻烦，可是却会给宝宝带来不少危害。

① 诱发感染：穿开裆裤时，宝宝的臀部、外阴部直接暴露在外面，容易引起肠道寄生虫病的交叉感染；女婴尿道短，易引起尿路感染；在活动时，容易被锐器扎伤或被火、开水烫伤。

② 容易引起感冒：在寒冷的冬季让宝宝穿开裆裤的话，冷风会直接灌入宝宝腰腹部和大腿根部，易使宝宝感冒。

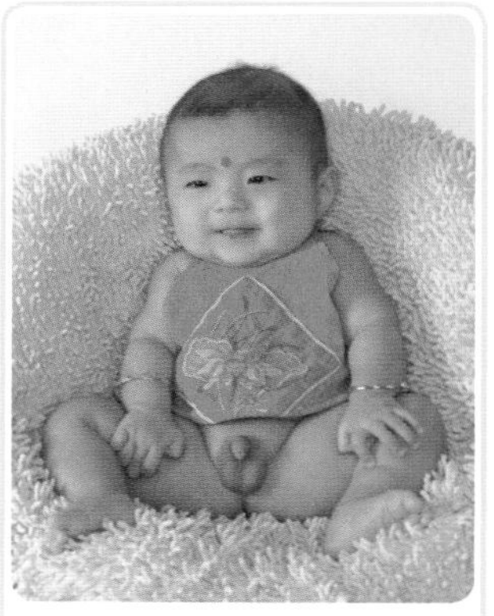

宝宝王宇泽：男宝宝常穿开裆裤，妈妈要注意预防感染哦。

2. 做好防护工作

宝宝穿开裆裤确实有不少危害，但为了护理方便又不能不穿，这就需要妈妈在方便自己之余，也要做好下列防护工作：

① 根据月龄采取不同方法。给宝宝穿开裆裤时，应根据月龄采用不同的方法。宝宝未满 1 岁，可以在开裆裤里垫上尿布。宝宝满 1 周岁，就可穿满裆裤了。当然，为方便宝宝进行大小便，可以在开裆裤外面罩一条满裆裤，既卫生美观，又方便宝宝大小便时穿脱。

宝宝陈磊和陈垚：妈妈给双胞胎宝宝穿开裆裤，并垫上尿不湿。

② 只在家时穿开裆裤。这既便于妈妈为宝宝更换尿布，又方便宝宝在便盆上练习排便。不过，妈妈须注意做好家里的清洁卫生，以保证宝宝的健康。外出时，宝宝里面穿开裆裤（最好垫上纸尿裤），外面套上满裆裤，这样冬天宝宝就不会冷了，而且也方便妈妈照顾。

③ 保持清洁和卫生。每天为宝宝清洗小屁屁，保持局部清洁。尽量避免因穿开裆裤给宝宝带来的不利因素，男宝宝可以用一次性尿布保护会阴部，女宝宝则可以在开裆处钉上子母扣，大小便时拉开，便后再扣上。

④ 随时留意宝宝裸露部位的健康。给宝宝穿上开裆裤后，妈妈要随时留意宝宝会阴部的健康状况，发现异样要及时送医院就诊。

（四）除去隐患，让宝宝安全爬行

宝宝会爬了，活动范围更广了，妈妈稍微不注意，他就有可能陷入危险地带。为了宝宝的安全，妈妈应尽量为宝宝营造一个舒适、宽松、安全的爬行环境，让宝宝远离危险。下面列举一些常见宝宝爬行环境中的安全隐患及改造方式，以供妈妈参考。

1. 地板

危险因素：用水泥、大理石、瓷砖、木板等材料所铺设的地板质地很硬，学习爬行的宝宝很容易因为跌倒而受伤。

安全改造：可以在地板上面铺设软垫，不过要使用厚度较高的软垫才能发挥作用。避免用有很多小花纹的软垫，以防宝宝将小花纹抠起来放入嘴里。

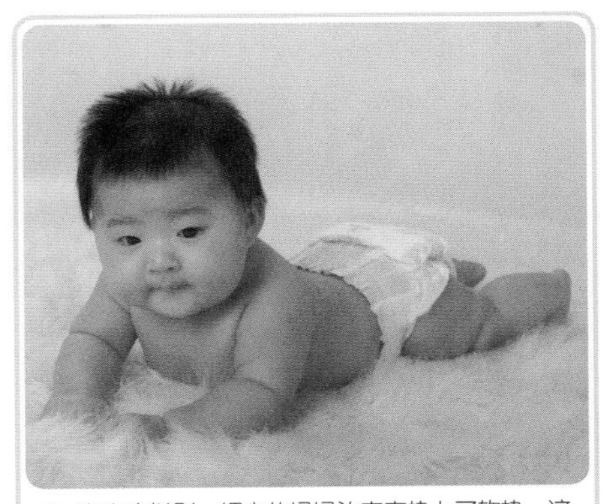

宝宝白悦彤：细心的妈妈为宝宝垫上了软垫，这下小宝宝可以在家里尽情地爬来爬去了！

2. 桌角、柜角

危险因素：尖锐的桌角或柜角对学爬行的宝宝来说简直就是“危险品”，万一宝宝碰到了，就有可能导致宝宝脸上或头上“破相”。

安全改造：将所有的桌角和柜角一律套上护垫，或用海绵、布等包起来，就算宝宝不慎撞到，也能将伤害降到最低。也可暂时把这些桌子、柜子搬离宝宝爬行的房间。

3. 电插座

危险因素：宝宝爬行时，可能会爬到插座附近，一不小心就有触电的危险。

安全改造：在未使用的插座上加装防护盖，也可用绝缘材料将它们塞好、封上，或使用安全插座。

4. 垃圾桶

危险因素：垃圾桶里的脏东西不仅会把宝宝全身弄脏，里边还有很多有害的细菌，万一宝宝把脏垃圾塞进嘴里那可就坏事了。

安全改造：把垃圾桶放到远离宝宝的地方，或者放到宝宝抓不到的高处。比如可以把垃圾桶放到卫生间，然后把卫生间的门关上，以防宝宝爬进去。

5. 热水瓶等易碎品

危险因素： 热水瓶、茶具、花瓶等易碎品也是潜在的“危险品”。一旦碰碎，热水瓶里的热水不但会烫伤宝宝，而且这些易碎品的碎渣还可能划破宝宝稚嫩的皮肤。

安全改造： 热水瓶、茶具可以暂时放在厨房上方宝宝够不到的柜子里；花瓶最好放在窗台上，不要放在有桌布的桌子上，因为宝宝拉扯桌布的时候很可能会将花瓶扯下来。

6. 药品或其他宝宝可以吞食的小粒物品

危险因素： 宝宝都有一个“爱好”，就是不管什么东西都喜欢放进嘴里。要是不小心误食了药品或其他小颗粒物品（珠子、硬币等），后果不堪设想。

安全改造： 药品或者其他小颗粒物品要收好，最好放在宝宝看不到也够不着的地方，比如锁在抽屉和柜子里。

宝宝郭乙瑶：这个月龄的宝宝处在口欲时期，什么东西都喜欢往嘴里放。

7. 气球等类似物品

危险因素： 气球、塑料薄膜、塑料袋等物品容易引起宝宝窒息。

安全改造： 在宝宝爬行时，要把这些东西收好，放在远离宝宝的地方，或干脆放到另外一个房间里。

8. 窗户

危险因素： 会爬的宝宝探索的范围会慢慢地扩大，窗户就是他们的目标之一。若不小心让宝宝爬到窗口，很有可能会掉下去，造成生命危险！

安全改造： 窗户上要加上护栏或者防盗窗。

宝宝沈诗霑：妈妈应让宝宝远离窗户，以防止宝宝发生意外。

（五）纠正宝宝摸“小鸡鸡”的习惯

宝宝玩生殖器一开始是一种探索行为，他会探索身体的任何部位，包括手指、脚趾、肚脐、口、鼻等，可是探索手指、脚趾、肚脐等没感到快乐，所以玩几次也就不玩了，偏偏生殖器及其周围的皮肤很敏感，偶尔碰到了会产生一种快感，于是宝宝便会常常去触摸，并逐渐形成习惯。

1. 妈妈不要大惊小怪

对宝宝的这种行为，妈妈不必大惊小怪，也不要呵斥宝宝或强行制止宝宝，因为你的打骂、批评反而使他得到反馈（至少有人注意他了），更加会去这样做了。妈妈应该给予正确的引导。可以让宝宝玩需要双手协调的游戏，比如搭积木、吹肥皂泡泡、敲打玩具出声、开动玩具小汽车等，这样就可以分散宝宝的注意力，吸引他去做别的事情。

宝宝王安平：宝宝若喜欢玩生殖器，爸爸妈妈可以让宝宝玩敲打玩具，以此转移宝宝的注意力。

2. 跟宝宝讲明道理

等宝宝稍微大一些，能听懂妈妈的话时，妈妈要和他讲“道理”了，如可以说：“小鸡鸡不能弄了，如果你用手玩小鸡鸡，尿尿就会疼呢！”可边讲道理边用坚定的眼神制止，并把他的手悄悄移开；或紧捏他的手，摇摇头，不让他继续做这种触摸行为。如果他刚有意想去触摸“小鸡鸡”，又自己中止，应大力表扬。

（六）学步车，还是不用为好

这个月，大宇爸给大宇买了一辆学步车，小家伙非常喜欢，尤其喜欢学步车前面那些会发出音乐、闪闪发光的灯。不过，不少育儿专家却建议不要给宝宝使用学步车。那么到底该不该给宝宝使用学步车呢？

1. 学步车是让爸妈偷懒、宝宝吃亏的东西

使用学步车会给宝宝带来下列不利影响：首先，宝宝发育有自身的规律。7、8、9 这 3 个月龄是宝宝练习滚、爬的最佳时机，而坐上学步车，宝宝在家里可以移动自如，滚、爬对宝宝的吸引力就会大大降低。由于有车轮的滑动作用，宝宝不用力就可随车轮的滑动而“行走”，宝宝缺乏真正的锻炼，自然不利于宝宝学站练走。

其次，学步车给宝宝带来了潜在的危险。坐在学步车中，宝宝每秒的移动距离可达 1 米，宝宝的头部所占比重大、较重，又暴露在车身架的外面，缺乏安全保护，一旦从楼梯上翻下或因地面不平而翻倒，宝宝的头部很容易受伤。

2. 选择和使用学步车的策略

学步车对于成长中的宝宝，无疑是弊大于利，妈妈爸爸在给宝宝添置玩具时，还是将学步车放一放吧。如果一定要尝试一把，也要有策略地选择和使用。

（1）小推车优于圆形学步车

目前供宝宝学习走路的学步车主要有两种：圆形学步车和小推车。建议妈妈们选择小推车。这是为什么呢？

圆形学步车的弊端前面已经阐述，但小推车可以在一定程度上规避这种弊端。手推车式的学步车需宝宝控制行走速度，保持身体平衡，但又能够减轻宝宝直立行走时的部分负荷；由于体重的作用，宝宝一般不会出现踮脚走路的现象，出现了也会逐步自行纠正。

（2）使用时要保障宝宝的安全

使用学步车，保证宝宝的安全是首要工作：① 宝宝坐在车上时，妈妈要时刻留意宝宝，谨防宝宝出现危险。② 将通往楼梯口的门关好，以免发生意外。③ 让学步车在平坦的地面上运动。④ 火炉、热水、电源等都可能对宝宝造成伤害，宝宝活动时，应远离这些危险品。

小推车

三、喂养：营养为成长添助力

这个月宝宝喂养的重点是继续增加辅食的品种和量，同时还要注意让宝宝的饮食逐渐由以乳汁为主转换为以饭食为主。

（一）本月是宝宝主食转型的开始

为了宝宝的成长发育，9 个月的宝宝饮食应该逐渐从以母乳为主转化为以辅食为主。

1. 抓住宝宝的味觉敏感期

及时添加辅食的宝宝到 1 岁左右就能很轻松地接受多种口味、口感的食物，断奶也会比较顺利，而 7 ~ 9 个月是让宝宝接受辅食的关键时期。在给宝宝添加辅食的过程中，如果妈妈一看到宝宝不愿吃或稍有不适就马上心疼地停止喂养，甚至根本不给他添加辅食，会使宝宝错过味觉、嗅觉及口感的最佳发育和形成期。导致宝宝将来断奶困难，还可能患上厌食症。

如果妈妈能够在宝宝味觉、嗅觉敏感期适时地让他尝试各种味道的食品，就能培养他良好的味觉及嗅觉感受，防止他日后偏食挑食。

2. 不要过分限制宝宝的饮食

有的妈妈总是按照自己对营养知识的了解，去给宝宝安排饮食，以为只有这样才能保证宝宝合理地摄取营养，却从来不允许宝宝按照他自己的欲望去挑选食物。但实际上，只要宝宝的味觉、嗅觉及对食物的口感发育正常，正常的宝宝完全可从爱吃的各种食物中选出有益健康的饮食组合。因此，妈妈没必要过分限制宝宝。

表9-2：8~9个月宝宝每日饮食安排表

时间	喂养内容
7:00	母乳、牛奶或配方奶200毫升、面包25克
10:00	肉蛋类烩粥或烩面约2/3碗，鱼肝油适量
12:00	母乳、牛奶或配方奶180毫升、面包1片
15:00	虾仁小馄饨80克
18:00	清蒸带鱼（去掉刺）25克、土豆泥50克、米粥25克
21:00	牛奶或配方奶200毫升

（二）母乳喂养的地位开始退居二线

宝宝到这个月对母乳已经不是那么依赖了，他对妈妈为他准备的美味来者不拒，果泥、肉泥、新鲜水果、面条都很喜欢吃，不过在晚上睡觉前的那一餐还是要喝妈妈的奶才能入睡。

母乳喂养的重要性从出生后 6 个月开始减弱，到了这个月，妈妈的乳汁分泌量开始减少，宝宝也习惯吃辅食了，因此母乳每天喂 3~4 次就可以了。

1. 提前几个月作为宝宝断奶的过渡期

逐步增加辅食的量、品种和喂食次数，渐渐让辅食成为宝宝饮食的主体；母乳喂养适当减少量和次数，以辅食补足量。如原来是在两次母乳喂养中间加一顿完全辅食，现在逐步过渡到一顿母乳一顿辅食，晚上完全喂辅食而不再用母乳喂养。

2. 循序渐进给宝宝断奶

从开始断奶至完全断奶需经过一段适应过程。如果断奶太过急进，你会发现宝宝变得烦躁不安、黏人、生气、伤心，还会使性子。有的宝宝还会因为突然断奶而发热、感冒、厌食，变得面黄肌瘦。妈妈也可能会因此胀奶、乳管堵塞，还可能会出现乳房感染。

3. 乳类仍为主食

断奶是指断母乳，并非断去所有乳类制品。第 9 个月是宝宝快速生长的一个重要时期，而宝宝生长需要蛋白质，乳类食品中蛋白质的质和量最好也最多，因此这个时期仍然以乳类为主食，而将乳类作为辅食要等到宝宝 1 岁后。

4. 找到母乳替代品和最佳断奶时间

如果给不到 1 岁的宝宝断奶，你需要用奶瓶代替胸喂，因为此时的宝宝仍有很强的吮吸需求。至于用奶瓶喂什么食物，可以遵循医生的建议。

断奶要从最不受宝宝欢迎的喂奶时间段开始，在那个时间段用替代品。几天或一周后再进行下一阶段的断奶。渐渐地，妈妈就完全用奶瓶、固体辅食等替代品取代母乳喂养了。宝宝最喜欢吃奶的时段（如睡前或一大早）要留到最后断。千万别急着放弃宝贵的喂奶时间。

（三）人工喂养要保证配方奶的摄入量

这个月的宝宝每日配方奶的摄入量最好不要少于 500 毫升，也不要多于 800 毫升。最合适的量是 500 毫升，每天分 2~3 次喂养，但也要根据每个宝宝的具体情况决定。

1. 选择含铁丰富的代乳食物

在这个阶段，妈妈需要多选择含铁丰富的代乳品，其中，蔬菜和谷类中含有的铁元素要比动物蛋白质中含有的铁元素难以吸收，而动物蛋白质（最佳食物来源为鱼、鸡肉、猪肉、牛肉、羊肉等肉食）和维生素 C 能促进蔬菜和谷物中铁的吸收。因此，妈妈要注意选择有互补作用的食物来给宝宝补铁。

● 牛奶和鸡蛋是含铁丰富的代乳品。

2. 宝宝拒食配方奶怎么办

这个月给宝宝吃奶的目的是补充足量的蛋白质和钙。如果宝宝就是不吃奶类食品，可以暂时停一小段时间，不足的蛋白质和钙，可以通过肉蛋等辅食来补充。但是也不要彻底停掉奶，即便一次吃几十毫升也可以。如果长时间不给宝宝喝奶，宝宝对奶的味道可能会更加反感。

四、异常状况早知道：科学护理保健康

宝宝在成长过程中会有一定程度的个体差异化，如有的宝宝出牙比较晚，有的宝宝爱出汗等。宝宝的身体处于迅速生长的时期，所以机体的一些功能是与成人不同的，这些不同会使妈妈觉得宝宝十分异常，以为宝宝生病了，其实情况并没有那么糟糕。当宝宝出现妈妈认为异常的情况时，不要紧张过度，但也不要置之不理，要用正确的方法护理宝宝。

（一）晚出牙：宝宝的牙齿为何“迟到”呢

一些新手妈妈因为担心宝宝，总会拿身高、长牙等和别的宝宝比较，如果发现自己的宝宝身高比别人家宝宝矮或长牙迟，就会忧心忡忡。其实宝宝晚长牙是由多方面原因引起的，如遗传、季节、辅食添加过晚、营养缺乏等。妈妈要找出宝宝晚出牙的原因，才能对“症”护理。

宝宝陈海莹：小宝宝9个月大的时候已经有6颗牙齿了。

1. 秋冬季节出生的宝宝易出牙迟

宝宝长牙迟跟遗传有很大关系，一般爸爸妈妈小时候长牙迟的，宝宝也会长牙迟。除了遗传原因，佝偻病或营养缺乏也会导致宝宝长牙迟。

此外，许多秋冬季节出生的宝宝很容易出牙迟。这个时间出生的宝宝因为天气较冷，爸爸妈妈很少带其到户外活动，日晒少了，容易导致体内维生素 D 缺乏，引发佝偻病，从而导致长牙迟缓。对于这样的宝宝，妈妈要适当给宝宝补充维生素 D，促进钙吸收，防止佝偻病的发生。

2. 给宝宝添加辅食过晚

许多爸爸妈妈给宝宝添加辅食过晚，造成宝宝营养缺乏，这也是长牙迟的原因之一。宝宝生长发育到一定阶段，光靠母乳和配方奶已不能满足其营养需求，所以，爸爸妈妈一定要及时给宝宝添加辅食，让其得到足够的营养，这样才能确保牙齿的正常萌出。

妈妈一定要注意观察宝宝的生长发育情况，及时给宝宝添加辅食。

3. 对宝宝长牙的护理不当

长不出牙的宝宝其实很少见，长牙只是早晚的问题，但许多爸爸妈妈往往会因为这一问题而焦虑，却忽视了宝宝长牙期间的问题。

宝宝长牙前会出现流口水、哭闹、发热、喜欢咬手指等现象，爸爸妈妈一旦发现宝宝有这些表现，就要注意观察其长牙情况。在此期间，爸爸妈妈一定要纠正宝宝的一些不良习惯，以免影响其牙齿的正常发育。

首先，不主张爸爸妈妈给宝宝使用安抚奶嘴。如果宝宝只是在 1 岁前偶尔使用安抚奶嘴，一般对其牙齿的影响不大。但是如果宝宝特别“迷恋”安抚奶嘴，总是不离嘴，这不但会导致宝宝牙齿长得不整齐，还有可能会导致颌骨畸形。

其次，爸爸妈妈对宝宝经常啃手指、咬嘴唇、吐舌头等小毛病也要加以制止，这些习惯也会影响牙齿发育。宝宝在做这些小动作时，爸爸妈妈可以尽量转移其注意力，以避免宝宝养成这样的坏习惯。

最后，宝宝的乳牙一般都是成对萌出，但也有个别会一颗一颗地长。如果本应成对萌出的牙齿一颗长出后，另外一颗却迟迟长不出来，爸爸妈妈最好带宝宝去医院检查一下。

宝宝邓佳祎：宝宝长牙前会出现咬手指、流口水、哭闹等现象。

（二）盗汗：宝宝汗多是病吗

夏天到了，薇薇非常喜欢出汗，睡觉的时候，空调开到薇薇妈都感觉到有点冷了，宝宝还在出汗。宝宝这么爱出汗，不会是身体出现问题了吧？薇薇妈妈不禁担心起来。

小宝宝在睡眠中出汗是常见的现象，有相当部分的宝宝是生理性多汗。生理性多汗多见于头部和颈部，常在入睡后半小时内发生，1 小时左右就不再出汗了。

1. 宝宝盗汗的原因

宝宝盗汗有生理性因素也有病理性因素，应仔细区别，必要时带宝宝去医院检查，发现异常须及时治疗。

（1）生理性多汗

所谓生理性多汗是指宝宝发育良好、身体健康，无任何疾病引起的睡眠中出汗。

爸爸妈妈往往习惯于以自己的主观感觉来决定宝宝的环境温度，喜欢给宝宝多盖被。宝宝因为大脑神经系统发育尚不完善，而且又处于生长发育时期，机体代谢非常旺盛，再加上过热的刺激，只有通过出汗来散发体内的热量。

有的爸爸妈妈在宝宝入睡前给宝宝喝奶、喂辅食等，使得宝宝入睡后机体大量产热，只能通过皮肤出汗来散热。

（2）病理性出汗

病理性出汗是在宝宝安静状态下出现的，假如宝宝不仅前半夜出汗，后半夜及天亮前也出汗，多数是有病的表现，最常见的是结核病。结核病还有其他表现，如低热、疲乏无力、食欲减退、面颊潮红等。结核病的患儿白天活动时出汗称为虚汗，夜间的出汗称为盗汗。如怀疑宝宝感染结核，应及时前往医院检查治疗。

体质弱的宝宝常常在白天活动时或夜间入睡后，头、胸、背部成片状出汗，这往往是由于喂养不当或消化吸收不良引起的营养不良所致。护理上要注意调整喂养方法，促进宝宝食欲，增加蛋白质、脂肪及糖的摄入量，必要时可采用中医中药调理脾胃不合。

2. 宝宝盗汗的护理

对于生理性出汗一般不主张药物治疗，而是调整生活规律。如入睡前适当限制宝宝剧烈活动；睡前不宜吃太饱，更不宜在睡前给予宝宝大量热食物和热饮料；睡觉时卧室温度不宜过高，更不要让宝宝穿着厚衣服睡觉；盖的被子厚度要随气温的变化而进行调整。

五、早教：开发宝宝的智力潜能

宝宝出生的第一年是大脑发育的关键时期，而大脑中的神经细胞靠突触传递信息。宝宝接受到的刺激直接影响突触的形成，反复的刺激加强了它们并使之变得持久；反之，这些刚形成的神经细胞会因为没有刺激而逐渐消失。宝宝这一时期的经历和体验，对于大脑整个系统的完善起着至关重要的作用。爸爸妈妈要抓住机会，积极地和宝宝做一些互动亲子游戏，以有效刺激宝宝的神经细胞突触的发育完整。

（一）9个月宝宝益智亲子游戏

针对 9 个月大的宝宝，应尽量让他多运动、多看图、多听大人说话、多与其他宝宝进行交流……宝宝在与外界的互动中能增加记忆并能增强反应能力。宝宝还可以通过照镜子、模仿等途径强化自我意识。这个时期的宝宝已经可以理解躲猫猫的游戏规则了，他知道藏起来的东西可以找出来，如可以拿开盖布、盖盒、碗、枕头、被子等将藏着的东西找出来，所以可用不同的方法同他做游戏，使他积累一些经验，而这些经验对他以后解决问题会有很大的帮助。

1. 找玩具：开发宝宝智力

妈妈背对着宝宝躺好，将事先准备好的小玩具放在自己胸前这一边。妈妈的身体就像一座山似的挡住了玩具，让宝宝看不到。妈妈回过头对宝宝说："到这边来，妈妈给你好东西哦。"吸引他爬过妈妈的身体。

宝宝听到妈妈的呼唤会很好奇，会迫不及待地想知道妈妈身体的另一边有什么东西。妈妈见到宝宝爬过来，要小心看护，不要让宝宝受伤。当宝宝爬过妈妈的身体时，妈妈要将玩具给宝宝玩一会儿，并夸奖宝宝"你真棒"。过一段时间，再开始游戏。宝宝因为有了上次的经验，这次会更加兴致勃勃。

这个游戏能引起宝宝的好奇心，有助于宝宝智力开发。

宝宝莫曦雅：曦雅成功地爬过妈妈的身体，拿到了玩具，为此，她得到了妈妈一个奖励的吻。

2. 宝宝看书：锻炼手指、手腕的灵活性

选择画面简单、色彩鲜艳的宝宝读物，最好是立体、有触摸面的。妈妈和宝宝坐在一起看书，告诉宝宝如何去翻书。一边翻一边给宝宝介绍书的内容，培养宝宝对书的兴趣。妈妈发现宝宝有兴趣时，可以把书给宝宝，让其自己去翻。此时的宝宝还不会一页一页地翻，妈妈应指导他用双手去翻动，有触摸面的可以让宝宝用手指去触摸，并告诉宝宝这是什么样的感受（毛毛的、光滑的、粗糙的、凉凉的……）。

宝宝韩子恩：通过一段时间的训练，宝宝现在已学会翻书啦！瞧，他看得多认真啊。

宝宝喜欢色彩鲜艳的东西，妈妈把书拿给宝宝看，宝宝会紧盯着书中的色彩。妈妈可以告诉宝宝这是什么东西，是什么颜色的，然后帮助宝宝一页一页地翻书。

宝宝会把妈妈翻过的书页又翻回来，他会看到刚刚看过的东西还在那里，这会引起宝宝的好奇心，然后妈妈可以把一页翻过来再翻过去，让宝宝理解书里的内容是不会因为翻页而改变的。

翻书游戏可以锻炼宝宝手指、手腕的灵活性。同时，在宝宝翻书时，妈妈应适当地用语言培养宝宝对书的兴趣。

3. 爱学习的好宝宝：训练宝宝的模仿能力

模仿是宝宝学习的一种特殊形式。宝宝通过观察、模仿成人的语言、动作等，可以学习到一些规则，然后内化于自己的行为中。游戏方法如下：

① 妈妈把宝宝抱在怀中，说：“小脑袋摇一摇。”说的同时做摇头的动作，鼓励宝宝模仿妈妈的动作。

② 妈妈说：“小眼睛眨一眨。”同时做眨眼睛的动作，鼓励宝宝模仿。

③ 妈妈说：“小舌头伸一伸。”说的同时做伸舌头的动作，并告诉宝宝：“宝宝学习妈妈，把小舌头伸出来，小舌头缩回去。”鼓励宝宝模仿妈妈的动作。

这个游戏可以训练宝宝的模仿能力。

宝宝邓佳祎：宝宝正聚精会神地看着妈妈的动作，以便于模仿。

（二）体能训练

这个月的宝宝体能训练方式主要是让宝宝自己多爬行，可以在宝宝练习爬行的过程中增加一些有趣味性的游戏，提高宝宝练习的兴趣。

1. 继续爬：体能的发育

爬行无论是对宝宝的智力还是体能的发育都有很大的促进作用，所以无论如何在这个时期都要让宝宝多多练习爬行。这个月宝宝爬行的能力大大地增强了，爬得又快又好，并且说爬就爬、说坐就坐，动作可麻利了。只是宝宝遇到障碍物还不知道绕路，这样也可锻炼宝宝“翻山越岭”的能力，不过翻过高障碍物的时候，妈妈要注意宝宝的安全，以防宝宝一不小心摔个“狗啃泥”。

这个游戏能增强宝宝的独立运动意识，锻炼宝宝的全身协调能力。

宝宝郭乙瑶：爬，无论是对宝宝的智力还是对体能发育都是最好的运动。

2. 飞翔的小鸟：促进宝宝的运动能力

妈妈可以和宝宝一起做“飞翔的小鸟”这个游戏，游戏方法如下：

01 妈妈慢慢地转换动作，使宝宝俯卧在自己手臂上，接着可以抬高、放低手臂，让宝宝感觉像在飞一样。

02 妈妈一手放在宝宝胸前，一手托住宝宝臀部，将宝宝抱在怀中，使其面向外。

这个游戏可以充分刺激宝宝的前庭器官，促进宝宝的运动能力、平衡能力和身体控制能力，同时，通过和爸爸妈妈身体的接触，增加宝宝和爸爸妈妈之间的情感交流。

Part 10

The Tenth Month: I Can Stand Up on the Object

9~10个月 我能扶物站立了

这个月，我已经能够扶物站立了，
我很享受这项新增的技能，
我常常一个人扶着家具站着，
一会儿欣赏一下窗外美丽的景色，
一会儿环顾四周看看妈妈是否在附近。
兴致好的时候，我还会松开手摇摇晃晃地站一下，
看着妈妈又担心又欢喜的表情，我开心极了。
这个月，妈妈可以继续锻炼我的站立能力，
为将来我能尽快学会走路打下基础。
现在的我已经接触了不少辅食，
对母乳的依赖也没那么强烈了，
所以妈妈不妨开始为我的完全断奶做相应的准备吧，
因为循序渐进地断奶，不会对我的成长带来负面影响。

一、成长发育：宝宝月月变化大

每个宝宝都有自己的成长规律和轨迹，薇薇也不例外。这个月，薇薇个子长高了，语言学习能力快速提高，“爸爸”、“妈妈”已经成了她的口头禅。除了这些，还会有什么变化呢？

（一）本月宝宝身体发育指标

薇薇满 10 个月了，体重 9.5 千克，身高 74 厘米。薇薇妈对照了一下婴儿身体发育指标表，薇薇各项指标都达标了。对此，妈妈感到十分欣慰。现在，妈妈们也来对照一下本月宝宝的各项身体发育指标，看看自己的小宝贝是否达标吧。

表10–1：9~10个月宝宝的身体发育指标

特征	男宝宝	女宝宝
身高	平均73.9厘米（68.9~78.9厘米）	平均72.5厘米（67.7~77.3厘米）
体重	平均9.5千克（7.5~11.5千克）	平均8.9千克（7.1~10.7千克）
头围	平均45.8厘米（43.2~48.4厘米）	平均44.8厘米（42.4~47.2厘米）
胸围	平均45.9厘米（41.9~49.9厘米）	平均44.7厘米（40.7~48.7厘米）

流行性脑脊髓膜炎疫苗：为保证流脑流行季节宝宝体内免疫抗体浓度达到最高，可将初次注射时间延至流脑流行季节，即 11~12月份。

（二）本月宝宝成长大事记

薇薇除了能像上个月那样坐、爬之外，还能扶着物体站立了，有时候甚至还能横着走两步。这一切都表明薇薇的手脚协调能力、腿部肌肉力量和运动技巧有了很大的进步。这个月，薇薇还会带给爸爸妈妈什么样的惊喜呢？

1. 宝宝的小手更灵巧

宝宝的手指越来越灵活了，会用拇指和食指捏起很小的物体；能自己拿汤匙进食——尽管拿汤匙的姿势很不标准，食物洒得到处都是，但最终还是会有一定量的食物送进嘴里。同时，宝宝的手部敏感期来临，看到什么东西都想用小手摸一摸，所以爸爸妈妈一定要加紧看护，告诉宝宝哪些东西不能摸，哪些东西可以放心摸。

宝宝邢睿瑶：10个月大的瑶瑶已经学会察言观色了，妈妈乐，宝宝也跟着乐呵呵的。

2. 会察言观色了

这个月的宝宝已经学会察言观色了。如果妈妈笑、赞赏宝宝，他会明白自己可以这么做；如果妈妈表情严肃，用责备的语气制止宝宝，宝宝会知道这件事是不可以做的。因此，在日常生活中，爸爸妈妈要注意用表情及时纠正宝宝的不良行为。

3. 求知能力增强

这个时期的宝宝求知欲很强，给他看画册、教他认识事物，他都会表现出浓厚的兴趣。爸爸妈妈要注意利用宝宝的这一特点加强对宝宝的智力开发，多跟宝宝一起做益智游戏。

宝宝赵元亨：宝宝求知欲旺盛，最近还迷上了“看书”。

4. 语言学习能力快速增长

这个月，宝宝开始进入语言学习能力的快速增长期，爸爸妈妈要充分利用这一关键期，加强对宝宝的语言训练。

二、日常护理：细心呵护促成长

随着宝宝身体发育有了突破性的进展——站立（也许只是扶物才能站稳），宝宝想去户外游玩的欲望也显得更加强烈了。户外的花花草草，树上唧唧喳喳叫个不停的小鸟……都能让宝宝感到欢欣鼓舞。因此，爸妈这个月不妨多带宝宝做做户外运动吧。除此之外，还有哪些护理环节是妈妈需要注意的呢？

（一）帮宝宝摆脱“恋母情结”

薇薇和妈妈最亲了，时刻都吵着让妈妈抱，每当妈妈出去买菜的时候，负责照看薇薇的爸爸就会特别紧张，因为宝宝常常上一秒钟还玩得不亦乐乎，下一秒钟突然想起妈妈了就哭闹着要找妈妈，任凭薇薇爸怎么哄也哄不住。

宝宝依恋妈妈，虽然便于妈妈对宝宝的护理照顾，对宝宝将来的情商、性格发育也大有好处，但是宝宝对妈妈的依赖若是过度，变为一种恋母情结，就未必是一件好事情了。

1. 重视宝宝的自理能力锻炼

过于依赖妈妈，对宝宝自理能力的发展、良好性格的形成都极为不利。妈妈若不注意加强对宝宝自理能力的锻炼，便会加剧宝宝对妈妈的依赖，甚至还会导致宝宝产生“恋母症”，对宝宝的心理造成障碍。

为避免这种情况发生，妈妈应在宝宝具备足够自理能力时，在日常生活中注意训练宝宝的自我动手能力和独立性格，如试着让宝宝用勺子吃饭，让宝宝学着独自入睡等。

宝宝陈海莹：妈妈在家全职照看宝宝，宝宝对妈妈有很强的依赖心理。

2. 扩大宝宝的“交际面”

宝宝经常只由妈妈带着，这就使得宝宝每天只和妈妈打交道，变得过于依恋妈妈，而对其他人产生排斥心理。对此，妈妈可试着扩大宝宝的“交际面”，带宝宝多多接触陌生人，这不仅可以培养宝宝的交际能力，还可以转移和减缓宝宝对妈妈的过度依恋。

（二）为宝宝选择一双合适的鞋子

10个月大的宝宝已经可以独自站立，并能在妈妈的引导下学习走路了。这时，为宝宝选择一双合适的鞋子就被提上了日程。那么，究竟如何给宝宝选择一双舒适的鞋子呢？一起来看看下面这些方法吧。

1. 根据不同时期选择鞋子

● 在给宝宝选择鞋子时，爸爸妈妈一定要给宝宝选择大小合适的鞋子。

刚学走路的宝宝，穿的鞋子一定要轻，鞋帮要高一些，最好能护住踝部；会走以后，可以穿硬底鞋，但不可穿硬皮底鞋，以胶底、布底、牛筋底等行走舒适的鞋为宜。

2. 大小的选择

宝宝的脚长得很快，有的爸爸妈妈特意给宝宝买大尺码的童鞋，为的是让宝宝多穿些时间。这种做法非常不好，因为小脚在大鞋中得不到相应的固定，不仅容易引起足内翻或足外翻畸形发育，还会影响以后走路时的姿势。宝宝鞋子过小，也会对宝宝的脚部发育造成影响。

建议爸爸妈妈给宝宝选择大小合适的鞋子。一般以宝宝的脚长加1厘米所得的数值为选购童鞋的内长，当然，宝宝的脚要是大一些、厚实一点的话，就要多加0.5~1厘米了。

3. 宽头式样，穿脱方便

宝宝宜穿宽头鞋，以免脚趾在鞋中相互挤压影响脚部的生长发育。鞋子最好用搭扣，不用鞋带，这样穿脱方便，又不会因鞋带脱落而踩上跌跤。

4. 定时换鞋

这一时期，宝宝的小脚丫生长速度很快，一般来说3~4个月就要换新鞋。妈妈最好是每隔大约两个星期就注意一下宝宝的鞋是否小了。妈妈可以摸摸看大脚趾离鞋面是否还有0.5~1厘米的距离，这样小宝宝每次迈开步伐向前走时，大脚趾才有足够的空间往前伸展。

三、喂养：营养为成长添助力

薇薇 10 个月大时，已经适应了辅食，母乳可以退居二线了。但此时还不能给薇薇完全断奶，特别是晚上睡觉前的这一餐，薇薇一定要吃奶才可以睡着。妈妈们要注意，给宝宝断奶要循序渐进，千万不要突然给宝宝断奶，因为宝宝无法这么快就适应过来。本月还要注意宝宝营养的均衡，也可以开始训练宝宝自己进餐了。

（一）9～10个月宝宝喂养要点

这个月，薇薇可以吃的食物更多啦。每次看到那些美味的食物，薇薇都会馋得流口水。在这些色香味俱全的美食的诱惑下，薇薇对母乳的依恋也在慢慢变淡。对于 10 个月大的宝宝，妈妈要想办法，循序渐进地给他断奶了。除此之外，在喂养方面还须注意哪些问题呢？

1. 本月营养需求

这个月宝宝的营养需求和上个月没有太大的区别，添加辅食可以补充充足的维生素 A、维生素 C、维生素 D、蛋白质和矿物质等。9~12 个月是缺铁性贫血发病的高峰月龄，这时应多给宝宝吃含铁丰富且易吸收的动物性食物，如肝脏、血和瘦肉等。

2. 逐渐改为一日三餐制

这一阶段，爸爸妈妈可以根据宝宝的饮食情况，逐渐改为一日三餐制。每天可以分早、中、晚三次喂宝宝吃辅食，基本与大人的进食时间同步；早晨先给宝宝吃母乳或者配方奶，然后适量给宝宝吃点辅食，中午在大人进餐时间喂第二次辅食，午睡前或者午睡后给宝宝吃一次奶。晚餐时间仍然给宝宝喂辅食，睡觉前再喝一次奶。

3. 及时补充水分

许多宝宝可能不爱喝白开水，但妈妈应该知道：任何饮料都不能代替水。所以，平时还是想办法喂宝宝喝些水吧。母乳喂养的宝宝，每天应喝 30~80 毫升水；人工喂养的宝宝，每天应喝 100~150 毫升水。

对于不爱喝水的宝宝，妈妈可以试着让宝宝拿着奶瓶喝水。要知道宝宝都很喜欢自己做事，将喝水的任务交给宝宝自己，妈妈在一旁看着，宝宝会喝下不少的水。

（二）最好让宝宝自然断奶

这个月宝宝可以吃很多种食物啦，母乳已不再是宝宝主要的营养来源。很多妈妈在考虑是否要给宝宝断奶。无论是对妈妈还是宝宝来说，断奶都是一个前所未有的大考验。方法不对，不仅不能成功给宝宝断奶，还会对宝宝的身体和心灵造成伤害。准备给宝宝断奶的妈妈，现在就先来学习一下断奶知识吧。

1. 需要断奶的情况

如果宝宝出现以下两种情况或有不宜再吃母乳的医学指征，就可给宝宝断奶：

① 宝宝只吃母乳，别的什么也不吃，严重影响了宝宝的营养摄入。

② 宝宝在夜里总是频繁地吃母乳，对妈妈和宝宝的睡眠都造成了严重的影响。

2. 切莫突然或强行断奶

大宇已快满 10 个月了，自怀孕起就全职在家的大宇妈想重回工作岗位，便决定给大宇断奶。为断奶成功，大宇妈便将大宇丢给公公婆婆照看，自己到外面旅游散心去了。1 周后，大宇虽不吵着吃母乳了，整个人却瘦了一圈，精神也萎靡了不少，这让大宇妈既心痛又悔恨。

一般不主张突然或者强行断母乳，要让宝宝逐渐接受用配方奶取代母乳，不能用辅食代替母乳，因为在这个年龄奶类对宝宝来说还是主食，以免给宝宝带来下列影响：

（1）爱哭，没有安全感

妈妈在准备给宝宝断奶时要注意，一定要提前做好准备，不要突然或强行给宝宝断奶。否则，宝宝会因为没有安全感而产生母子分离焦虑，具体表现为妈妈一离开宝宝，他就会紧张焦虑，哭着到处寻找妈妈。

宝宝郭乙瑶：妈妈正给宝宝断奶，宝宝常常眼泪汪汪地看着妈妈要奶喝。

（2）消瘦，体重减轻

突然或强行给宝宝断奶，会使宝宝的情绪受到打击，再加上宝宝还不适应吃母乳之外的食物，这就会引起宝宝的脾胃功能紊乱、食欲差，每天摄入的营养无法满足宝宝身体正常发育的需求，以致出现面色发黄、体重减轻的症状。

（3）抵抗力差，易生病

如果妈妈在给宝宝断奶前没有做好充分的准备，未及时给宝宝添加品种丰富的辅食，很多宝宝会因此出现挑食的毛病，比如只喝配方奶、米粥等，从而影响宝宝的生长发育，导致宝宝抵抗力下降，易生病。

3. 断奶要循序渐进

自然断奶是对宝宝和妈妈都不会产生不良反应的完美断奶方式，不过，并不是所有的妈妈都能耐心地等到宝宝自然断奶的那一天，且有的妈妈并不打算长期哺乳。无论如何，如果妈妈决定要给宝宝断奶，一定要事先做好准备，断奶要循序渐进，要有耐心，千万不要突然或强行给宝宝断奶。

断奶的准备包括以下几个方面：

（1）增加辅食的稠度，延长每顿间隔时间

辅食做得好吃些、精细些，争取一日三餐以辅食替代，中间以母乳作为“点心”。这样，宝宝就会逐渐不那么依恋母乳了。

● 如果妈妈决定要给宝宝断奶，一定要事先做好准备，断奶要循序渐进，先找到母乳替代品，如米糊或其他辅食都可以。

（2）最好选择在春秋两季断奶

春秋两季是最适宜的断奶季节，天气温和宜人，食物品种也比较丰富。如果正值炎热的夏季或寒冷的冬季，断奶的时间可以适当往后推迟一点。因为夏天太热，宝宝很容易食物过敏、拉肚子或得肠胃病；而冬天又太冷，宝宝习惯于温热的母乳和妈妈温暖的怀抱，突然改变饮食，容易受凉而引起胃肠道不适。

（3）不要为了安抚宝宝而主动喂奶

断奶期间，你要抑制住想主动给宝宝喂奶的冲动。如果宝宝要求吃奶，你就喂他，但不要主动提醒他要吃奶了，避免给他任何有关“吃奶时间到了”的暗示。不过当宝宝心情紧张或身体不适时，主动给他喂奶依然是最好的“治疗”办法。当然，你的断奶计划也要因此而往后推延一段时间了。

（4）充分满足宝宝的要求

宝宝对爸爸妈妈会有各种各样的要求，比如我要抱抱，我要和妈妈一起睡，读故事给我听……如果在幼年宝宝的这些要求得到充分满足，长大后会自然而然地走向自立。

因此，在断奶期间，爸爸妈妈要注意与宝宝的亲情交流，给予宝宝充分的关注和互动，多和宝宝在一起讲故事、玩游戏、唱歌、散步等，这些活动可以让宝宝和你共享快乐的时光。

（三）训练宝宝独立进餐

每次大人围桌吃饭时，薇薇都表现得异常兴奋，还会伸手去抓桌面上的菜。尽管妈妈“三令五申”，薇薇仍 “置若罔闻”。于是，薇薇爸便给薇薇买了一个小碗和小勺，让她自己进餐。这一招还真管用，只见薇薇有模有样地吃了起来，时而用手抓饭，时而用小勺往嘴里送。刚开始，不是把饭吃到鼻子上，就是弄到眼睛上去了，把大家逗得乐翻天。

这个月，妈妈要试着让宝宝自己进餐了。在进餐时，要为宝宝创造良好的进餐环境，并帮助宝宝养成良好的进餐习惯。

1. 让宝宝集中注意力吃饭

最初给宝宝喂辅食时，应选择在他精神状态和情绪都较好时进行。妈妈与宝宝面对面坐好，面带微笑地与宝宝进行语言、动作和眼神的交流。注意不要用电视、玩具、故事书等吸引宝宝的注意力，不能边玩边吃，更不能追着喂饭，要帮助宝宝养成专心进食的好习惯。

2. 让宝宝自己动手

宝宝有时并不一定是想要吃饭，他的注意力集中在“自己吃”这个过程，爸爸妈妈如果只是为了对宝宝自己吃饭的技巧进行训练，可以先将宝宝喂饱，然后让宝宝自己随意去体验使用餐具进食的乐趣。尽管这时宝宝可能会把餐桌周围搞得一团糟，但别剥夺宝宝这个学习的过程。要让宝宝体会到专心吃饭是一项新奇、有趣、愉悦的活动。现在，就一起来看看训练宝宝自己动手吃饭的方法吧。

01 刚开始吃饭时，宝宝会感到肚子饿，妈妈可以用勺子给宝宝喂食。

02 喂了一会儿，当宝宝不饿的时候，妈妈就将勺子交给宝宝，让宝宝自己吃。

03 宝宝喜欢用手抓饭，此时妈妈千万不要阻止或打击宝宝，要鼓励宝宝学习自己吃饭，并适当地教他吃饭的技巧。

（四）纠正宝宝不喜欢吃蔬菜的习惯

爸爸妈妈可千万别小瞧了蔬菜哦，它对宝宝的成长发育可是很有帮助的呢。但是，很多宝宝不喜欢吃蔬菜或是不爱吃某一类蔬菜，而他们的爸妈对此并未予以重视。殊不知，宝宝一旦养成这个坏习惯，长大后就不太容易接受蔬菜了，到时爸爸妈妈再想纠正宝宝的这个坏习惯就难了。

1. 爱上蔬菜，从小做起

一般来说，宝宝在幼年时对食物的种类尝试得越多，成年后对生活的包容性就越大，对周围环境的适应能力也就越强。因此，在宝宝小的时候，爸爸妈妈就应该注意引导宝宝养成爱吃蔬菜的习惯。

妈妈可以带头多吃蔬菜，成为宝宝的好榜样。

2. 爸妈示范，引导宝宝

宝宝不爱吃蔬菜，爸爸妈妈应适当加以引导。爸爸妈妈可以在生活中带头多吃蔬菜，并在宝宝面前表现出吃得津津有味的样子，边吃边对宝宝说："宝宝，今天的菜菜很香哦，宝宝也尝一口吧！"在爸爸妈妈的引导下，宝宝便会想尝一尝爸爸妈妈口中的"美食"了。

3. 多多见面，爱上蔬菜

宝宝的味蕾密度较高，对味道的敏感度同样也比较高，因此，宝宝往往会拒绝吃那些有特殊气味的蔬菜，如韭菜、芹菜、胡萝卜、葱、姜等。但其实只要爸爸妈妈不在宝宝面前说这些蔬菜很难吃，也不因此而拒绝让这些蔬菜上桌，并让宝宝逐渐形成一种认识——这些蔬菜也是膳食中的一部分，随着宝宝年龄的增长，他们便会慢慢地接受这些食物。

4. 用食品知识吸引宝宝

宝宝都喜欢看图听故事，爸爸妈妈可以找一本故事书，用讲故事的方式向宝宝介绍蔬菜的特点，宝宝便会在心理上增加对蔬菜的感情，以后吃饭时便会喜欢上吃蔬菜了。比如，宝宝不喜欢吃胡萝卜，妈妈就可以在给宝宝吃胡萝卜之前，先拿着图画书给宝宝讲小白兔拔萝卜的故事，然后给宝宝看胡萝卜的可爱形状，等宝宝的兴趣被激发起来之后，爸爸妈妈再将其端上餐桌，这时，小宝宝便会开开心心地品尝小白兔的食物了。

5. 烹调方法，多多益善

很多爸爸妈妈较为重视肉类的烹调，对蔬菜的烹调所下的工夫甚少，殊不知，单调的食品外观和口味也会极大地挫伤宝宝吃蔬菜的积极性。如果爸爸妈妈想要让宝宝爱上蔬菜，那么还需要在烹调方法上多下工夫。

（1）把蔬菜做得漂漂亮亮

宝宝大多对食物的外形要求比较高。如果食物的形状和颜色不能吸引他们，他们多数会将吃饭当成一种负担。因此，爸爸妈妈在为宝宝准备蔬菜时，应该尽量将色彩搭配得五彩斑斓，形状做得美观可爱，这样，宝宝便会对吃蔬菜产生兴趣了。比如，宝宝若不喜欢吃胡萝卜，爸爸妈妈可以将它切成薄片，将其修成花朵状，宝宝看到它这么漂亮，自然愿意将“花朵”吃下去了；妈妈还可以在白米中加入甜玉米、胡萝卜小粒、甜豌豆、蘑菇粒，再滴上几滴香油，宝宝看到这碗香喷喷的“五彩米饭”一定会食欲大增的。

为宝宝准备蔬菜时，应尽量将色彩搭配得五彩斑斓，这样宝宝便会对吃蔬菜产生兴趣了。

（2）蔬菜“隐身术”：见与不见，都在那里

爸爸妈妈在烹调时，还可以让蔬菜练成“隐身术”，把蔬菜“藏”起来，如宝宝不喜欢吃胡萝卜，妈妈就可以在给宝宝包馄饨时在肉里混入一些胡萝卜，这样宝宝并不会发觉。爸爸妈妈还可以在肉丸、包子、饺子、馄饨馅里加入一些宝宝平时不喜欢吃的蔬菜，时间长了，宝宝自然就会接受它们了。

（五）宝宝头发稀黄：是营养不良吗

宝宝出生时头发黑亮浓密，可慢慢地，头发变得稀黄了，爸爸妈妈有些担心：宝宝是不是营养不良或缺乏什么微量元素了？

1. 宝宝头发稀黄的原因

宝宝李笑薇：薇薇刚出生时头发还挺好的，可现在头发变得越来越少、越来越黄了，薇薇妈真为此担心。

宝宝出生时的发质与妈妈孕期的营养有很大关系。出生后，宝宝发质与自身的营养关系密切。如出生后营养不足，头发会变得稀疏发黄、缺乏光泽，缺锌、缺钙也会使发质变差。

发质的好坏除了与营养有关外，还与遗传有关，也与对头发的护理有关。至于宝宝头发稀黄是否是营养不良所致，可以从发质上初步判断。营养不良的发质不但发黄、发稀，还缺乏光泽，杂乱无章地爹着。

2. 宝宝头发稀黄的护理

宝宝由于营养不良而导致头发稀黄可通过以下方法来改善：

（1）注意营养均衡

全面而均衡的营养可以通过血液循环供给毛根，使头发长得更结实、更秀丽。因此，饮食中要保证奶类、瘦肉、鱼、蛋、虾、豆制品、水果和胡萝卜等各种食物的摄入与搭配，含碘丰富的紫菜、海带也要经常给宝宝食用。

（2）注意睡眠充足

每天要保证宝宝睡眠充足。因为宝宝大脑尚未发育成熟，易疲劳，如睡眠不足，易发生生理紊乱，导致宝宝食欲不振、经常哭闹、容易生病，从而间接导致宝宝头发生长不良。

（3）注意多晒太阳

紫外线照射不仅能够杀菌，而且还能促进宝宝头皮的血液循环。适当的阳光照射和新鲜空气对宝宝头发的生长非常有益，妈妈应注意让宝宝每天晒晒太阳。

宝宝营养均衡，头发就会变得更加健康、漂亮。

四、异常状况早知道：科学护理保健康

从这个月起，有的宝宝会经常发热。此时妈妈一定不要紧张过度，因为适度的发热有时还有利于宝宝的生长发育。当宝宝生病或不适时，妈妈更不要动不动就带宝宝去医院吊瓶、吃药，这样可能会让宝宝受不必要的苦。那么，究竟何时才要带宝宝上医院呢？这就需要妈妈多学习一些宝宝常见病的基本辨别和护理知识啦。

（一）发热：宝宝浑身滚烫

晚上睡觉时，阳阳怎么也睡不踏实。对此，阳阳妈十分纳闷：“平时阳阳也不是这样啊，今天是怎么了？”阳阳爸说：“该不会是今天练习走路出了太多的汗，着凉了吧？”阳阳妈摸了摸阳阳的额头，额头很烫，再摸摸他的身上，也是滚烫滚烫的。“老公，阳阳发热了！”“发热？赶快给他吃退热药。”“不行，医生说过不能随便给宝宝吃退热药。”不吃退热药？那怎样才能让宝宝退热呢？

1. 如何判断宝宝发热

一般来说，宝宝的体温比成人的要略高一些。不同年龄的宝宝，发热标准不尽相同，但是一般来讲，肛门处温度为38℃，口腔内温度为37.8℃，耳内温度为37.5℃，腋下温度为37.2℃，超过上述指标时就可以认为是发热。一般来说，测量宝宝的肛门温度最准确。平时在家给宝宝测量体温时，最好选择腋下或肛门进行测量，这样，在宝宝真正发热时才能进行清晰比较。

2. 发热，有利也有害

宝宝发热临床主要表现为体温升高，伴面红耳赤、口干、便秘、尿黄等症状，且多伴有急慢性疾病，慢性病多见低热或潮热，来势较缓，病程较长。然而宝宝发热以外感居多，多见于各种感染性疾病。

发热对人体有利也有害。发热时人体免疫功能明显增强，这有利于清除病原体和促进疾病的痊愈。

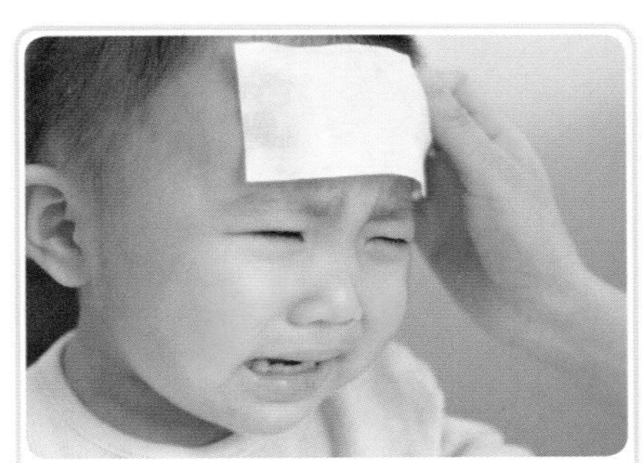

宝宝王安平：平时在家给宝宝测量体温时，最好选定腋下或肛门进行测量，这样在宝宝真正发热时才能进行清晰比较。

3. 宝宝体温37.5℃~38℃，妈妈这样护理

如果宝宝发热了，爸爸妈妈先不要着急，更不可以立即就让宝宝吃退热药。应首先确定宝宝的体温，然后再根据宝宝的体温来选择合适的护理方法。

宝宝发热，体温若为 37.5℃ ~38℃，爸爸妈妈可以采取以下方法对宝宝进行护理：

（1）注意保温

在 37.5℃ ~38℃低烧时，注意给宝宝保温，最好给宝宝盖上一层薄被。如果这时盲目地将宝宝的衣服脱掉的话，反而容易感冒。

（2）保持室内空气流通

尽量将室内温度控制在 19℃ ~20℃，湿度保持在 50%~60%。妈妈要注意打开窗户保持室内空气流通，但要防止穿堂风。

（3）用温暖的手帮宝宝按摩

宝宝发热时血液循环不畅，妈妈可以通过按摩促进宝宝全身的血液循环。在按摩时，妈妈需先搓手 40 次左右，才能将自己手中的热气传给宝宝，按摩至宝宝全身放松即可。

（4）足浴

对于发热初期的宝宝，爸爸妈妈可以采取足浴法来给宝宝治疗，方法如下：

01 备两个较大的盆，其中一个盆内倒入42℃左右的温水，另一个盆内倒入15℃~16℃的冷水，水量以能淹没宝宝脚踝为限。

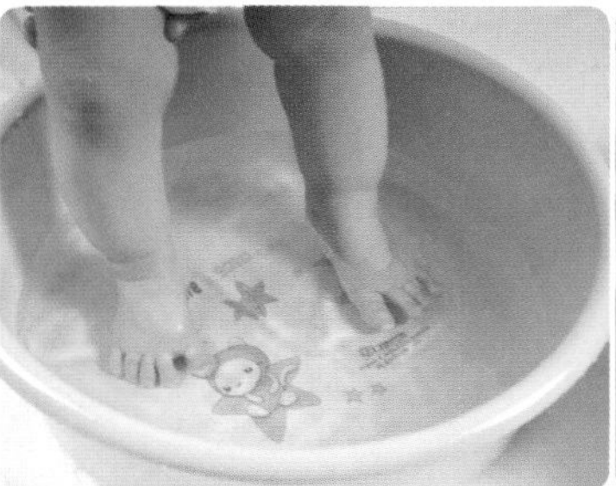

02 洗净宝宝的双脚，浸入温水盆内1分钟。

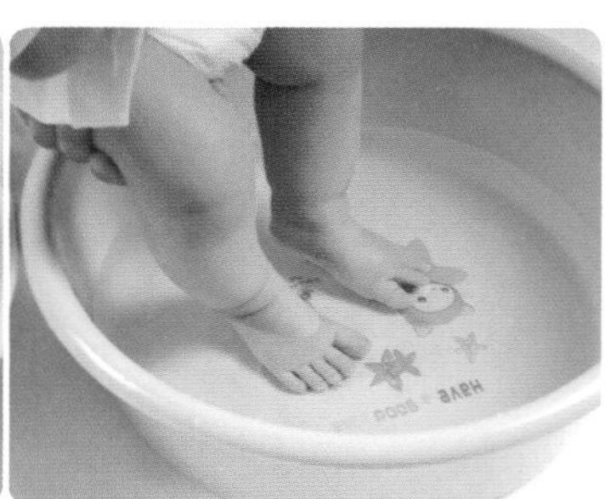

03 将宝宝的小脚由温水盆转移到冷水盆中浸1分钟。如此交替进行，反复3次，以温水泡脚开始，以冷水泡脚结束。

需要注意的是，盆内的温水要不断加热水，保持在 42℃ ~43℃。结束时，要迅速擦干宝宝的脚，穿上袜子，以免着凉。

4. 宝宝体温38.2℃~39℃，妈妈这样护理

宝宝发热，体温若为 38.2℃ ~39℃，爸爸妈妈可以采取以下方法护理宝宝：

（1）换较薄的衣服

宝宝出汗时如不给其换掉衣服，汗水将衣服浸湿后可能令宝宝的身体冰凉。因此，妈妈应注意给宝宝及时更换吸汗性好且轻薄的棉质衣服。

（2）温水擦浴

温水擦浴就是用毛巾浸湿 35℃左右的温水后，擦拭宝宝手心、足心、肘窝、腋窝、大腿根部、颈部、后背等处，使皮肤的高温（约 39℃）逐渐降低，让宝宝觉得比较舒服。每擦完一遍，待皮肤上的水蒸发干后，再擦第二遍，如此反复数遍，直至体温下降。擦完后要注意给宝宝穿衣、盖被，以免受凉。

（3）做半身浴

让宝宝坐在 30℃左右的温水中，水浸至腰部左右，时间不宜过长，以免造成宝宝虚脱，每次时间以 5 分钟为宜。

（4）常擦汗

汗水的蒸发会令宝宝感觉到寒气，妈妈要及时擦拭宝宝额头、脖子、胯下、腋下等出汗多的部位，这样有助于退热。

5. 宝宝体温39℃以上，妈妈这样护理

宝宝发热，体温若为 39℃以上，最好送宝宝去医院治疗。当然若宝宝精神状态良好，爸爸妈妈可以采取以下方法对宝宝进行护理：

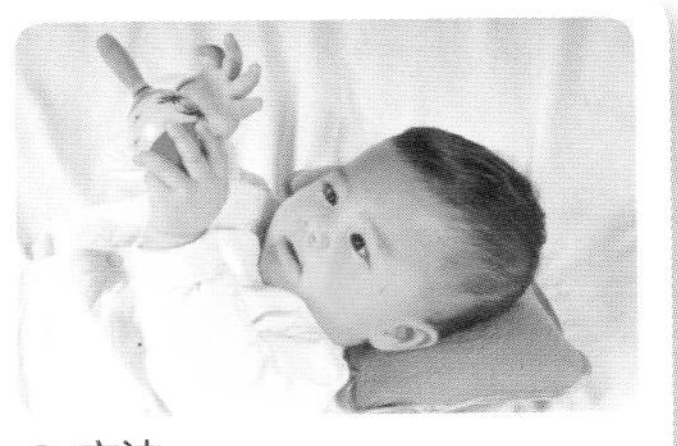

● 方法一

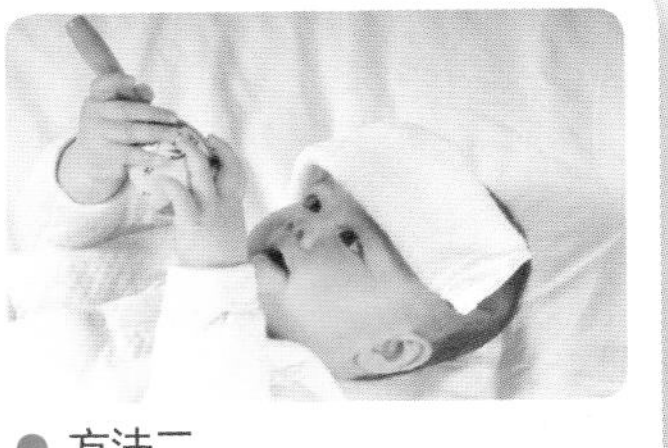

● 方法二

（1）冰块（水）降温法

宝宝高热 39℃以上，妈妈可采取冰块降温法给宝宝降温，方法如下：

方法一：将小冰块加少量冷水放入热水袋或双层塑料袋中，外边用布包好，将冰袋按平，放在宝宝头枕部。这种方法一般在服用退热药后使用。

方法二：用毛巾在冰水或冷水中浸湿后拧成半干，叠成

长方形，将毛巾放在宝宝的额头上，可用两块毛巾交替进行，还可以把毛巾放在颈部、腋下、大腿根部等。

需要提醒妈妈的是，宝宝可能会嫌冷水、冰袋太凉而不能忍受，妈妈可将两次冷敷间的时间间隔拉长几分钟。另外，在降温过程中要注意观察宝宝的状态，通常体温降到38℃即可，如出现皮肤发花等异常情况，应停止物理降温。

（2）脱掉衣服

当宝宝高温为 39℃以上，妈妈首先要做的就是给宝宝脱掉衣服，最好将衣服全部脱掉，因为即使是最薄的衣服也具有一定的保温效果。衣服脱去后易着凉，应每个小时将宝宝的肚子用毛巾或毯子盖住 10 分钟。

（二）误食异物的急救方法

生活中，宝宝误食异物的事例经常可见。当发生这种情况，父母要采取正确的方法应对。

1. 宝宝误食药物的处理

爸爸妈妈不要一发现宝宝误服药物后就惊慌失措，要冷静下来弄清宝宝误服的是什么药、服了多长时间这有利于治疗处理。如宝宝服药时间在 4~6 小时内，可以立即在家里采用催吐法，使宝宝把存留在胃内尚未消化吸收的药物吐出来。方法是：爸爸妈妈用一根筷子轻轻触碰宝宝的嗓子后部（咽后壁处），宝宝会感到恶心而引起呕吐。为达到更好的效果，可以让宝宝喝些清水，反复催吐几次，这样可以尽量减少药物的吸收，避免药物中毒的发生。但是如果宝宝服入的药量过大，特别是当宝宝已出现中毒症状时，应立即到医院抢救治疗。

2. 宝宝吞食其他异物的急救方法

鱼刺、果核、花生仁、纽扣、硬币等体积较小的物品，都可能成为宝宝的致命杀手。若宝宝误食了这些物品，爸爸妈妈在立即给急救中心打电话求救的同时，还可以采取以下方法清除宝宝口、鼻内的食物残渣：

（1）拍背法

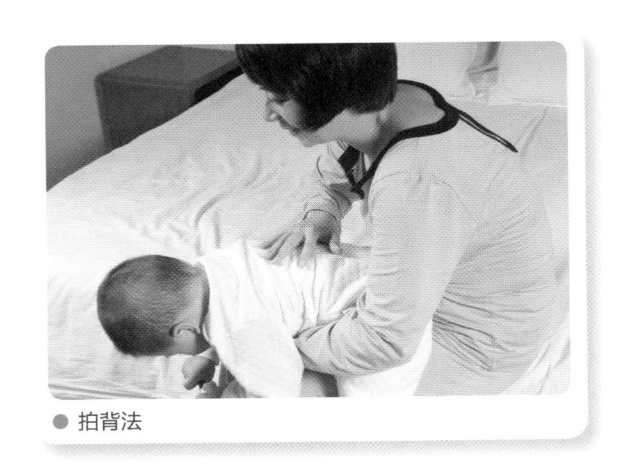

● 拍背法

如果宝宝年龄稍大，可让宝宝趴在你的膝盖上，头朝下，托其胸，连续用力拍其背部 4 下，迫使异物排出。

（2）催吐法

催吐法较易操作，方法为：将手指伸进宝宝口腔，刺激其舌根催吐。此法适用于较靠近喉部的气管异物。

（3）海氏法

美国医生海姆里斯于 1982 年发明此法用于排除气管异物，成功率较高。方法如下：

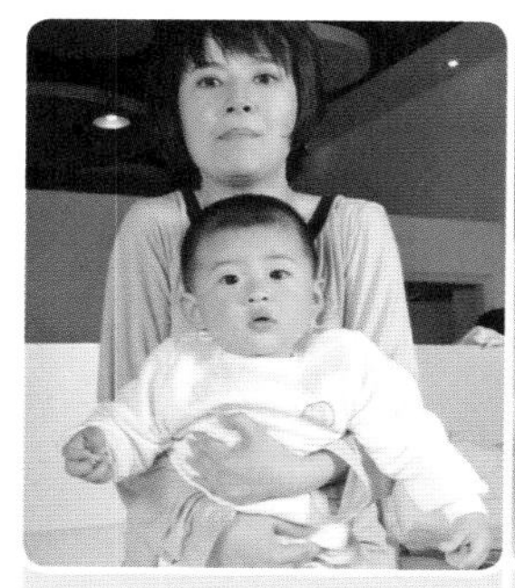

01 用双臂从宝宝身后将其抱住。

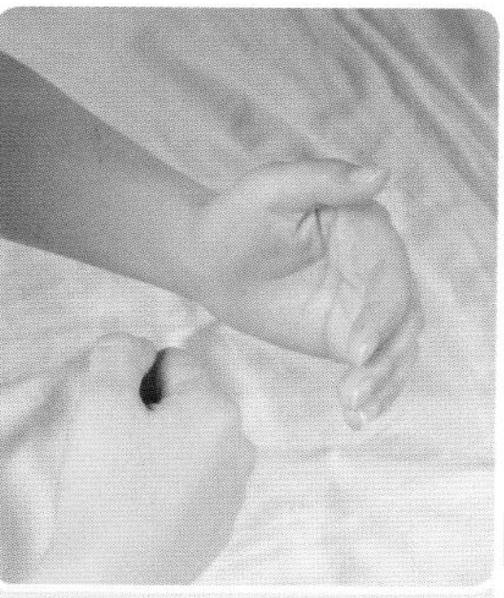

02 一手握拳，用拇指掌关节突出点顶住宝宝腹部正中线脐上部位。

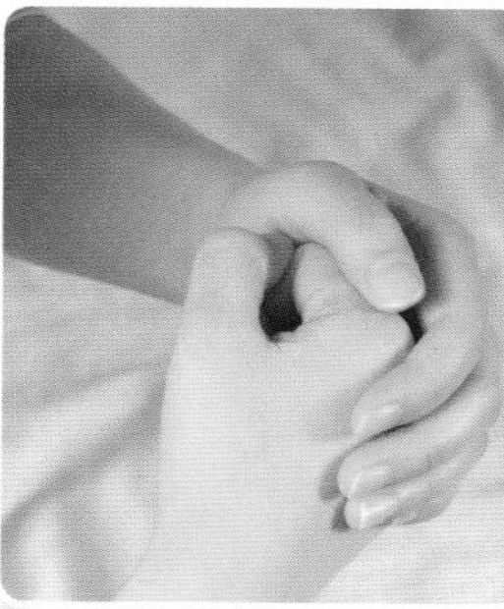

03 另一只手的手掌压在拳头上。

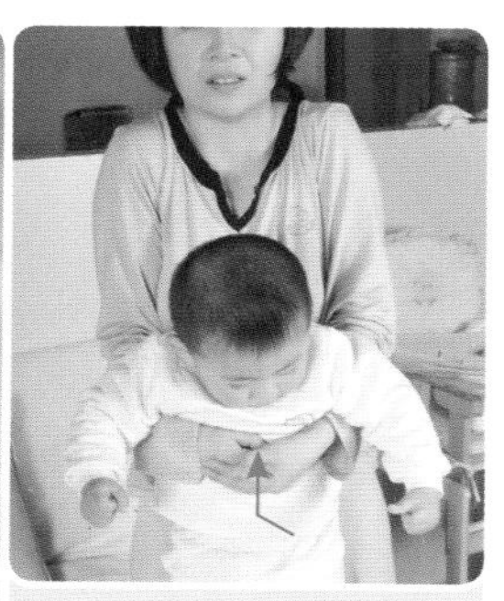

04 连续快速地向后、上推压冲击6～10次，注意不要伤其肋骨。如无效，隔几秒钟后重复1次。

五、早教：开发宝宝的智力潜能

简单的亲子游戏可以让宝宝在快乐中学习、运动，加深亲子感情，激励宝宝的进取精神。亲子游戏随时可做，不需要特意安排，越是自然地玩耍，越能使宝宝感到亲切，学习起来也更有兴趣，学得也比较快。

（一）益智亲子游戏

和薇薇一起玩游戏是薇薇妈最开心的事情了，因为每次薇薇都能出人意料地做一些动作来把薇薇妈逗乐：妈妈把一个小鸭子玩具拽在手里，让薇薇找小鸭子“在哪里”，小宝宝不动声色地用手指着旁边挂的年画，好像在说“小鸭子在那里”，薇薇妈一看，挂画里果然有一个小鸭子，小家伙眼睛还真尖啊！

1. 照顾好娃娃：培养宝宝的爱心

娃娃是宝宝的好朋友，但有些宝宝却很喜欢“虐待”娃娃，出现这种情况时，妈妈可以让宝宝做 “照顾好娃娃”的游戏。游戏方法如下：

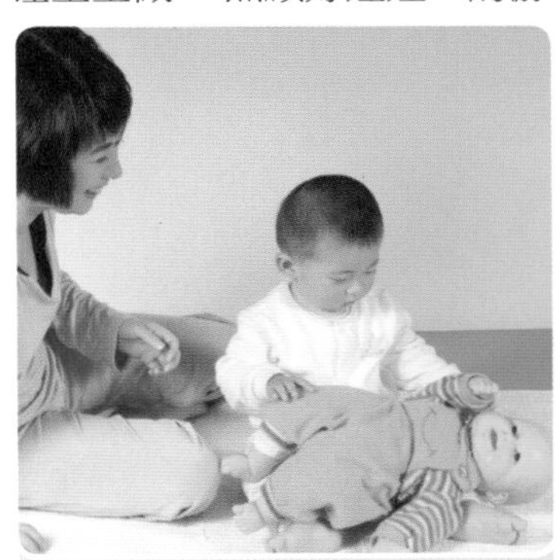

01 给宝宝准备一个娃娃玩具，让宝宝和它玩，或是拍它睡觉。

02 过不久妈妈提醒道：“娃娃饿了，要吃奶啦。”就给宝宝拿个小瓶子代替奶瓶。

03 妈妈帮助宝宝给娃娃喂奶。如果有小勺和小碗，可以让宝宝喂娃娃吃饭，还可以拿个罐子当便盆，让宝宝给娃娃把尿。

游戏中，妈妈要不断地提醒宝宝应该怎样对待娃娃，如果宝宝虐待娃娃，妈妈要表现出很生气的样子；如果宝宝做得很好，妈妈也要及时夸奖宝宝。通过妈妈的态度变化，宝宝会渐渐明白如何好好照顾娃娃。还可以慢慢培养宝宝的爱心，提高其模仿能力。

2. 揭盖子：发展观察能力

● 揭盖子

这个月，妈妈可以和宝宝玩揭盖子的游戏。准备几个带盖子的塑料杯子或碗（应选择大小不同的杯子或碗），在里边放上一些小玩具。

在游戏过程中，妈妈要耐心等待宝宝“尝试错误”。如果宝宝做对了，爸爸妈妈可以洗净杯子，倒入宝宝爱喝的饮料，盖上盖子，递给宝宝以示奖励。

这个亲子小游戏可以发展宝宝的观察能力与初步的思维能力。

3. 套杯子：促进宝宝大脑发育

● 套杯子

这个月，宝宝用双手拿物品的能力大大增强，爸爸妈妈可以和宝宝一起做套杯子的游戏。首先准备好 5 个规格相同的塑料水杯（或纸杯），水杯的颜色要尽量不同，色彩要鲜艳，这样可以大大增加刺激宝宝的视觉发展。做好准备工作后，爸爸妈妈就可以和宝宝一起开始游戏啦。游戏方法如下：

① 妈妈将水杯一字排开放在宝宝面前，依照水杯摆放的顺序，拿起一侧的水杯套在相邻的另一个水杯上。

② 依次将 5 个水杯套在一起，然后再将水杯一字排开。在此过程中，要鼓励宝宝多看多学。

③ 让宝宝拿起一个水杯套在另一个水杯上，一次将 5 个杯子套在一起。

在宝宝掌握了这一游戏技巧之后，还可以让宝宝和爸爸比赛套杯子，看谁套得又快又准，这会让小宝宝感觉更刺激、更有成就感。

这个游戏可以锻炼宝宝手拿物品的能力以及手眼协调能力，促进宝宝的大脑发育。在游戏过程中，妈妈还可以边套水杯边数数，以加强宝宝对数字的认知能力。

（二）体能训练

宝宝刚刚开始扶着物体站立时，可能是摇摇晃晃的，慢慢就能站稳了。有些妈妈看到宝宝摇摇晃晃便十分心疼，进而停止对宝宝的训练。要知道，这样做对于宝宝的生长发育可是不利的。对宝宝的体能训练，每个月都不能停止。接下来就看看这个月，爸爸妈妈要如何训练宝宝吧。

1. 从站立到坐下：手和身体的稳定协调

从站立到坐下的动作，需要宝宝手和身体的稳定协调配合。一开始，宝宝可能会“啪嗒”坐在床上，这不要紧，注意安全就可以了。爸爸妈妈可以稍稍扶一下宝宝的腋下，把持一下身体的稳定，宝宝就能顺利地从站立转换到坐位了。

练习一段时间后，妈妈可以把玩具放在宝宝脚前，宝宝就会主动做这个动作。

从站立到坐下这个动作比较难，有的宝宝要到快 1 岁时才能学会，对此妈妈不必着急。

2. 从坐着到站立：为独立行走打基础

从坐着到站立的动作，同样需要宝宝手和身体的稳定协调配合。一开始，宝宝还不能独自站起来，这就需要妈妈用手拉一下宝宝。方法如下：

01 宝宝自己徒手站起来需要有个过程，刚开始时，爸爸妈妈可以用手指轻轻勾着宝宝的手指，边说“宝宝站起来”，边用力向上拉。

02 如果宝宝站起来了，妈妈就要夸奖宝宝；如果宝宝不能站起，妈妈就再把手指伸给宝宝——先不接触宝宝的手指，而是说：“宝宝站起来，够妈妈的手。”这时宝宝就会伸出小手，勾住妈妈的手指，妈妈再顺势将宝宝轻轻拉起。

这个游戏可以锻炼宝宝的手和身体的稳定协调配合，为宝宝的独立行走打下良好基础。

3. 把物体投进小桶里：锻炼精细动作

在宝宝面前放一个小桶，让宝宝手里拿着玩具，妈妈对宝宝说："把你手里的玩具放到这个小桶里。"如果宝宝没有听明白，妈妈可以给宝宝做示范，或让爸爸把他手里的物体投到桶里。这时，宝宝就会模仿大人的动作，把玩具放到桶里。妈妈还可以逐渐拉远宝宝与桶的距离，以训练宝宝投物的准确性。

等到宝宝熟练后，妈妈可以让宝宝把地上散乱的玩具一个个放到容器里，收拾起来。在此过程中，妈妈要不断鼓励宝宝，使宝宝认识到自己可以做到。

这个游戏可以训练宝宝小手的精细动作以及手眼的协调性。

4. 捡东西训练：发展手眼协调能力

这个月的宝宝已经能听懂爸爸妈妈的一些话了，也认识了一些物品的名称，会站起来，会坐下，有的宝宝还会蹲下、会爬、会翻身了。此时，妈妈就可以训练宝宝捡东西啦。方法如下：

01 先让宝宝靠墙站立，妈妈把玩具放在地上。

02 妈妈对宝宝说："宝宝把玩具拿给妈妈好吗？"宝宝听到妈妈的请求，就会用眼睛看看地上的玩具。

03 宝宝看一会儿，便会慢慢地从站位变成蹲位或坐位，把小布熊递给妈妈。妈妈要表扬"宝宝真棒"，亲一亲宝宝，以示鼓励。

这个游戏不但能训练宝宝的体能，还能训练手眼协调能力、思维能力、手的精细动作、对物品名称的认识，以及和爸爸妈妈的交往能力。

5. 站立训练：学会站立，为行走做准备

宝宝在经历了抬头、坐、翻身、爬行等运动发展过程后，要慢慢过渡到学习站立了。一般宝宝在 9~10 个月时就能独自站立。站立不仅仅是运动功能的发育，同时也能促进宝宝的智力发展，所以这个月爸爸妈妈要积极训练宝宝练习站立。

（1）起立练习

01 先教宝宝从俯卧位双手撑起身体。

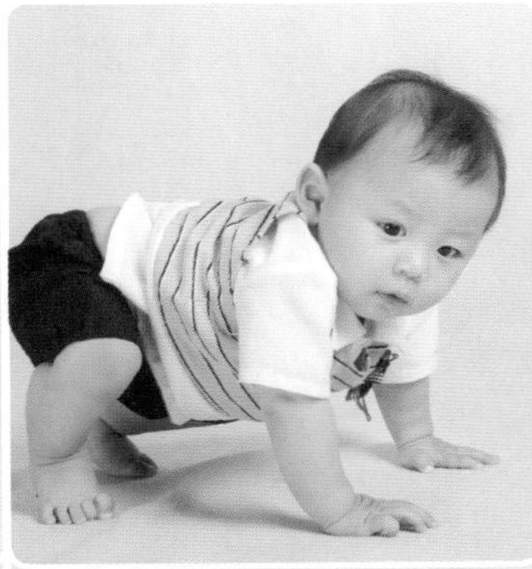

02 接着，鼓励宝宝双腿跪起来，呈爬姿。

03 最后让宝宝抓住栏杆或其他物品站起来。

（2）两手扶站

这个游戏刚开始时，可用双手托住宝宝的双手，让其练习站立。

当宝宝双手扶站较稳时，可训练宝宝一手扶站。刚开始的时候，宝宝可能会比较害怕。经过一段时间的训练，宝宝一手扶站，也能站得稳稳的。

妈妈这时便可加大难度，让宝宝一只手扶站，另一只手去取玩具。

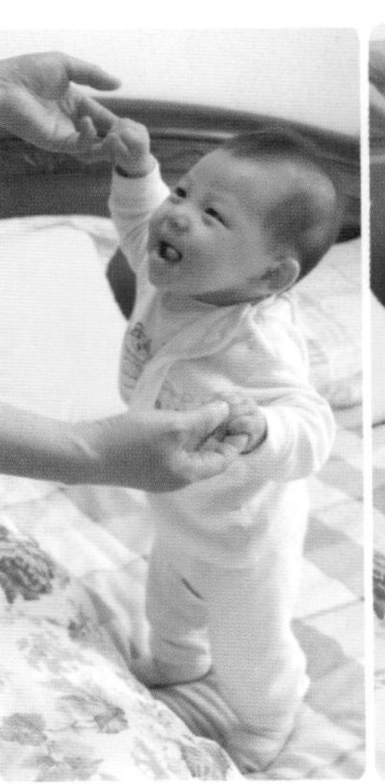

Part 11

The Eleventh Month: I Start to Practice Walking

10~11个月 我开始练习走路啦

这个月我已经能摇摇晃晃走几步路啦，
不过虽然我还不曾体验过摔痛的滋味，
但我依然非常害怕，以至于每踏出一步，
我都要迟疑好一会儿才小心翼翼地往前踏出一小步。
但妈妈在前面我就感觉踏实多了，
当我与妈妈的距离很近时，
我会很高兴地“飞奔”入妈妈的怀抱。
不过，妈妈很快拉开了她与我的距离，
这可咋办呢？这个难不倒我：
我扶着近处的沙发走一小段路，
当与妈妈的距离在“安全”范围时，
再飞奔过去。哈哈，我聪明吧？
这个月妈妈要多让我练习学走路，同时在营养上也要加强补给哦。

一、成长发育：宝宝月月变化大

桐桐正在客厅里翻“看”图画书，嘴里还含糊地说着“慢条、慢条”。妈妈没理解他的意思，正在琢磨呢，这时爸爸走过来指着书上的面条图案，亲切地说：“哦，宝宝是不是想告诉妈妈，这是面条？”宝宝听了，马上高兴得手舞足蹈。原来，宝宝已经记得爸爸昨天教他认的面条了，一旁的妈妈惊喜不已。宝宝每天都在学习、进步着。妈妈们，宝宝这个月有哪些变化，你留意了吗？

（一）本月宝宝身体发育指标

妈妈带桐桐去体检，医生给桐桐量了身高和头围，称了体重，说桐桐发育得很好，妈妈心里美极了。10~11个月龄的宝宝身体发育的差异化可能会比较大，爸爸妈妈不要太担心。现在，就一起来看看这个月宝宝的各项身体发育指标吧。

表11-1：10～11个月宝宝的身体发育指标

特征	男宝宝	女宝宝
身高	平均75.3厘米（70.1～80.5厘米）	平均74.0厘米（68.8～79.2厘米）
体重	平均9.8千克（7.7～11.9千克）	平均9.2千克（7.2～11.2千克）
头围	平均46.3厘米（43.7～48.9厘米）	平均45.2厘米（42.6～47.8厘米）
胸围	平均46.2厘米（42.2～50.2厘米）	平均45.1厘米（41.1～49.1厘米）

流行性脑脊髓膜炎疫苗：为保证流脑流行季节宝宝体内免疫抗体浓度达到最高，可将初次注射时间推至11~12月份。

风疹疫苗和流行性腮腺炎疫苗：接种风疹疫苗和流行性腮腺炎疫苗。

（二）本月宝宝成长大事记

这个月，桐桐更加独立了，喜欢自己一个人扶着或者靠着家具玩，妈妈去教他学走路，他还耍小脾气。这个月的宝宝在运动技巧方面所表现出的独立性，让妈妈颇有些意外。除此之外，宝宝还有哪些令人期待的成长大事呢？

1. 开始有了较长的记忆力

宝宝对事情、物体的记忆力已经可以达到 24 小时以上，而较为深刻的人或物，还可以延迟记忆几天。如朝夕相处的妈妈出差几天回来，宝宝依然熟悉妈妈的样子和味道，妈妈回来后会张开双臂让妈妈抱。而宝宝对不愉快的记忆也会比较深刻，如打针、吃药等，看到白大褂会哭闹。

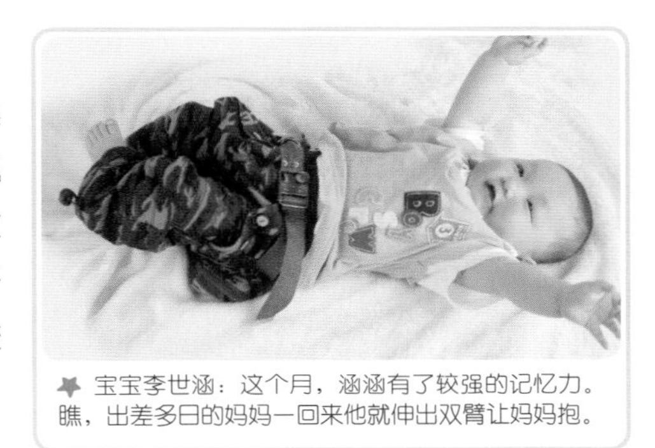

宝宝李世涵：这个月，涵涵有了较强的记忆力。瞧，出差多日的妈妈一回来他就伸出双臂让妈妈抱。

2. 开始蹒跚学步

这个月的宝宝运动能力又有了明显的提高，有的宝宝能够不扶东西站起来了，有的能扶着东西向前迈几步，如果妈妈领着则能走很长时间。这个时期，宝宝学走路的意愿很强烈，如果妈妈抱着，他会强烈“要求”下地走路。如果是坐在学步车上，他会在学步车的帮助下到处乱走。不过，不建议宝宝使用学步车，一来它会限制宝宝的运动能力发展，二来学步车让宝宝的活动范围更大，而这个时期的宝宝好奇心又强，不让摸的东西偏要去摸，不让吃的东西偏要吃，妈妈稍不注意就可能会有危险的事情发生。

3. 开始有意识地叫爸妈了

宝宝七、八个月时，已经开始发出“baba”、“mama”等音，但那是无意识的。但到本月，宝宝已经能有意识地叫爸爸、妈妈了。这是一个可喜的进步。这段时期，爸爸妈妈要多和宝宝说话，鼓励宝宝开口说话，为宝宝创造一个良好的说话环境。

4. 喜欢到户外玩

这个月，宝宝玩的能力增强了，不但喜欢和家人玩，还喜欢到户外跟别的小宝宝玩。基本上在家里待了一段时间后，宝宝就会用小手指着大门要求到外面去玩。

二、日常护理：细心呵护促成长

随着桐桐身体能力的进一步发展（会站立、会迈步了），妈妈心里真是乐开了花，但是，宝宝的能力越强，潜在的危险也就越大，妈妈要注意为宝宝的安全保驾护航。另外，本月要及时纠正宝宝的诸多不良习惯。总之，妈妈在护理上越用心，宝宝的成长就会越顺利。

（一）宝宝不愿意待在家里：外面的世界太精彩

桐桐 10 个月大的时候就已经不太喜欢待在家里了，特别是家里人大多都外出了的时候，小家伙就待不住了，总是玩一会儿就用小手指着大门，嘴里还含糊地说："外……外……"要是妈妈过了好一会儿还不带他出去玩，他就会用大哭来威胁。

1. 宝宝不愿意待在家里的原因

这个月龄的宝宝一般都喜欢闹着出去玩，这主要是因为：家里生活单调、枯燥，宝宝在家感到无聊、寂寞，就会闹着要出去；爸爸妈妈平日总会过一小段时间就带宝宝出去，若是哪天很久不带宝宝出去，宝宝在家里待的时间长了，就会闹着出去；爸爸妈妈总是带着宝宝在外面玩，宝宝的心像玩"野"了似的，回到家里就像小鸟被关进了笼子里，浑身不自在，总想出去。

2. 父母应该怎么做

首先，爸爸妈妈应该多带宝宝出去，不能总让宝宝待在家里。

其次，户外活动时间太长，宝宝就容易玩"野"而不愿回家，因此要合理地安排宝宝一天的生活，注意动静交替、室内外相结合，出去玩的时间应适当。宝宝一旦生活有规律，心情愉快，就不会老闹着出去。

最后，在家里给宝宝创造一个丰富、有趣的活动天地，充实宝宝的生活。爸爸妈妈可以为宝宝买一些他喜爱的玩具、色彩鲜艳的图书以及爱听爱唱的歌曲光盘等，也可以亲自为宝宝制作玩具。

宝宝郭乙瑶：妈妈为宝宝在家里创造了一个有趣的活动天地，宝宝待在家里玩得很开心。

（二）宝宝对蚊虫的防御大战

夏季到了，霓霓可高兴了，终于不用穿那么多衣服，手脚也没有那么多束缚了。但是，新的麻烦马上就来了：蚊子喜欢皮肤娇嫩的霓霓，经常往霓霓身上叮，一下就一个大大的包，霓霓被蚊子叮咬了之后又喜欢去抓，这可把霓霓妈急坏了。

夏季，蚊虫叮咬是常事，这对于大人也许没什么，但宝宝皮肤娇嫩，表皮薄，皮下组织疏松、血管丰富，被蚊虫叮咬后局部会出现明显的反应。如果宝宝手不干净，因搔痒抓破局部皮肤，还会继发感染而形成疖肿或脓疱疹等。若有过敏体质，还会引起荨麻疹或神经性水肿。

1. 宝宝被蚊虫咬伤后的症状

蚊虫叮咬后常会引起皮炎，亦可出现丘疱疹或水疱；损害中央可找到刺吮点，即像针头大小暗红色的淤点；宝宝常会因感到奇痒、烧灼或痛感而烦躁、哭闹，个别严重者可于眼睑、耳廓、口唇等处明显红肿，甚至发热、局部淋巴结肿大；偶发由于抓挠或过敏引起的局部大疱、出血性坏死等严重反应。

2. 做好护理工作

宝宝被蚊虫叮咬后，妈妈可以这么做：

止痒消炎：一般性的处理主要是止痒，可外涂虫咬水。对于症状较重或有继发性感染的宝宝，局部用硼酸水轻轻擦洗，内服抗生素消炎，同时适量涂抹红霉素软膏等。如果发生血管神经性水肿或风团样的荨麻疹，应尽快就医。

防抓挠：如果宝宝手不干净，因搔痒抓破局部皮肤，会继发感染。因此，爸爸妈妈要常给宝宝洗手，谨防其搔抓叮咬处。

3. 抓住源头，做好防蚊虫的工作

要做好防蚊虫的工作，妈妈要注意以下几点：

① 要经常给宝宝洗澡，因为汗味往往会诱发蚊虫的叮咬。洗澡水中可以加入一些花露水。宝宝在室外要擦防蚊水。

② 晚上睡觉时可用蚊帐、儿童蚊香或避蚊器，窗户要安装纱窗，以防蚊虫进入叮咬宝宝。

③ 在蚊虫经常叮人的时间段，即黄昏后、黎明前，给宝宝穿上长衣长裤，以避免蚊虫叮咬。

宝宝赵益泽：为防蚊虫叮咬，黄昏时，宝宝就换上长衣长裤。

（三）纠正宝宝爱咬人的坏习惯

11 个月大的睿睿喜欢咬人。睿睿妈带睿睿去朋友家玩，朋友的小孩雯雯刚好也差不多大，两个人刚开始还挺亲密地一起摆弄玩具，忽然只听到雯雯发出尖锐的哭声，原来睿睿咬了雯雯一口。雯雯妈抚摸着雯雯红红的小伤口，心疼极了。一旁的睿睿妈既尴尬又内疚。

1. 宝宝为什么会咬人

11 个月大的宝宝有时会冷不防地咬别人一口，这种现象是很正常的，因为这一时期的宝宝正处于生理发育的高峰期，常会因为出牙牙龈痒而引发咬人的行为，并非宝宝有攻击他人的倾向。

其次，了解一下 11 个月大的宝宝生长发育规律就可以发现，宝宝这一时期的情感逐渐发展，情绪变化大，容易冲动，又加之宝宝的语言发育尚不够完善，不能准确表达自己的需求，大人也就无法及时满足其要求，所以宝宝常常出现特殊的行为。

另外，我们从心理学角度来看，11 个月大的宝宝喜欢啃甲、吮指甚至咬人等，是因为宝宝正处于心理发育的口欲敏感期，啃咬会使宝宝产生快感，获得心理满足。

2. 怎样缓解宝宝的啃咬行为

妈妈这样做，可以有效缓解宝宝的啃咬行为：

（1）让宝宝体验疼痛

宝宝咬人后，妈妈可将宝宝的小手放在自己的牙齿上，轻轻咬一下宝宝的手指，让宝宝自己也感觉被咬的疼痛。

宝宝吴哲睿：妈妈轻咬睿睿的手指，让他体验被咬的疼痛。

（2）严厉制止咬人行为

当宝宝咬人时，爸爸妈妈要用语言或行动制止宝宝的行为，告诉宝宝这样做是不对的，并正确地引导宝宝该怎么做。

（3）转移宝宝的注意力

爸爸妈妈要淡化宝宝的啃、咬行为，用宝宝感兴趣的事物转移宝宝的注意力。

（4）父母不要有夸张反应

宝宝咬人后，不要一味地去指责宝宝，任何指责只能强化错误，使宝宝咬人的情况愈加严重。另外，被宝宝咬或抓时，不要表现出太夸张的表情或动作，强化宝宝的行为。

（四）让宝宝迈好人生第一步

刚让睿睿学走路时，睿睿妈可谓费尽心机，因为小家伙好像很怕摔倒似的，总是不敢迈步。后来睿睿妈想了个办法：拿着睿睿最喜欢的玩具小风车在前面引导他，几次三番之后，睿睿想拿玩具的心思占了上风——他很快就能迈几小步了！

学走路，是宝宝成长路途中的一个必经过程。当宝宝的肢体运动日益增强，在经历了翻身、坐、爬行、站立后，走路就成了宝宝接下来要学习的一项重要肢体运动。

1. 把握宝宝学习走路的最佳时机

宝宝学走路是一个循序渐进的过程，一般来说，宝宝会在 11 个月时开始学走路。至于何时是宝宝学习走路的最佳时机，爸爸妈妈可以根据自己宝宝的成长状况来发现。例如宝宝最先开始学走路的时候，是自己扶着支撑物（支撑物可以是爸爸妈妈的手、墙、窗台、桌子、床等）独自站起，然后在支撑物的帮助下开始拖着脚走，渐渐地宝宝扶着支撑物可以越走越快。接下来，宝宝可以不用支撑物自己也能站立一小会儿，但这时还应该让宝宝扶着支撑物行走。当宝宝离开支撑物，能够独立地蹲下、站起，并能保持身体平衡时，才真正到了宝宝学步的最佳时机。

值得注意的是，宝宝在蹲下、站起并保持身体平衡时，一定要有足够的腿部力量进行支撑。因此，爸爸妈妈在宝宝学步前应有意识地锻炼宝宝的腿部肌肉力量。

2. 为宝宝穿上学步装

背带装是宝宝学步时的最佳选择。背带装的两条带子一定要有松紧性，并且可以自行调节。

建议学步初期最好让宝宝光脚走路，光脚行走可调节人体的许多功能，如增强大脑的灵活性，使脚底肌肉受到摩擦，改善血液循环和新陈代谢，增强人体对外界环境的适应能力，防止幼儿扁平足的发生。

如果怕宝宝脚冷，可以给他穿一双宽松的棉布袜；如果是去室外，可以穿一双由软皮制成的学步鞋，这样既可以保护宝宝的脚底，又不会对其脚部肌肉的发育有任何不良影响。鞋可以买得稍大些（以致不滑倒为限），这样宝宝的脚就会在宽松的“环境”中健康地生长。

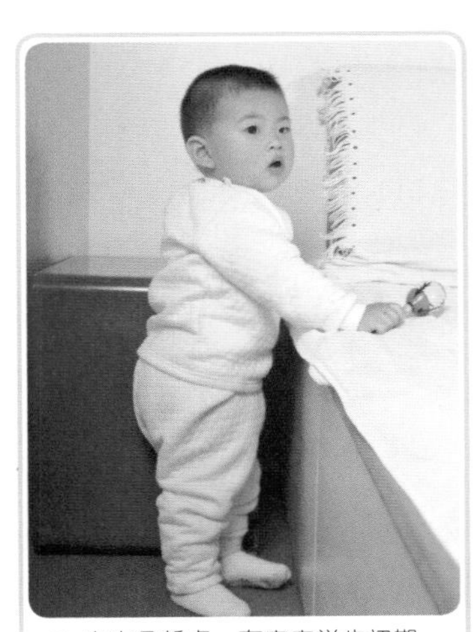

宝宝吴哲睿：在宝宝学步初期，最好让宝宝光脚走路。

当然，当宝宝开始独立迈步时，就一定要为他准备鞋子了。准备鞋子时应注意，为了利于宝宝脚的生长，鞋子的长度比宝宝实际的脚长应多出 1 厘米。同时爸爸妈妈要经常检查宝宝的鞋子是否合脚，一般 2~3 个月应给宝宝换一双新鞋。

3. 营养健康也很重要

营养在宝宝的成长发育中占据着重要地位。充足、合理的营养为宝宝的身体注入活力，宝宝的肌肉发育良好，大动作的发展才会顺畅哦。所以，每天必须提供给宝宝一定分量的奶制品，而品种丰富的副食品则会给宝宝带来更多营养素，细心、精心为宝宝准备好每一餐是爸爸妈妈一定要做的。

● 宝宝营养均衡，身体才能更健康。

除充足的营养外，身体健康不常生病的宝宝自然发育得快、更好，学起走路来也比常生病的宝宝快。宝宝一生病，身体虚弱需要休息，当然就会使一些动作发展延后。所以爸爸妈妈要好好照顾宝宝，别让他总是生病。

4. 注意行走安全

学走路的宝宝比学爬行的宝宝更容易受伤，膝盖、手肘容易因为身体失去平衡触地摩擦而挂彩，头部也会因为撞击而“长”出包包，这些部位需要爸妈特别保护。

当宝宝开始学走路、爱上走路之后，不要让宝宝远离你的视线；要避开湿滑的地面，注意路上的障碍物；小心家具边边角角的潜在危险；不让宝宝进入厨房；别让抽水马桶成为宝宝爱玩的宝贝；尖锐物品、器具尽量放置到宝宝摸不着的地方，药品或细小用品也要妥善藏好；容易拉下的盖布、桌布上不要放置任何物品，以免宝宝将两者同时拉下而被物品砸伤；烫手的食物不要让宝宝碰到；在宝宝行走时不要喂他食物，以免呛到喉咙……总之，给宝宝一个安全行走的环境，爸爸妈妈要做的功课非常多。

★ 宝宝王安平：妈妈要注意别让抽水马桶成为宝宝的玩具。

通过爸爸妈妈和宝宝的共同努力，宝宝肯定能够迈开大步，用自己的双脚去体会这个精彩的世界。

5. 利用小工具学走路

妈妈还可利用下列小工具教宝宝学走路：

扶家具和扶墙行走：可千万不要小看宝宝扶着墙或扶家具慢慢移动身体的动作哦，它是宝宝行走的开始呢。虽然独自站立还不稳，但通过脚步的挪移以及手脚和身体的配合，宝宝的平衡感正不断得到提升呢。

学步小推车行走：推推小车，让宝宝和小推车一起向前走，这也是锻炼宝宝行走的一个好方法。让宝宝站在小推车的后面，两只小手抓稳当，一开始爸爸妈妈可以将学步车的车速调慢或以手来控制小推车前进的速度，等宝宝熟练以后，爸爸妈妈就可以放手让宝宝自己推小车了。爸爸妈妈还可以教宝宝碰到障碍的时候将小推车朝后，再进行转弯以避开障碍。

6. 给宝宝找个伴

学步时，爸爸妈妈牵着宝宝的手，让宝宝看着能移动的玩具，听着玩具发出的声音，可以帮助宝宝克服初学迈步的害怕心理，使其高兴地学习迈步，追着玩具走。

会走后，宝宝会要求拉着玩具走，这时即使看不见玩具，只要听见拖拉玩具的声音，宝宝仍然会高兴地向前走甚至跑。当走路的技能提高后，宝宝还会拉着玩具向后退着走哦。

7. 爸妈自己训练宝宝学走路

在宝宝学走路的过程中，爸爸妈妈的帮助会起到很大的作用，不管是心理暗示、语言鼓励还是实际的辅助，都能让宝宝早点开步走。

在训练宝宝走路时，多多给宝宝鼓励是很重要的，爸爸妈妈可以用语言、表情、拍手、拥抱给宝宝信心，让宝宝不再胆小，勇敢向前迈步。

当宝宝不敢向前走时,你一定要用诸如“宝宝，你快来啊”、“妈妈在这里等着你”等言语加上微笑的表情以及张开双臂努力迎接宝宝的姿势。

宝宝王安平：当宝宝走到爸爸妈妈身边时，爸爸妈妈同时亲吻他的小脸以示奖励。

当宝宝走到目的地时，要拍拍手表明他做得很好；也可以抱住他再拍拍他，让宝宝明白他在你心目中的重要性；还要用言语如“宝宝，你做得真好”、“宝宝，你真棒”、“真是个好宝宝”等来激励他。时间久了，你会发现宝宝对自己的行为也会很满意，他甚至会学着拍手称赞、鼓励自己呢。

三、喂养：营养为成长添助力

桐桐 11 个月大时在妈妈的“谆谆教导”下已经能够很好地运用小勺子了，虽然把小勺子送到嘴里时，勺子中的饭粒已经所剩无几。不过，这已经是很大的进步了，因为在上个月，宝宝还会把小勺子的饭粒送到鼻子或眼睛上。

本月在喂养上，妈妈应根据不同的季节特点给宝宝添加适宜的辅食，特别像春、秋季这样冷暖交替的季节要多关注宝宝的辅食添加，另外还要合理地把握宝宝吃零食的尺度。

（一）本月宝宝喂养重心转移

这个月的宝宝接受食物、消化食物的能力有所增强，一般的食物几乎都能吃了。宝宝营养来源的重心已渐渐从配方奶转换为普通食物。这个月，宝宝的营养需求和上个月差不多，所需热量仍然是每千克体重 110 卡左右。蛋白质、脂肪、糖分、矿物质、微量元素及维生素的量和比例没有大的变化。

1. 宝宝学习自己进餐的最佳时间

10 个月以上的宝宝总想自己动手，喜欢摆弄餐具，这正是训练宝宝自己进餐的好时机。宝宝手的对指功能有了很好的发展，此时宝宝拿取东西、抓握餐具、喂食的动作，基本上可以自己来完成。妈妈可以教宝宝用简单的餐具自己给自己喂食物啦。

需要提醒个别爸爸妈妈：宝宝学习自己进食时会搞到桌子上、地上都是饭菜，爱清洁的爸爸妈妈往往看不下去，一边跟在宝宝后面搞卫生，一边喂宝宝，这是很不好的。要是总怕宝宝把这里或那里弄脏了，不给宝宝自己学习独立进餐的机会，宝宝永远也学不会自己吃饭。

2. 增强宝宝抵抗力的春季饮食攻略

春天宝宝生长发育得最快，消化吸收功能相应增强，进食量增加。但这个季节气温变化较大，宝宝易患病。因此，合理的饮食对于增强宝宝的抵抗力十分重要。

加倍重视含钙饮食：此阶段宝宝的生长发育速度加快，导致宝宝所需的钙也在增加。妈妈应注意给宝宝补充含钙丰富的辅食，如奶制品、豆制品、骨头汤、芝麻等。

● 新鲜的蔬菜是为宝宝补充维生素的首选。

着重补充维生素：春季阳气上升，宝宝很容易上火，出现皮肤干燥、齿龈出血、口角炎等不适症状，因此需要及时给宝宝补充维生素。新鲜蔬菜是为宝宝补充维生素的首选，如芹菜、菠菜、西红柿、小白菜、胡萝卜等。

3. 夏季多吃水分多的食物

宝宝的身体70%~80%由水分构成，按体重计算，宝宝的需水量约是成人的3倍左右，所以在夏季一定要让宝宝多吃水分多的食物。

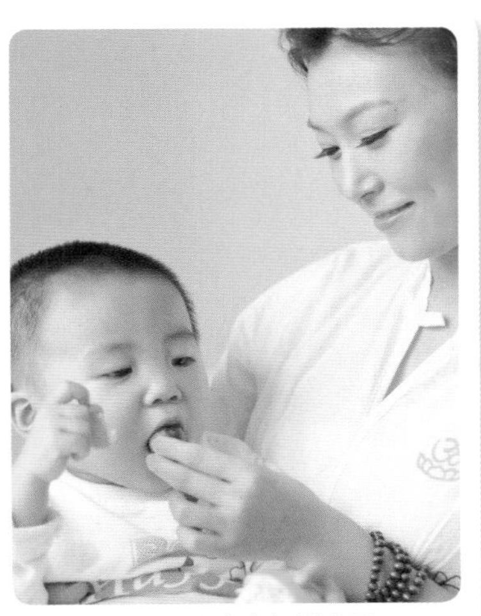

● 夏天要让宝宝多吃新鲜水果。

（1）多吃水果

各种新鲜时令水果都含有丰富的水分和矿物质，具有较好的解暑作用，应当鼓励宝宝多吃水果。妈妈还可以制作新鲜的果汁或果泥，让宝宝吃到更多口味的水果。

（2）多喝粥汤

营养丰富的粥汤是宝宝很好的解暑饮料，其中尤以豆汤、豆粥对补充矿物质最有帮助。

（3）少吃冷饮

冷饮不能降低人的体温，相反，由于血管遇冷收缩，反而会降低身体散热的速度。同时，冷饮中含有大量糖分，因此可能会越吃越渴，建议妈妈们限制宝宝吃冷饮的数量，每次只吃一点，且应当在饭后1小时食用。

4. 10~11个月宝宝每日饮食安排

在喂养宝宝的时候，要注意逐渐养成宝宝良好的饮食规律。

表11-2：10~11个月宝宝每日饮食安排表

时 间	喂养内容
8:00	粥1小碗，肝泥或鸡蛋半个
10:00	配方奶150毫升
12:00	米饭1小碗，肉末20克，蔬菜30克
15:00	配方奶150毫升，小花卷1个，水果20克
18:00	软面条1小碗，鱼、蛋、蔬菜或豆腐30克
21:00	配方奶150毫升

（二）及时纠正宝宝不良的饮食习惯

11 个月大的桐桐开始淘气了，整天像个小皮球似的动来动去。就算是吃饭，也喜欢边吃边玩，一顿饭常常需要妈妈或奶奶追着喂好久才能勉强吃完。追着喂、边吃边玩等，都是不良的饮食习惯，妈妈要及时予以纠正。

1. 本月宝宝容易养成的不良习惯

在喂养宝宝的过程中，如果妈妈不注意，这个月宝宝很容易养成下列不良习惯：

（1）饭送到嘴边用手挡掉

当宝宝不高兴、不爱吃或吃饱了时，妈妈把饭送到宝宝跟前，宝宝会抬手打翻小勺。遇到这种情况时，妈妈千万不要再把饭送到宝宝跟前了，应该马上把饭菜拿走。

（2）用手抓碗里的饭菜

这个月龄的宝宝，应该让他多学习用勺子舀饭菜，而不是用手抓饭菜。当然，宝宝能用手拿着吃的，就让他用手拿着吃；不能用手拿着吃的，就让他使用餐具。

（3）挑食

挑食是很常见的，什么都吃的宝宝不多，每个宝宝在饮食上都有好恶。要慢慢培养宝宝养成不偏食的习惯，但不能强迫宝宝吃不爱吃的东西。

（4）吐饭

从来不吐饭的宝宝突然开始吐饭了，首先要区分宝宝是故意把吃进去的饭菜吐出来，还是由于恶心才把吃进的饭菜吐出来。吐饭和呕吐不是一回事：把嘴里的饭菜吐出来，是吐饭；到胃里后再吐出来的是呕吐，呕吐多是疾病所致。吐饭多是宝宝不想吃了。如果宝宝把刚送进嘴里的饭菜吐出来，就不要再喂了。若是呕吐，则要带宝宝去看医生。

纯真的笑脸 naive smile

★ 宝宝刘沫涵：宝宝边玩边吃，这可不是一个好的饮食习惯哦。

（5）不会嚼固体食物

真正不会嚼固体食物的宝宝并不多，主要是爸爸妈妈不敢喂，喂一点，宝宝噎了一下就放弃，因此宝宝总也学不会吃固体食物。爸爸妈妈要大胆一些，慢慢训练宝宝嚼固体食物。

（6）喜欢上大人的餐桌抓饭

宝宝都有上餐桌的兴趣，妈妈不能拒绝让宝宝上餐桌，但注意不要让宝宝把饭菜抓翻，不要烫着宝宝的小手。妈妈可以给宝宝禁止的信号，比如妈妈可以绷着脸说“不能抓”，但不要惩罚宝宝。有些妈妈喜欢用打手的方式来惩罚宝宝，这是不好的。

宝宝吴哲睿：11个月大的宝宝往往吵着要自己吃饭，爸爸妈妈应该尽量满足他的这个愿望。

2. 满足宝宝自己吃饭的愿望

这个月龄的宝宝往往吵着要自己吃饭，虽然他笨手笨脚，吃得不那么整洁，但爸爸妈妈还是应该尽量满足宝宝的这个愿望，这也是锻炼宝宝独立能力的好机会。有些爸爸妈妈为了不让宝宝用手抓食物，便塞个玩具给他玩，这种办法是很不可取的。这样做不但错过了训练宝宝吃饭的好时机，还会让他把吃饭和玩耍混在一起，养成边吃边玩的不良习惯。

3. 宝宝不想吃饭不要强塞饭

这个月，宝宝对原来喜爱的食物突然不喜欢了，而不喜欢吃的食物又要吃了，每餐几乎都有波动。宝宝出现这种起伏变化是正常的，明白了这一点的爸爸妈妈会心平气和多了，给宝宝准备食物时也可注意一下。有些爸爸妈妈怕宝宝吃得不够多，想方设法能塞一口算一口，事实上，吃饱或没吃饱宝宝自己是知道的，他不想吃了，你虽然可以巧妙地再塞给他一口两口，却很容易倒了他本来的胃口，以致于以后都不喜欢吃了。所以，当他不肯再多吃或开始玩时，你只需把食物拿开便是了。

4. 怎样才能让宝宝尽可能多吃些

首先，要给他容易吃、吃起来方便的食物，否则会让他易于厌倦。

其次，为了提高宝宝吃饭的兴致，吃饭和玩耍的时间安排要注意一定的技巧。吃饭前的一段时间，玩耍不要太剧烈，时间不可太长。

此外，在宝宝没吃饱之前，应将可能转移其注意力的东西或玩具移开，使他专心吃饭。

有些宝宝吃顿饭要花很长时间，出现这种情况时，妈妈要注意观察其原因。有些宝宝不肯吃饭是因为他感到孤独、被忽视，或想和大家待在一起。他发现用不好好吃饭这种方法能有效地吸引大家的注意力时，就会这样做。有的宝宝不会咀嚼，总停留在吃汤汁或糊状食物的水平上，爸爸妈妈就要好好教宝宝咀嚼了。

四、异常状况早知道：科学护理保健康

霓霓非常喜欢狗狗，每次看到小狗，她总要让妈妈抱她过去和小狗玩一会儿，有时还会抓住小狗的毛不放。其实 11 个月大的宝宝最好不要太接近宠物，因为这个月龄的宝宝会认为小宠物和他的小玩具没有什么差别，所以会用手去抓，有时还会用嘴巴去咬。如果遇见很凶猛或者有异常情况的宠物，后果就不堪设想了！宝宝的成长过程中总是伴随着伤痛，但许多伤痛是完全可以避免的。妈妈们你会正确地护理宝宝吗？

（一）意外伤害：警惕无处不在的危险

在宝宝的成长过程中，爸爸妈妈绝不希望宝宝遭遇到任何意外伤害。然而，残酷的事实告诉我们，我国因意外伤害造成的儿童死亡数占儿童死亡总数的 26.1%。很多意外伤害看起来好像很难发生，但有时就出现在一瞬间。因此，在日常护理中，爸爸妈妈一定要警惕那些无处不在的危险，并做好相应的防范措施。

1. 动物咬伤

小宝宝喜欢和宠物狗、猫等小动物亲密接触，但又不懂如何与之安全相处，被宠物咬伤时有发生。所以，养狗家庭应定时为狗狗注射狂犬疫苗。宝宝被狗咬后必须立即送往医院诊治，不要延误。

2. 烧伤、烫伤

烧、烫伤所形成的伤害，不仅会给宝宝留下大面积的疤痕，甚至还会导致毁容、失明，给他们未来的工作生活带来心理障碍和负担。为防止烧、烫伤，妈妈应做到以下几点：

妈妈在给宝宝洗澡时，应先放冷水再放热水；不要让宝宝靠近热水瓶、灶台、电熨斗等热源；养成用密封、隔热杯喝热水的习惯，以免杯子歪倒烫伤宝宝。

3. 跌伤

跌伤是发生率最高的非致死性伤害，男宝宝的发生率是女宝宝的 3 倍。家中有宝宝的家庭应封闭阳台；患有癫痫、高血压、低血压、低血糖等特殊疾病或易晕厥的成年人，抱宝宝时一定要注意，不要站在有危险的地方；损坏的门窗要及时修理，防止宝宝攀爬跌倒。

（二）上呼吸道感染：重在预防

旦旦突然有点鼻塞、流鼻涕，还有一点点咳嗽。旦旦妈是一位资深的儿科护士，看到宝宝出现这些症状，马上给旦旦服用了一些清热解毒、止咳化痰的中药，以防旦旦患上呼吸道感染。

宝宝的防御机制发育并不完善，容易患上呼吸道感染，虽然轻重程度有所不同，但是在婴儿时期患重症的情况比较多，妈妈要小心护理。

1. 擦亮眼睛，辨别病的轻重缓急

上呼吸道感染一般会有 2 ~ 3 天的潜伏期，最初宝宝可能出现鼻塞、流鼻涕、打喷嚏、轻度咳嗽等症状，有时候还会伴有眼睛的红肿痛、全身发热、呕吐、腹泻等。

如果是中度上呼吸道感染，宝宝的体温可达到 39℃ ~40℃，伴有头疼、全身无力、食欲不振、睡眠不安等症状，还可能出现扁桃体炎、疱疹性咽炎、鼻窦炎、中耳炎、额下淋巴结肿大等症状。

2. 宝宝患病，家庭护理很重要

■ 宝宝得了急性上呼吸道感染，妈妈千万不要马上给宝宝服用抗生素，应以清热解毒、止咳化痰的中药治疗，服用抗生素的治疗应在医生的指导下进行。

■ 宝宝低热时不建议服用退热药，可采用物理降温的方法，高热不退要赶快带宝宝去看医生。

■ 保证患病期间宝宝能够得到充分的休息。其休息环境要尽可能安静、舒适，室内保持通风，空气要新鲜。

■ 尽管宝宝可能会食欲不振，但仍然要让宝宝进食，以增强身体的抵抗力。

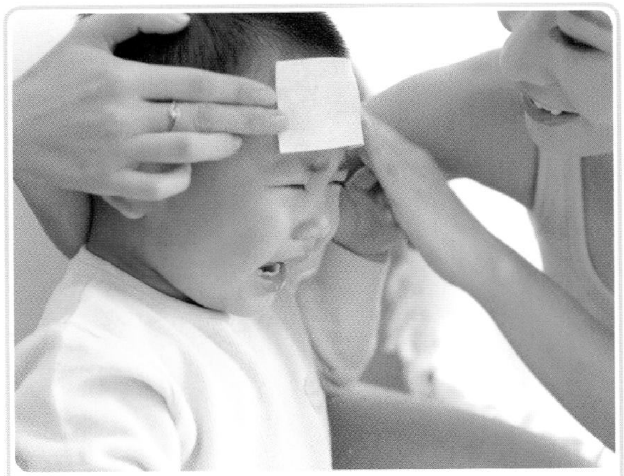

★ 宝宝王安平：宝宝低烧时不建议服用退烧药，可采用物理降温的方法，如贴退热贴等。

■ 让宝宝多喝水，以补充生病时身体失去的水分。

■ 即使宝宝病情不严重，也不要带他去公园、超市、菜市场等公共场所，那样可能会使病情加重。

■ 呼吸系统的疾病对空气质量要求比较高，宝宝周围的环境要干净、整洁。

■ 宝宝痊愈后，可给他补充牛初乳，以增强宝宝的免疫力，提高其机体抗病能力。

3. 预防：让宝宝不生病的智慧

■ 宝宝的饮食要营养均衡，防止营养不良。

■ 增加宝宝户外活动的时间及运动量，增强宝宝体质，提高机体的抵抗能力。

■ 保持宝宝的个人清洁卫生，勤洗手，勤洗澡，穿干净衣服，保证饮食卫生。

■ 尽量不要带宝宝到人多的公共场所去，尤其是在冬季，以防交叉感染。

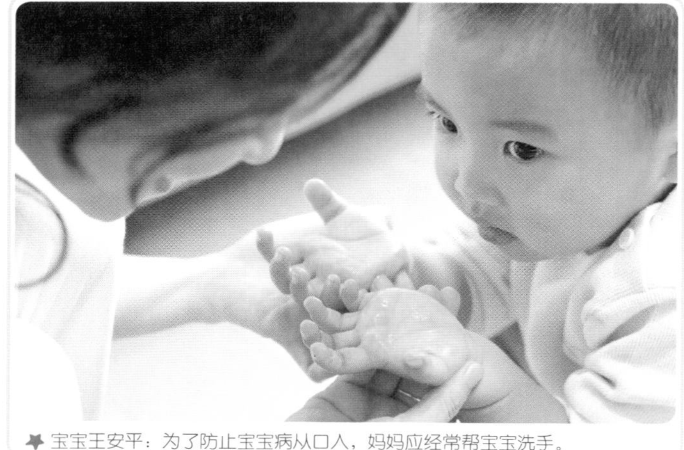

宝宝王安平：为了防止宝宝病从口入，妈妈应经常帮宝宝洗手。

■ 室内要经常通风，保持空气新鲜、流畅，温度要适中，不能过冷也不能过热。

■ 天气变化时，谨慎增减衣物，特别是季节交替之时，不可以天气一发生变化就马上给宝宝增减衣物。

■ 如果家中有患上呼吸道感染的患者，要与宝宝隔离。如果无法隔离，患者最好戴上口罩。

五、早教：开发宝宝的智力潜能

11 个月的睿睿已经掌握很多的技能了，比如，妈妈问他小羊是怎么叫的，他会回答“咩咩”；问他小狗是怎么叫的，他会回答“汪汪”。

对于宝宝来说，生活即游戏。他在游戏中成长，也在游戏中增长智能水平。在这个月里，宝宝的活动范围随着神经系统的发育突飞猛进地扩大，游戏种类也越来越多。与前几个月相比，父母会发现宝宝的主动性大大提高，与宝宝在一起时互动的时间越来越长。

（一）益智亲子游戏

爸爸妈妈在引导宝宝做游戏的同时，也应意识到宝宝才是每个游戏的主导者，宝宝会表明他在多大程度上需要你的帮助。因此，做游戏时，爸爸妈妈需要根据宝宝的状态调适自己，不能带有强迫性。

1. 捏小人：促进宝宝智力发育

宝宝抓到黏土时，黏土的触感会让宝宝惊奇。妈妈开始给宝宝示范怎么玩黏土。有时宝宝因为好奇，会把黏土放进嘴里，妈妈要时刻注意阻止这种情况的发生，并反复告诫宝宝“这是不能吃的”。如果宝宝兴趣索然，妈妈不妨多露几手，做出各种形状的泥人，把宝宝的好奇心吊得足足的，然后再握着宝宝的手一起把黏土捏成各种形状。具体方法如下：

01 准备足够多的黏土或橡皮泥。妈妈先示范如何捏橡皮泥，之后将橡皮泥交给宝宝，让宝宝试着去捏、搓、拍打黏土或橡皮泥。

02 妈妈向宝宝示范，将橡皮泥打成一个大饼或搓成一根面条，并鼓励宝宝学习妈妈的做法。

03 随着宝宝兴趣的提升，妈妈慢慢增加难度。将黏土捏成一个小人，让宝宝产生惊奇感。妈妈自己捏好一个小人之后，握着宝宝的手捏出同样的小人。

2. 拿笔乱画：锻炼宝宝手眼协调能力

给宝宝准备一张干净的纸和各种颜色的笔，爸爸妈妈引导宝宝拿起笔在纸上随意乱画。可以鼓励他：“宝宝画的是什么？像红色的太阳，真棒。”“宝宝拿红色的笔画画呢！”

让宝宝拿笔乱涂，可以锻炼他的肌肉力量及手眼协调能力。

宝宝田耕宇：大宇十分喜欢“写字”，瞧，他一拿到笔就开始在书上乱画起来。

3. 套碗游戏：帮助宝宝区分大小

这个月里，妈妈可以和宝宝一起做套碗游戏。游戏方法如下：

① 在宝宝面前摆两个大小不一的碗，妈妈先给宝宝玩一会儿大的碗，并告诉他：“这是大的碗。”

② 过一会儿，妈妈可以给宝宝玩小的碗，并且告诉宝宝：“这是小的碗。”

③ 当宝宝明白了大碗和小碗的区别后，妈妈就可以告诉宝宝：“请将小碗放到大碗的上边。”或是请宝宝把大碗给妈妈。这时候，宝宝便会按照妈妈的指示做出相应的动作。

这种练习可以让宝宝正确地分辨出碗的大小。

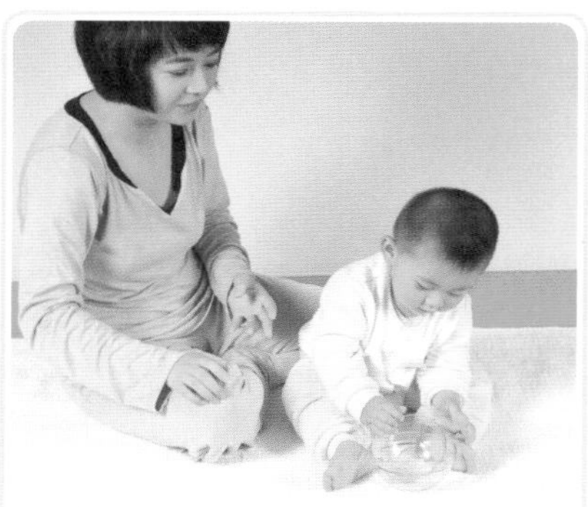

宝宝吴哲睿：哲睿很喜欢玩套碗游戏，他现在很熟练地将两个碗套在一起啦。

4. 套圈：帮助认识物体位置关系

准备一些圈圈，教会宝宝怎样将它们逐个套起来。最初，宝宝可能只能套两个圈圈，妈妈要鼓励他，为他鼓掌。随着玩的次数增多，宝宝能够逐渐了解物体之间的大小和位置关系，放置正确的几率也越来越多。

这个游戏不仅能锻炼宝宝的手的精细运动能力，而且还使宝宝在认识大小的同时，认识物体的位置及里外的关系。

宝宝田耕宇：现在，大宇已经可以熟练地将圈圈套起来了。

（二）体能训练

这个时期的宝宝会越来越不安分，他已不满足于总是一个姿势或总在一个小的范围内活动。爸爸妈妈可给宝宝准备一些活动场所，如可在沙发前、床前空出一块地方，把周围带棱角的东西拿开，让宝宝练习扶站、坐下及行走。

1. 爬的游戏：锻炼平衡能力

在这个时期，宝宝的爬行动作已经非常熟练，并喜欢爬高。爸爸妈妈可以仰卧在床上做出各种姿势，让宝宝爬过你的身体；可以准备干净的楼梯，让宝宝练习爬上楼梯、爬下楼梯。这个游戏既可以锻炼宝宝的平衡能力，又可以促进亲子交流。

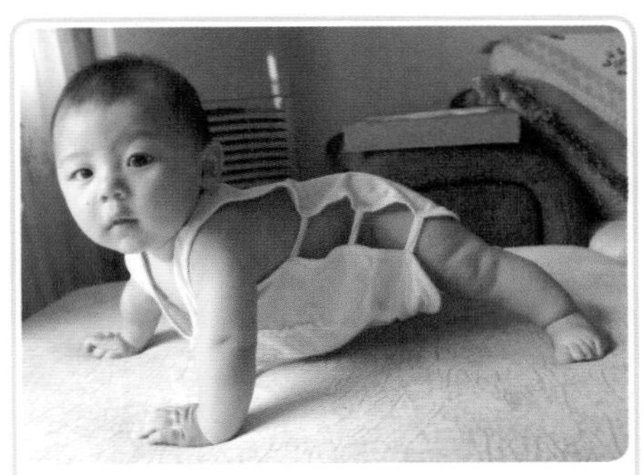

宝宝田耕宇：小宝宝的爬行动作已经非常熟练啦。

2. 滑滑梯：锻炼攀爬能力

宝宝喜欢感受滑梯的刺激，爸爸妈妈要经常带宝宝滑滑梯。游戏方法如下：

爸爸或妈妈在宝宝后面，扶住宝宝爬上滑梯，上去后扶着宝宝坐稳，再让其慢慢滑下。下滑时要予以帮助，以保持宝宝的身体平衡性。

这个游戏能够锻炼宝宝的攀爬能力。宝宝从刚开始的倾斜着下来，变成坐得正正当当地下来，身体的平衡性由此得到了锻炼，为将来走路稳当做好了准备。

宝宝王安平：有了爸爸的鼓励，勇敢的宝宝终于敢玩滑梯了。

Part 12

The Twelfth Month: I'll Open My Mouth to Talk

11～12个月 我要开口说话啦

过完这个月，我就满周岁啦。
盘点一下我学到的本领吧：
现在的我能熟练地爬行，能牵着妈妈的手走路，
会在妈妈的要求下做诸如“拜拜”“恭喜发财”等动作，
还会说“爸爸”“妈妈”“抱抱”等简单的发音，
不过，
这些简单的发音还远远不能表达我的交流需求，
我迫切地需要练习发音、学说话，
所以这个月，
妈妈除了继续训练我学习走路之外，
还要多多跟我说话，教我发音，
让我尽快掌握语言这个最快捷、
方便的交流工具哦。

一、成长发育：宝宝月月变化大

快满周岁的宝宝壮壮能耐可真不小，他可以一眼认出人群中的爸爸妈妈；爷爷奶奶一进门，他就会拍手欢迎，急着让他们抱，有时候还会一边把手伸过去，一边说“抱——抱——”。壮壮不但认识亲人，还能分辨出到家里来的生人和熟人，经常来的客人，壮壮会对着他们笑；如果是第一次来的生人或很长时间没有见过面的人，壮壮会瞪大眼睛看着他们并拒绝让他们抱。这个月，壮壮还会有什么样的变化呢？

（一）本月宝宝身体发育指标

和出生时相比，快满周岁的壮壮有了很大的变化：体重是出生时的3倍多；身长约为出生时的2倍；胸围比头围稍大些；原来那笔直的脊梁骨变得微微弯曲，带点S形。现在，妈妈快对照下面表格中的数据，看看周岁宝宝的发育情况如何吧。

表12-1：11~12个月宝宝身体发育标准表

特征	男宝宝	女宝宝
身高	平均77.3厘米（71.9~82.7厘米）	平均75.9厘米（70.3~81.5厘米）
体重	平均10.1千克（8.0~12.2千克）	平均9.4千克（7.6~11.2千克）
头围	平均46.5厘米（43.9~49.1厘米）	平均45.4厘米（43.0~47.8厘米）
胸围	平均46.5厘米（42.5~50.5厘米）	平均45.4厘米（41.4~49.4厘米）

本月接种疫苗提示

流行性脑脊髓膜炎疫苗：为保证流脑流行季节体内免疫抗体浓度达到最高，可将初次注射时间推迟至11~12月。

风疹疫苗和流行性腮腺炎疫苗：在8~12个月龄时，可接种风疹疫苗和流行性腮腺炎疫苗。

乙脑疫苗：宝宝满1岁时，可接种乙脑疫苗。

（二）本月宝宝成长大事记

宝宝到了这个月已经可以比较清楚地说出大约 2~3 个单音词，并不停地重复，能够有意识地叫“爸爸”、“妈妈”了，有时候他还会说出一连串妈妈听不懂的话。这个月的宝宝已经隐约知道物品的位置，当物品不在原来的位置时，他会到处寻找。宝宝还会给爸爸妈妈带来什么样的惊喜呢？一起来看看吧。

1. 自我意识增强

这个月宝宝最大的变化就是自我意识的增强，什么事情都希望“自己来”：自己走路、自己拿东西、自己拿勺子吃饭……之所以会出现这种情况，是因为宝宝不断增强的自我满足感和肢体灵活能力促使他去探索新鲜的世界，这标志着宝宝自我意识和独立意识的萌发和增强。因此，爸爸妈妈要给宝宝更多的机会去尝试，不要总是代劳。

宝宝邢睿瑶：宝宝的独立意识增强了，无论是吃东西还是玩耍，都希望自己来。

2. 会蹒跚走路了

宝宝在本月已经能离开爸爸妈妈的扶牵，独自走一小段路了。不过，宝宝的运动能力发育有快有慢，有的宝宝可能要到 1 岁以后才会走。爸爸妈妈不要一味地拿自己的宝宝跟别的宝宝比，宝宝 1 岁半才会走路也是正常的。

3. 喜欢嘟嘟囔囔说话

这个月的宝宝已经掌握了不少词汇，如想撒尿时会说“嘘嘘”，想吃奶时会说“奶奶”，还会说“拜拜”、“抱抱”等叠词。不过，很多时候宝宝会连续地发出一串音，但是妈妈却听不懂是什么意思。这是宝宝在学说话过程中正常的现象，妈妈要试着去理解宝宝的意思，鼓励宝宝多发音，千万不要打击宝宝开口说话的积极性。

4. 理解能力更强

这个月宝宝能听懂的语言远远超过他本身会说的话。有时候大人在交谈，在一旁玩的宝宝看似没有在认真听，但实际上大人说的话他正用心地在理解呢。爸爸妈妈要为宝宝提供一个良好的语言学习环境，避免在宝宝面前吵架。

二、日常护理：细心呵护促成长

壮壮马上就满周岁了，站起、坐下、绕着家具走等行动更加敏捷了。壮壮能力的增强给爸爸妈妈带来了极大的惊喜，但也给他们带来了新的护理难题，如壮壮会站着弯下腰去捡东西，还会尝试爬到一些矮的家具上去，这就需要爸爸妈妈在安全问题上更加留心。总之，宝宝成长的每个阶段都需要妈妈的悉心呵护。

（一）宝宝学走路仍是本月重点

初学走路的宝宝还不会讲话，他的想法和行动只能用身体语言来表达。当你看到宝宝试图在某个支撑物的帮助下迈步的时候，宝宝的探索开始了。像小熊一样的宝宝，笨拙地一步一步向前挪动，每挪动一步，眼里的光彩就多一分。在此过程中，妈妈的手、墙角，或者任何一个可以用于支撑的物体，都可以成为他的扶手。那么，在宝宝学走路的过程中，妈妈要怎么做呢？

1. 帮助宝宝顺利度过恐惧期

初学走路的宝宝会经历一个恐惧期，表现为既期待又害怕跌倒。当宝宝出现这种情况时，妈妈一定要好好呵护他。要知道，对于宝宝来说，摇摇晃晃地走路虽然很好玩，但此时他也非常缺乏安全感。

妈妈千万不要为了训练宝宝的独立能力而忽略了宝宝的情绪变化，这会使宝宝感到无助，也会使宝宝的自信心受到打击。

2. 爸爸妈妈是宝宝的好扶手

这个月，宝宝可以靠着自己的能力抓着东西或者扶着栏杆走路了。对于学步的宝宝来说，爸爸妈妈可是宝宝的好扶手呢！如果爸爸妈妈拉着宝宝的一只手或双手，宝宝就可以慢慢迈开步子。

刚开始时，宝宝两条腿的运动也许还不协调，但爸爸妈妈无须为此而担心。经过一段时间的练习，这种现象会慢慢消失的。当宝宝身体摇晃的时候，爸爸妈妈一定要扶好宝宝，给宝宝安全感，并要及时地鼓励宝宝。爸爸妈妈还可以在宝宝前方放一些宝宝喜欢的玩具，鼓励宝宝去拿。宝宝看到自己喜欢的玩具，就会忘记走路的艰难与危险，摇摇晃晃地往前走啦。

3. 及早调整宝宝八字脚

看到美丽的小天鹅迈着八字脚翩翩起舞，人们首先想到的是美丽、高贵。但是，在现实生活中，如果有人迈着八字脚走路，那可太难看了。

八字脚分为“内八字”和“外八字”。“内八字”的人行走时足尖相对、足底朝外。“外八字”的人则相反，足尖朝外、足底相对。

八字脚的形成还要从宝宝学步时说起。有的妈妈以会走路的早晚来衡量宝宝聪明与否，于是早早地就让宝宝学走路。但此时宝宝的身体处于发育阶段，脚部力量还不够，学步及站立时双脚会自然地分开，使其脚底面积加宽以增加力度来防止跌倒，结果便会出现双脚自然分开的姿势。

另外，由于宝宝骨骼含钙成分低，再加上行走和站立时对骨骼的压力，容易使双侧骨髋关节出现向外分的现象，形成“外八字”脚。因此，妈妈一定要注意，千万不要让缺钙的宝宝过早学步。对于学步期的宝宝，妈妈要及时给宝宝添加含蛋白质、钙和维生素 D 丰富的食物，多带宝宝去户外晒晒太阳。

如果发现宝宝走路时出现八字脚，妈妈要及时矫正宝宝。首先要给宝宝摆正步型，然后再教他踏着节拍迈步，或用粉笔在地上画两条直线——直线的距离可为 8~10 厘米，教宝宝沿直线走，步伐由小到大，由快到慢，宝宝行走时要注意膝盖的方向始终向着前方。这种方法每天锻炼 2 次，坚持下去必有效果。

（二）让宝宝放弃奶瓶

宝宝用杯子喝水有早有晚，因人而异。但是要注意的是，当宝宝已经能够走路、讲话、自己动手吃饭时，就该逐渐学习使用水杯了。

1. 培养宝宝用水杯喝水的习惯

用餐时如果宝宝感到口渴，可以让他先用水杯喝水，然后再使用奶瓶。一旦小家伙习惯了新的喝水方式，你就可以让他完全脱离奶瓶了。午餐时间通常是改变宝宝饮水习惯的最佳时机，宝宝一般在这个时候比较活跃，有较强的独立性。过了中午，宝宝对奶瓶的依赖心理就会逐渐增强，因此妈妈最好不要选择在晚上临睡前纠正宝宝的喝水习惯。

还有一个方法可以帮助宝宝改变用奶瓶的习惯。如果在奶瓶中倒进白开水，而在水杯中放入宝宝喜爱喝的饮料，在这种情况下，即便是最固执的宝宝也会选择水杯，而不是奶瓶。

2. 减少用奶瓶的频率

限制宝宝用奶瓶的时间、地点和频率。一天只给宝宝使用 2~3 次奶瓶，正餐间的点心或饮料则放在杯子里供应。

另外，绝不允许宝宝带着奶瓶上床或是爬行、走路以及游戏。规定宝宝只能在特定场合，如坐在爸爸妈妈腿上时才能使用奶瓶，万一宝宝想溜下去，而奶瓶仍有剩余物时，可将奶瓶冰起来不给宝宝喝。

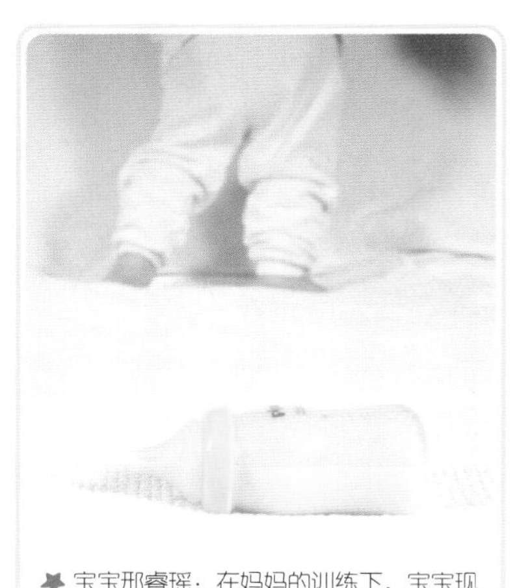

宝宝邢睿瑶：在妈妈的训练下，宝宝现在已经不用奶瓶喝水啦。

3. 充分利用宝宝的好奇心理

当你的小宝宝索要他的奶瓶时，可以用玩具、游戏或零食来分散他的注意力。另外，爸爸妈妈可以在宝宝面前用水杯喝水，给宝宝做出很好的示范，小宝宝也会一时兴起模仿爸爸妈妈的动作。

4. 多给宝宝关爱

宝宝终将抵不住爸爸妈妈的关爱而自愿放弃用奶瓶，当然，这需要一个过程。想让宝宝彻底放弃奶瓶有一定的难度，但在爸爸妈妈无微不至的关怀和照顾下，宝宝会逐渐减少对奶瓶的依赖的。

（三）引导宝宝开口说话

在说话方面，壮壮的表现很棒，如今他已经会叫很多人了，如“爸爸”、“妈妈”、“奶奶”、“爷爷”等，不过有个比较有挑战性的称呼他至今未能完全学会，那就是“阿姨”。每次壮壮都是从牙缝里挤出半个“阿”字，然后迅速地滑到“姨”这个音节上，虽然叫得不是那么标准，但是阿姨还是非常高兴。这个月，妈妈要采取什么方法引导宝宝开口说话呢？

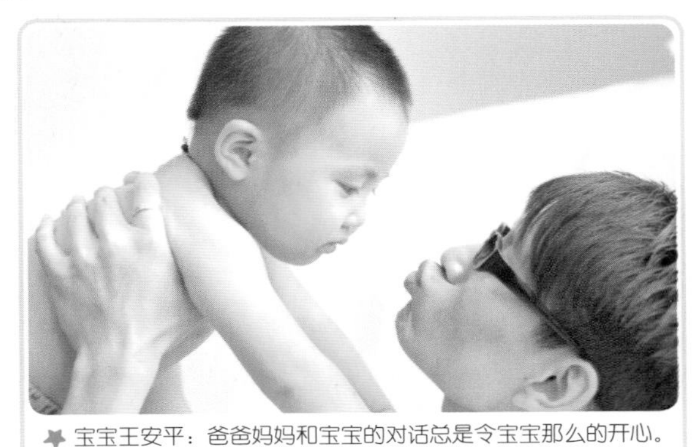

宝宝王安平：爸爸妈妈和宝宝的对话总是令宝宝那么的开心。

1. 创造说话的环境

宝宝的语言能力发展相差很大，这并不一定是宝宝智力有差异，而是和其所处的环境及爸爸妈妈的教养方式有很大的关系。有些爸爸妈妈对宝宝照顾得体贴入微，久而久之，宝宝会因没有说话的机会而不开口说话。因此，爸爸妈妈一定要积极给宝宝创造说话的环境。

2. 寓教于乐，激发宝宝说话的兴趣

在生活中，妈妈可随机地教宝宝学说话，或是通过儿歌、讲故事、玩游戏教宝宝学说话，寓教于乐。千万不要让宝宝刻板、枯燥地学习，否则很容易让宝宝失去学说话的兴趣。

3. 父母教得好，宝宝快乐学

本月宝宝已经能听懂爸爸妈妈的话了，爸爸妈妈教宝宝说话时，一定要表情丰富，让宝宝看清说话的口形、嘴的动作，加深他对语言、语调的感受，学会区别复杂的音调，使其逐渐模仿成人的发音。比如宝宝指着帽子要戴帽时，就教他说“帽”、“帽子”、“戴帽子”等。

宝宝王安平：爸爸妈妈可以通过玩游戏的方式来提高宝宝说话的兴趣。

4. 给宝宝“打气”

学习发音时，爸爸妈妈的语言要准确到位，要有耐心地鼓励宝宝说话，不能急于求成。不论宝宝说得是对还是错，爸爸妈妈都不要批评宝宝，更不能讥笑、挖苦宝宝。

5. 把宝宝当做大人一样对话

爸爸妈妈要用正确的读音和这个月龄的宝宝说话，不要强化宝宝说的儿语也就是叠音字、儿话音，例如猫猫、狗狗、水水、饭饭、车车等。

宝宝陈海莹：用正确的读音和这个月龄的宝宝说话，有利宝宝的语言发展。

6. 爸妈要当最耐心的听众

宝宝说话时，常常语言不清、片断化，爸爸妈妈不要急于抢宝宝的话头，不要争做宝宝的“代言人”，要耐心、专注、饶有兴趣地听宝宝把意思表达完整，这样宝宝渐渐地会更加乐于表达。

7. 巧用心计，因材施教

对于一些比较腼腆、内向的宝宝，爸爸妈妈应巧用心计，耐心地引导宝宝开口。比如爸爸妈妈发现宝宝喜欢动物玩具时，就给他买来各种动物绒毛玩具，和宝宝一起玩；和宝宝一起游戏，如动物音乐会、大象拔河、龟兔赛跑、小马过河等。爸爸妈妈可不停地说“兔子跑、小马跑、宝宝跑不跑”，当宝宝反反复复听到“跑”后，慢慢就会开口说“跑”字了。

三、喂养：营养为成长添助力

自从奶类食物退居次要地位后，妈妈就天天变着法儿给壮壮做好吃的，加上壮壮也不挑食——鸡鸭鱼肉样样不拒绝，蔬菜水果也很喜欢，所以人如其名，小身板长得壮壮的。宝宝即将满周岁啦，妈妈在喂养方面要做出哪些相应的调整呢？

（一）本月宝宝喂养要点

在壮壮爸妈的精心呵护下，壮壮从一团小肉球变成了今天这个身体倍棒的“壮小伙”。看来，壮壮爸妈在喂养宝宝这方面还真有一套。这个月他们究竟是怎么喂养壮壮的呢？

1. 继续执行断奶计划

长时间哺乳后，妈妈和宝宝都会形成一定的惯性，如到一定时间，宝宝会要求吃奶，而妈妈的乳房也会有胀满的感觉等。断奶期间，妈妈要抑制住想主动给宝宝喂奶的冲动。如果宝宝要求吃奶，妈妈就喂他，但妈妈不要主动提醒他要吃奶了。妈妈要避免给他任何有关“吃奶时间到了”的暗示。

2. 坚持供应奶制品

宝宝快 1 岁了，开始从乳类为主食逐渐向正常饮食过渡，但这不等于完全断绝奶制品供应。即使已断了母乳，每天也应该给宝宝喝配方奶，要保证宝宝每天摄入 400~500 毫升配方奶，因为它不仅易消化，而且营养丰富，能提供给宝宝身体发育所需要的各种营养素。

3. 断奶后要合理安排饮食

经常有宝宝断奶后变瘦的情况发生，虽说引起的原因很多，但膳食安排不当是最主要的原因。因此，探讨一下刚断奶的宝宝应该吃什么是很有必要的。

（1）吃营养丰富、细软、容易消化的食物

1 岁的宝宝咀嚼能力和消化能力都很弱，吃粗糙的食品不易消化，易导致腹泻。因此，妈妈要注意给宝宝吃一些软、烂的食品。一般来讲，主食可吃软面条、米粥、小馄饨等，副食可吃肉末、肉松、菜泥、蛋羹等。

（2）食品多样化

每种食物有其特定的营养构成，因此，只有各种食物都品尝，才能保证机体摄入足够丰富的营养。不仅如此，每天总吃同样的食物，还会使宝宝厌食，从而导致某些方面营养不足。因此，宝宝的食品要多样化。在主食上，除了吃米、面外，还要给宝宝补充一些豆类、薯类等。在副食方面，可让宝宝适当吃些豆制品及各类绿叶蔬菜等。如此，不仅可以给宝宝补充其生长发育所需的各种营养素，还能增强宝宝的食欲。

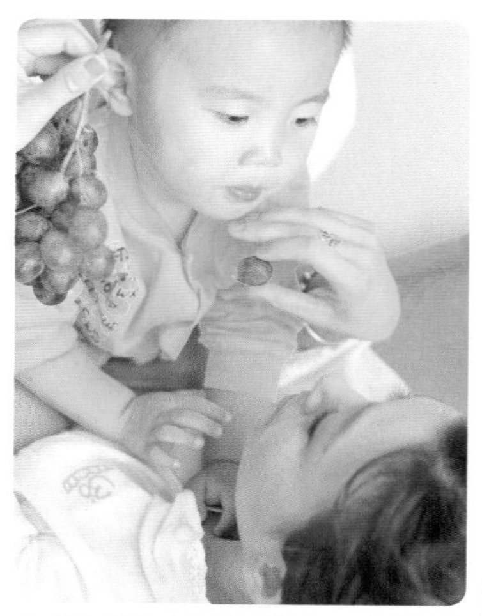

● 给宝宝的食物要多样化，才能满足宝宝成长的需要。

（3）避免吃刺激性强的食物

刚断奶的宝宝，在味觉上还不能适应刺激性的食品，其消化道对之也很难适应，因此，妈妈应避免给宝宝吃辛、香、麻、辣等食物，调味品也应杜绝。

（4）良好的卫生习惯

养成良好的卫生习惯对于刚断乳的宝宝来说也是极其重要的。母乳是卫生无菌的，且母乳中又有使机体免受侵害的免疫性物质，断乳的宝宝则失去了这些有利的条件。因此，断乳后，妈妈一定要注意宝宝食物及食具的卫生，要给宝宝准备单独的餐具，让宝宝使用消过毒的碗筷等。另外，也要培养宝宝自己良好的卫生习惯，如饭前、便后要洗手等。

4. 11~12个月宝宝每日饮食安排

妈妈在喂养宝宝的时候，要注意逐渐养成宝宝良好的饮食规律。下面就向妈妈们推荐本月宝宝每日饮食安排表。

表12-2：11~12个月宝宝每日饮食安排表

时 间	喂养内容
8:00	粥1小碗，肉饼或面包1块
12:00	米饭1小碗，蔬菜25克，鱼或肉25克
15:00	配方奶180毫升，饼干2块，水果50克
18:00	西红柿鸡蛋面（面条30克，西红柿50克，鸡蛋1个，少许葱姜）
21:00	配方奶180毫升

（二）继续训练宝宝独立吃饭

独立吃饭，是衡量宝宝自理能力和爸爸妈妈教养水平的依据。宝宝不会自己吃饭，主要是因为爸爸妈妈担心宝宝没有吃饱，或者嫌他吃得太慢，不给宝宝提供自己练习的机会。快满周岁的宝宝，妈妈应该多让宝宝自己动手吃饭，可以尝试以下一些方法：

1. 让宝宝用手抓食物

随着宝宝一天天长大，他会想自己用手抓起食物来吃。这时，爸爸妈妈千万不要觉得烦，应让宝宝用手抓着吃。最初，可先让宝宝抓面包片、磨牙饼干吃；再把水果块、煮熟的蔬菜等放在他面前，让他抓着吃。刚开始时，一次少给他一点，以防他把所有的东西一下子全塞进嘴里。

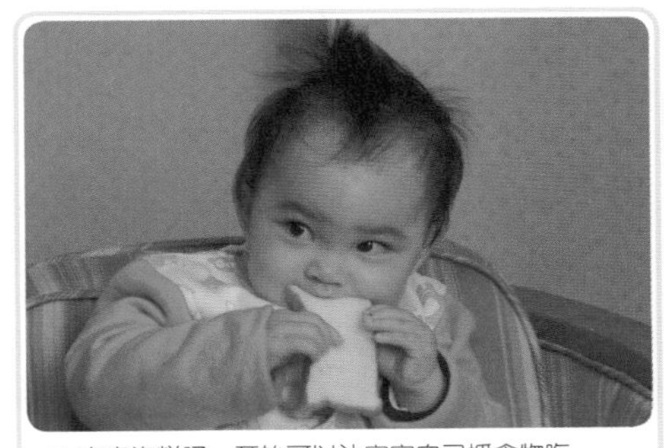
宝宝许烊旸：开始可以让宝宝自己抓食物吃。

2. 把勺子交给宝宝

给宝宝喂饭最让妈妈头痛的莫过于宝宝总是要抢勺子。大多数妈妈这时会失去耐心，甚至对宝宝大吼大叫，这样宝宝学习吃饭的热情就会被扼杀。其实爸爸妈妈应该多一点耐心，多一点容忍，要照顾到宝宝的实际情况，可以给宝宝用较重的不易掀翻的盘子或者底部带吸盘的碗。当宝宝吃累了，用勺子在盘子里乱扒拉时，妈妈要及时把盘子拿开。当宝宝成功时，妈妈一定要称赞和夸奖宝宝。

宝宝许烊旸：妈妈可以试着将勺子交给宝宝，让宝宝学着自己吃饭。

3. 爸爸妈妈的心态很重要

在宝宝吃饭的问题上，爸爸妈妈的心态很重要。宝宝的胃口几乎随时会发生改变，所以有时当你精心制作好他上一顿喜欢吃的东西时，他也许会一口也不吃。这时，你的宝宝并不是存心捣蛋，只是他真的不想吃，可能是他不喜欢这种做法而非这东西，妈妈此时可以换一种制作方法试试。

4. 良好的饮食习惯

爸爸妈妈要告诉宝宝，吃饭就是吃饭，要规规矩矩地坐在饭桌前，定时定量，不要让宝宝养成一边吃饭一边看电视或玩玩具的坏习惯。

5. 轻松愉悦的就餐气氛

吃饭时，爸爸妈妈可以告诉宝宝哪些食物好吃，哪些有营养，唤起宝宝吃饭的兴趣。饭桌上的教育只是一部分，爸爸妈妈平时也要有意识地向宝宝灌输“好好吃饭，长得更快，变得更聪明”之类的观点。

6. 不要总是强迫宝宝多吃

不必担心宝宝会饿着，如果他饿了，他会主动要求吃东西的。如果总是强迫宝宝吃饭，只会使他的胃口变差，从而导致厌食。爸爸妈妈应心平气和地对待宝宝的吃饭问题，不要因为宝宝吃得多而表扬他，也不要因为他吃得少而表现得失望。如果宝宝一时不想吃，过了吃饭时间可以先把饭菜撤下去，等宝宝饿了，再热热给他吃。这样几次过后，宝宝就会形成这样一种意识：不好好吃饭就意味着挨饿，接下来自然就会按时吃饭了。

7. 宝宝能自己吃了，不要再喂他

宝宝能独立吃饭了，有时他反而想要妈妈喂。这时，如果爸爸妈妈觉得他反正会自己吃了，再喂一喂没有关系，那就很可能前功尽弃。如果宝宝坚持让爸爸妈妈喂，爸爸妈妈可以简单地喂他几口，然后就漫不经心地表示他已经吃饱了。这样，他如果还想吃的话，就得自己吃。

四、异常状况早知道：科学护理保健康

现在，不少宝宝已经学会了独立行走，活动范围也越来越广，不过宝宝的抵抗力还比较弱，所以要注意预防传染病。满周岁的宝宝能吃的东西更多了，但宝宝肠胃娇嫩，再加上宝宝不会分辨食物的好坏，因此也常出现不少问题。在宝宝成长的每个阶段，爸爸妈妈都要与妨碍宝宝健康成长的状况斗智斗勇，现在准备好应对这些问题了吗？

（一）手足口病：加强护理的同时注意隔离

中秋节，妈妈带快满周岁的晶晶去表姐家玩，表姐的宝宝诺诺上幼儿园了，两个宝宝玩得很愉快。第3天后，表姐打电话过来说诺诺身上长了不少疹子，又是流鼻涕又是咳嗽的，医生诊断说诺诺患了手足口病。这个病有传染性，看晶晶是不是被诺诺传染了。晶晶妈放下电话就火急火燎地将晶晶全身上下检查了遍，并未发现什么异常，一颗心稍稍放宽了些。但是晶晶妈上网查了资料后才知道手足口病的潜伏期有一周，立刻又担心起来。手足口病，到底是个啥病啊？

1. 了解手足口病症状，及时发现宝宝病情

宝宝王安平：平时让宝宝养成良好的卫生习惯，是预防手足口病的重要措施。

手足口病是由数种肠道病毒引起的传染病，该病的主要症状表现为发病初期出现咳嗽、流鼻涕、烦躁、哭闹等症状，多数不发热或有低烧，发病1~3天后口腔内、口唇内侧、舌、软腭、硬腭、颊部、手足心、肘、膝、臀部和前阴等部位出现小米粒或绿豆大小且周围发红的灰白色小疱疹或红色丘疹，疹子不痒、不痛、不结痂、不结疤、不像蚊虫咬、不像药物疹、不像口唇牙龈疱疹、也不像水痘。口腔内的疱疹破溃后即出现溃疡，导致宝宝常常流口水，不能吃东西。如果疱疹破溃，极容易传染。手足口病具有流行面广、传染性强、传播途径复杂等特点。

手足口病病毒可以通过唾液飞沫或带有病毒的苍蝇叮爬过的食物，经鼻腔、口腔传染给健康的宝宝，也可

以直接接触传染。重症患儿病情发展快，甚至可引起宝宝心肌炎、肺水肿、无菌性脑膜炎等并发症，容易导致死亡。

该病没有免疫性，宝宝患过一次后还可能再患，所以爸爸妈妈在做好预防的同时也要了解一些手足口病的家庭护理以及饮食调理方法。

2. 宝宝患病，妈妈要科学护理

手足口病具有较强的传染性，一旦发现宝宝患上手足口病，应该及时就医，避免宝宝与外界接触。若宝宝症状较轻，可在家休息治疗，在家时，妈妈可采取以下方法护理宝宝：

（1）皮疹护理

手足部皮疹初期可涂炉甘石洗剂，有疱疹形成或疱疹破溃时可涂 0.5% 碘氟药酒。宝宝臀部有皮疹，妈妈应注意随时清理宝宝的大小便，以保持宝宝臀部的清洁干燥。

妈妈要注意保持宝宝的皮肤清洁、防止感染；宝宝的衣服要舒适、柔软，经常更换；可把宝宝的指甲剪短，必要时包裹宝宝的双手，以防抓破皮疹。

（2）口腔护理

由手足口病所引发的口腔溃疡会导致宝宝拒食、流涎、哭闹不眠等，所以要常常清洁宝宝的口腔。饭前饭后，都要用生理盐水给宝宝漱口，如果宝宝还很小不会漱口，妈妈可用棉签给生理盐水轻轻地清洁宝宝口腔。

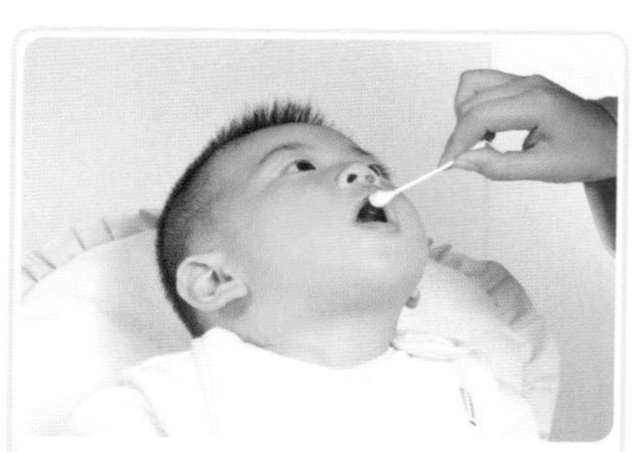

宝宝吴哲睿：由于手足口病所引发的口腔溃疡会导致宝宝拒食、流涎、哭闹不眠等，所以要常常清洁宝宝的口腔。

（3）注意降温

重症的手足口病患儿可能会伴有发热症状。如果宝宝的体温在37℃ ~38.5℃之间，妈妈要注意给宝宝散热、降温，可以通过喝温水及洗温水浴的方法降温。

（4）做好家庭物品的消毒工作

要积极做好家中物品的消毒工作，如果食具是耐高温的材料，可以煮沸 20 分钟；玩具、衣物、书籍等可以在阳光下暴晒；污染严重（如被患儿粪便污染）的衣物或床上用品可用含氯消毒剂（如 84 消毒液）浸泡 30 分钟，浸泡完要将消毒剂冲洗干净等。

经常将宝宝的玩具在阳光下暴晒，这可以有效消除玩具上的一些细菌。

（5）饮食得当

宝宝在夏季得病，容易造成脱水和电解质紊乱，妈妈需要给宝宝适当补水，要让宝宝好好休息，多喝温开水。患病期间，宝宝可能会因发热、口腔疱疹、胃口较差而不愿进食，这时要给宝宝吃清淡、易消化的流质或半流质食物，避免让宝宝吃辛辣或过咸等刺激性食物，也不要让宝宝吃鱼、虾、蟹等水产品。

3. 手足口病，重在预防

到目前为止，还没有可以预防手足口病的疫苗，也没有治疗手足口病的特效药，再加上此病的传染性非常强、传播的途径很多，所以做好预防的工作很重要。防止感染病毒是预防的核心，而防止感染病毒的关键就是注意卫生。爸爸妈妈们一定要注意做好以下工作：

宝宝吴哲睿：为了宝宝的健康，妈妈应避免让宝宝吃生冷食物。

（1）平时要注意对宝宝的卫生护理

做到饭前、便后及外出后都要用洗手液或肥皂给宝宝洗手；宝宝的奶瓶、奶嘴使用前后都要充分清洗干净；看护人接触宝宝，给宝宝换尿布前、处理便后都要洗手，且要妥善处理好污物；保持家庭环境的卫生，居室要经常通风；及时对宝宝的衣被进行晾晒或消毒。

（2）注意宝宝的饮食

不要让宝宝喝冷水、吃生冷食物。

（3）少去人多的地方

在手足口病流行期间，不要带宝宝到人群拥挤、空气流通差的公共场所。

（二）厌食：宝宝为何对食物失去了兴趣

最近妈妈发现桐宝正餐的饭量越来越少，9 个月大时一餐可以吃一碗米饭，现在却一整天都很难吃完小半碗米饭。妈妈带桐宝去看医生："我家宝宝最近都不吃东西，是不是得厌食症啦？"医生看了看宝宝说："宝宝不吃东西，那他难道不会饿吗？想想看，平日里宝宝除了吃饭，都吃了些什么？"妈妈恍然大悟，宝宝大多数时间都在吃糖果，怪不得没有饥饿感呢。不过，宝宝如果对什么食品都不感兴趣的话，是不是就是患有厌食症了呢？

1. 什么是厌食

厌食是一种症状而非一种独立的疾病，指宝宝在较长的一段时间内食欲不振甚至拒食的一种现象，以 1~6 岁小儿较为常见。如厌食的时间持续较长，就会影响宝宝正常的生长发育。

2. 宝宝为什么会厌食呢

宝宝厌食的原因有疾病因素也有非疾病因素。实际上，由疾病引起的婴幼儿厌食的临床比率是较低的，绝大多数的宝宝厌食都是由不良的饮食习惯和喂养方式所导致的。不良的饮食习惯主要包括：

（1）饮食不规律

宝宝饮食没规律，进食时间不固定，时间延长或缩短，导致正常的胃肠消化规律被打乱。宝宝吃零食过多，导致胃肠道蠕动和分泌紊乱，从而引起厌食。

（2）餐桌习惯不好

正确的方法是：宝宝在固定的餐椅上吃饭，吃饭时间控制在 25 分钟内，只要发现宝宝已经有饱了的感觉了就马上停止喂食，等到下顿再来。如果宝宝干脆不吃，则就不再给了，让宝宝知道饿的感觉，下顿吃饭也就能体会到吃饭带来的快感，当然就会爱上吃饭了。

（3）高蛋白、高糖食物要适量

爸爸妈妈过多地给宝宝喂食高蛋白、高糖的饮食，损坏了胃肠，引起消化不良，使宝宝食欲下降。

（4）滥用补品

服药太多或滥用保健补品，增加胃肠消化吸收的负担，也会增加宝宝患厌食症的概率。有时宝宝厌食也可能是因为宝宝患了器质性的疾病，如身体局部或全身性疾病、胃肠道疾病等。

3. 宝宝厌食时的家庭护理要点

宝宝一旦出现厌食现象，爸爸妈妈千万不要焦虑慌张，尤其不要在宝宝面前表现出忧心的样子。

首先，爸爸妈妈应该更加爱护自己的宝宝，多给他鼓励和关爱。

其次，对于疾病因素引起的厌食，爸爸妈妈要让宝宝积极配合治疗原发病，对于较为严重的疾病要到医院诊治；如果是非疾病因素引起的厌食，则要纠正宝宝不良的饮食习惯，培养其养成良好的饮食习惯。

4. 预防永远是关键

宝宝厌食会影响宝宝自身的成长，万一引起其他疾病更是麻烦。因此，爸爸妈妈要做好日常生活当中的护理工作，培养宝宝良好的饮食习惯，防患于未然。

具体要注意以下事项：

（1）保证宝宝睡眠充足、适度活动、按时排便

如果宝宝睡眠充足，就会精力旺盛、食欲强；相反睡眠不足，无精打采，宝宝就不会有食欲，日久还会消瘦。适度活动可促进新陈代谢，加速能量消耗。按时排便，使消化道通畅，也能促进食欲。

（2）营造良好的进食环境

宝宝的消化系统易受情绪的影响，一旦出现精神紧张，就会导致食欲减退。所以，在宝宝进食时，妈妈不要逗引宝宝做其他事，要有意识地营造一种气氛，让宝宝感到吃饭也是一件愉快的事。

（3）宝宝的食物要营养均衡

宝宝吃的食物要尽量多样化，妈妈要保证让宝宝吃一定量的蔬菜、水果，并应尽可能地将饭菜做得色香味俱佳。

● 色彩鲜艳、漂亮的辅食，是小宝宝的最爱。

（三）积食：妈妈要合理地喂养宝宝

最近妈妈发现乐乐的胃口变小了，没有食欲，睡觉时身子不停在扭动，有时还咬牙，宝宝的肚子常常胀胀的，有时还喊 “肚肚疼”……妈妈带乐乐到医院去看医生，医生诊断说宝宝这是患了积食症。

1. 积食的症状和诱因

所谓“积食”，是指小儿吃下食物后不消化，停积在胃肠中，引起宝宝恶心、呕吐、食欲不振、厌食、腹胀、腹痛、口臭、手足发热、肤色发黄、精神萎靡等症状。

引起积食的原因主要是宝宝吃得太多或太杂，比如把花生和红薯混着吃，红薯和鸡蛋混着吃，冷热食物混合着吃（尤其是先吃热食后吃冷食）等。

● 红薯和鸡蛋一起吃，可能会导致宝宝积食。

2. 积食时的家庭护理要点

宝宝出现积食，说明爸爸妈妈对宝宝的喂养方式出现问题啦。这时妈妈就要回想在给宝宝喂食时是否有做得不合理的地方。如平时是否给宝宝吃多了，是不是过多食用高能量、高蛋白等不易消化的食物？宝宝的饮食结构是否出现问题？每次喂食后是否很少带宝宝去散步？如发现以往的喂养方式有误要及时纠正。对于患积食的宝宝在护理时要注意以下事项：

合理喂养自己的宝宝：给宝宝喂食清淡的蔬菜、容易消化的米粥、面汤、面条等，不要让宝宝吃油炸、膨化食物，少吃甚至不吃肉类食物（可适当吃些鱼虾）。如果宝宝同时还喝母乳，那么哺乳期的妈妈饮食要清淡，避免高脂肪、高蛋白饮食。妈妈若饮食无度，宝宝就很可能出现“奶积”。

饭后让宝宝多运动：饭后常带宝宝做一些小游戏，让宝宝多运动。

腹部保暖：注意给宝宝腹部保暖，不要使宝宝胃肠道受寒冷刺激，同时尽量减少呼吸道感染。

可以选择相关药物进行治疗：比如小儿消食丸和小儿消积止咳口服液。如宝宝是因贪食受凉而引起肚腹胀满、恶心呕吐、烦躁口渴、舌苔黄厚、大便干燥等，可以服用小儿化食丸。1 岁以下每次服用 1 丸，每天 2 次；大于 1 岁每次服用 2 丸，每天 2 次。如果宝宝是因为积食而引起咳嗽、喉痰鸣、腹胀如鼓、口中有酸臭气味等，可服用小儿消积止咳口服液。

五、早教：开发宝宝的智力潜能

这个月的宝宝有着强烈的好奇心和学习能力，他们会带着好奇心到处活动。有些妈妈会左一句“危险”、右一句“不要”地劝阻宝宝，殊不知，对宝宝过度保护，会使宝宝失去探索的欲望。这时，妈妈正确的做法是带着宝宝一同做游戏，让宝宝在游戏中认识精彩的世界。

（一）益智亲子游戏

在给本月宝宝选择亲子游戏时，妈妈要注重宝宝的智力培养以及认识事物和身体的协调能力，和宝宝玩游戏的时候妈妈要多用语言交流，用语言指导，让宝宝自己动手、动脑。

1. 拆礼物：让宝宝理解物体的恒存性

我们都喜欢收到礼物，不过对宝宝们来说，打开礼物的包装才是最重要的。在这个过程中，宝宝的兴奋感来自发现和用自己的手指做了想做的事。在这个游戏中，“礼物”实际上有可能是宝宝已经玩了几个月的旧玩具，不过这完全没有关系——打开包装的惊喜才是最重要的。

等宝宝再大一些、灵巧性更好时，他就会想要自己包裹礼物送给你，让你打开，这可是培养他慷慨天性的极好方式呢。

这个游戏可以训练宝宝的手眼协调性，帮助宝宝理解物体的恒存性。

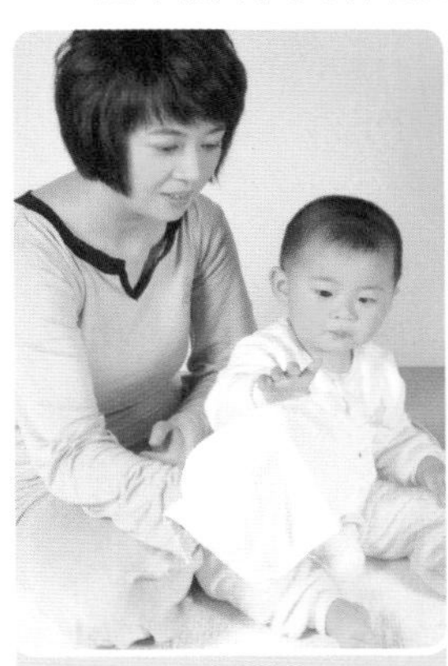

01 用一块湿毛巾“包”住一个小号玩具，如玩具小车。把“包装”好的礼物拿给宝宝。

02 宝宝会打开毛巾，高兴得大声尖叫，而且就要再来一遍。

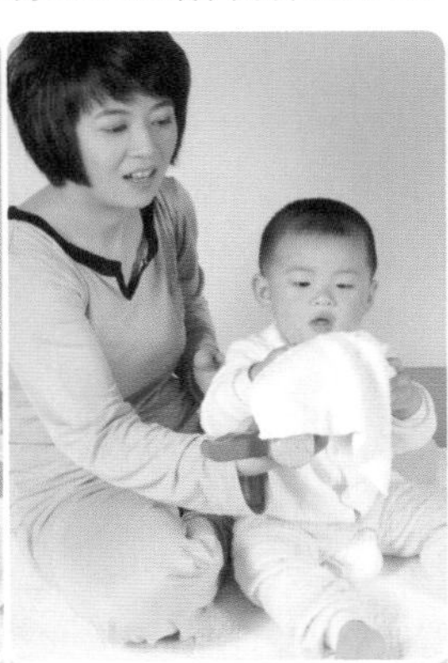

03 做这个游戏的时候，妈妈也可以用毛巾将玩具盖上一半，让宝宝动手拿掉毛巾。

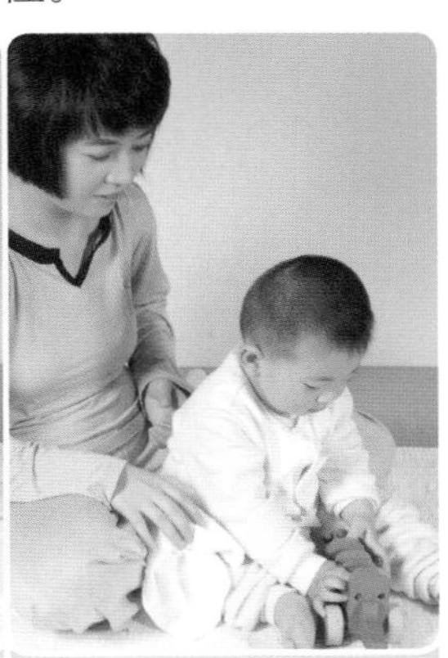

04 当宝宝拿掉毛巾后，妈妈就可以将玩具交给宝宝，让宝宝尽情地玩儿啦。

2. 推圆筒：提高宝宝的思维能力和自我意识

在这个月，爸爸妈妈可以和宝宝一起玩推圆筒的游戏，游戏方法如下：

01 妈妈先在一个圆筒中装入一些饼干或是小玩具，并将圆筒放到宝宝面前，让宝宝施展“推”筒之术，同时用手示意宝宝做推的动作。

02 当宝宝推倒圆筒时，妈妈还可以让宝宝玩一会儿玩具或是吃一块饼干，以表示对宝宝的鼓励。

在做这个游戏的时候，妈妈一定要注意，宝宝要把推的动作和圆筒倒下来联系在一起需要多次重复练习。妈妈千万不要为宝宝无法完成这一游戏而急躁，一定要耐心地引导和鼓励宝宝进行练习。

这个游戏可以通过宝宝的手的动作发展，使宝宝初步的思维能力和自我意识得到提高。

3. 认圆形：初步理解图形概念

让宝宝自己盖上喝水用的塑料杯盖，这是宝宝喜欢做的事。但瓶盖要准确地放在圆口上，不是随便歪着放。然后告诉宝宝，这是圆形。也可以在硬纸板上画圆形、方形和三角形，把中间的形状剪去，留出平整的洞。用另一张硬纸板再剪出与洞穴相配的圆形、方形和三角形，让宝宝试着将圆的形状放入圆洞穴中。

这个游戏可以帮助宝宝初步理解图形概念。

4. 比大小：开发宝宝智力

这个月，妈妈可以和宝宝一起做“比大小”的游戏，游戏方法如下：

选两个大小差异明显的东西并排放在一起。告诉宝宝哪个大，哪个小，然后让他拿在手里比一比。让他把大的拿给妈妈，看他会不会按指令去做。

这个游戏可让宝宝分清大小，开发智力。当宝宝分清楚大小后，妈妈可教宝宝唱儿歌“两只苹果红又圆，一个大来一个小，大的送给妈妈吃，小的留给宝宝吃”，以增强宝宝记忆。

（二）体能训练

壮壮妈总是在生活中融合运动，让宝宝不知不觉爱上运动，如与宝宝玩寻宝、捉迷藏的游戏，宝宝在寻找途中，会运用他的肢体移动位置，不管是爬、磨蹭还是走，都可以让他充分发展体能，宝宝也会玩得很高兴。

1. 穿成串：强化宝宝精细动作技能

现在，那些圆形的小东西对宝宝来说有着极大的吸引力，因为他正在学习掌握用两个手指捏取物品呢。

做这个游戏之前，妈妈首先要准备一个小碗或盘子，在里边放一些带有适中圆孔的 O 形谷物食品或者玩具。截一段约 50 厘米长的线绳或塑料绳，或使用一根带有塑料封头的细鞋带。

这个小游戏可以锻炼宝宝的精细动作和手眼协调性。

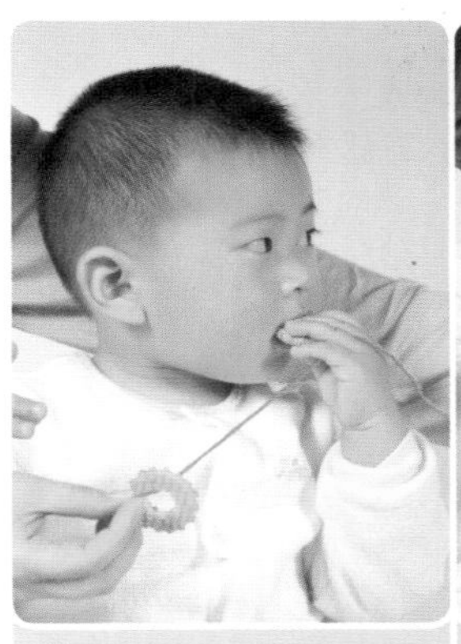

01 妈妈向宝宝示范如何将线绳穿过O形谷类食品或玩具的圆孔。

02 让宝宝自己试着动手将线绳穿过O形谷类食品或玩具的圆孔。

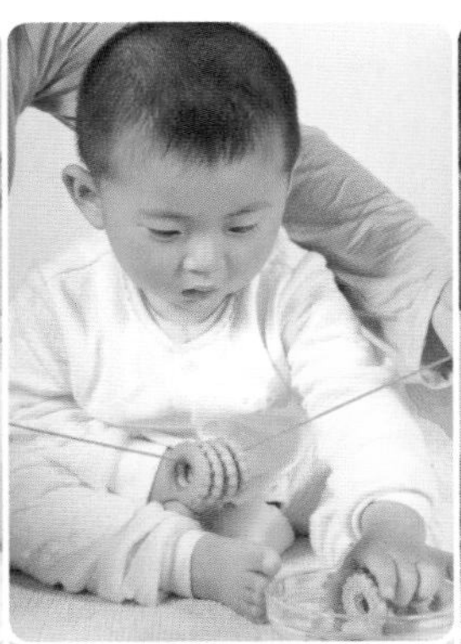

03 刚开始，宝宝很难完成这一任务。别着急，妈妈要向宝宝多示范几次动作。

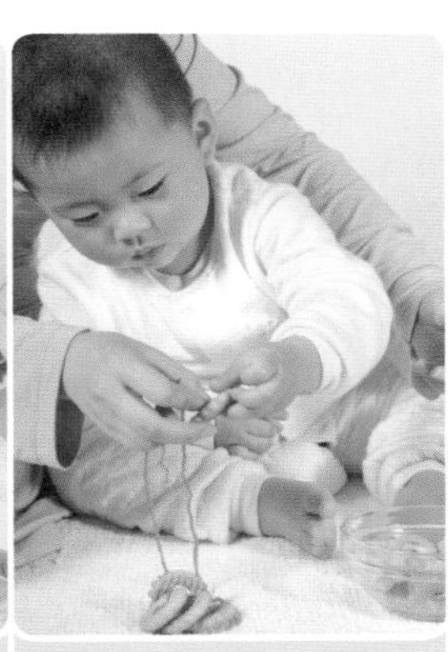

04 让宝宝再次动手将线绳穿过O形谷类食品或玩具的圆孔，现在，宝宝已可以成功完成这一动作啦。

2. 走楼梯：改变直膝行走

宝宝刚开始直立行走时往往是直膝行走，且为了保持平衡，宝宝的两条腿分得比较开。改变直膝行走最好的方法就是带宝宝一起走楼梯。之所以要这么做，是因为楼梯的台阶会迫使宝宝屈膝抬腿。

走楼梯的方法为：爸爸妈妈在宝宝前面拉住宝宝的双手后，让宝宝慢慢地跟着走即可。

附录 APPENDIX

读者售后服务专区

一、读者专享线上服务

您在购书后，如还需要育婴方面的专业咨询或帮助，请访问**育婴蜜语网 www.yymy.cn**，输入本书附带的会员号和密码成功登录，或者拨打全国客服热线 **4008 306 407**，即可获得价值 1000 元人民币的免费服务。无论您身在何处，都可以借由育婴蜜语网，与顶级育儿专家沟通，帮助您解决各种各样的怀孕和育儿难题！

（扫一扫，直接成为育婴蜜语网官微好友！）

请刮此处，获得会员号和密码：

卡号:63089615

二、读者专享实用视频

为进一步满足新手父母们的需求，由本社联手深圳灵智伟业、洋洋母婴，在育儿专家许鼓的带领下，汇聚多位实战经验丰富的育婴专家，为读者们拍下了珍贵的视频教程，您在获得会员号和密码后，只要登录**育婴蜜语网 www.yymy.cn**，即可免费观摩本视频。

三、读者交流专属QQ群

新手父母们可加入 **QQ 群 110864055**，在这里能和更多的父母交流育儿经验哦。您在加入前，一定要用本书的书名《中国家庭必备育婴全典》通过验证。